# 新区蔬菜
## 生产指南

XINQUSHUCAI
SHENGCHANZHINAN

韩世栋　周桂芳　黄成彬　主编

中国农业出版社

# 编 著 者

主　编：韩世栋　周桂芳　黄成彬

参　编：刘建平　王效华　于囡囡　田红霞

　　　　张瑞华　王承香　魏家鹏

# 前　言

　　蔬菜新区是我国蔬菜生产的重要组成部分。根据蔬菜新区的种植内容和生产目的不同，一般把蔬菜新区划分为特产型蔬菜生产区、出口型蔬菜生产区、加工型蔬菜生产区、生态型蔬菜生产区、菜篮子型蔬菜生产区五种类型。与蔬菜老区相比较，蔬菜新区在生产区域化布局、蔬菜生产新技术和新成果推广应用、蔬菜标准化生产、蔬菜特色生产等方面具有显著的优势，但也存在着土壤条件较差、农民的生产素质不高、科技推广体系不健全、蔬菜市场体系不完备、蔬菜品种类型和技术应用较为单一、生产发展资金缺乏和基础设施不配套等缺陷。随着我国农村农业产业结构的调整、农村城镇化的大力推进，以及工矿企业的迅速发展，将诞生更多的蔬菜新区。如何充分发挥蔬菜新区的优势，克服不足，推进新区蔬菜健康发展，是蔬菜新区面临的主要课题。为配合蔬菜新区的蔬菜产业发展，结合蔬菜新区的特点，由中国农业出版社组织专家编写了《新区蔬菜生产指南》一书。

　　该书共分为五个部分。第一部分蔬菜新区的类型、蔬菜生产优势、生产障碍以及发展思路；白菜类、根菜类、瓜类等八类蔬菜的生产特点；温度、湿度、光照和土壤营养等环境因素对蔬菜生产的影响；新区的蔬菜生产规划原则与我国蔬菜生产规划情况。第二部分无公害蔬菜、绿色蔬菜、有机蔬菜的生产规范；常见蔬菜保护设施的结构类型、环境控制技术、机械化管理技术和保护地蔬菜栽培形式；蔬菜种植制度、土壤耕作与改良技术、配方施肥技术、蔬菜定植与植株调整技术、微灌溉技术、无土栽培技术、立体种植技术和菜园地除草剂使用技术等。第三部分蔬菜采收技术、采收后主要处理技术以及蔬菜产品营销技术。第四部分蔬菜种子处理技术、播种技术、穴盘无土育苗技术、育苗钵育苗技术、营养土方育苗技术、蔬菜嫁接育苗技术以及蔬菜苗期主要生理障碍与病虫害防治技术等。第五部分以无公害蔬菜生产规范为依据，重点介绍了黄瓜、西瓜、甜瓜、西葫芦、番茄、茄子、辣椒、菜豆、豇豆、大白菜、结球甘蓝、花椰菜、萝卜、马铃薯、生姜、大葱、大蒜、菠菜、芹菜、芦笋以及观赏蔬菜、山野菜、芽苗菜23种蔬菜的生产基地选择、品种选择与种子质量要求、茬口安排、育苗技术、露地栽培技术、设施反季节栽培技术、采收技术、采后处理技术、分级标准、出口蔬菜收购标准、主要病虫害防治等知识。

　　该书图文并茂，语言通俗易懂，所介绍知识与技术既有推广普及的内容，又有当前先进的知识和技术，不仅适合新菜区的农民、技术人员阅读，也适合其他地区的菜农、农业技术人员以及大中专院校学生阅读参考。由于作者水平有限，书中错误在所难免，恳请读者批评指正。

编著者

2014 年 11 月

# 目 录

# 第一章

# 新区蔬菜的生产基础

## 第一节　蔬菜新区概况

### 一、蔬菜新区的类型

根据蔬菜新区的种植内容和生产目的，一般把蔬菜新区划分为以下几种类型：

### （一）特产型蔬菜生产区

该类蔬菜种植区一般种植历史悠久，在当地形成了一种或几种品质优良，风味、色泽、质地等具有特色的地方蔬菜，如山东潍坊的潍县萝卜、山东章丘大葱、江西吉安苦瓜等。由于该类蔬菜对土壤、气候等的要求比较严格，外地引种困难，再加上蔬菜产量大多偏低等原因，以致该类蔬菜长期以来大多局限于某一地域种植，种植规模小。改革开放以来，随着国内生活水平的提高，人们对蔬菜的质量要求也越来越高，品质优良的特产蔬菜也越来越受到喜欢，市场需求量扩大迅速，促进了特产蔬菜的发展，特产蔬菜生产也进入了快速发展时期。如，山东省地方特产蔬菜——潍县萝卜生产区，1999 年潍城、奎文、寒亭三大主产区种植面积不足 3000 亩*，到 2007 年达到 3 万亩，总产量 9 万吨以上。其中秋茬种植面积约 2 万亩，总产量 6 万吨左右，主要供应冬季和早春市场；早春小拱棚和冬季日光温室栽培面积约 1

---

　* 亩为非法定计量单位，1 亩≈667 米$^2$，下同。

万亩，主要供应晚春和夏、冬两季鲜萝卜市场。

目前国内特产蔬菜大多形成了以主要产地为中心的特产蔬菜种植区，生产规模成倍扩大，种植方式也多种多样，除了传统的露地栽培外，保护地栽培面积也迅速扩大，多数地区实现了周年生产，再加上各类贮藏保鲜设施也相继建设配套，大多数特产蔬菜基本上实现了鲜产品的全年供应，成为当地农业企业和农民发家致富的重要项目。各地特产蔬菜也先后注册了商标、制订了标准化生产规程，有的还通过专门机构认证，成为国家地理标志产品，进一步促进了我国特产蔬菜生产的发展。

## （二）出口型蔬菜生产区

出口型蔬菜生产基地是随着我国出口蔬菜产业的发展，蔬菜出口数量和种类的不断增加，建立起来的以生产出口蔬菜为主要目的的蔬菜生产基地。由于该类基地的蔬菜生产大多为季节性生产，不仅蔬菜种类单一，生产时间也比较集中，而且该类生产基地也主要集中于广大农村。其中，有的为传统蔬菜生产地区；有的为贫困地区，为实现农民脱贫致富，实行农业产业结构调整，而根据当地的出口蔬菜产业需要，改为种植出口蔬菜；还有的是实施退耕还林、封山禁牧耕地面积减少后，为进一步调整产业结构、发展劳动密集型和技术密集型生产的需要，在粮食生产没明显的优势的地区，以出口蔬菜产业发展为突破口，优化产业结构，来提高单位土地面积产量和种植经济效益。如，漳浦县是福建省传统的农业大县，近年来，漳浦县围绕优化农业产业结构调整，以生产供应香港市场蔬菜为突破口，大力扶持蔬菜产业发展，在工商部门的全程指导下，依托知名企业建立了 3 个标准化蔬菜基地，种植面积达 4220 亩。在确保供港蔬菜质量安全的同时，漳浦县还积极引导企业在香港进行品牌展示，不断提高漳浦蔬菜在香港市场的知名度。目前，漳浦县已经成为福建省最大的供港蔬菜基地，基地每周向香港百佳连锁超市等大型蔬菜销售市

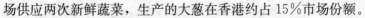

场供应两次新鲜蔬菜，生产的大葱在香港约占 15％市场份额。

该类基地的蔬菜种类较为单一，主要以叶菜类、根菜类、山野菜等生产为主；生产方式比较简单，以露地生产为主，保护地栽培面积所占比例较少。

目前，国内的出口型蔬菜基地，自然条件大多较为优越，加上经济基础差，工业化程度低，化肥施用量相对较少，无土壤污染和灌水污染，以及一开始就以出口蔬菜生产标准进行规范生产等原因，生产环境好，符合优质蔬菜生产的要求，具备发展优质蔬菜的环境条件，只要指导农民正确运用化肥，推广生物肥料、生物制剂和高效低残留农药，严格实行轮作倒茬制度等，就能减少病虫害的发生，生产出符合部颁标准的优质蔬菜产品，生产发展潜力空间较大。

## （三）加工型蔬菜生产区

蔬菜加工不仅能够改进蔬菜风味、增加花色品种、满足人们对蔬菜副食品日益增长的需要，而且还是扩大蔬菜出口、增加收入的重要措施。随着我国蔬菜产业的不断发展以及蔬菜出口规模的不断扩大，加工蔬菜生产基地数量也不断增加。特别是一些贫困地区，为实现农民脱贫致富，实行农业产业结构调整，通过引进蔬菜加工企业，引导当地发展加工蔬菜生产，来提高单位土地面积产量和种植经济效益。如，重庆市开县位于重庆市东北部，在三峡库区小江支流回水末端，距重庆市区 280 千米，是农业大县和移民大县。2011 年开县为拓展蔬菜市场，延长产业链条，增加蔬菜产品的附加值，县农委根据加工企业的需求，分别在竹溪镇建设 3000 亩、谭家镇建设 2000 亩、渠口镇建设 1000 亩的加工蔬菜基地，主要发展萝卜、红辣椒、生姜、豇豆、芥菜等适宜加工的蔬菜品种，每年为加工企业提供加工蔬菜 18000 吨，不仅推动了当地蔬菜产业的发展，也为当地蔬菜加工企业的健康发展注入了活力。

由于受加工企业的加工范围限制，加工蔬菜种植种类大多较为单一，加上加工企业对加工蔬菜的质量要求也比较高，例如对产品的颜色、成熟度、某种成分的含量等要求较鲜活供应蔬菜较为严格等原因，所以，加工型蔬菜生产基地大多为季节性蔬菜生产，在一年中适宜蔬菜栽培的季节进行生产，较少进行反季节栽培。另外，由于目前国内的蔬菜加工企业，大多加工能力有限，往往是一季度生产的蔬菜，需要半年时间进行加工消化，因此，加工蔬菜基地的生产规模一般都不太大，生产时间也比较集中，生产方式单一，以露地生产为主，保护地栽培比例较少。

由于加工蔬菜生产基地主要集中于气候、光照等较为适宜的地区，充分利用当地优良的自然条件生产出优质的蔬菜产品，同时还由于及加工蔬菜的生产时间短，生产规模有限，生产效益不高等原因，所以，加工蔬菜生产基地不适合安排于土地昂贵的城市郊区，主要集中于广大农村，进行"一茬蔬菜一茬粮食"式的生产。

### （四）生态型蔬菜生产区

生态蔬菜生产是指选择自然生态环境优良地区，并且该地区远离工业、矿山、机场等，环境没有受到污染，生态环境符合优质蔬菜生产标准，并在此环境下，按照国家颁布的蔬菜标准化生产规程，所进行的原生态蔬菜生产。

随着现代人对食品安全的要求越来越高，人们对蔬菜产品的需求发生了较大的变化。总体而言不再是量的满足，而是对反季节、超时令蔬菜的需求，是对多样化、特需化和营养化蔬菜产品的需求。消费水平已由大众化转向多元化、无害化、营养化和高档化。无污染、无化肥农药残留的有机生态蔬菜更是受到更多市民喜爱。有机生态蔬菜被誉为"朝阳产业"，具有广阔的市场。有机生态蔬菜在国外早已经走入寻常百姓家，日本的有机生态蔬菜高达80%的普及率，而在美国的普及率更高。在我国随着人们生活水平的提高，有机生态蔬菜也越来越受到人们的青睐，不仅价格高，而且在大中城市还供不应求，发展有机生态蔬菜生产对增加农民收入，发展农村经济将起着重要作用，发展前景广阔。

目前，我国的生态型蔬菜种植区主要分布于远离城市的湖区、林区、山地等，大多属于新菜区，这些种植区充分利用粮区和山区的自然资源优势，大力发展无公害蔬菜和绿色食品，蔬菜种植起点高，各方面都实行标准化管理，是我国蔬菜的发展方向，发展潜力和空间巨大。

### （五）菜篮子型蔬菜生产区

该类蔬菜生产基地主要是为了满足我国城镇化发展、新兴城市建设、大中城市扩张等蔬菜供应需要而发展起来的，大多位于城市郊区，靠近公路，以方便运输。

菜篮子型蔬菜生产区的主要特点是：种植的蔬菜种类多，栽培方式也多种多样，保护地生产规模也比较大，属于常年生产基地。由于菜篮子型蔬菜生产基地的蔬菜生产任务重，生产量大，因此，该类基地对蔬菜种植技术、蔬菜生产资料供应等的要求也比较高，特别是对保护地蔬菜生产技术以及保护地蔬菜生产配套的薄膜、建材、保温材料、肥料以及环境管理需要的设备等要求比较严格。

随着我国农村城镇化的大力推进，以及工矿企业的迅速发展，菜篮子型蔬菜生产基地将进入一快速发展时期，成为新兴蔬菜基地的主要组成之一。

## 二、新区蔬菜的生产优势

### （一）蔬菜生产区域化布局优势

蔬菜新区规模化种植时间短，蔬菜区域化种植尚未形成，有利于根据现代蔬菜产业特点，依据突出特色、方便生产、提高效益、方便运输等原则，进行合理布局，有利于推进蔬菜产业化发展。

如湖南省江永县按照"科学规划、区域布局、集中连片、适度规模"的总体要求，采取"四个结合"，即：基地开发的广度与深度相结合；开发资源与配套建设相结合；生产开发与市场开发相结合；开发产品与加工增值相结合。突出区域特色，抓好基地建设，实现生产的区域化、规模化、标准化、专业化。全力打造"三条蔬菜生产带"，一是允山、夏层铺、桃川、粗石江、千家峒、潇浦、源口等乡镇的香芋生产基地，形成面积6万亩的"香芋生产带"；二是上江圩、夏层铺等乡镇的香姜生产基地，形成面积2万亩的"香姜生产带"；三是松柏、黄甲岭、兰溪、夏层铺、允山等乡镇蜜本南瓜、芥菜生产基地，形成面积5万亩的蜜本南瓜、芥菜生产带。以发展香芋、香姜、蜜本南瓜和芥菜等名特优品种为重点，适度进行种植结构调整，力争做到一村一品，一乡一业，实现蔬菜生产区域化布局、规模化生产、产业化经营。初步形成了以香芋、香姜为主的蔬菜规模化生产、产业化经营格局。2008年全县蔬菜种植面积14.2万亩，其中香芋3.5万亩，香姜1.5万亩；蔬菜总产量27.6万吨，其中香芋7.5万吨，香姜2.9万吨；蔬菜总产值57300万元，其中香芋25000万元，香姜13500万元。产品优质率达80%。建成了市级香芋加工龙头企业2家，年加工香芋0.6万吨；市级香姜加工龙头企业1家，年加工香姜0.16万吨。拥有"永明"、"千家峒"、"十里香"等知名品牌3个，蔬菜产业已成为江永农村经济新的增长点。

## （二）蔬菜生产新技术、新成果推广应用优势

蔬菜新区规模化种植时间短，规模化、产业化尚未形成，在新技术引进方面受约束少，有利于根据现代蔬菜产业特点，在生

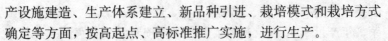

产设施建造、生产体系建立、新品种引进、栽培模式和栽培方式确定等方面，按高起点、高标准推广实施，进行生产。

例如，宁夏平罗县为带动县域农业现代化发展，2011年引进广东客商在姚伏镇投资建设供港蔬菜基地，成立了宁夏宏顺达生态农业科技发展有限公司，通过土地流转的方式规划5000亩建设供港设施蔬菜基地，预计总投资3000万元，分三期建成。基地采用连片方式种植菜心，产品直接销往香港、广东等地；在生产模式上采取"企业＋基地＋技术服务＋标准化"的模式扎实开展服务工作。带动当地农民直接参与种植、包装等劳务；在生产工艺上，采取标准化生产技术，打造绿色品牌。基地主要以种植广东菜心为主，还种植小油菜、油麦菜、芥蓝等多个品种，根据气候条件、市场行情，科学安排蔬菜种植时间，由一年4茬变为5茬，因富含微量元素硒受到港商的追捧，销售价格呈稳中有增态势，货款回收及时，经济效益明显。目前，基地每年生产蔬菜1.2万吨，年产值达8200万元。供港蔬菜基地的建设，不仅提高了姚伏镇农业向优良品种、高新技术、高效益、高端市场转变，而且将品相上乘的新鲜蔬菜源源不断地运往香港，拓宽带动当地农户增收的渠道。

## （三）蔬菜标准化生产优势

由于大多数蔬菜新区的菜地是由农田、林地等非菜区改造而来，具有土壤中病虫害含量较少，农药用量少，化学污染程度较轻；肥料种类主要以农家肥为主，土壤理化性状好，灌溉水受城市和化工企业污染少，质量较高等一系列优点。所以，生产的蔬菜产品质量好，有利于进行无公害蔬菜、绿色蔬菜等的生产。如，重庆涪陵大木乡，地理海拔900～1800米，森林覆盖率达78％，土壤肥沃、空气清新、水质清洁，基地距涪陵区59千米，生态环境优良。1999年，大木乡以的牛坪、宣王、坪上、塘湾四个村为中心建立起面积3500亩的无公害蔬菜生产基地。基地主要生产莲白、萝卜、辣椒、茄子、四季豆、西芹、糯玉米等蔬菜，年产量9000吨。其蔬菜生产严格按照无公害蔬菜生产技术规程进行，产品还注册了"大木"牌商标。蔬菜产品符合《重庆无公害蔬菜质量标准》，2002年通过重庆市无公害蔬菜基地认证。

## （四）蔬菜特色生产优势

蔬菜新区能根据当地的自然条件优势、特色蔬菜优势等，结合当前蔬菜的发展趋势，围绕城市需求和出口要求，通过引进先进的栽培技术，大力发展鲜、嫩、细、新、优蔬菜生产，形成具有特色的蔬菜生产模式。如，山东省平度市马家沟芹菜的栽培历史可以追溯到明朝。有很多赞美芹菜的诗句："菜之美者，有平度之芹"、"饭煮青泥坊底芹"、"香芹碧涧羹"等等。20世纪80年代末期以来，由于平度地方农业特产不注重保护，任由菜农自留、自繁、自产、自销，同时，中国各地学习"寿光经验"，大力推广设施栽培，大量引进国外新品种，实行反季节生产，忽视了当地品种的保护和开发。在西芹等外地蔬菜的冲击下，马家沟芹菜面积逐年萎缩，效益下降，到了即将被挤出市场的边缘。到2002年，李园街道辖区马家沟芹菜种植面积不足3000亩，种植芹菜的村庄也只剩下3个。为保护、挖掘和开发这一地方名牌，2003年春，青岛市大力发展品牌农业、增加农民收入，"马家沟芹菜品种资源保护及标准化技术研发"项目经青岛市科技局立项，在平度市质监局的大力协助下，建立了马家沟芹菜生产示范基地。通过进行马家沟芹菜品种提纯复壮、完成无公害和绿色食品认证、实施芹菜产品分级包装等措施，马家沟芹菜又一次进入了精品特菜的行列，摆上了大城市超市货架，结束了传统芹菜成捆上市、地摊买卖、低价出售的历史，一棵小小的马家沟芹菜，变成了一个知名的农产品名牌。2007年年初，马家沟芹菜被评为地理标志产品，2008年种植面积扩大到6万多亩。

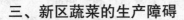

## 三、新区蔬菜的生产障碍

### (一)蔬菜新区的土壤条件较差

据中国科学院南京土壤研究所调查,由于城市的扩建和工业、交通用地占用了许多老菜地,菜田面积下降严重,无法满足城市的蔬菜供应、蔬菜出口、蔬菜加工等的需要,因此,许多远郊区、沿交通干线农村,通过农业产业结构调整以及龙头企业带动等,一大批粮田、棉田、林地等先后转换为菜田,构成新的蔬菜种植区域,并成为我国蔬菜生产的主要区域。见表1。

表1 我国蔬菜种植面积分布变化趋势

| 年份 | 种植面积<br>(万公顷) | 总产量<br>(万吨) | 分布区域和比例 | |
|---|---|---|---|---|
| | | | 大城市郊区 | 其他地区 |
| 1980年 | 360.6 | 16335.2 | 70% | 30% |
| 1999年 | 1335.0 | 40513.5 | 20% | 80% |

由于我国蔬菜新区的土壤类型主要为城市远郊区的新菜园土和远离城市的春、夏种粮、棉、油,秋、冬种菜的农—菜轮种土壤,所以,几乎所有新菜地都存在土层浅、通透性差、不易耕种、土壤有机质含量低、养分普通缺乏,以及灌排设施不配套等问题。因此,加速培育和建设新菜地是当前蔬菜新区蔬菜生产上一个很重要的课题。

### (二)蔬菜新区菜农的生产素质有待于提高

新菜区的广大农民受多年传统的生产意识支配,在科技意识、商品意识、风险意识等方面存在着不足。概括起来,一是菜农的文化层次普遍偏低,大多为当地土生土长的农民,学历层次低,科学种植蔬菜的知识和技术水平不高;二是当地菜农对现代蔬菜的发展趋势和市场需求等方面的知识缺乏了解,缺乏市场意识，蔬菜生产中存在着盲目性和趋同性，大多数菜农存在着"别人种什么就跟着种什么"的思想；三是菜农的植保能力差，缺乏基本的病虫识别能力和防治知识，尤其是对蔬菜病虫害的现代防治知识和方法缺乏了解或掌握甚少，菜农对无公害蔬菜生产认识不强；四是蔬菜种植技术落后，极少有人受过专门的农业科技培训，大多以传统蔬菜种植经验和大田作物种植技术管理菜田，存在着经营单一、管理粗放等问题。

### （三）科技推广体系不健全

蔬菜新区由于长期以农业生产为主，对蔬菜生产的重视程度不够，在蔬菜技术推广方面，镇、村至农户的蔬菜技术服务体系断层明显，镇（街道）、村普遍缺乏蔬菜科技从业人员，没有开展正常的蔬菜技术推广服务，蔬菜科技推广者与菜农之间存在脱节现象。

另外，蔬菜新区的各级蔬菜技术推广单位技术装备差，服务手段落后，大部分蔬菜技术人员特别是转岗而来的农技人员与外界接触少，信息闭塞，缺乏新形势下的蔬菜专业知识与技能，在观念创新、技术创新等方面不能适应新形势对蔬菜技术推广工作的要求，不能把蔬菜科技知识直接传播到菜农手中，影响了蔬菜科技成果的转化和技术创新。部分蔬菜技术从业人员的作用还未得到充分发挥，新成果、新技术没有得到尽快推广，蔬菜科技服务体系建设亟需加强。

### （四）蔬菜新区的蔬菜市场体系不完备

蔬菜市场体系的主要功能，一是集散功能，即汇集各产地的蔬菜及农副产品，并以此为中心，向四处分散产品，辐射各地，是市场的主要功能；二是服务功能，为当地的蔬菜生产提供生产资料、技术引导、信息咨询、餐饮、金融、工商等一系列服务，引导生产与消费，减少产销的盲目性；三是产业龙头功能，批发市场是蔬菜产业链条中的龙头，蔬菜产销及服务功能的骨干企业、经济主体，是产销的连接体，既牵动生产，又带动流通，对周边地区的生产与经济发展产生周边效应。可见，市场带动是现代蔬菜产业发展的重要因素之一，特别是辐射带动能力强的大型批发市场对推动现代蔬菜产业发展起着不可替代的作用。因此，建设好蔬菜批发交易市场，对于掌握市场信息，组织蔬菜产销双方进场成交，调剂市场余缺、稳定市场大局、指导、协调生产与消费之间的平衡是至关重要的。

蔬菜新区由于建立时间短，缺乏必要的基础设施和缺乏与外界的联系，蔬菜市场的建立一般以菜农自发式组织的形式建立起来的，主要靠菜农零售方式销售，蔬菜品种比较单一，季节性生产较强，不能达到全年生产周年供应。同时，由于新菜区主要靠露地种植蔬菜，种植面积不能确定，供小于求时由于种植面积过小，满足不了市场需求，供大于求时种植面积过大造成卖难问题，难以把握市场需求，客商也难以涉足，菜农积极性也不高。不仅难以形成大型批发销售，而且市场对蔬菜生产的服务指导功能也发挥甚微。缺乏强有力的市场带动是限制新区蔬菜产业难以大发展的主要原因之一。

## （五）蔬菜新区的品种类型和技术应用较为单一

现代蔬菜产业中，根据市场供求变化、病虫害发生情况等进行的蔬菜品种更新换代间隔年限逐渐缩短，新的蔬菜种类引进也更加频繁，以确保蔬菜生产内容的与时俱进性和引领消费的前瞻性。在蔬菜老区，市场需要什么蔬菜就种什么蔬菜，那个蔬菜品种生产效果好就选种哪个品种，那个蔬菜品种的市场前景好就引种哪个品种。而蔬菜新区在种植类型上，由于受传统种植经验的束缚，蔬菜生产方式多局限于露地栽培或较为简单的设施栽培，蔬菜种类上也习惯于种植比较熟悉的蔬菜，其中绝大部分是外地已经大面积推广应用的品种或淘汰了的品种。另外，在蔬菜品种引进上，主要由经营蔬菜种子的个体民营企业或农户自行引进，所种品种不仅不能在市场上占领先机，而且由于新品种的试种风险太大，菜农一般不敢试种，从而形成了一种恶性循环，使新区蔬菜新品种的应用始终落后于发达地区。

现代蔬菜产业的主要特点之一就是高科技含量，新的育苗技术、生产技术、管理技术、病虫害防治技术、采后处理技术等一系列新技术的推广应用，技术更新较快。但在蔬菜新区，由于菜农的种植规模普遍较小，从外地引进技术人才得不偿失，技术服务部门建立的试验示范园少，也无力扶持一批示范户，更无力走出去接受新技术的培训，因而在技术的运用上只能靠经验摸索和简单地模仿，导致新区难以形成在全国叫得响的名、优、特蔬菜品牌。

## （六）生产发展资金缺乏和基础设施不配套

蔬菜新区的资金缺乏是制约农户想发展而不敢发展的重要原因之一。据了解，在蔬菜新区，露地栽培蔬菜亩均需投资800～1000元，竹架大棚亩均一次性投入为2000～3000元，钢管骨架大棚亩均一次性投入5000～7000元。实践证明，投资越大收入就越高，但是以新区农民现有的收入水平，大部分仅能选择竹架大棚或直接采取露地栽培的方式，投资较大的钢管骨架大棚如果没有政府、金融部门的扶持，以农户自有的财力，很难投资建起。

蔬菜新区因地方政府扶持力度、资金投入、政策支持不足等原因，大多生产基础设施水平低下，主要表现为：一是基础配套设施差，大多蔬菜基地存在着水、电配套设施不到位、作业道路不畅等问题；二是设施的建设标准低、不规范、不配套，既不能满足优质高产所需，又难以抵御重大自然灾害侵袭；三是排灌设施差，干旱季节不能及时浇水，雨季田间积水排泄不掉，蔬菜生产受天气影响变化大，抵御自然灾害能力弱，蔬菜生产基本处于

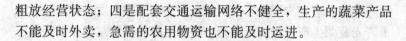

粗放经营状态；四是配套交通运输网络不健全，生产的蔬菜产品不能及时外卖，急需的农用物资也不能及时运进。

## 四、新区蔬菜生产的发展思路

作为新开辟的蔬菜生产区，虽然不利因素较多，但在蔬菜生产中也不能完全延续老菜区的传统做法，应根据当前的实际情况，立足自身的优势，充分利用国内外蔬菜生产的先进经验和技术，向更高的水平发展。

### （一）树立品牌意识

现在，农产品的生产经营者大多为农民，由于传统农业生产经营方式的惯性，市场意识、品牌意识较为淡薄，加之农产品不像工业产品那样有比较成熟的品牌运作方式，所以农产品的品牌问题没能引起足够的重视，而仅靠低价策略，忽略产品质量和品牌建设，将会在国内外蔬菜市场竞争中处于不利地位。

面对蔬菜市场竞争的不断加剧，蔬菜经营者必须注重提高蔬菜品质，树立品牌意识，重视品牌经营，进行品牌战略规划和个性塑造，打造品牌知名度和美誉度，延伸品牌价值，创造出在国内外市场上有较高知名度的名牌产品，这是实现产品上档次和产业升级的重要环节。

以我国著名的蔬菜产地—山东省寿光市为例，该市高度重视品牌农业的发展，每年都对绿色食品认证、国家地理标志产品申报等制定具体标准，引导龙头企业和农业园区开展国家地理标志、绿色食品等品牌申报，2013 年全年申报"三品"农产品 85 个，国家地理标志产品 3 个。目前全市蔬菜品牌发展到 120 多个，有 17 个被评为国家地理标志产品，有 552 个被认定为"三品"农产品。"乐义"、"七彩庄园"两个商标被评为中国驰名商标。另外，一些特色农产品也开始大量涌现，像浮桥萝卜、斟灌彩椒、尧河长茄、化龙胡萝卜、桂河芹菜等。培养品牌、经营品牌等措施，进一步提升了寿光蔬菜的国内外知名度，有力地推动了寿光蔬菜生产的发展。寿光市蔬菜生产的品牌意识和做法值得各蔬菜新区借鉴和参考。

蔬菜品牌战略是新时期蔬菜产业发展的必然选择。在培养品牌工作中，蔬菜新区要根据市场消费的特点与国际市场接轨的需要，充分发挥当地的各类优势，挖掘地方的名、特、优、稀有品种，靠地方的品种优势获取市场；同时，大力发展无公害蔬菜、绿色食品蔬菜和有机蔬菜，鼓励净菜进城、放心菜直销，严格按照商品质量标准采收、分级包装上市，开发配送蔬菜上门服务，做到有品牌、有商标、有承诺、有形象，进一步推进"放心菜"工程向广度和深度发展，依靠质量、信誉、服务等吸引客户；要积极鼓励和扶持一批有影响的地方蔬菜品种或产区申报国家地理标志标准产品、绿色食品等，通过品牌认定来提高地方的知名度。

## （二）提高菜农的生产素质和管理水平

现代蔬菜产业不仅体现在蔬菜生产的物质装备和技术手段上，也体现在菜农所掌握的农艺流程和生产理念中，而且后者更为重要。在农民综合素质中，尤以科技素质和驾驭市场经济能力两项最为重要。

一是要建立健全蔬菜技术推广体系，加大科技培训的力度，搞好技术服务。要建全乡村两级农民培训学校（教学点），组建县乡村三位一体的教学网络，采取以乡镇集中办、以村分散办、开展现场观摩和科技人员现身说法来加强技术培训，要动员组织各级科技队伍，定期到农村传播科技知识，进行科技指导，利用言传身教，来提高农民的科技文化素质。同时，采取科技人员直接到村、良种良法直接到田间地头、技术要领直接到人的农业技术推广有效新途径，提高农户的生产经营能力和辐射带动水平。

二是加强示范基地建设。通过实行"首席专家—技术指导员—示范户—普通农户"培训推广模式，培育一批紧紧围绕现代蔬菜产业发展、蔬菜新技术和新品种推广应用、品牌蔬菜建设等方面的农业科技示范基地（户），以示范基地（户）为载体，积极开展新技术、新品种示范活动。通过示范户的辐射带动，推进先进实用技术、新品种、新生产设施等的应用。

三是积极支持各地组建蔬菜专业协会、农业合作社等农村合作经济组织，并以此为载体，加快现代蔬菜产业技术和成果的推广应用。农村合作经济组织处于农户与龙头企业（市场）的中间环节，具有组织农民进入市场、与市场（龙头企业）直接连接的特殊作用。发展农村合作经济组织，以合作经济组织为依托，由合作经济组织一头连接广大农户，一头连接市场和与龙头企业有机对接，按"龙头企业＋专业合作社＋农户"的模式运作，可以有效推进现代蔬菜产业化经营。同时，合作组织又成为蔬菜生产科技推广的载体，大规模采用先进技术、生产加工设备，及时组织技术人员对社员进行培训、指导，引进推广新品种、新技术。以山东省潍坊市为例，潍坊市现有农业合作经济组织160多家，涉及寿光蔬菜、潍县萝卜、安丘大葱、昌乐西瓜、临朐板栗、诸城绿茶、青州花卉和动物养殖等，会员总数达1.7万人，辐射带动了近14万农户实现增收。合作经济组织是符合我国家庭承包责任制为基本国情的一种组织形式，是把千家万户的小农经济组织起来，进入市场的有效途径，应大力推广。

## （三）加强蔬菜市场体系建设

蔬菜市场体系是由各类市场组成的有机联系的整体。它包括蔬菜营销市场、生产资料市场、劳动力市场、金融市场、技术市场、信息市场等。其中，对蔬菜生产影响最大的是蔬菜营销市场。

蔬菜营销市场包括蔬菜批发市场、蔬菜超市、蔬菜零售市场、蔬菜营销店等，其中蔬菜批发市场是我国目前蔬菜流通的中心环节，是占主导地位的市场流通载体。根据批发市场的规模与功能不同，一般分为大型多功能批发市场和一般批发市场。大型多功能批发市场，不但市场规模大，而且功能强，除把本地蔬菜销往外地外，还能够大量吞吐全国各地的蔬菜，成为全国的蔬菜集散中心、价格形成中心和信息传播中心。一般批发市场的规模小，功能也少，主要是销售本地蔬菜，并主要靠外地运销户前来收购并转销各地。

蔬菜市场体系建设应从以下几个方面着手：

第一，蔬菜市场建设，首先应科学规划，合理布局。要以地方城市建设、经济发展等总体规划为指导，规划布局蔬菜市场，加快大中型蔬菜批发市场以及产地集散市场的建设；加快建设蔬菜直销市场和社区蔬菜店，积极推动"农超对接"、"农贸对接"、"农校对接"，支持引导学校、大型超市、农贸市场与蔬菜生产基地建立购销关系，加速流通，方便销售；

第二，蔬菜市场建设要通过多元投入，加快推进蔬菜市场体系建设。要积极争取上级财政专项扶持资金，充分利用现有资源，采取政府规划、财政扶持、社会投资、多元经营的形式，加快对蔬菜零售市场的标准化改造。要利用市级财政资金有序引导民间资本投资建设大型蔬菜批发市场、蔬菜市场冷藏存储保鲜设备，提高蔬菜供应量，提高蔬菜市场的竞争力；

第三，通过培训和扶持，引导农民从生产领域进入流通领域，扶持和发展蔬菜运销户和蔬菜产销经纪人，发展多种经济成分的经营运销中介服务组织，使得农户有依托，商品有渠道，经营有载体。

第四，要加强蔬菜市场的规范管理。按照国家商务部的要求，一是要加强蔬菜流通体系中的追溯体系建设。进一步完善蔬菜批发市场、零售市场和超市的经营备案、进场管理、信息登记、交易管理、数据上报等制度，从流通环节强化蔬菜质量安全

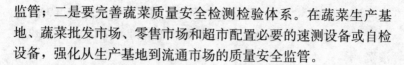

监管；二是要完善蔬菜质量安全检测检验体系。在蔬菜生产基地、蔬菜批发市场、零售市场和超市配置必要的速测设备或自检设备，强化从生产基地到流通市场的质量安全监管。

### （四）加强蔬菜产后处理

蔬菜采后处理是在蔬菜采收后通过再投入，将蔬菜产品转化为蔬菜商品的增值过程。蔬菜采后处理的主要内容包括：

**1. 整理**　根据蔬菜的"净菜"标准，除去蔬菜上的老叶、病叶、畸形果、烂果、病果、混杂物等，使蔬菜以"净菜"上市，提高蔬菜的外观性状。

**2. 清洗**　采用浸泡、冲洗、喷淋等方式水洗或用干毛刷刷净某类蔬菜产品，除去沾附在产品外表上的污泥和杂物，使之清洁卫生，符合商品蔬菜要求和卫生标准，提高商品性状。另外，清洗还能洗掉产品表面上的病菌、虫卵，减少贮运和销售过程中的发病。叶菜在清洗过程中，能够增加叶片中的含水量，延长产品的保鲜时间。

**3. 晾晒**　采收下来的蔬菜，经初选及药剂处理后，置于阴凉或太阳下，在干燥、通风良好的地方进行短期放置，使其外层组织失掉部分水分，以增进产品贮藏性的处理称为晾晒。晾晒对于提高哈密瓜、大白菜及葱蒜类蔬菜等产品的贮运效果非常重要；大白菜收后进行适当晾晒，失重5%～10%即外叶垂而不折时再行入贮，可减少机械伤和腐烂，提高贮藏效果，延长贮藏时间；洋葱、大蒜收后在夏季的太阳下晾晒几日，会加快外部鳞片干燥使之成为膜质保护层，对抑制产品组织内外气体交换、抑制呼吸、减少失水、加速休眠都有积极的作用，有利于贮藏；对马铃薯、甘薯、生姜、哈密瓜、南瓜等进行适当晾晒，有利提高耐贮藏性。

**4. 分级**　按照一定的规格或品质标准，将蔬菜划分成不同的等级。分级能够按级定价、收购、销售、包装，能够剔除病虫害和机械伤果，减少在贮运中的损失，减轻一些危险病虫害的传播，并将这些残次产品及时销售或加工处理，降低成本和减少浪费。

**5. 预冷** 蔬菜收获回来之后，在贮藏运输之前，用不同的冷却方式，尽快把蔬菜从田间带回来的热气赶走，使蔬菜的温度迅速地降下来。预冷能够及时降低菜温，减少损失，延长寿命，减少腐烂，减轻蔬菜贮藏或运输开始时机械降温的负担与能量消耗。预冷是果蔬采后商品化处理中的关键环节，在发达国家，蔬菜采后预冷已成为蔬菜采后流通、贮藏前必不可少的措施之一。

**6. 捆扎** 对经过整理、分级后的蔬菜，按照一定的重量标准或体积标准进行打捆。捆扎后的蔬菜便于搬运、贮藏和携带，同时有利于蔬菜间的通风透气。

**7. 包装** 指在蔬菜流通过程中，为保护产品，方便储运，促进销售，用一定规格或形状的容器、材料和辅助物等对蔬菜进行封装、包扎等。包装能够使蔬菜产品标准化、商品化，保证安全运输和贮藏、便于销售。合理的包装可减少或避免蔬菜在运输、装卸中的机械伤，防止产品受到尘土和微生物等的污染，防止腐烂和水分损失，缓冲外界温度剧烈变化引起的产品损失。包装还可以使蔬菜在流通中保持良好的稳定性，美化商品，宣传商品，提高商品价值及卫生质量。

蔬菜采收后经过一定的加工处理，一般可增值 90％以上，因此蔬菜采后处理已经成为蔬菜产业化生产的一个重要环节。国外农业发达国家十分重视蔬菜的采后处理，蔬菜加工率占总产量的 70％～90％，我国蔬菜加工率只占总产量的 25％左右，且以初加工为主，加工增值幅度较小，只有 35％左右，发展潜力较大。要根据蔬菜市场的需要，制定出主要蔬菜产品质量标准，并研制相应的包装材料、包装方式、加工以及运销技术等，提高产品的加工和贮运质量，以此提高产品附加值和市场的竞争能力。

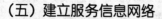

### （五）建立服务信息网络

蔬菜信息服务范围包括产前、产中、产后的多元化信息，具体包括：蔬菜资源、环境信息，诸如气候、土壤、水及种籽等各种资源环境信息；蔬菜科技信息，如农业新技术、新设备及新工艺等；蔬菜生产经营信息，如国际国内蔬菜发展新趋势、新的生产经营组织形式等；蔬菜市场信息，如蔬菜品种，价格走向及市场行情等信息；蔬菜管理服务信息，如新的蔬菜管理模式、服务方式及新的服务理念等；农民教育及农业政策法规信息等，以提高农民科技、文化素质以及政策法制意识。

蔬菜信息服务对指导蔬菜产业结构调整具有重要作用，蔬菜产业结构必须"适市"而调，也就是要考虑国内、外蔬菜市场的需求趋势、价格变化以及宏观经济环境等因素，以此作为结构调整的依据。而这些信息的获得，离不开农业信息服务。例如当前一些地方出现的"卖菜难"问题，有时并不是农产品绝对过剩，而是由于信息服务不及时，导致种植品种不对路、产品质量不高、种植规模过大、产品信息对外宣传不到位等所引起的。例如，山东省安丘市是我国重要的对日大葱出口基地。近几年，日方多次以技术壁垒名义限制我国大葱出口，致使当地企业和农民损失严重。当地企业主反映，阻碍我国大葱出口的原因并不是质量问题，而是我们不掌握日本的大葱生产情况。相反，日本不但对自己国家的种植面积有十分准确的统计，就连我国大葱的种植面积、产量、出口量、市场价格等情况都了如指掌。可见，及时、准确的农业信息服务对指导蔬菜生产是多么的重要。

蔬菜新区的农业信息服务网络建设晚，配套不完善，应从以下几个方面采取对策，来搞好农业信息服务。

第一，充分发挥政府在信息服务体系建设中的主导作用。一是通过制定统一的农业信息服务目标、方针，组织落实信息服务任务，创造良好的信息服务环境；二是发挥政府有计划地组织培训人才的职能，有计划、有目的地组织农业信息服务人员进行培训；三是抑制信息垄断、信息封锁，保护知识产权，实现规范服务和管理，以及加强网络安全管理，打击坑农、骗农的假信息等；四是整合农业、国土、农业资源综合开发、农机、水利、气象等多部门的资源，实现资源共享，以提高农业信息资源的全面性、时效性、科学性及可用性。

第二，完善农业信息服务网络建设。农业信息网络基础设施建设，是完善农业信息服务网络的最重要的环节，是分析、处理以及快速传播各类信息的必备条件。它包括硬件和软件建设两个方面。其中硬件建设首当其冲的是要加快各种信息传输网络的建设，同时提高计算机的普及率，力争尽快解决"最后一公里入户问题"。软件建设是指建立内容全面的农业信息 Web 数据库，包括图像数据、文本数据、空间数据、分析数据等；此外，还包括研制开发各种网络应用软件，例如蔬菜主要病虫害发生与防治预测预报专家决策系统、大宗农作物产量预测与调控系统，以及推广各种实用技术的多媒体光盘等。

第三，建立并完善农村信息服务中介机构。农村信息服务中介机构是农村信息服务网络中不可或缺的重要组成部分，是农业信息入村入户的重要桥梁。当前，重点是要面向广大农村发展龙头企业类、公司类、协会类、商会类等中介机构，充分发挥其在促进农产品流通和农业信息服务中的重要作用。积极探索农业科技成果进村入户的有效机制和办法，着力培育科技大户，形成以村级农民技术员为纽带，以科技示范户为核心，连接周边农户的技术传播网络。

第四，服务载体多样化。网络具有信息储量大、检索方便、传递快等优点，这是我国当前及今后应重点发展的对象。同时也应对传统的信息服务载体予以足够的重视，包括通信型信息服务系统、广播电视型信息服务系统、电子出版系统、电子图书馆系统等，尤其是在广大农村电脑普及率还很低、还不具备上网的条

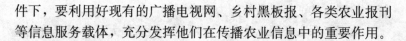

件下，要利用好现有的广播电视网、乡村黑板报、各类农业报刊等信息服务载体，充分发挥他们在传播农业信息中的重要作用。

### （六）加强监督管理

新区蔬菜要将蔬菜标准化生产作为重点任务和主要发展方向，将"三品一标"（无公害农产品、绿色食品、有机农产品和农产品地理标志）作为发展目标。要实现上述目标就必须加强蔬菜生产的监督管理。根据农业部关于进一步加强农产品质量安全监管工作的意见（农质发〔2012〕3号）要求，当前应重点抓好以下工作：

第一，强化蔬菜产品专项整治工作。以蔬菜生产违规使用高毒农药问题为重点，强化农药登记审批和市场执法监管，加强农药使用技术指导，严防超范围、超剂量使用。要大力推行高毒农药定点经营，推广专业化统防统治。

第二，加大农资监管和打假力度。集中力量开展种子、农药、肥料等重要农资的专项打假和违禁农资（禁用农药、化肥、农膜等）进入市场等的监管活动，确保农资质量。重点加强对农资批发市场、专业市场、集散地和经营门店的执法监管和农资物流配送的监控，从源头消除监管盲区和死角。

第三，推行产地准出管理制度。依托乡镇农产品质量安全监管公共服务机构，积极推行农产品质量安全产地的准出管理。要充分利用现代信息技术和信息平台，探索开展农产品质量安全产地追溯管理试点，逐步实现农产品"生产有记录、流向可追踪、质量可追溯、责任可界定"管理制度。

第四，强化蔬菜产品的检验监测工作。要以保障蔬菜消费安全为目标，稳定基本的参数和品种，将主要蔬菜产地的产品全部纳入检验监测范围。要加强农产品质量安全专门技术人才培养，积极依托大专院校、科研院所和权威技术机构，加大检测、标准、风险评估等技术培训力度，加快提升基层农产品质量安全监管、检测、认证等人员的能力和水平。

第五，深入开展标准化生产示范。不断扩大蔬菜标准示范基地的建设规模，积极推动蔬菜标准化整体推进示范工作，强化农业标准化知识和技术的宣传和落实，指导农业生产者科学合理使用农业投入品。督促和指导农产品生产企业、农民专业合作社率先实施农业标准化生产，严格落实农药安全间隔期（休药期）和生产档案记录制度，依法履行农产品生产质量安全管理责任。

第六，稳步推进农产品认证。坚持可持续发展思路，强化"三品一标"的认证监管，切实提高认证准入门槛，严格认证程序，确保认证工作质量。要依法强化证后监督检查，建立退出机制，将"三品一标"农产品全部纳入各级农业行政主管部门的例行监测、监督抽查和执法检查范围，维护好"三品一标"品牌形象和社会公信力。

# 第二节　蔬菜的种类与生产特点

蔬菜的分类方法比较多，常用的是根据农业生物学特性进行分类，主要分为绿叶菜类、茄果类、根菜类、瓜类、豆类、葱蒜类、白菜类、薯蓣类、多年生蔬菜、水生蔬菜、食用菌类合计11类蔬菜。各类蔬菜间在栽培特性、环境要求、栽培方式、茬口安排以及在蔬菜产业中的地位等差异明显。

## 一、根　菜　类

根菜类指以肥大的肉质直根为产品的蔬菜，主要包括萝卜、胡萝卜、芜菁、根用芥菜、芜菁甘蓝、牛蒡等，其中，栽培较多的是萝卜、胡萝卜。

### （一）环境要求特点

该类蔬菜大多喜欢冷凉的气候，不耐高温，适宜的栽培季节为春季和秋季。

**1. 对土壤要求比较高**　由于作为产品的直根在土中生长，要求土壤深厚、疏松、通气性好，如果土质黏重、透气性不良，肉质根容易出现颜色淡、须根多、易生瘤等现象，降低品质。在低洼排水不良的地方，肉质根易破裂，常引起腐烂，叉根增多。土层过浅，容易造成畸形根。

**2. 对土壤湿度要求严格**　土壤长时间湿度过大，容易引起表皮变色、烂根，水分不足容易引起糠心、味苦、味辣等；水分过多水分供应不均匀又容易引起裂根。

**3. 对土壤酸碱度的适应范围较广**　在 pH 为 5～8 的土壤中均能良好生长。

**4. 喜钾肥和硼肥**　根菜类对钾肥的需求量比较多，特别是肉质根膨大期对钾肥的需求量较突出，所以后期增施钾肥能显著提高根菜类的产量和品质。另外，根菜类对缺硼、缺钙反应敏感，例如萝卜缺硼易出现肉质根空心、黑心、烂心，表皮开裂等不良现象；胡萝卜缺钙易出现叶子缺绿、坏死现象，最终死亡。

## （二）栽培特点

**1. 栽培方式**　该类蔬菜以露地栽培为主。但近年来，随着部分地方名优品种的开发以及胡萝卜、牛蒡等出口价格的提升，保护地（主要是大棚和小拱棚）栽培面积有逐年扩大的趋势。

**2. 栽培技术**　除根用芥菜、芜菁甘蓝等部分短根品种外，大部分品种要求直播，以保持直根的完整性，防止分叉等。根菜类适合进行起垄栽培，特别是一些根长、根大，对品质要求严格的品种，垄作效果较好。

## （三）在蔬菜产业中的位置及发展趋势

根菜类蔬菜具有其独特的营养和药用价值，如胡萝卜肉质根富含蔗糖、葡萄糖、淀粉、胡萝卜素以及钾、钙、磷等，其中胡萝卜素含量高于番茄的 5～7 倍，食用后经肠胃消化分解成维生素 A，能防治夜盲症和呼吸道疾病；牛蒡具有治疗风热感冒、咳嗽痰多、麻疹风疹、咽喉肿痛、抑制肿瘤生长等功能；萝卜种子能消食化痰，鲜根能止渴、助消化，叶能治初痢等。因此，近年来，根菜类更多地被用做保健蔬菜，市场需求量大，尤其是大中城市的需求量较大，发展前景较好，特别适合于蔬菜新区种植。

根菜类还是重要的加工和出口蔬菜。根菜类适合腌制、酱制以及加工成脱水蔬菜等，是我国传统腌制蔬菜的重要成员之一，目前主要作为加工蔬菜进行栽培，生产成本低，技术简单，较适合蔬菜新区种植生产。此外，由于根菜类的特殊保健作用，长期以来也一直是我国出口日本、韩国的重要蔬菜之一，其中以牛蒡、白萝卜、胡萝卜等的出口量较大。

## 二、白 菜 类

白菜类指十字花科蔬菜中，以柔嫩的叶丛、肉质茎、叶球或花球等为产品的蔬菜，主要包括大白菜、花椰菜、结球甘蓝、雪里蕻、榨菜等。

### （一）环境要求特点

该类蔬菜大多喜欢冷凉的气候，不耐高温，适宜的栽培季节为春季和秋季。

**1. 对湿度要求较高**　白菜类喜湿，适宜的土壤湿度为80％～90％，适宜的空气湿度为 70％～80％。

**2. 需肥量大**　白菜类产量高，需肥量比较大，其中大白菜、结球甘蓝等以叶球产品的蔬菜需氮较多，花椰菜、榨菜等以花、肉质茎为产品的蔬菜对钾的需求量比较大。

**3. 喜钙肥和硼肥**　白菜类对钙、硼等的需求量也比较大，例如大白菜缺钙容易出现干烧心，缺硼时叶柄木栓化并变黑褐

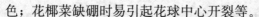

色；花椰菜缺硼时易引起花球中心开裂等。

**4. 对土壤的适应能力强**　除了过于疏松的沙土以及排水不良的新土外，其他土壤均可栽培白菜类蔬菜，以肥沃壤土、粉砂壤土等的栽培效果为最好。

**5. 要求土壤酸碱度中性至微碱性。**

## （二）栽培特点

**1. 栽培方式**　白菜类以秋季露地栽培为主，栽培技术简单，生产成本也较低。近年来，像春季大白菜、春季早熟甘蓝、花椰菜等为提高产量和质量，各地进行塑料大棚、小拱棚栽培的面积也日益扩大。

**2. 栽培技术**　白菜类较耐移植，栽培期也比较长，多进行育苗移栽，以提早定植和延长生长期提高产量。大株型品种要求起垄栽培或高畦栽培，以减少病害发生。部分结球类品种在结球后期需要进行束叶捆菜，保护叶球。

## （三）在蔬菜产业中的位置及发展趋势

白菜类属于传统的大路菜，早期作为主要的冬贮菜（大白菜）和腌制蔬菜原料（雪里蕻、榨菜）进行栽培，是我国重要的秋冬蔬菜之一。近年来，随着保护地蔬菜生产的发展，冬春季的精细蔬菜供应量的增多，白菜类的冬季需求量逐年减少，种植面积也逐年下降，秋冬栽培的规模明显缩小，并且主要分布于广大农村和边远城市郊区。但，反季节栽培的春夏季白菜类生产规模则呈扩大之势。

# 三、绿叶菜类

绿叶菜类指以幼嫩的绿叶、小型叶球、嫩茎等为产品的蔬菜，主要包括芹菜、菠菜、莴苣、茼蒿、芫荽、蕹菜、苋菜等。

## （一）环境要求特点

**1. 温度要求** 根据对环境的不同要求，将绿叶菜划分为二类。

一类属于喜冷凉湿润类，包括芹菜、菠菜、莴苣、小白菜、茼蒿，茴香、芫荽、荠菜、冬寒菜、菊苣、菜苔菁、菊花脑等，生长适温为 15～20℃，能耐短期霜冻，而以菠菜的耐寒力最强；另一类属于喜温暖湿润类，包括苋菜、蕹菜、落葵等，生长适温 20～25℃，不耐寒，尤以蕹菜更喜高温。

**2. 不耐干燥和干旱** 绿叶菜类对土壤湿度和空气湿度要求均较高，适宜的土壤湿度为 70%～80%、空气湿度为 80%～90%。

**3. 喜氮肥、硼肥和钙肥** 绿叶菜类对氮肥需求量大，对微量元素中的硼肥、钙肥缺乏较为敏感，如菠菜缺硼容易引起心叶卷曲（菠菜），生长停滞；芹菜缺硼时叶柄异常肥大、短缩，茎叶部有许多裂纹，心叶的生长发育受阻，畸形，缺钙时幼叶早期死亡，生长细弱，叶色灰绿，生长点死亡，小叶尖端叶缘扭曲、变黑等。

**4. 要求土壤的保肥保水能力强。**

## （二）栽培特点

**1. 栽培方式** 绿叶菜类以露地栽培为主，其中芹菜、生菜等近年来由于市场的需求量比较大，保护地栽培面积增加较快，在一些地区，已经形成了专业生产基地。

**2. 栽培技术** 除了芹菜、莴笋（茎用莴苣）以育苗移栽为主外，其余种类主要进行直播，栽培技术简单，管理较为粗放。绿叶菜类种子多为植物学上的果实，播种前需要搓破果皮，提高种子的发芽质量。

## （三）在蔬菜产业中的位置及发展趋势

绿叶菜类以鲜嫩的叶片、叶柄或嫩茎为产品，生长期短，适于密植，可排开播种，延长供应期，对调节栽培茬口、增加花色品种、周年均衡供应起重要作用。特别是其中的芹菜、莴笋，由于较耐贮藏，在我国很多地区也是重要的冬贮菜之一。

此外，菠菜也是我国目前主要出口蔬菜之一，生菜（叶用莴苣）也是民间重要的生食蔬菜。近年来，该类蔬菜的种植面积有逐年扩大之势。但由于该类蔬菜产量低、效益差等原因，目前主要以露地栽培为主。该类蔬菜生产技术简单，投资较少，较适合蔬菜新区大量种植。

## 四、葱蒜类蔬菜

葱蒜类蔬菜指百合科蔬菜中以鳞茎、嫩叶、花薹为产品的蔬菜，主要包括洋葱、大蒜、大葱、韭菜等。葱蒜类蔬菜属于百合科葱属的二年生或多年生草本植物，普遍栽培的有韭菜、大蒜、大葱和洋葱等。

### （一）环境要求特点

**1. 喜湿耐旱**　葱蒜类蔬菜在形态上都具有短缩的茎盘、喜湿的根系和耐旱的叶形以及具有贮藏功能的鳞茎，要求较低的空气湿度和较高的土壤湿度。

**2. 喜冷凉、不耐热**　葱蒜类蔬菜的适宜生长温度为 20～25℃。低温季节地上部枯萎，以地下根茎越冬，高温季节（超过35℃），营养生长停滞或被迫休眠，植株呈半休眠状态，外叶枯萎。

**3. 喜疏松肥沃土壤**　葱蒜类蔬菜根系分布范围小，吸肥能力弱，要求土壤疏松肥沃、保水保肥力强，有机质含量丰富。适宜的土壤酸碱度为中性至微碱性。

**4. 喜肥、耐肥**　葱蒜类蔬菜生长时间长，吸收养分总量较多，属于喜肥作物，以有机肥的施肥效果最好。

**5. 喜钾肥和硫肥**　葱蒜类蔬菜因具有特殊的风味，对钾和硫的需求量较大，属于喜钾和硫蔬菜，应加大钾肥和硫的用量。

## （二）栽培特点

**1. 栽培方式** 葱蒜类蔬菜以露地栽培为主，保护地栽培中，以韭菜的种植面积最大，多进行秋冬和冬春栽培，主要供应春节市场和早春市场。

**2. 栽培技术** 除大葱外，其余葱蒜类蔬菜多进行育苗移栽。葱蒜类的种子使用寿命短，要求用当年生产的新种子播种生产。

## （三）在蔬菜产业中的位置及发展趋势

葱蒜类蔬菜中的大葱、大蒜、洋葱较耐贮藏，主要作为调味品和冬贮菜，各地均有栽培，但除了专业生产外，其余地区的种植规模均不大。近年来，葱蒜类中的大蒜、洋葱的外销量增加较快，为主要出口蔬菜，栽培面积呈逐年增加之势。葱蒜类蔬菜栽培技术简单，易于推广，较适合蔬菜新区栽培。

# 五、茄果类蔬菜

茄果类蔬菜指茄科蔬菜中以浆果为产品的蔬菜，主要包括番茄、茄子、辣椒等，是我国最主要的果菜之一。

## （一）环境要求特点

**1. 喜温怕寒** 茄果类蔬菜起源于热带和亚热带，喜温怕寒，生育适温为 10～30℃，15℃以下时生育缓慢，易引起落花，低于 10℃时新陈代谢失调，高于 35℃坐果不良，畸形果增多。喜光，光照不足时易徒长，并易引起落花落果或果实着色不良。

**2. 耐旱耐干燥** 茄果类蔬菜的根系吸水能力强，具有一定的耐旱能力，适宜的土壤相对湿度为 60%～85%，适宜的空气相对湿度为 45%～65%，空气湿度过大时，不能正常授粉、受

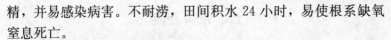

精，并易感染病害。不耐涝，田间积水 24 小时，易使根系缺氧窒息死亡。

**3. 对土壤的适应能力比较强**　在各种土壤中都能正常生长，但最适于在富含有机质，保水保肥能力强的壤土中栽培，适宜的 pH6～7。

**4. 喜肥耐肥**　茄果类蔬菜产量高，对土壤养分要求较高，坐果前需要较多的氮和少量的钾，坐果后需要较多的钾、适量的氮。

**5. 喜硼肥和钙肥**　茄果类蔬菜对硼、钙的需求量比较大，应进行平衡施肥，否则容易引起缺素症，如番茄脐腐病等。

## （二）栽培特点

**1. 栽培方式**　早期以露地栽培为主，近年来，随着设施蔬菜生产的发展，温室、大棚、塑料小拱棚番茄、辣椒、茄子生产规模增加较快，已经成为秋冬、冬春季的主要生产形式，而露地栽培面积则逐年减少。

**2. 栽培技术**　茄果类蔬菜的苗期比较长，为提高产量，主要进行育苗移栽，并进行整枝、打杈、疏花疏果，以提高商品果率。近年来，随着设施栽培病虫害的加重，番茄、茄子嫁接栽培的面积呈逐年扩大之势。

## （三）在蔬菜产业中的位置及发展趋势

茄果类蔬菜是保护地蔬菜生产的主要栽培对象，也是露地的主要栽培蔬菜，目前已经形成了从种苗、生产、加工等较为配套的产业技术体系。除供鲜食外，茄果类蔬菜也是加工制作罐头的好原料，例如番茄可以加工成番茄汁、番茄酱及整形糖水罐头等；辣椒可做辣椒酱或辣椒粉等。

茄果类蔬菜对生产技术要求较高，特别是对保护地栽培技术要求较为严格，规模化栽培需要一定的生产技术基础。

# 六、瓜类蔬菜

瓜类蔬菜指葫芦科蔬菜中以瓠果为产品的蔬菜，主要包括黄瓜、南瓜、西瓜、甜瓜、丝瓜、冬瓜、苦瓜、佛手瓜等。

## （一）环境要求特点

**1. 喜温怕寒** 瓜类蔬菜起源于热带和亚热带，喜温怕寒，生长适温 20～30℃，10℃以下引起生理障碍以至受害。瓜类中以甜瓜、越瓜、西瓜和南瓜最耐热；冬瓜、节瓜、丝瓜、苦瓜、瓠瓜、笋瓜和黄瓜等，比较适于炎热湿润的气候；西葫芦和佛手瓜既不耐热也不耐寒冷。

**2. 喜光** 瓜类蔬菜属于需光照较强的作物（黄瓜较耐阴），光照不足，尤其是低温寡照，容易化瓜和染病。瓜类属短日照作物，如果短日照和低夜温相结合则雌花数量更多。

**3. 喜湿怕湿** 瓜类蔬菜因起源地和形态结构上的不同，对湿度的要求差异明显。如，黄瓜喜湿不耐旱、涝；西瓜根系庞大、吸水能力强，比较耐旱；丝瓜较耐湿涝。

**4. 需肥量大** 瓜菜作物产量高，需肥量大，其中的黄瓜、西葫芦等以能嫩瓜为产品的蔬菜对氮肥的需求量比较大，而西瓜、甜瓜等已成熟果实为产品的蔬菜对磷钾肥的需求量相对较大。

**5. 喜硼肥和钙肥** 瓜菜对硼、钙的需求量比较大，应进行平衡施肥。

## （二）栽培特点

**1. 栽培方式** 早期以露地栽培为主，近年来，随着设施蔬菜生产的发展，温室、大棚、塑料小拱棚黄瓜、西葫芦、丝瓜、西瓜、甜瓜等的生产规模增加较快，已经成为秋冬、冬春瓜菜生产的主要形式，而露地栽培面积则逐年减少。

**2. 栽培技术**　瓜菜类苗期比较长，为提高产量，主要进行育苗移栽，并进行整枝、打杈、疏花疏果等，以提高商品果率。为提高低温期瓜菜的生长势，提高产量，设施栽培瓜菜大多选用耐低温砧木进行嫁接栽培，西瓜、甜瓜的土壤传播病害发生较重，不论设施栽培还是露地栽培通常均进行防病嫁接栽培。

### （三）在蔬菜产业中的位置及发展趋势

瓜菜类是目前保护地蔬菜的主要栽培类型，也是露地的主要栽培蔬菜。除供鲜食外，也是农业生态园区重要的观赏蔬菜。该类蔬菜品种类型多，品种更新也较快，同茄果类蔬菜一样，目前已经形成了较为配套的产业技术体系，设施栽培对生产技术要求较高，规模化栽培需要一定的生产技术基础。

## 七、豆类蔬菜

豆类蔬菜指豆科蔬菜中以鲜嫩的荚果或种子为产品的蔬菜，主要包括菜豆、豇豆、蚕豆、豌豆、扁豆等。

### （一）环境要求特点

**1. 温度要求**　豆类蔬菜均属于豆科一年生草本植物，除豌豆和蚕豆外皆原产热带，为喜温性作物，不耐低温和霜冻，宜在温暖季节栽培，适宜生长温度为 18～25℃，若低于 15℃或高于30℃，易产生不稔花粉，引起落花、落荚现象。豌豆和蚕豆原产温带，耐寒力较强，忌高温干燥，为半耐寒性蔬菜宜在温和季节栽培。

**2. 喜光**　弱光下生育不良，开花结荚数减少。多数豆类蔬菜对日照长度要求不严，但苗期在短日照条件下，能促进花芽分化，降低第一花序的着生节位。

**3. 耐旱力强**　大多数豆类蔬菜的耐旱力较强，在生长期间，土壤湿度以半干半湿、空气湿度保持在 50％～75％较好，开花结荚期湿度过大或过小都会引起落花落荚现象。

**4. 根系有固氮能力** 根系较发达，入土深，具有固氮能力，可以减少氮肥的使用量。适宜在土层深厚、有机质丰富、疏松透气的壤土或砂壤土上栽培，适宜的土壤 pH 值为 6.2～7.0。

**5. 喜硼肥和钼肥** 微量元素硼和钼对豆类蔬菜的生育和根瘤菌的活动有良好的作用。

## （二）栽培特点

**1. 栽培方式** 豆类蔬菜早期以露地栽培为主，近年来，随着设施蔬菜生产的发展，温室、大棚、塑料小拱棚菜豆的生产规模增加较快，已经成为秋冬、冬春保护地蔬菜的重要生产内容之一，目前多地形成温室、大棚菜豆生产基地。豇豆、蚕豆、荷兰豆等目前仍然以露地栽培为主。

**2. 栽培技术** 豆类蔬菜的根系不耐移植，多进行直播栽培，育苗移栽时的育苗期也比较短，一般不超过 25 天。多数品种需要支架栽培，部分品种需要进行适当的整枝、打杈和摘心。

## （三）在蔬菜产业中的位置及发展趋势

豆类蔬菜是我国传统的种植蔬菜之一，也是人们喜爱的蔬菜之一，是重要的露地蔬菜，其中的菜豆还是重要的保护地蔬菜栽培蔬菜。豆类蔬菜含有较多的优质蛋白和不饱和脂肪酸，矿物质和维生素含量也高于其他蔬菜，保健防病功效明显，越来越受到人们的重视。另外，豆类蔬菜还适合加工，可干制，也可加工成罐头、速冻蔬菜出口，出口生产前景广阔。

# 八、薯芋类蔬菜

薯蓣类蔬菜指以地下肥大的变态根和变态茎为产品的蔬菜，主要包括马铃薯、山药、姜、芋等。

## （一）环境要求特点

**1. 温度要求** 薯蓣类蔬菜起源比较复杂，对环境的要求也有所差异。其中生姜起源于印度东南部和南洋群岛一带，喜温、喜湿、耐阴，适宜生育温度 25～28℃，耐高温，在 40～50℃ 的高温下仍能正常生长，但低于 20℃ 生长缓慢，低于 15℃ 生长停止，遇霜冻茎叶枯死。马铃薯原产于原产于南美洲山区，喜温和气候，不耐高温也不耐阴，生长适温为 20℃ 左右，25℃ 以上不利于块茎发育。块茎膨大要求较低的夜温，以 12～14℃ 最适宜。

**2. 对土壤要求较严格** 属于类蔬菜以地下的膨大块根、块茎、球茎等为产品，对土壤要求较严格，要求土层深厚疏松、富含有机质、排水良好，喜中性至微酸性砂壤土。黏重土壤，不利于根系发育和产品膨大。

**3. 喜肥耐肥** 薯蓣类蔬菜产量高，需肥量大，喜肥也耐肥，喜欢大肥大水。另外，薯蓣类蔬菜以块根、块茎、球茎等为产品，对钾肥的需求也比较多。

**4. 喜钾肥，忌氯肥。**

## （二）栽培特点

**1. 栽培方式** 薯芋类蔬菜以露地栽培为主，部分地区，尤其是城市郊区为提早供应，近年来有采用塑料大棚、小拱棚等方式进行春季早熟栽培。部分生姜产地，近年来，随着生姜价格的飙升，生产效益的提高，也开始采用塑料大棚和小拱棚进行春季提早栽培，一般增产 50%～100%。

**2. 栽培技术** 薯芋类蔬菜用营养体繁殖，用种量大，生产成本高，同时种子也容易出现种性退化问题，需要定期更新复壮。需要中耕松土，保持土壤良好的透气性，产品器官生长期要进行培土，防止地下产品露出土外。

## （三）在蔬菜产业中的位置及发展趋势

薯蓣类蔬菜中的马铃薯属于粮菜兼用蔬菜，同时也是加工淀粉的重要原材料，种植规模比较大，特别是近年来，随着保护地种植面积的扩大，城市郊区的种植规模也有较大增长。生姜是主要的出口创汇蔬菜，也是重要的保健调味蔬菜，在出口的带动下，生产发展较快，目前多个地区形成了生姜专业生产基地。

薯蓣类蔬菜生产技术简单，产量高，易于栽培，较适合蔬菜新区规模种植。

# 第三节　蔬菜生产环境

蔬菜生产离不开适宜的环境，蔬菜生产环境主要包括温度、湿度、光照、土壤营养和气体条件，简称水肥气热光。蔬菜对环境的要求不同，其在栽培季节和生产茬口安排上也有所不同，因此掌握不同蔬菜对环境的要求，对指导蔬菜的生产安排、技术应用、管理措施制定等有着重要的指导作用。

## 一、温　　度

在影响蔬菜生长发育的各种环境条件中，温度对蔬菜的影响最为敏感，通常将蔬菜生活的温度范围，划分为最适温度、最高温度和最低温度，也称为温度三基点。在最适温度范围内，蔬菜生长、发育得最好，如果温度超过最高温度或低于最低温度，蔬菜的生长发育就要停止，同时开始出现各种高温或低温伤害。生产中应将蔬菜的栽培时间，特别是产品器官生长期要安排在蔬菜生育的最适温度范围内。

## （一）不同蔬菜对温度的要求

蔬菜的种类繁多，起源地也各不相同，因此，蔬菜间对温度

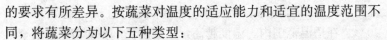

的要求有所差异。按蔬菜对温度的适应能力和适宜的温度范围不同，将蔬菜分为以下五种类型：

**1. 耐寒性蔬菜**　主要包括结球甘蓝、叶用芥菜、小白菜、乌塌菜等部分白菜类蔬菜；菠菜、芹菜、芫荽、生菜等大多数绿叶菜类。生长适温为17～20℃，生长期内能长时期忍受−1～−2℃的低温和短期的−3～−5℃低温，个别蔬菜甚至可短时忍受−10℃的低温。耐热能力较差，温度超过21℃时，生长不良。

**2. 半耐寒性蔬菜**　主要包括萝卜、胡萝卜等根菜类以及大白菜、花椰菜、结球莴苣、马铃薯、豌豆及蚕豆等。生长适温为17～20℃，其中大部分蔬菜能忍耐−1～−2℃的低温。耐热能力较差，产品器官形成期，温度超过21℃时生长不良。

**3. 耐寒而适应性广的蔬菜**　主要包括大葱、大蒜、洋葱等葱蒜类蔬菜；香椿、芦笋等多年生蔬菜。生长适温为12～24℃，耐寒能力较普通耐寒性蔬菜强，可忍耐26℃以上的高温。

**4. 喜温性蔬菜**　主要包括番茄、茄子、辣椒等茄果类蔬菜；黄瓜、西葫芦、葫芦等部分瓜类蔬菜；菜豆、扁豆、毛豆等大部分豆类；莲藕、茭白、荸荠等水生蔬菜；生姜、芋头、草石蚕、菊芋等大多数薯芋类蔬菜等。生长适温为20～30℃，温度超过40℃时，同化作用小于呼吸作用。不耐低温，在15℃以下开花结果不良，10℃以下停止生长，0℃以下致死。

**5. 耐热性蔬菜**　主要包括冬瓜、南瓜、丝瓜、苦瓜、西瓜、甜瓜、豇豆等。耐高温能力强，生长适温为30℃左右，有的蔬菜在40℃时仍能正常生长。不耐低温。

## （二）蔬菜不同生育期对温度的要求

蔬菜从种子发芽到产品成熟，通常要经历发芽期、幼苗期和产品器官形成期。不同时期的生育特点不同，对温度的要求也不相同。各时期对温度的要求如下：

**1. 发芽期**　要求较高的温度。喜温、耐热性蔬菜的发芽适温为 20～30℃，耐寒、半耐寒、耐寒而适应性广的蔬菜为 15～20℃。在适温范围内，温度越高，出土越快。在幼苗出土后至第一片真叶展开前，应适当降温，以免幼苗徒长，形成高脚苗。

**2. 幼苗期** 能适应的温度范围较宽。生产上可将幼苗期安排在温度较高或较低的月份，如白菜苗期安排在 7～8 月高温季节，番茄苗期安排在早春低温季节，以便将产品器官形成期安排在温度最适宜的月份或延长结果期，提高产量。

**3. 产品器官形成期** 此期的适应温度范围较窄，果菜类适温为 20～30℃，根、茎、叶菜类一般为 17～20℃，生产上应尽可能将这个时期安排在温度最适宜的月份。

### （三）温度对蔬菜发芽分化和结果的影响

瓜类蔬菜、茄果类蔬菜、豆类蔬菜等一年生蔬菜的花芽分化一般不需要低温诱导，但一定大小的昼夜温差对花芽分化却有促进作用。白菜类蔬菜、根菜类、绿叶菜类、葱蒜类蔬菜等中的大多数蔬菜花芽分化，则需要一定时间的低温诱导。其中有些二年生蔬菜从种子萌动开始就能够感受低温的影响，称为种子春化型蔬菜，代表蔬菜有白菜、萝卜、菠菜、莴苣、芥菜等。种子春化型蔬菜通过春化阶段要求的低温上限比较高，需要低温诱导的时间也比较短。而另外一些二年生蔬菜则需要在植株长到一定大小后才能感受低温，称为绿体春化型蔬菜，代表蔬菜有甘蓝、洋葱、大葱、芹菜等。绿体春化型蔬菜通过春化阶段要求的低温上限较低，需要低温诱导的时间也比较长。

开花期对温度的要求比较严格，温度过高或过低都会影响花粉的发芽和授粉，造成落花落果，形成畸形果等。

## 二、光　照

光照主要是通过光照强度、光照时间和光质（也即光的成分）三方面对蔬菜产生影响，其中以光照强度与蔬菜栽培的关系最为密切。

## （一）光照强度

根据蔬菜对光照强度的要求范围不同，一般把蔬菜分为以下4种类型：

**1. 强光性蔬菜** 包括西瓜、甜瓜、西葫芦等大部分瓜类蔬菜，以及番茄、茄子、豇豆、刀豆、山药、芋头等蔬菜。该类蔬菜喜欢强光，耐弱光能力差，光照不足，生长不良，产量低，品质差，也容易发生病害。

**2. 中光性蔬菜** 包括大部分的白菜类、葱蒜类以及菜豆、辣椒等。该类蔬菜在中等光照下生长良好，有一定的耐荫能力，不耐强光，夏季光照过强时，往往生长不良，病虫害加重，需要进行遮光保护栽培。

**3. 耐荫性蔬菜** 包括生姜以及大部分绿叶菜类等。该类蔬菜在中等光照下生长良好，对强光照反应敏感，耐荫能力较强。该类蔬菜适合与高秆蔬菜进行间套作栽培，以充分利用空间，扩大种植指数。单独栽培时，进入强光期需要进行遮光保护。

**4. 弱光性蔬菜** 主要是一些菌类蔬菜。该类蔬菜一生不喜欢强光，需要在遮阴环境下进行栽培。

## （二）光照时间

对大多数蔬菜来讲，日光照时数12小时左右有利于光合作用，植株营养积累多易获高产。短于8小时则往往光合时间不足，营养不良，产量低，品质也差。

光周期与蔬菜的开花结果关系密切。一些蔬菜需要12小时以上的光照诱导才能进行花芽分化，称为长日照蔬菜，如白菜、甘蓝、芥菜、萝卜、胡萝卜、莴苣、蚕豆、豌豆以及大葱等。还有一些蔬菜的花芽分化需要12小时以下的光照诱导，称为短日照蔬菜，如菜豆、豇豆、茼蒿、扁豆、苋菜、蕹菜等。另外，一部分蔬菜的花芽分化与光周期的关系不密切，在长日照或短日照下均能够较好地开花结实，如番茄、茄子、辣椒等。

在蔬菜茬口安排时，必须考虑到蔬菜花芽分化对光周期的要求，对以花果为产品的蔬菜，应满足器花芽分化对光周期的要求，而以叶球、叶片、嫩茎等为产品的蔬菜，要尽量避开适合花芽分化的季节。

### （三）光质

光质是指光的组成成分。太阳光中被叶绿素吸收最多的是红橙光和蓝紫光部分。一般长光波对促进细胞的伸长生长有效，短光波则抑制细胞过分伸长生长。露地栽培蔬菜，处于完全光谱条件下，植株生长比较协调，色着好，营养成分比较全面，品质好。设施栽培蔬菜，由于中、短光波透过量较少，容易发生徒长现象，果实的着色也往往偏浅，营养成分也不及露地栽培的全面。生产中，要注意增加中、短波光的光量，并防止蔬菜徒长。

### （四）不同生育时期对光照强度的要求

蔬菜一生中对光照强度的要求情况，随着生育时期的变化而改变。通常，发芽期除个别蔬菜外，一般不需要光照；幼苗期比成株期耐荫；开花结果期比营养生长期需要较强的光照。

## 三、湿 度

包括土壤湿度和空气湿度两部分。

### （一）土壤湿度

根据蔬菜对土壤湿度的需求程度不同，一般分为以下5种类型：

**1. 水生蔬菜** 包括茭白、荸荠、慈姑、藕、菱等。植株的蒸腾作用旺盛，耗水很多；但根系不发达，根毛退化，吸收能力很弱，只能生活在水中或沼泽地带。

**2. 喜湿性蔬菜**　包括黄瓜、大白菜和大多数绿叶菜类等。植株叶面积大，组织柔软，蒸腾消耗水分多；根系入土不深，吸收能力弱，要求较高的土壤湿度。主要生长阶段需要勤灌溉，保持土壤湿润。

**3. 半喜湿性蔬菜**　主要是葱蒜类蔬菜。植株的叶面积较小，并且叶面有蜡粉，蒸腾耗水量小。但根系不发达，入土浅并且根毛较少，吸水能力较弱。该类蔬菜不耐干旱，也怕涝，对土壤湿度的要求比较严格，主要生长阶段要求经常保持地面湿润。

**4. 半耐旱性蔬菜**　包括茄果类、根菜类、豆类等。植株的叶面积相对较小，并且组织较硬，叶面常有茸毛保护，耗水量不大；根系发达，入土深，吸收能力强，对土壤的透气性要求也较高。该类蔬菜在半干半湿的地块上生长较好，不耐高湿，主要栽培期间应定期浇水，经常保持土壤半湿润状态。

**5. 耐旱性蔬菜**　包括西瓜、甜瓜、南瓜、胡萝卜等。叶上有裂刻及茸毛，能减少水分的蒸腾，耗水较少；有强大的根系，能吸收土壤深层的水分，抗旱能力强，对土壤的透气性要求比较严格，耐湿性差。主要栽培期间应适量浇水，防止水涝。

## （二）空气湿度

蔬菜间由于叶面积大小以及叶片的蒸腾能力不同，对空气湿度的要求也不相同，大体上分为以下 4 类：

**1. 潮湿性蔬菜**　主要包括水生蔬菜以及以嫩茎、嫩叶为产品的绿叶菜类，其组织幼嫩，不耐干燥。适宜的空气相对湿度为85％～90％。

**2. 喜湿性蔬菜**　主要包括白菜类、茎菜类、根菜类（胡萝卜除外）、蚕豆、豌豆、黄瓜等，其茎叶粗硬，有一定的耐干燥能力，在中等以上空气湿度的环境中生长较好。适宜的空气相对湿度为70％～80％。

**3. 喜干燥性蔬菜**　主要包括茄果类、豆类（蚕豆、豌豆除外）等，其单叶面积小，叶面上有茸毛或厚角质等，较耐干燥，中等空气湿度环境有利于栽培生产。适宜的空气相对湿度为55%～65%。

**4. 耐干燥性蔬菜**　主要包括甜瓜、西瓜、南瓜、胡萝卜以及葱蒜类等，其叶片深裂或呈管状，表面布满厚厚的蜡粉或茸毛，失水少，极耐干燥，不耐潮湿。在空气相对湿度45%～55%的环境中生长良好。

### （三）蔬菜不同生育时期对水分的要求

**1. 发芽期**　对土壤湿度要求比较严格，湿度不足容易发生落干，湿度过大则容易发生烂种。适宜的土壤湿度为地面半干半湿至湿润。

**2. 幼苗期**　苗期根群小、分布浅，吸水能力弱，不耐干旱。但植株叶面积小，蒸腾量少，需水量并不多，一般较发芽期偏低。适宜的土壤湿度为地面半干半湿。

**3. 营养生长旺盛期和养分积累期**　此期是根、茎、叶菜类蔬菜一生中需水量最多的时期，但在养分贮藏器官形成前，水分却不宜过多，防止茎、叶徒长。进入产品器官生长盛期以后，应勤浇多浇，经常保持地面湿润，促进产品器官生长。

**4. 开花结果期**　开花期对水分要求严格，水分过多或过少都会导致授粉不良，引起落花落蕾。结果盛期的需水量加大，为果菜类一生中需水最多的时期，应经常保持地面湿润。

## 四、土壤与营养

### （一）不同土壤类型对蔬菜生长的影响

**1. 砂壤土**　土质疏松不易板结，但有效营养元素含量少，后期易早衰。春季升温快，适宜茄果类、瓜类、芦笋等蔬菜的早熟性栽培，也适于根菜类、薯芋类等地下产品器官的肥大生长。

生产上应增施基肥，重视后期补肥。

**2. 壤土**　质地松细适中，保水保肥力好且含有较多的有机质和矿质营养，是一般蔬菜生长最适宜的土壤。

**3. 黏壤土**　土壤易板结，但营养元素含量丰富，具有丰产潜力，但春季升温慢.适宜大型叶菜类、水生蔬菜等的晚熟丰产栽培。

## （二）对土壤营养的要求

**1. 不同种类蔬菜对营养的需求**　叶菜类对氮素营养的需求量比较大，根、茎菜类、叶球类等有营养贮藏器官形成的蔬菜对钾的需求量相对较大，而果菜类需磷较多一些。

除氮、磷、钾外，一些蔬菜对其他营养元素也有特殊的要求，如大白菜、芹菜、莴苣、番茄等对钙的需求量比较大；嫁接蔬菜对缺镁反应比较敏感，镁供应不足容易发叶枯病；芹菜、菜豆等对缺硼比较敏感，需硼较多。

**2. 蔬菜不同生育时期对土壤营养的要求**　发芽期幼苗主要依靠自身营养生长，一般不需要土壤营养。幼苗期，对土壤营养要求严格，单株需肥量虽少，但在苗床育苗时，由于植株密集，相对生长量大，需要充足的营养，要求较多的氮磷。产品器官形成期是蔬菜一生中需肥量最大的时期，应注重钾肥使用。

果菜类进入结果期后，是产量形成的主要时期，需要充足的肥料，要氮、磷、钾配合使用。在种子形成期或贮藏器官形成后期，茎叶中的养分要进行转移，需肥量减少。

# 第四节　新区蔬菜生产规划

## 一、新区蔬菜生产规划的原则

### （一）因地制宜原则

我国从南到北各地的气候条件差异很大，适宜蔬菜生产的季节也差异明显。一般来说，南方地区适合以露地和简易保护地栽培为主，而北方地区则必须露地与保护地栽培相兼顾才能确保蔬菜生产供应。

另外，不同地区的蔬菜生产条件和市场消费水平差异也很大，生产基础好以及市场消费水平高的地区，应当以精细蔬菜和保护地反季节蔬菜生产为主，以提高生产效益；生产基础差以及市场消费水平低的地区，则应以大路菜和露地菜生产为主，以保证市场供应，满足基本需求为主要目的。

需要注意的是，近年来，一些边远地区、山区、远郊区等地的青壮劳力大多外出打工或经商，村里主要劳力为妇女和老人，劳动力明显不足。因此，在确定蔬菜生产规模、种植方式以及蔬菜类型等内容时，必须考虑到这一限制因素。

## （二）以量定产原则

新区蔬菜生产必须考虑到当地蔬菜市场的销售能力，特别是以生产出口和加工蔬菜为主的蔬菜产区，由于生产的出口蔬菜和加工蔬菜，在国内市场大多销量有限，如果出口剩余过多或加工剩余过多，地方市场又无法及时消化，势必造成产品积压，降低价格，伤害农民的种菜积极性。例如，山东省安丘市是我国的生姜主要生产地，生产的生姜主要出口到日本和韩国。2010年安丘生姜价格一路飞涨，市场收购价最高达12元钱1千克，被网友戏称为姜你军。受生姜价格上涨的刺激，2011年不少菜农将大蒜地、大葱地等改种生姜，生姜种植面积较2010年增加了30%～40%，再加上保护地种植技术的应用，2011年生姜产量大幅增加，总产增加50%以上。而2011年的国内外市场需求却没有多大变化，造成了供需关系失衡，生姜价格大幅下跌，五六月份价格每千克只有2元左右，便宜时价格更是跌到了每千克0.6元左右，菜农亏损严重，极大地挫伤了菜农的种姜积极性。因此，当地蔬菜市场消化量有限的蔬菜生产区，必须先考察好产

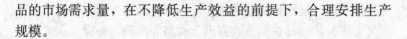

品的市场需求量，在不降低生产效益的前提下，合理安排生产规模。

### (三) 方便生产原则

**1. 要选择地势平坦、有利于田间作业**　地势平坦的地块不仅有利于机械化作业，而且也有利于整地作畦，提高整地作畦的质量；有利于田间均匀灌溉，提高灌溉质量；有利于保持田间肥水环境相对均匀，确保蔬菜整齐生长。

**2. 要靠近水源或在地下水资源丰富的地方安排生产**　由于蔬菜需水量大，水分供应充足与否对蔬菜的产量和质量影响很大，所以必须优先解决水源问题。另外，在保证灌溉需要的前提下，还要考虑生产场地的排水能力，以便于雨季能够及时排涝，防止田间积水引起涝害。

**3. 电力供应充足**　菜田的正常灌溉和照明需要电力，温室、大棚蔬菜生产中的机械卷放草苫、机械开启通风口、机械通风、照明等更离不开电力。

**4. 要选择光照充足、四周无高大建筑物或山体，通风良好的地方种植蔬菜**　蔬菜生产需要一定的光照量，光照不足将降低蔬菜的产量和质量。另外，夏季高温多雨，菜田内的温度容易偏高，雨后的地面湿度往往偏大，容易引发病害，此时需要保持田间良好的通风透气性，以及时降低温度和湿度。因此，菜田必须远离高大建筑物，特别是不宜在东面和南面有高大建筑物、山体等。但也应避免把菜田安排到风口处，以防风害。

**5. 主要生产基地应靠近骨干交通线路，以方便运输**　由于蔬菜以鲜菜收获上市，货架期短，容易失水降低外观和新鲜度，也容易因为时间过长以及通风不良等而发生腐烂、变质，造成生产浪费。因此，蔬菜产品往往要求当日收获当日上市，特别是一些不耐贮藏的蔬菜，要求更为严格。另外，蔬菜生产需要的肥料、种子、农药、农膜等也需要按时运进，以不误农时。所以，保持蔬菜生产运输畅通非常重要，有条件的地方应尽可能把主要蔬菜生产基地安排在国道、省道、铁路等两侧，并设立一定的集散地点，以利于生产出的蔬菜能够及时外运以及需要的农用物资及时运进。

### （四）有利于销售原则

蔬菜基地建设要尽可能的靠近大中型蔬菜批发市场，并根据蔬菜的需求信息来安排蔬菜生产，尽量种植市场畅销的蔬菜。另外，没有大中型蔬菜批发市场的地区，应当种植一些大蒜、大葱、生姜、马铃薯等耐贮藏和运输的蔬菜品种，在产品收获后，由当地农民组成销售大军，销往全国各地。这方面山东省兰陵县（原苍山县）做得比较好。兰陵县是我国著名的"中国大蒜之乡"，该县的"苍山大蒜"种植历史悠久，是我国的地理标志产品，大蒜常年种植面积约 45 万亩，总产量蒜薹 3.5 万吨、鲜蒜头 120 万吨左右。苍山大蒜产业化发展初期，由于生产规模扩大较快，而市场建设又跟不上，一度出现过蒜薹挤压腐烂等问题，并引发了当时震惊国内的"苍山大蒜"事件。事发后，当地政府积极组织地方农民进行外销，并积极培育市场。目前，兰陵县有 20 万人的蔬菜运销队伍，先后建成蔬菜专业批发市场 28 处，各地的流通网点发展到 1008 处，基本上解决了蔬菜销售难的问题。

### （五）规模化、专业化生产原则

蔬菜规模化生产是指蔬菜生产基地要确保一定的面积，保证一定的产量，以利于形成产品销售市场和农资供应市场等。一般要求基地面积不少于 66.7 公顷（1000 亩），以 600 公顷左右为好。蔬菜基地可以由相邻的几个、十几个村庄组成，也可以由几个大型农场或园区组成，还可以以几个大型农场为中心，链接周围的村庄构成。基地内设置集散批发市场和农资供应市场，方便产品销售和农资采购。

专业化生产是指基地内种植的蔬菜类型和品种要统一，以便于统一指导生产，统一采购农资，统一制定销售计划等。同时，专业化生产也利于尽快形成地方种植特色，有利于形成专业化市场，方便客户采购。专业化生产要根据地方生产优势，特别是地方特色蔬菜优势进行规划，目前国内多个地方形成的如昌乐大棚西瓜、平度马家沟芹菜、兰陵大蒜、栖霞食用菌等地方特色蔬菜生产基地就是很好的例子。除了地方特色外，还可以根据地方的蔬菜加工、出口等规划需要，确定要种植的蔬菜类型和品种。

## （六）突出特色、打造品牌原则

突出特色可从以下几个方面着手：一是地方传统蔬菜特色，通过挖掘地方传统优良蔬菜品种，经过品种提纯复壮、品种改良等提高品质和产量，并利用温室、大棚等保护地反季节栽培技术、无土栽培技术、标准化生产技术、精品包装技术等扩大影响，逐步形成规模；二是利用当地优良的生态环境条件，进行无公害蔬菜、绿色蔬菜、有机蔬菜等生态蔬菜生产，形成具有特色的精品蔬菜生产基地；三是青壮劳力不足，又靠近城市的地区，可以进行芽苗菜、食用菌等劳动强度不高，适合妇女管理的蔬菜生产，并以此为主要生产项目，打造品牌，形成特色；四是边远地区，利用当地野生蔬菜资源丰富的优势，进行野生蔬菜人工栽培。例如，辽宁省南芬区坚持打绿色牌、走特色路，因地制宜发展"家门前的优势产业"，2006 年新发展日本大叶芹、东北大叶芹、刺龙芽等山野菜 200 多公顷（3000 多亩）、刺五加园13.3 公顷（200 亩），目前全区"野菜家种"面积已达到333.3 余公顷（5000 余亩），形成日本大叶芹、地产大叶芹、唐松草（猫爪子）、本地刺龙芽、草本刺龙芽和短梗刺五加等多种山野菜共同发展的良好格局，一举成为辽宁省内最大的山野菜生产基地。

### （七）当前利益与长远利益相结合原则

总的来看，蔬菜生产仅仅依靠露地生产以及依靠生产初级产品（新鲜蔬菜）是不会带来高效益的，要提高生产效益，必须增加保护地反季节栽培面积，并逐渐形成以保护地栽培为主的格局。同时，还要加强对蔬菜的采后加工增值处理，通过初级加工、深加工等提高效益。蔬菜新区由于生产基础差，生产条件落后，往往多以露地蔬菜生产和生产新鲜蔬菜上市为主，但在规划时，要逐年加大保护地的栽培规模，并进行产品加工规划，或者自己集资筹建，或者引进大型加工企业，逐渐走向生产、加工、销售为一体的集约化生产发展道路。以山东省兰陵县为例，该县的苍山大蒜生产，经过几十年的发展，目前已形成包括蒜薹、大蒜的保鲜；蒜米速冻、腌渍、蒜片、蒜粉、蒜油、蒜汁等深加工和外贸出口；利用生物分离技术生产大蒜素等生物产品，制成大蒜胶囊、饮料、大蒜精等的一条龙集约化生产模式。

### （八）生产与示范相结合原则

根据"边示范边推广"的蔬菜生产发展要求，在进行蔬菜生产规划时，必须在基地的中央部位安排出一定面积的高新技术示范区，作为新品种、新技术、新设施等的生产示范点，一方面进行试种、试用，对新品种和新技术在当地的适应性进行观察试验，另一方面让当地的农民直接感受新品种、新技术的功效，加快推广速度。以山西省平遥县为例，该县2009年年底全县设施蔬菜（主要指温室、大棚）面积只有200多公顷（3000多亩），为加快设施蔬菜产业发展，该县按照"现代农业抓设施，设施蔬菜上规模，规模建设拓小区"的发展思路，以建设设施蔬菜园区为重点，调整蔬菜内部结构，优化区域布局，强化科技创新，2010年，在杜家庄乡和洪善镇各建设一个百亩以上的日光温室示范园区和百亩以上的大棚示范园区，重点承载新品种、新技术、新材料、新棚型结构的引进、试验、示范工作。示范园区的建设标准是"三通"（通水、通电、通路）、"三化"（机械化、节水化、无害化）、"三有"（有批发市场、有试验示范项目、有农民合作经济组织）。通过加强科技示范园建设，为设施蔬菜的健康发展提供科技支撑。

## 二、我国蔬菜生产规划

综合考虑地理气候、区位优势等因素，目前全国蔬菜产区划分为华南与西南热区冬春蔬菜、长江流域冬春蔬菜、黄土高原夏秋蔬菜、云贵高原夏秋蔬菜、北部高纬度夏秋蔬菜、黄淮海与环渤海设施蔬菜六个优势区域，重点建设 580 个蔬菜产业重点县（市、区），提高全国蔬菜均衡供应能力。规划期内，提高全国蔬菜均衡供应和防范自然风险、市场风险的能力。重点县（市、区）的蔬菜播种面积保持基本稳定，单位面积产量和总产量的增幅高于全国平均水平。

**1. 华南与西南热区冬春蔬菜优势区域** 包括 7 个省（区），分布在海南、广东、广西、福建和云南南部、贵州南部以及四川攀西地区，共有 94 个蔬菜产业重点县（市、区）。本区域冬春季节气候温暖，有"天然温室"之称，1 月（最冷月）平均气温≥10℃，可进行喜温果菜露地生产。

主要生产豇豆、菜豆、丝瓜、苦瓜、西甜瓜、番茄、辣椒、茄子等，华南地区集中在 12 月至翌年 3 月上市，西南热区集中在 1～4 月上市。主要供应"三北"、长江流域及港澳地区冬春淡季市场。

**2. 长江流域冬春蔬菜优势区域** 包括 9 个省（市），分布在四川、重庆、湖北、湖南、江西、浙江、上海和江苏中南部、安徽南部，共有 149 个蔬菜产业重点县（市、区）。本区域冬春季节气候温和，1 月份平均气温≥4℃，可进行喜凉蔬菜露地栽培，是我国最大的冬春喜凉蔬菜生产基地。

主要进行结球甘蓝、花椰菜、莴笋、芹菜、芥菜、大白菜、萝卜、普通白菜、芥蓝、蒜苗等喜凉蔬菜生产，集中在 11 月至翌年 4 月上市。主要供应"三北"、珠江三角洲和港澳地区冬春淡季市场。

**3. 黄土高原夏秋蔬菜优势区域**　包括 7 个省（区），分布在陕西、甘肃、宁夏、青海、西藏、山西及河北北部地区，共有54 个蔬菜产业重点县（市、区）。本区域适宜蔬菜生产的多为海拔 800 米以上的高原、平坝和丘陵山区，昼夜温差大，夏季凉爽，7 月平均气温≤25℃，无需遮阳降温设施可生产多种蔬菜。

主要进行洋葱、萝卜、胡萝卜、花椰菜、大白菜、芹菜、莴笋、结球甘蓝、生菜等喜凉蔬菜，以及茄果类、豆类、瓜类、西甜瓜等喜温瓜菜生产，集中在 7～9 月上市。主要供应华北、长江下游、华南及港澳地区的夏秋淡季市场。

**4. 云贵高原夏秋蔬菜优势区域**　包括 5 个省（市），分布在云南、贵州和鄂西、湘西、渝东南与渝东北地区，共有 38 个蔬菜产业重点县（市、区）。本区域适宜蔬菜生产的多为海拔高度800～2200 米的高原、平坝和丘陵山区，夏季凉爽，有"南方天然凉棚"之称，7 月平均气温≤25℃，无需遮阳降温设施可生产多种蔬菜。

主要进行结球甘蓝、萝卜、大白菜、芹菜、胡萝卜、花椰菜、青花菜、生菜等喜凉蔬菜以及辣椒、番茄、菜豆、西甜瓜等喜温瓜菜生产，集中在 7～9 月上市。主要供应华南、长江下游、华北及港澳地区夏秋淡季市场。

**5. 北部高纬度夏秋蔬菜优势区域**　包括 4 省（区），分布在吉林、黑龙江、内蒙古、新疆和新疆建设兵团，共有 41 个蔬菜产业重点县（市、区）。本区域纬度较高，夏季凉爽，7 月平均气温≤25℃，无需遮阳降温设施可生产多种蔬菜。

主要进行番茄、辣椒、黄瓜、菜豆、大白菜、洋葱等蔬菜生产，集中在 6～10 月上市。主要供应京津、长江中下游夏秋淡季市场。

**6. 黄淮海与环渤海设施蔬菜优势区域**　包括 8 个省（市）。分布在辽宁、北京、天津、河北、山东、河南及安徽中北部、江苏北部地区，共有 204 个蔬菜产业重点县（市、区）。本区域冬春光热资源相对丰富，距大城市近，适宜发展设施蔬菜生产。

主要进行番茄、黄瓜、辣椒、茄子、菜豆、西葫芦、西甜瓜、结球甘蓝、芹菜、芦笋、韭菜、食用菌等生产，日光温室蔬菜集中在 10 月至翌年 6 月上市；塑料大棚喜温果菜集中在 4～6 月和 9～11 月上市，塑料棚喜凉蔬菜集中在 1～3 月上市。除供应当地市场外，还主要负责长江流域和北部沿边地区的冬春淡季市场供应。

# 第二章

# 蔬菜生产规范与生产技术

## 第一节 蔬菜生产规范

### 一、无公害蔬菜生产规范

无公害蔬菜专指产地环境、生产过程和产品质量符合国家有关标准和规范要求，经认证合格获得认证证书，并允许使用无公害农产品标志的未加工或者初加工的蔬菜。无公害蔬菜在生产过程中允许限量、限品种、限时间地使用化学合成物质（如农药、化肥、植物生长调节剂等），但其农药、重金属、硝酸盐及有害生物（如病原菌、寄生虫卵等）等有毒、有害物质的残留量均限制在允许范围内。

### （一）生产基地选择

无公害蔬菜产地应远离工业和医院等污染源 3000 米以上，离公路主干道 50 米以上。产地环境空气质量、灌溉水质量、土壤环境质量应分别符合表 2、表 3、表 4 要求。

表 2　环境空气质量指标（引自 GB/T 18407.1—2001）

| 项　目 | | 指　标 | |
| --- | --- | --- | --- |
| | | 日平均 | 1 小时平均 |
| 总悬浮颗料物（标准状态），（毫克/米³） | ≤ | 0.30 | |
| 二氧化硫（标准状态），（毫克/米³） | ≤ | 0.15 | 0.50 |
| 氮氧化物（标准状态），（毫克/米³） | ≤ | 0.10 | 0.15 |
| 氟化物（标准状态），（微克/分米²·天） | ≤ | 5.0 | |
| 铅（标准状态），（微克/米³） | ≤ | 1.5 | |

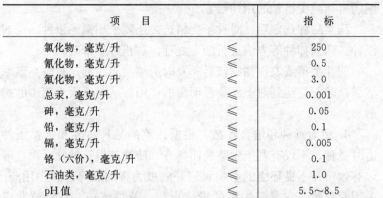

表3　灌溉水质量指标（引自 GB/T 18407.1—2001）

| 项　目 | | 指　标 |
| --- | --- | --- |
| 氯化物，毫克/升 | ≤ | 250 |
| 氰化物，毫克/升 | ≤ | 0.5 |
| 氟化物，毫克/升 | ≤ | 3.0 |
| 总汞，毫克/升 | ≤ | 0.001 |
| 砷，毫克/升 | ≤ | 0.05 |
| 铅，毫克/升 | ≤ | 0.1 |
| 镉，毫克/升 | ≤ | 0.005 |
| 铬（六价），毫克/升 | ≤ | 0.1 |
| 石油类，毫克/升 | ≤ | 1.0 |
| pH 值 | ≤ | 5.5～8.5 |

表4　土壤环境质量指标（引自 GB/T 18407.1—2001）

| 项　目 | | 指　标 | | |
| --- | --- | --- | --- | --- |
| 总汞，毫克/千克 | ≤ | 0.3 | 0.5 | 1.0 |
| 总砷，毫克/千克 | ≤ | 40 | 30 | 25 |
| 铅，毫克/千克 | ≤ | 100 | 150 | 150 |
| 镉，毫克/千克 | ≤ | 0.3 | 0.30 | 0.6 |
| 铬（六价），毫克/千克 | ≤ | 150 | 200 | 250 |
| 六六六，毫克/千克 | ≤ | 0.5 | 0.5 | 0.5 |
| 滴滴涕，毫克/千克 | ≤ | 0.5 | 0.5 | 0.5 |

## （二）蔬菜生产措施

**1. 品种选择**　因地制宜地选择抗逆性强、抗耐病虫危害、高产优质的优良品种，是抵御不良环境、防治病虫害的最经济有效的措施，是实现无公害蔬菜优质高产的重要保证。

**2. 合理轮作**　实行轮作，合理安排品种布局，合理搭配上下茬蔬菜，避免同种蔬菜连作，实行菜菜轮作或菜粮轮作方式，减轻病虫害，为蔬菜生产创造最佳的生态环境。

**3. 种植前消毒**　做好播种前种子处理和土壤消毒工作。对靠种子、土壤传播的病害，要严格进行种子和苗床消毒，减少苗期病害，减少植株的用药量。

蔬菜品种选定后，对种子要精选，还要采用温汤浸种、药剂浸种、药剂拌种等方法进行消毒处理，防止种子带菌。

前茬蔬菜或农作物收获后，及时清洁菜园，利用夏季高温季节深耕晒土，达到对土壤高温消毒的作用，从而消灭土壤中的病菌和虫卵。

**4. 适时播种和培育壮苗**　根据蔬菜的品种特性和气候条件适时播种，不仅有利于发芽快而整齐，使幼苗生长健壮，而且可以有效错开不良环境的影响和避开病虫为害的高峰，减少用药。采用营养钵、穴盘等护根的措施育苗，及早炼苗，减轻苗期病害，达到培育壮苗，增强植株的抗病力。

**5. 加强田间管理**　提倡高畦或高垄栽培，避免田间积水；保持合理的栽培密度，保证个体发育良好；实行立体种植，及时搭架吊秧，改善通风透光条件；合理灌溉，控制好田间湿度；发现病株、病叶、病果，及时清除田园，予以销毁或深埋，创造利于蔬菜生长而不利于病虫传播和蔓延的环境。

**6. 及时清理田园**　蔬菜收获后和种植前，都要及时清理田园，将植株残体、烂叶、杂草以及各种废弃物清理干净，保持田园清洁。

## （三）主要生产技术

**1. 施肥**

（1）肥料选择　无公害蔬菜生产中，允许使用的肥料类型和相关种类包括：

优质有机肥：堆肥、厩肥、沼气肥、绿肥、作物秸秆、泥炭、饼肥、草木灰等。

生物菌肥：腐殖酸类肥料、根瘤菌肥料、磷细菌肥料、复合微生物肥料等。

无机肥料：硫酸铵、尿素、过磷酸钙、硫酸钾等不含氯、硝态氮的氮磷钾化肥，以及各地生产的蔬菜专用肥。

微量元素肥料：以铜、铁、硼、锌、锰、钼等微量元素及有益元素为主配制的肥料。

其它肥料：骨粉、氨基酸残渣、糖厂废料等。

（2）增施有机肥、扩大生物肥料的使用。

（3）合理施用化肥　化肥、蔬菜专用肥要深施、早施，深施可以减少养分挥发，一般铵态氮施于 6 厘米以下土层，尿素施于 10 厘米以下土层，磷钾肥、蔬菜专用肥施于 15 厘米以下土层，一般每亩施氮肥量应控制在 15 千克以内；产品器官形成期严禁施用氮肥。不施硝态氮肥、硝酸铵、硝酸钙、硝酸钾以及含硝态氮的复合肥，容易使蔬菜体内积累硝酸盐，不允许施用；叶菜类严禁叶面喷施氮肥。

**2. 病虫害防治**

（1）农业防治技术　针对当地蔬菜生产中的主要病虫害，选用抗病、耐病的优良品种，利用品种自身的抗性抵御病虫为害；对黄瓜、西瓜、番茄、茄子等土壤传播病害发生严重的蔬菜，采用嫁接换根的办法，预防病害的发生；采用各种措施加强温度、湿度、光照等环境因素的调控，创造利于蔬菜生长发育，不利于病虫害发生和蔓延的环境。

（2）生物防治技术　利用生物天敌防治蔬菜虫害；利用能引起昆虫患病的微生物来防治害虫，如用苏云金杆菌防治菜青虫、小菜蛾等。

（3）物理防治技术　蔬菜播种前，对种子采用干热消毒、温汤浸种等处理，杀死种子表面的病菌；使用振频杀虫灯防虫；使用有色膜驱虫，目前主要使用银灰色薄膜来趋避蚜虫；采用防虫网全程覆盖栽培，避免害虫的危害；利用色板诱杀，主要用黄板诱杀蚜虫、粉虱、叶蝉、斑潜蝇等，用蓝板诱杀种蝇、蓟马等。

（4）化学防治　正确选择农药品种，严禁使用剧毒、高毒、高残留农药（表5），必须选择高效、低毒、低残留和对天敌杀伤小的农药或新型生物农药；正确掌握农药剂量；适时使用农药；严格掌握使用农药的安全间隔期（表6）。

**表5　无公害食品蔬菜生产上严禁使用的农药**

| 农药种类 | 农药名称 | 禁用范围 | 禁用原因 |
|---|---|---|---|
| 无机砷杀虫剂 | 砷酸钙、砷酸铅 | 所有蔬菜 | 高毒 |
| 有机砷杀菌剂 | 甲基胂酸锌（稻脚青）、甲基胂酸铵（田安）、福美甲胂、福美胂 | 所有蔬菜 | 高残留 |
| 有机锡杀菌剂 | 薯瘟锡（毒菌锡）、三苯基醋酸锡、三苯基氯化锡、氯化锡 | 所有蔬菜 | 高残留、慢性毒性 |
| 有机汞杀菌剂 | 氯化乙基汞（西力生）、醋酸苯汞（赛力散） | 所有蔬菜 | 剧毒、高残留 |
| 有机杂环类 | 敌枯双 | 所有蔬菜 | 致畸 |
| 氟制剂 | 氟化钙、氟化钠、氟化酸钠、氟乙酰胺、氟铝酸钠 | 所有蔬菜 | 剧毒、高毒、易药害 |
| 有机氯杀虫剂 | DDT、六六六、林丹、艾氏剂、狄氏剂、五氯酚钠、硫丹 | 所有蔬菜 | 高残留 |
| 有机氯杀螨剂 | 三氯杀螨醇 | 所有蔬菜 | 工业品含有一定数量的DDT卤代烷类 |
| 熏蒸杀虫剂 | 二溴乙烷、二溴氯丙烷、溴甲烷 | 所有蔬菜 | 致癌、致畸 |
| 有机磷杀虫剂 | 甲拌磷、乙拌磷、久效磷、对硫磷、甲基对硫磷、甲胺磷、氧化乐果、治螟磷、杀扑磷、水胺硫磷、磷胺、内吸磷、甲基异硫磷 | 所有蔬菜 | 高毒、高残留 |
| 氨基甲酸酯杀虫剂 | 克百威（呋喃丹）、丁硫克百威、丙硫克百威、涕灭威 | 所有蔬菜 | 高毒 |
| 二甲基甲脒 | 类杀虫杀螨剂杀虫脒 | 所有蔬菜 | 慢性毒性、致癌 |
| 拟除虫菊酯 | 类杀虫剂所有拟除虫菊酯类杀虫剂 | 水生蔬菜 | 对鱼虾等高毒性 |

（续）

| 农药种类 | 农药名称 | 禁用范围 | 禁用原因 |
|---|---|---|---|
| 取代苯杀虫杀菌剂 | 五氯硝基苯、五氯苯甲醇（稻瘟醇）、苯菌灵（苯莱特） | 所有蔬菜 | 国外有致癌报导或二次药害 |
| 二苯醚类 | 除草剂除草醚、草枯醚 | 所有蔬菜 | 慢性毒性 |

**表6 无公害食品蔬菜生产的农药安全使用标准（面积单位：亩）**

| 蔬菜 | 农药 | 剂型 | 常用药量或稀释倍数 | 最高用药量或稀释倍数 | 施药方法 | 最多使用次数 | 最后一次施药离收获的天数（安全间隔期）天 | 实施说明 |
|---|---|---|---|---|---|---|---|---|
| 青菜 | 乐果 | 40%乳油 | 50毫升，2000倍 | 100毫升，800倍 | 喷雾 | 6 | ≥7 | 秋冬季间隔期8天 |
| | 敌百虫 | 90%固体 | 50克，2000倍 | 100克，800倍 | 喷雾 | 5 | ≥7 | 秋冬季间隔期8天 |
| | 敌敌畏 | 80%乳油 | 100毫升，1000～2000倍 | 200毫升，500倍 | 喷雾 | 5 | ≥5 | 冬季间隔期7天 |
| | 乙酰甲胺磷 | 40%乳油 | 125毫升，1000倍 | 250毫升，500倍 | 喷雾 | 2 | ≥7 | 秋冬季间隔期9天 |
| | 二氯苯醚菊酯 | 10%乳油 | 6毫升，10000倍 | 24毫升，2500倍 | 喷雾 | 3 | ≥2 | |
| | 辛硫磷 | 50%乳油 | 50毫升，2000倍 | 100毫升，1000倍 | 喷雾 | 2 | ≥6 | 每隔7天喷一次 |
| | 氰戊菊酯 | 20%乳油 | 10毫升，2000倍 | 20毫升，1000倍 | 喷雾 | 3 | ≥5 | 每隔7～10天喷一次 |

（续）

| 蔬菜 | 农药 | 剂型 | 常用药量或稀释倍数 | 最高用药量或稀释倍数 | 施药方法 | 最多使用次数 | 最后一次施药离收获的天数（安全间隔期）天 | 实施说明 |
|---|---|---|---|---|---|---|---|---|
| 白菜 | 乐果 | 40%乳油 | 50毫升，2000倍 | 100毫升，800倍 | 喷雾 | 4 | ≥10 | |
| | 敌百虫 | 90%固体 | 100克，1000倍 | 100克，500倍 | 喷雾 | 5 | ≥7 | 秋冬季间隔期8天 |
| | 敌敌畏 | 80%乳油 | 100毫升，1000～2000倍 | 200毫升，500倍 | 喷雾 | 2 | ≥5 | 冬季间隔期7天 |
| | 乙酰甲胺磷 | 40%乳油 | 125毫升，1000倍 | 250毫升，500倍 | 喷雾 | 2 | ≥7 | 秋冬季间隔期9天 |
| | 二氯苯醚菊酯 | 10%乳油 | 6毫升，10000倍 | 24毫升，2500倍 | 喷雾 | 3 | ≥2 | |
| 大白菜 | 辛硫磷 | 50%乳油 | 50毫升，1000倍 | 100毫升，500倍 | 喷雾 | 3 | ≥6 | |
| 甘蓝 | 氰戊菊酯 | 20%乳油 | 20毫升，4000倍 | 40毫升，2000倍 | 喷雾 | 3 | ≥5 | 每隔8天喷一次 |
| | 辛硫磷 | 50%乳油 | 50毫升，1500倍 | 75毫升，1000倍 | 喷雾 | 4 | ≥5 | 每隔7天喷一次 |
| | 氯氰菊酯 | 10%乳油 | 80毫升，4000倍 | 16毫升，2000倍 | 喷雾 | 4 | ≥7 | 每隔8天喷一次 |
| 菜豆 | 乐果 | 40%乳油 | 50毫升，2000倍 | 100毫升，800倍 | 喷雾 | 5 | ≥5 | 夏季豇豆、四季豆间隔期3天 |
| | 喹硫磷 | 25%乳油 | 100毫升，800倍 | 160毫升，500倍 | 喷雾 | 3 | ≥7 | |

（续）

| 蔬菜 | 农药 | 剂型 | 常用药量或稀释倍数 | 最高用药量或稀释倍数 | 施药方法 | 最多使用次数 | 最后一次施药离收获的天数（安全间隔期）天 | 实施说明 |
|---|---|---|---|---|---|---|---|---|
| 萝卜 | 乐果 | 40%乳油 | 50 毫升，2000 倍 | 100 毫升，800 倍 | 喷雾 | 6 | ≥5 | 叶若供食用，间隔期 9 天 |
| | 溴氰菊酯 | 2.5%乳油 | 10 毫升，2500 倍 | 20 毫升，1250 倍 | 喷雾 | 1 | ≥10 | |
| | 氰戊菊酯 | 20%乳油 | 30 毫升，2500 倍 | 50 毫升，1500 倍 | 喷雾 | 2 | ≥21 | |
| | 二氯苯醚菊酯 | 10%乳油 | 25 毫升，2000 倍 | 50 毫升，1000 倍 | 喷雾 | 3 | ≥14 | |
| 黄瓜 | 乐果 | 40%乳油 | 50 毫升，2000 倍 | 100 毫升，800 倍 | 喷雾 | | ≥2 | 施药次数按防治要求而定 |
| | 百菌清 | 75%可湿性粉剂 | 100 克，600 倍 | 40 克，2000 倍 | 喷雾 | 3 | ≥10 | 结瓜前使用 |
| | 粉锈宁 | 15%可湿性粉剂 | 50 克，1500 倍 | 100 克，750 倍 | 喷雾 | 2 | ≥3 | |
| | 粉锈宁 | 20%可湿性粉剂 | 30 克，3300 倍 | 60 克，1700 倍 | 喷雾 | 2 | ≥3 | |
| | 多菌灵 | 25%可湿性粉剂 | 50 克，1000 倍 | 100 克，500 倍 | 喷雾 | 2 | ≥5 | |
| | 溴氰菊酯 | 2.5%乳油 | 30 毫升，3300 倍 | 60 毫升，1650 倍 | 喷雾 | 2 | ≥3 | |
| | 辛硫磷 | 50%乳油 | 50 毫升，2000 倍 | 50 毫升，2000 倍 | 喷雾 | 3 | ≥3 | |

（续）

| 蔬菜 | 农药 | 剂型 | 常用药量或稀释倍数 | 最高用药量或稀释倍数 | 施药方法 | 最多使用次数 | 最后一次施药离收获的天数（安全间隔期）天 | 实施说明 |
|---|---|---|---|---|---|---|---|---|
| 番茄 | 氰戊菊酯 | 20%乳油 | 30毫升，3300倍 | 40毫升，2500倍 | 喷雾 | 3 | ≥3 | |
| | 百菌清 | 75%可湿性粉剂 | 100克，600倍 | 120克，500倍 | 喷雾 | 6 | ≥23 | 每隔7～10天喷一次 |
| 茄子 | 三氯杀螨醇 | 20%乳油 | 30毫升，1600倍 | 60毫升，800倍 | 喷雾 | 2 | ≥5 | |
| 辣椒 | 喹硫磷 | 25%乳油 | 40毫升，1500倍 | 60毫升，1000倍 | 喷雾 | 2 | ≥5（青椒） | 红辣椒安全间隔期≥10天 |
| 洋葱 | 辛硫磷 | 50%乳油 | 250毫升，2000倍 | 500毫升，1000倍 | 垄底浇灌 | 1 | ≥17 | 洋葱结头期使用 |
| | 喹硫磷 | 25%乳油 | 200毫升，2500倍 | 400毫升，1000倍 | 垄底浇灌 | 1 | ≥17 | 洋葱结头期使用 |
| 大葱 | 辛硫磷 | 50%乳油 | 500毫升，2000倍 | 750毫升，1000倍 | 行中浇灌 | 1 | ≥17 | |
| | 喹硫磷 | 25%乳油 | 100毫升，2500倍 | 400毫升，700倍 | 垄底浇灌 | 1 | ≥17 | |
| 韭菜 | 辛硫磷 | 50%乳油 | 500毫升，800倍 | 750毫升，500倍 | 浇施灌根 | 2 | ≥10 | 浇于根际土中 |
| 甜瓜 | 粉锈宁 | 20%乳油 | 25毫升，2000倍 | 50毫升，1000倍 | 喷雾 | 2 | ≥5 | |
| 西瓜 | 百菌清 | 70%可湿性粉剂 | 100～120克，600倍 | 120克，500倍 | 喷雾 | 6 | ≥21 | 每隔7～15天喷一次 |

## （四）无公害蔬菜的产品包装、标签标志、运输与贮存

**1. 产品包装** 无公害蔬菜的包装物应标明产品品种名称、产地、生产单位或经销单位、批准文号、采收（收获）日期、净重、执行标准编号及无公害蔬菜产品标志。

包装应整洁、牢固、无污染、无异味，包装物应符合执行国家有关标准和规定（应符合 GB7718 的规定），每批样品包装规格、单位、质量必须一致。

**2. 标签标志** 经认证的无公害蔬菜可在产品或包装上加贴全国统一无公害农产品标志。无公害农产品的标志如图 1 所示。

图 1 无公害农产品标志

无公害农产品的标志图案由麦穗、对勾和无公害农产品字样组成，麦穗代表农产品，对勾表示合格，金色寓意成熟和丰收，绿色象征环保和安全。

**3. 运输** 无公害蔬菜在运输时，要做到轻装轻卸，避免机械损伤，运输工具清洁无污染。运输时防冻、防雨水淋、防晒，注意通风、透气。

**4. 贮存** 无公害蔬菜存贮的环境必须阴凉、通风、清洁卫生，严防暴晒、雨淋、冻害、病虫污染及有害物污染，其产品按品种、规格分别贮藏。

## （五）无公害蔬菜的质量标准

**1. 感官质量指标**

（1）叶菜类 包括白菜类、甘蓝类、绿叶菜类的各种蔬

菜。属同一品种规格，肉质鲜嫩，形态好，色泽正常；茎基部削平，无枯黄叶、病叶、泥土、明显机械伤和病虫害伤；无烧心焦边、腐烂等现象，无抽薹（菜心除外）；结球的叶菜应结球紧实；菠菜和本地芹菜可带根。花椰菜、青花菜属于同一品种规格，形状正常，肉质致密、新鲜，不带叶柄，茎基部削平，无腐烂、病虫害、机械伤；花椰菜花球洁白、无毛花，青花菜无托叶，可带主茎，花球青绿色、无紫花、无枯蕾现象。

（2）茄果类　包括番茄、茄子、甜椒、辣椒等。属于同一品种规格，色鲜，果实圆整、光洁，成熟度适中，整齐，无烂果、异味、病虫和明显机械损伤。

（3）瓜类　包括黄瓜、瓠瓜、越瓜、丝瓜、苦瓜、冬瓜、毛节瓜、南瓜、佛手瓜等。属于同一品种规格，形状、色泽一致，瓜条均匀，无疤点，无断裂，不带泥土，无畸形瓜、病虫害瓜、烂瓜，无明显机械伤。

（4）根菜类　包括萝卜、胡萝卜、大头菜、芜菁、芜菁甘蓝等。属于同一品种规格，皮细光滑，色泽良好，大小均匀，肉质脆嫩致密。新鲜，无畸形、裂痕、糠心、病虫害斑，不带泥沙，不带茎叶、须根。

（5）薯芋类　包括马铃薯、芋头、生姜、豆薯等。属同一品种规格，色泽一致，不带泥沙，不带茎叶、须根，无机械和病虫害损伤，无腐烂、干瘪。马铃薯皮不能变绿色。

（6）葱蒜类　包括大葱、分葱、韭菜、大蒜、洋葱等。属同一品种规格，允许葱和大蒜的青蒜保留干净须根，去老叶，韭菜去根去老叶，蒜头、洋葱去根去枯叶；可食部分质地幼嫩，不带泥沙杂质，无病虫害斑。

（7）豆类　包括豇豆、菜豆、豌豆、蚕豆、刀豆、毛豆、扁豆等。属同一品种规格，形态完整，成熟度适中，无病虫害斑。食荚类：豆荚新鲜幼嫩，均匀。食豆仁类：籽粒饱满较均匀，无

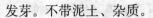

发芽。不带泥土、杂质。

（8）水生类　包括茭白、藕、荸荠、慈菇、菱角等。属同一品种规格，肉质嫩，成熟度适中，无泥土、杂质、机械伤，不干瘪，不腐烂霉变，茭白不黑心。

（9）多年生类　包括竹笋、金针菜、芦笋等。属同一品种规格，幼嫩，无病虫害斑，无明显机械伤。黄花菜鲜花不能直接煮食。

（10）芽苗类　包括绿豆芽、黄豆芽、豌豆芽、香椿苗等。芽苗幼嫩，不带豆壳杂质，新鲜，不浸水。

**2. 卫生质量指标**　包括蔬菜重金属及有害物质限量、农药最大残留限量2个标准。表7、表8。

表7　无公害蔬菜重金属及有害物质限量指标（引自 GB 18406.1—2001）

| 项　　目 | 指标（毫克/千克） |
|---|---|
| 铬（以 Cr 计） | ≤0.5 |
| 镉（以 Gd 计） | ≤0.05 |
| 汞（以 Hg 计） | ≤0.01 |
| 砷（以 As 计） | ≤0.5 |
| 铅（以 Pb 计） | ≤0.2 |
| 氟（以 F 计） | ≤1.0 |
| 亚硝酸盐（$NaNO_2$） | ≤4.0 |
| 氨基甲酸脂类 | ≤4.0 |
| 甲胺磷等禁用农药及除草剂 | 不得检出 |
| 六六六 | ≤0.2 |
| DDT | ≤0.1 |
| 倍硫磷 | ≤0.05 |
| 乐果 | ≤1.0 |
| 敌敌畏 | ≤0.2 |

### 表8　无公害蔬菜农药最大残留限量指标（引自 GB 18406.1—2001）

| 通用名称 | 商品名称 | 毒性 | 蔬菜范围 | 最高残留限量<br>毫克/千克 |
|---|---|---|---|---|
| 马拉硫磷 | 马拉松 | 低 | 所有蔬菜 | 不得检出 |
| 对硫磷 | 一六零五 | 高 | 所有蔬菜 | 不得检出 |
| 甲拌磷 | 三九一一 | 高 | 所有蔬菜 | 不得检出 |
| 甲胺磷 | — | 高 | 所有蔬菜 | 不得检出 |
| 久效磷 | 纽瓦克 | 高 | 所有蔬菜 | 不得检出 |
| 氧化乐果 | — | 高 | 所有蔬菜 | 不得检出 |
| 克百威 | 呋喃丹 | 高 | 所有蔬菜 | 不得检出 |
| 涕灭威 | 铁灭克 | 高 | 所有蔬菜 | 不得检出 |
| 六六六 | — | 中 | 所有蔬菜 | 0.2 |
| 滴滴涕 | — | 中 | 所有蔬菜 | 0.1 |
| 敌敌畏 | — | 中 | 所有蔬菜 | 0.2 |
| 乐果 | — | 中 | 所有蔬菜 | 1.0 |
| 杀螟硫磷 | — | 中 | 所有蔬菜 | 0.5 |
| 倍硫磷 | 百治屠 | 中 | 所有蔬菜 | 0.05 |
| 辛硫磷 | 肟硫磷 | 低 | 所有蔬菜 | 0.05 |
| 乙酰甲胺磷 | 高灭磷 | 低 | 所有蔬菜 | 0.2 |
| 二嗪磷 | 二嗪农，地亚农 | 中 | 所有蔬菜 | 0.5 |
| 奎硫磷 | 爱卡士 | 中 | 所有蔬菜 | 0.2 |
| 敌百虫 | — | 低 | 所有蔬菜 | 0.1 |
| 亚胺硫磷 | — | 中 | 所有蔬菜 | 0.5 |
| 毒死蜱 | 乐斯本 | 中 | 叶菜类 | 1.0 |
| 抗蚜威 | 辟蚜雾 | 中 | 所有蔬菜 | 1.0 |
| 甲萘威 | 西维因，胺甲萘 | 中 | 所有蔬菜 | 2.0 |
| 二氯苯醚菊酯 | 氯菊酯，除虫精 | 低 | 所有蔬菜 | 1.0 |

（续）

| 通用名称 | 商品名称 | 毒性 | 蔬菜范围 | 最高残留限量毫克/千克 |
|---|---|---|---|---|
| 溴氰菊酯 | 敌杀死 | 中 | 叶菜类 | 0.5 |
| | | | 果菜类 | 0.2 |
| 氯氰菊酯 | 灭百可，兴棉宝，赛波凯，安绿宝 | 中 | 叶菜类 | 1.0 |
| | | | 番茄 | 0.5 |
| | | | 块根类 | 0.05 |
| 氰戊菊酯 | 速灭杀丁 | 中 | 果菜类 | 0.2 |
| | | | 叶菜类 | 0.5 |
| 氟氰戊菊酯 | 保好鸿，氟氰菊酯 | 中 | 所有蔬菜 | 0.2 |
| 顺式氯氰菊酯 | 快杀敌，高效安绿宝，高效灭百可 | 中 | 黄瓜 | 0.2 |
| | | | 叶菜类 | 1.0 |
| 联苯菊酯 | 天王星 | 中 | 番茄 | 0.5 |
| 三氟氯氰菊酯 | 功夫 | 中 | 叶菜类 | 0.2 |
| 顺式氰戊菊酯 | 来福灵，双爱士 | 中 | 叶菜类 | 2.0 |
| 甲氰菊酯 | 灭扫利 | 中 | 叶菜类 | 0.5 |
| 氟胺氰菊酯 | 马扑立克 | 中 | 叶菜类 | 1.0 |
| 三唑酮 | 粉锈宁，百理通 | 低 | 所有蔬菜 | 0.2 |
| 多菌灵 | 苯并眯唑44号 | 低 | 所有蔬菜 | 0.5 |
| 百菌清 | Danconi1287 | 低 | 所有蔬菜 | 1.0 |
| 噻嗪酮 | 优乐得 | 低 | 所有蔬菜 | 0.3 |
| 五氯硝基苯 | — | 低 | 所有蔬菜 | 0.2 |
| 除虫脲 | 敌灭灵 | 低 | 叶菜类 | 20.0 |
| 灭幼脲 | 灭幼脲三号 | 低 | 所有蔬菜 | 3.0 |

注：未列项目的农药残留限量标准各地区根据本地实际情况按有关规定执行。

## 二、绿色蔬菜生产规范

绿色蔬菜是指遵循可持续发展原则,按照特定生产方式生产,经专门机构认定,许可使用绿色食品商标标志的无污染的安全、优质、营养类蔬菜。可持续发展原则的要求是,生产的投入量和产出量保持平衡,既要满足当代人的需要,又要满足后代人同等发展的需要。绿色食品分为 A 级和 AA 级两大类。

"AA"级绿色蔬菜:指在生态环境质量符合规定标准的产地,生产过程中不使用任何有害化学合成物质,按特定的生产操作规程生产、加工,产品质量及包装经检测,检查符合特定标准,经中国绿色食品发展中心认定,允许使用绿色食品标志的产品,(与国际上的有机食品是一致的)。

"A"级绿色蔬菜:指在生态环境质量符合规定标准的产地,生产过程中允许限量使用限定的化学合成物质,其余条件与"AA"级绿色蔬菜相同。

### (一) 生产基地选择

绿色蔬菜的生产基地必须具备良好的生态环境,应选择远离城市、工矿区及主干公路的地块。其次要考虑交通方便、土壤肥沃、地势平坦、排灌良好、适宜蔬菜生长、利于天敌繁衍及便于销售等条件。

基地的大气环境质量要符合中华人民共和国农业行业标准《绿色食品产地环境技术条件》(NY/T391—2000)(表 9、表10、表 11)。

**表 9  空气中各项污染物的指标要求 (标准状态)**

| 项　　目 | | 指标 | |
| --- | --- | --- | --- |
| | | 日平均 | 1 小时平均 |
| 总悬浮颗粒物 (TSP),毫克/米³ | ≤ | 0.30 | — |

（续）

| 项 目 | | 指标 | |
|---|---|---|---|
| | | 日平均 | 1小时平均 |
| 二氧化硫（$SO_2$）毫克/米³ | ≤ | 0.15 | 0.50 |
| 氮氧化物（$NO_x$）毫克/米³ | ≤ | 0.10 | 0.15 |
| 氟化物（F） | | 7微克/米³ | 20微克/米³ |
| | ≤ | 1.8微克/<br>（分米²/天）<br>（挂片法） | |

注：

1. 日平均指任何一日的平均指标。

2. 1小时平均指任何一小时的平均指标。

3. 连续采样3天，一日3次，晨、午和夕各1次。

4. 氟化物采样可用动力采样滤膜法或用石灰滤纸挂片法，分别按各自规定的指标执行，石灰滤纸挂片法挂置7天。

### 表10 农田灌溉水中各项污染物的指标要求

| 项目 | | 指标 |
|---|---|---|
| pH 值 | | 5.5～8.5 |
| 总汞，毫克/升 | ≤ | 0.001 |
| 总镉，毫克/升 | ≤ | 0.005 |
| 总砷，毫克/升 | ≤ | 0.05 |
| 总铅，毫克/升 | ≤ | 0.1 |
| 六价铬，毫克/升 | ≤ | 0.1 |
| 氟化物，毫克/升 | ≤ | 2.0 |
| 粪大肠菌群，个/升 | ≤ | 10000 |

注：灌溉菜园用的地表水需测粪大肠菌群，其他情况不测粪大肠菌群。

### 表11 土壤中各项污染物的指标要求（毫克/千克）

| 耕作条件 | 旱田 | | | 水田 | | |
|---|---|---|---|---|---|---|
| pH 值 | <6.5 | 6.5～7.5 | >7.5 | <6.5 | 6.5～7.5 | >7.5 |
| 镉 ≤ | 0.30 | 0.30 | 0.40 | 0.30 | 0.30 | 0.40 |
| 汞 ≤ | 0.25 | 0.30 | 0.35 | 0.30 | 0.40 | 0.40 |
| 砷 ≤ | 25 | 20 | 20 | 20 | 20 | 15 |

（续）

| 耕作条件 | 旱田 | | | 水田 | | |
|---|---|---|---|---|---|---|
| 铅　≤ | 50 | 50 | 50 | 50 | 50 | 50 |
| 铬　≤ | 120 | 120 | 120 | 120 | 120 | 120 |
| 铜　≤ | 50 | 60 | 60 | 50 | 60 | 60 |

注：

1. 果园土壤中的铜限量为旱田中的铜限量的一倍。

2. 水旱轮作用的标准值取严不取宽。

生产 AA 级绿色食品的耕地土壤肥力要达到土壤肥力分级 1～2 级指标（见表 12）。生产 A 级绿色食品时，土壤肥力作为参考指标。

**表 12　土壤肥力分级参考指标**

| 项目 | 级别 | 旱地 | 水田 | 菜地 | 园地 | 牧地 |
|---|---|---|---|---|---|---|
| 有机质<br>（克/千克） | Ⅰ<br>Ⅱ<br>Ⅲ | >15<br>10～15<br><10 | >25<br>20～25<br><20 | >30<br>20～30<br><20 | >20<br>15～20<br><15 | >20<br>15～20<br><15 |
| 全氮<br>（克/千克） | Ⅰ<br>Ⅱ<br>Ⅲ | >1.0<br>0.8～1.0<br><0.8 | >1.2<br>1.0～1.2<br><1.0 | >1.2<br>1.0～1.2<br><1.0 | >1.0<br>0.8～1.0<br><<0.8 | —<br>—<br>— |
| 有效磷<br>（克/千克） | Ⅰ<br>Ⅱ<br>Ⅲ | >10<br>5～10<br><5 | >15<br>10～15<br><10 | >40<br>20～40<br><20 | >10<br>5～10<br><5 | >10<br>5～10<br><5 |
| 有效钾<br>（克/千克） | Ⅰ<br>Ⅱ<br>Ⅲ | >120<br>80～120<br><80 | >100<br>50～100<br><50 | >150<br>100～150<br><100 | >100<br>50～100<br><50 | |
| 阳离子交换量<br>（厘摩/千克） | Ⅰ<br>Ⅱ<br>Ⅲ | >20<br>15～20<br><15 | >20<br>15～20<br><15 | >20<br>15～20<br><15 | >15<br>15～20<br><15 | |

（续）

| 项目 | 级别 | 旱地 | 水田 | 菜地 | 园地 | 牧地 |
|------|------|------|------|------|------|------|
| 质地 | Ⅰ<br><br>Ⅱ<br><br>Ⅲ | 轻壤、<br>中壤<br>砂壤、<br>重壤<br>砂土、<br>黏土 | 中壤、<br>重壤<br>砂壤、<br>轻黏土<br>砂土、<br>黏土 | 轻壤<br>砂壤、<br>中壤<br>砂土、<br>黏土 | 轻壤<br>砂壤、<br>中壤<br>砂土、<br>黏土 | 砂壤～<br>中壤<br>重壤<br>砂土、黏土 |

## （二）生产措施

**1. 品种选择** 根据市场的需求、栽培条件、栽培方式等因素，选用优良适宜的品种，并且具有较强的抗病虫能力和抗逆能力。

**2. 种植前场地的清理和消毒** 前茬作物收获后，应认真清理前茬作物遗留的病残株、根茬、烂叶等废弃物及各种杂草，将它们清除栽培场地之外，断绝各种病虫害的传播媒介和寄主。播种前或定植前对土壤进行耕翻和消毒，减轻病虫危害，达到不施或少施农药的目的。

**3. 合理安排茬口** 茬口安排要实行合理的轮作、间作、套作，有效调节地力，创造良好的生态环境，有利于蔬菜的生长发育，减少病虫害的发生。

**4. 培育无病虫壮苗** 育苗时床土应做到无病菌、无虫卵、无杂草籽、富含有机质，营养元素齐全，保肥保水，通透性好，对床土应采用合理的方法消毒。播前对种子进行严格筛选和消毒处理，种子消毒最好用物理方法消毒，如温汤浸种，用化学物质处理种子时一定要合理用药，以控制种子传播病害，促使苗齐、苗全、苗壮。冬春季育苗可选用电热温床育苗，苗期要严格控制环境条件，加强苗期病虫害的防治，培育壮苗。

**5. 加强田间管理** 在栽培过程中要充分利用光、热、水、气等条件，要通过对栽培环境的控制创造一个有利于蔬菜生长而不利于病虫害发生的环境条件。如细致整地、施足基肥、选用高垄栽培、地膜覆盖、合理密植、适时灌水追肥、及时植株调整、适期采收等措施。设施生产应合理调节环境条件，注意加强通风透光，冬春季要预防低温高湿，增加光照，补充二氧化碳气肥，采用增温、保温技术，在高温多雨季节可利用遮阳网技术进行降温。

### （三）主要生产技术

**1. 施肥技术**

（1）肥料选择　有机肥（堆肥、沤肥、厩肥、沼气肥、绿肥、作物秸秆、饼肥等）、商品有机肥（微生物肥料、根瘤菌肥、磷细菌肥料、有机复合肥等）、矿质肥料（矿物钾肥、矿物磷肥、钙镁磷肥、硫酸钾等）、化肥（尿素、磷酸二铵、磷酸二氢钾等）、微量元素肥料（以铜、铁、锌、锰、硼等微量元素为主配制的叶面肥等）。

（2）施肥原则　注重有机肥、生物菌肥的施用；选用矿质肥料和微量元素肥料；限量使用化肥，注意施肥时期；化肥时应选择优质高效的肥料，如蔬菜专用复合肥、尿素、磷酸二铵、过磷酸钙等，化肥应该深施，氮肥宜在蔬菜生育的早、中期施用，一般在收获前 15 天就应停止使用，使氮素在蔬菜体内有一个转化时间；推广配方施肥和测土施肥。

**2. 虫害防治技术**

（1）农业防治　包括：选用抗病、耐病品种；合理轮作倒茬；采用嫁接换根栽培；加强田间管理等。

（2）物理防治　包括：种子消毒；设施消毒；色板或灯光诱杀；采用遮阳网或防虫网覆盖等。

（3）生物防治　包括：利用天敌；利用生物农药。

（4）化学防治　在上述防治措施的基础上，当病虫数量达到防治指标时，而不得以采用的补充性防治措施。要求：严禁使用高毒、高残留农药（表 13）；每种有机合成农药（含 A 级绿色食品生产资料农药类的有机合成产品）在一种作物的生长期内只允许使用一次；应按照 GB4285、GB8321.1、GB8321.2、GB8321.3、GB8321.4、GB/T8321.5 的要求控制施药量与安全间隔期；有机合成农药在农产品中的最终残留应符合 GB4285、GB8321.1、GB8321.2、GB8321.3、GB8321.4、GB/T8321.5 的最高残留限量（MRL）要求；严禁使用基因工程品种（产品）及制剂。

### 表 13　生产 A 级绿色（蔬菜）食品禁止使用的农药
### （引自 NY/T393—2000）

| 种　类 | 农药名称 | 禁用原因 |
| --- | --- | --- |
| 无机砷杀虫剂 | 砷酸钙、砷酸铅 | 高毒 |
| 有机砷杀虫剂 | 甲基胂酸锌、甲基胂酸铁铵（田安）、福美甲胂、福美胂 | 高残留 |
| 有机锡杀菌剂 | 薯瘟锡（三苯基醋酸锡）、三苯基氯化锡和毒菌锡 | 高残留 |
| 有机汞杀菌剂 | 氯化乙基汞（西力生）、醋酸苯汞（赛力散） | 剧毒、高残留 |
| 氟制剂 | 氟化乙基汞、氟化钠、氟乙酸钠、氟乙酰胺、氟铝酸钠、氟硅酸钠 | 剧毒、高毒易产生药害 |
| 有机氯杀虫剂 | 滴滴涕、六六六、林丹、艾氏剂、狄氏剂 | 高残留 |
| 有机氯杀螨剂 | 三氯杀螨醇 | 我国生产的工业品中含有一定数量的滴滴涕 |
| 卤代烷类熏蒸杀虫剂 | 二溴乙烷、三溴氯丙烷 | 致癌、致畸 |
| 有机磷杀虫剂 | 甲拌磷、乙拌磷、久效磷、对硫磷、甲基对硫磷、甲胺磷、甲基异柳磷、氧化乐果、磷胺 | 高毒 |

（续）

| 种　类 | 农药名称 | 禁用原因 |
|---|---|---|
| 有机磷杀菌剂 | 稻瘟净、异稻瘟净（异嗅米） | 高毒 |
| 氨基甲酸酯杀虫剂 | 克百威、涕灭威、灭多威 | 高毒 |
| 二甲基甲脒类杀螨剂 | 杀虫脒 | 慢性毒性、致癌 |
| 取代苯类杀虫杀菌剂 | 五氯硝基苯、稻瘟醇（五氯苯甲醇） | 国外有致癌报导或二次药害 |
| 植物生长调节剂 | 有机合成植物生长调节剂 | |
| 二苯醚类除草剂 | 除草醚、草枯醚 | 慢性毒性 |
| 除草剂 | 各类除草剂 | |

## （四）绿色蔬菜的产品包装、标签标志、运输与贮存

**1. 包装**　根据绿色食品全程控制的要求，绿色蔬菜的包装应严格遵守卫生、安全、不浪费资源、不污染环境、可循环利用等原则，除了遵守国家食品包装要求外，要有较长的保质期，不带来二次污染，不损失原来的营养及风味，包装成本低。

包装上必须有绿色食品标志，必须标注生产者或经销者的单位或地址、产品名称、质量等级、净重、生产日期、保存期以及其他需特殊标注的内容。

**2. 加贴标志**　绿色蔬菜经认证后，加贴绿色食品的统一标志。绿色食品商标已在国家工商行政管理局注册的有"绿色食品"、"GreenFood"、"绿色食品标志图形"及这三者相互组合等四种形式，见图2。

绿色食品标志图形由三部分构成：上方的太阳、下方的叶片

图 2　AA 级绿色食品的标志

和中心的蓓蕾，象征自然生态；标志图形为正圆形，意为保护、安全；颜色为绿色，象征着生命、农业、环保。

AA 级绿色食品标志与字体为绿色，底色为白色；A 级绿色食品标志与字体为白色，底色为绿色。

绿色食品标志使用期为 3 年，到期后必须重新检测认证。

### (五) 运输和贮存

**1. 运输**　绿色蔬菜必须采用绿色食品专运车运输，运输工具必须洁净卫生，不能引入污染。在运输过程中，严禁与非绿色产品混杂运输，不同级别的不能混堆在一起运输。

**2. 贮存**　绿色蔬菜的贮藏环境必须清洁卫生，选择的贮藏方法不能使绿色蔬菜的品质发生变化，可以采用冷藏、气调等技术贮藏，延缓和防治蔬菜变质。不能与非绿色蔬菜混堆贮藏，不同级别绿色蔬菜应分别贮藏。

## 三、有机蔬菜生产规范

有机食品是根据有机农业和有机食品生产、加工标准或生产、加工技术规范而生产、加工，并经有机食品认证组织认证的一切农副产品。

有机食品的生产环境无污染，在原料的生产和加工过程中不使用农药、化肥、生长激素和色素等化学合成物质，不采用基因工程技术，应用天然物质和对环境无害的方式生产、加工形成的环保型安全食品，属于真正的源于自然、富营养、高品质的安全环保生态食品。

## （一）生产基地选择

### 1. 基地规划

（1）有机食品生产基地应远离城区、工矿区、交通主干线、工业污染源、生活垃圾场等。

（2）如果农场的有机生产区域有可能受到邻近的常规生产区域污染的影响，则在有机和常规生产区域之间应当设置缓冲带或物理障碍物，保证有机生产地块不受污染。以防止临近常规地块的禁用物质的漂移。

（3）在有机生产区域周边设置天敌的栖息地，提供天敌活动、产卵和寄居的场所，提高生物多样性和自然控制能力。

（4）生产者按照有机产品国家标准开始管理至生产单元与产品获得有机认证之间的阶段为转换期，有机转换期的目的主要在于改善土壤中微生物的组成和使土壤中的污染物质进行降解，同时使生产者建立起完整的有机管理体系。

一年生作物需要 24 个月的转换期，多年生作物需要 36 个月的转换期。新开荒的、长期撂荒的、长期按传统农业方式耕种的或有充分证据证明多年未使用禁用物质的农田，也应经过至少 12 个月的转换期。转换期内必须完全按照有机农业的要求进行管理。

**2. 环境要求**　土壤环境质量应符合 GB15618—1995 中的二级标准（表 14）。

农田灌溉用水水质质量应符合 GB 5084—2005 的规定（表 15）。

**表 14　土壤环境质量标准（GB15618—1995）（毫克/千克）**

| 级　别 | | 一级 | 二级 | | | 三级 |
|---|---|---|---|---|---|---|
| 土壤 pH 值 | | 自然背景 | ＜6.5 | 6.5～7.5 | ＞7.5 | ＞6.5 |
| 项　目 | | | | | | |
| 镉　　　≤ | | 0.20 | 0.30 | 0.60 | 1.0 | |
| 汞　　　≤ | | 0.15 | 0.30 | 0.50 | 1.0 | 1.5 |
| 砷 | 水田　≤ | 15 | 30 | 25 | 20 | 30 |
| | 旱地　≤ | 15 | 40 | 30 | 25 | 40 |
| 铜 | 农田等≤ | 35 | 50 | 100 | 100 | 400 |
| | 果园　≤ | — | 150 | 200 | 200 | 400 |
| 铅　　　≤ | | 35 | 250 | 300 | 350 | 500 |
| 铬 | 水田　≤ | 90 | 250 | 300 | 350 | 400 |
| | 旱地　≤ | 90 | 150 | 200 | 250 | 300 |
| 锌　　　≤ | | 100 | 200 | 250 | 300 | 500 |
| 镍　　　≤ | | 40 | 40 | 50 | 60 | 200 |
| 六六六　≤ | | 0.05 | 0.50 | | | 1.0 |
| 滴滴涕　≤ | | 0.05 | 0.50 | | | 1.0 |

注：①重金属（铬主要是三价）和砷均按元素量计，适用于阳离子交换量＞5厘摩（＋）/千克的土壤，若≤5厘摩（＋）/千克，其标准值为表内数值的半数；②六六六为四种异构体总量，滴滴涕为四种衍生物总量；③水旱轮作地的土壤环境质量标准，砷采用水田值，铬采用旱地值。

**表 15　农田灌溉水质标准**

| 序号 | 项　目 | | 作物种类 | | |
|---|---|---|---|---|---|
| | | | 水作 | 旱作 | 蔬菜 |
| 1 | 五日生化需氧量/（毫克/升） | ≤ | 60 | 100 | 40[a]，15[b] |
| 2 | 化学需氧量/（毫克/升） | ≤ | 150 | 200 | 100[a]，60[b] |

（续）

| 序号 | 项目 | | 作物种类 | | |
|------|------|---|------|------|------|
| | | | 水作 | 旱作 | 蔬菜 |
| 3 | 悬浮物/（毫克/升） | ≤ | 80 | 100 | 60[a]，15[b] |
| 4 | 阴离子表面活性剂/（毫克/升） | ≤ | 5.0 | 8.0 | 5.0 |
| 7 | 水温，℃ | ≤ | 35 | | |
| 8 | pH 值 | ≤ | 5.5～8.5 | | |
| 9 | 全盐量/（毫克/升） | ≤ | 1000[c]（非盐碱土地区）；2000[c]（盐碱土地区） | | |
| 10 | 氯化物/（毫克/升） | ≤ | 350 | | |
| 11 | 硫化物/（毫克/升） | ≤ | 1.0 | | |
| 12 | 总汞/（毫克/升） | ≤ | 0.001 | | |
| 13 | 镉/（毫克/升） | ≤ | 0.01 | | |
| 14 | 总砷/（毫克/升） | ≤ | 0.05 | 0.1 | 0.05 |
| 15 | 铬（六价）/（毫克/升） | ≤ | 0.1 | | |
| 16 | 铅/（毫克/升） | ≤ | 0.2 | | |
| 17 | 铜/（毫克/升） | ≤ | 0.5 | 1.0 | |
| 18 | 锌/（毫克/升） | ≤ | 2.0 | | |
| 19 | 硒/（毫克/升） | ≤ | 0.02 | | |
| 20 | 氟化物/（毫克/升） | ≤ | 2.0（高氟区）3.0（一般地区） | | |
| 21 | 氰化物/（毫克/升） | ≤ | 0.5 | | |
| 22 | 石油类/（毫克/升） | ≤ | 5.0 | 10 | 1.0 |
| 23 | 挥发酚/（毫克/升） | ≤ | 1.0 | | |
| 24 | 苯/（毫克/升） | ≤ | 2.5 | | |
| 25 | 三氯乙醛/（毫克/升） | ≤ | 1.0 | 0.5 | 0.5 |
| 26 | 丙烯醛/（毫克/升） | ≤ | 0.5 | | |

（续）

| 序号 | 项 目 | | 作物种类 | | |
|---|---|---|---|---|---|
| | | | 水作 | 旱作 | 蔬菜 |
| 27 | 硼/（毫克/升） | ≤ | 1.0（对硼敏感作物，如：马铃薯、笋瓜、韭菜、洋葱、柑橘等）；<br>2.0（对硼耐受性较强的作物，如小麦、玉米、青椒、小白菜、葱等）；<br>3.0（对硼耐受性强的作物，如：水稻、萝卜、油菜、甘蓝等）。 | | |
| 28 | 粪大肠菌群数，个/100毫升 | ≤ | 4000 | 4000 | 2000[a]，1000[b] |
| 29 | 蛔虫卵数，个/升 | ≤ | 2 | | 2[a]，1[b] |

a. 加工、烹调及去皮蔬菜。b. 生食类蔬菜、瓜类和草本水果。c. 具有一定水利灌排设施，能保证一定的排水和地下水径流条件的地区，或有一定淡水资源能满足冲洗土体中盐分的地区，农田灌溉水质全盐量指标可以适当放宽。

环境空气质量应符合 GB3095—1996 中二级标准和 GB9137 的规定。GB3095—1996 和 GB9137 标准规定分别见表 16 和表 17。

表16 环境空气中各项污染物的浓度限值

| 污染物名称 | 取值时间 | 浓度限值 | | | 浓度单位 |
|---|---|---|---|---|---|
| | | 一级 | 二级 | 三级 | |
| 二氧化硫 $SO_2$ | 年平均 | 0.02 | 0.06 | 0.10 | 毫克/米³（标准状态） |
| | 日平均 | 0.05 | 0.15 | 0.25 | |
| | 1小时平均 | 0.15 | 0.50 | 0.70 | |
| 总悬浮颗粒物 TSP | 年平均 | 0.08 | 0.20 | 0.30 | |
| | 日平均 | 0.12 | 0.30 | 0.50 | |
| 可吸入颗粒物 $PM_{10}$ | 年平均 | 0.04 | 0.10 | 0.15 | |
| | 日平均 | 0.05 | 0.15 | 0.25 | |

（续）

| 污染物名称 | 取值时间 | 浓度限值 | | | 浓度单位 |
|---|---|---|---|---|---|
| | | 一级 | 二级 | 三级 | |
| 氮氧化物 NOx | 年平均 | 0.05 | 0.05 | 0.10 | |
| | 日平均 | 0.10 | 0.10 | 0.15 | |
| | 1小时平均 | 0.15 | 0.15 | 0.30 | |
| 二氧化氮 NO₂ | 年平均 | 0.04 | 0.04 | 0.08 | |
| | 日平均 | 0.08 | 0.08 | 0.12 | |
| | 1小时平均 | 0.12 | 0.12 | 0.24 | |
| 一氧化碳 CO | 日平均 | 4.00 | 4.00 | 6.00 | |
| | 1小时平均 | 10.00 | 10.00 | 20.00 | |
| 臭氧 O₃ | 1小时平均 | 0.12 | 0.16 | 0.20 | |
| 铅 Pb | 年平均 | | 1.50 | | 微克/米³ |
| | 季平均 | | 1.00 | | （标准状态） |
| 苯并(a)芘 B(a)P | 日平均 | | 0.01 | | |
| 氟化物 F | 日平均 | | 7(1) | | |
| | 1小时平均 | | 20(1) | | 微克/ |
| | 月平均 | 1.8(2) | 3.0(3) | | （分米²·天） |
| | 植物生长季平均 | 1.2(2) | 2.0(3) | | |

注：根据国家环境保护总局环发［2000］1号"关于发布《环境空气质量标准》（GB3095—1996）修改单的通知"，自2000年1月6日起，①取消氮氧化物（NOx）指标。②二氧化氮（NO₂）的二级标准的年平均浓度限值由0.04毫克/米³改为0.08毫克/米³；日平均浓度限值由0.08毫克/米³改为0.12毫克/米³；小时平均浓度限值由0.12毫克/米³改为0.24毫克/米³。③臭氧（O₃）的一级标准的小时平均浓度限值由0.12毫克/米³改为0.16毫克/米³；二级标准的小时平均浓度限值由0.16毫克/米³改为0.20毫克/米³。

表17 保护农作物的大气污染物最高允许浓度

| 污染物 | 作物敏感程度 | 生长季平均浓度 | 日平均浓度 | 任何一次 | 作物种类 |
|---|---|---|---|---|---|
| 二氧化硫 | 敏感作物 | 0.05 | 0.15 | 0.50 | 菠菜、青菜、白菜、莴苣、黄瓜、南瓜、西葫芦、马铃薯 |
| | 中等敏感作物 | 0.08 | 0.25 | 0.70 | 番茄、茄子、胡萝卜 |
| | 抗性作物 | 0.12 | 0.30 | 0.80 | 蚕豆、甘薯、芋头、草莓 |
| 氟化物 | 敏感作物 | 1.00 | 5.00 | | 甘蓝、菜豆 |
| | 中等敏感作物 | 2.00 | 10.00 | | 白菜、芥菜、花椰菜 |
| | 抗性作物 | 4.50 | 15.00 | | 茴香、茄子、番茄、辣椒、马铃薯 |

注：①生长季平均浓度为任何一个生长季节的日平均浓度值不许超过的限值；②日平均浓度为任何一日的平均浓度值不许超过的限值；③任何一次为任何一次采样测定不许超过的浓度限值；④二氧化硫浓度单位为毫克/米$^3$；⑤氟化物浓度单位为微克/（分米$^2$·天）

## (二) 主要生产措施

### 1. 种子和种苗选择

（1）应选择有机种子或种苗。当从市场上无法获得有机种子或种苗时，可以选用未经禁用物质处理过的常规种子或种苗，但应制订获得有机种子和种苗的计划。

（2）应选择适应当地的土壤和气候特点、对病虫害具有抗性的作物种类及品种。在品种的选择中应充分考虑保护作物的遗传多样性。

（3）禁止使用经禁用物质和方法处理的种子和种苗。

### 2. 耕作制度安排

（1）应采用作物轮作和间套作等形式以保持区域内的生物多样性，保持土壤肥力。

（2）在一年只能生长一茬蔬菜的地区，允许采用两种作物的轮作。

（3）禁止连续多年在同一地块种植同一种蔬菜。

（4）应根据当地情况制定合理的灌溉方式（如滴灌、喷灌、渗灌等）控制土壤水分。

（5）应利用豆科作物、免耕或土地休闲进行土壤肥力的恢复。

**3. 合理施肥**

（1）应通过回收、再生和补充土壤有机质和养分来补充因作物收获而从土壤带走的有机质和土壤养分。

（2）保证施用足够数量的有机肥以维持和提高土壤的肥力、营养平衡和土壤生物活性。

有机肥应主要源于本农场或有机农场（或畜场）；遇特殊情况（如采用集约耕作方式）或处于有机转换期或证实有特殊的养分需求时，经认证机构许可可以购入一部分农场外的肥料。外购的商品有机肥，应通过有机认证或经认证机构许可。

（3）限制使用人粪尿，必须使用时，应当按照相关要求进行充分腐熟和无害化处理，并不得与作物食用部分接触。禁止在叶菜类、块茎类和块根类作物上施用。

（4）天然矿物肥料和生物肥料不得作为系统中营养循环的替代物，矿物肥料只能作为长效肥料并保持其天然组分，禁止采用化学处理提高其溶解性。应严格控制矿物肥料的使用，以防止土壤重金属累积。

（5）有机肥堆制过程中允许添加来自于自然界的微生物，但禁止使用转基因生物及其产品。

（6）禁止使用化学合成肥料和城市污水污泥。

（7）应限制肥料的使用量，以防土壤有害物质累积。

有机食品生产在土壤培肥过程中允许使用的物质见表18。

**表18 有机作物种植允许使用的土壤培肥和改良物质**

| 物质类别 | | 物质名称、组分和要求 | 使用条件 |
|---|---|---|---|
| 植物和动物来源 | 有机农业体系内 | 作物秸秆和绿肥 | |
| | | 畜禽粪便及其堆肥（包括圈肥） | |
| | 有机农业体系以外 | 秸秆 | 与动物粪便堆制并充分腐熟后 |
| | | 畜禽粪便及其堆肥 | 满足堆肥的要求 |
| | | 干的农家肥和脱水的家畜粪便 | 满足堆肥的要求 |
| | | 海草或物理方法生产的海草产品 | 未经过化学加工处理 |
| | | 来自未经化学处理木材的木料、树皮、锯屑、刨花、木灰、木炭及腐殖酸物质 | 地面覆盖或堆制后作为有机肥源 |
| | | 未搀杂防腐剂的肉、骨头和皮毛制品 | 经过堆制或发酵处理后 |
| | | 蘑菇培养废料和蚯蚓培养基质的堆肥 | 满足堆肥的要求 |
| | | 不含合成添加剂的食品工业副产品 | 应经过堆制或发酵处理后 |
| | | 草木灰 | |
| | | 不含合成添加剂的泥炭 | 禁止用于土壤改良；只允许作为盆栽基质使用 |
| | | 饼粕 | 不能使用经化学方法加工的 |
| | | 鱼粉 | 未添加化学合成的物质 |

（续）

| 物质类别 | 物质名称、组分和要求 | 使用条件 |
|---|---|---|
| 矿物来源 | 磷矿石 | 应当是天然的，应当是物理方法获得的，五氧化二磷中镉含量小于等于90毫克/千克 |
| | 钾矿粉 | 应当是物理方法获得的，不能通过化学方法浓缩。氯的含量少于60%。 |
| | 硼酸岩 | |
| | 微量元素 | 天然物质或来自未经化学处理、未添加化学合成物质 |
| | 镁矿粉 | 天然物质或来自未经化学处理、未添加化学合成物质 |
| | 天然硫黄 | |
| | 石灰石、石膏和白垩 | 天然物质或来自未经化学处理、未添加化学合成物质 |
| | 黏土（如珍珠岩、蛭石等） | 天然物质或来自未经化学处理、未添加化学合成物质 |
| | 氯化钙、氯化钠 | |
| | 窑灰 | 未经化学处理、未添加化学合成物质 |
| | 钙镁改良剂 | |
| | 泻盐类（含水硫酸岩） | |
| 微生物来源 | 可生物降解的微生物加工副产品，如酿酒和蒸馏酒行业的加工副产品 | |
| | 天然存在的微生物配制的制剂 | |

注：①使用表中未列入的物质，应由认证机构按照对该物质进行评估；②在有理由怀疑肥料存在污染时，应在施用前对其重金属含量或其它污染因子进行检测。

### 4. 病虫草害防治

（1）农业措施　优先采用农业措施，通过选用抗病抗虫品种，非化学药剂种子处理，培育壮苗，加强栽培管理，中耕除草，秋季深翻晒土，清洁田园，轮作倒茬、间作套种等一系列措施起到防治病虫草害的作用。

（2）物理措施 尽量利用灯光、色彩诱杀害虫，机械捕捉害虫，机械和人工除草等措施，防治病虫草害。

（3）其他措施 采用以上方法不能有效控制病虫害时，允许使用表19所列出的植物保护产品和物质进行防治。

**表 19 有机作物种植允许使用的植物保护产品和措施**

| 物质类别 | 物质名称、组分要求 | 使用条件 |
|---|---|---|
| 植物和动物来源 | 印楝树提取物（Neem）及其制剂 | |
| | 天然除虫菊（除虫菊科植物提取液） | |
| | 苦楝碱（苦木科植物提取液） | |
| | 鱼藤酮类（毛鱼藤） | |
| | 苦参及其制剂 | |
| | 植物油及其乳剂 | |
| | 植物制剂 | |
| | 植物来源的驱避剂（如薄荷、熏衣草） | |
| | 天然诱集和杀线虫剂（如万寿菊、孔雀草） | |
| | 天然酸（如食醋、木醋和竹醋等） | |
| | 蘑菇的提取物 | |
| | 牛奶及其奶制品 | |
| | 蜂蜡 | |
| | 蜂胶 | |
| | 明胶 | |
| | 卵磷脂 | |

(续)

| 物质类别 | 物质名称、组分要求 | 使用条件 |
|---|---|---|
| 矿物来源 | 铜盐（如硫酸铜、氢氧化铜、氯氧化铜、辛酸铜等） | 不得对土壤造成污染 |
| | 石灰硫黄（多硫化钙） | |
| | 波尔多液 | |
| | 石灰 | |
| | 硫黄 | |
| | 高锰酸钾 | |
| | 碳酸氢钾 | |
| | 碳酸氢钠 | |
| | 轻矿物油（石蜡油） | |
| | 氯化钙 | |
| | 硅藻土 | |
| | 黏土（如：斑脱土、珍珠岩、蛭石、沸石等） | |
| | 硅酸盐（硅酸钠，石英） | |
| 微生物来源 | 真菌及真菌制剂（如白僵菌、轮枝菌） | |
| | 细菌及细菌制剂（如苏云金杆菌，即 BT） | |
| | 释放寄生、捕食、绝育型的害虫天敌 | |
| | 病毒及病毒制剂（如：颗粒体病毒等） | |
| 诱捕器、屏障、驱避剂 | 物理措施（如色彩诱器、机械诱捕器等） | |
| | 覆盖物（网） | |
| | 昆虫性外激素 | 仅用于诱捕器和散发皿内驱避高等动物 |
| | 四聚乙醛制剂 | |

（续）

| 物质类别 | 物质名称、组分要求 | 使用条件 |
|---|---|---|
| 其 他 | 氢氧化钙<br>二氧化碳<br>乙醇<br>海盐和盐水<br>苏打<br>软皂（钾肥皂）<br>二氧化硫 | |

**5. 防止污染**

（1）有机地块与常规地块的排灌系统应有有效的隔离措施，以保证常规农田的水不会渗透或漫入有机地块。

（2）常规农业系统中的设备在用于有机生产前，应得到充分清洗，去除污染物残留。

（3）在使用保护性的建筑覆盖物、塑料薄膜、防虫网时，只允许选择聚乙烯、聚丙烯或聚碳酸酯类产品，并且使用后应从土壤中清除。禁止焚烧，禁止使用聚氯类产品。

（4）有机产品的农药残留不能超过国家食品卫生标准相应产品限值的5%，重金属含量也不能超过国家食品卫生标准相应产品的限值。

**6. 水土保持和生物多样性保护**

（1）应采取积极的、切实可行的措施，防止水土流失、土壤沙化、过量或不合理使用水资源等，在土壤和水资源的利用上，应充分考虑资源的可持续利用。

（2）应采取明确的、切实可行的措施，预防土壤盐碱化。

（3）提倡运用秸秆覆盖或间作的方法避免土壤裸露。

（4）应重视生态环境和生物多样性的保护。

（5）应重视天敌及其栖息地的保护。

（6）充分利用作物秸秆，禁止焚烧处理。

## （三）有机食品认证

**1. 申请**　申请人向分中心提出正式申请，领取《有机食品认证申请表》和交纳申请费。申请人填写《有机食品认证申请表》，同时领取《有机食品认证调查表》和《有机食品认证书面资料清单》等文件。

**2. 预审并制定初步的检查计划**

（1）分中心对申请人预审。预审合格，分中心将有关材料拷贝给认证中心。

（2）认证中心根据分中心提供的项目情况，估算检查时间（一般需要 2 次检查：生产过程一次、加工一次）。

（3）认证中心根据检查时间和认证收费管理细则，制定初步检查计划和估算认证费用。

（4）认证中心向企业寄发《受理通知书》、《有机食品认证检查合同》（简称《检查合同》）并同时通知分中心。

**3. 签订有机食品认证检查合同**

（1）申请人确认《受理通知书》后，与认证中心签订《检查合同》。

（2）根据《检查合同》的要求，申请人交纳相关费用的50％，以保证认证前期工作的正常开展。

（3）申请人委派内部检查员（生产、加工各 1 人）配合认证工作，并进一步准备相关材料。

（4）所有材料均使用书面文件和电子文件各一份，拷贝给分中心。

**4. 审查**　分中心对申请人及其材料进行综合审查；分中心将审核意见和申请人的全部材料拷贝给认证中心；认证中心审查并做出"何时"进行检查的决定；当审查不合格，认证中心通知申请人且当年不再受理其申请。

**5. 实地检查评估**　全部材料审查合格以后，认证中心派出有资质的检查员；检查员应从认证中心或分中心处取得申请人相关资料，依据本准则的要求，对申请人的质量管理体系、生产过程控制体系、追踪体系以及产地、生产、加工、仓储、运输、贸易等进行实地检查评估；必要时，检查员需对土壤、产品抽样，由申请人将样品送指定的质检机构检测。

**6. 编写检查报告**　检查员完成检查后，按认证中心要求编写检查报告；检查员在检查完成后两周内将检查报告送达认证中心。

**7. 综合审查评估意见**　认证中心根据申请人提供的申请表、调查表等相关材料以及检查员的检查报告和样品检验报告等进行综合审查评估，编制颁证评估表；提出评估意见并报技术委员会审议。

**8. 认证决定人员/技术委员会决议**　认证决定人员对申请人的基本情况调查表、检查员的检查报告和认证中心的评估意见等材料进行全面审查，做出同意颁证、有条件颁证、有机转换颁证或拒绝颁证的决定 。证书有效期为一年。

（1）同意颁证。申请内容完全符合有机食品标准，颁发有机食品证书。

（2）有条件颁证。申请内容基本符合有机食品标准，但某些方面尚需改进，在申请人书面承诺按要求进行改进以后，亦可颁发有机食品证书。

（3）有机转换颁证。申请人的基地进入转换期一年以上，并继续实施有机转换计划，颁发有机转换基地证书。从有机转换基地收获的产品，按照有机方式加工，可作为有机转换产品，即"转换期有机食品"销售。

（4）拒绝颁证。申请内容达不到有机食品标准要求，技术委员会拒绝颁证，并说明理由。

**9. 有机食品标志的使用**　有机食品标志采用人手和叶片为

创意元素（见图3）。我们可以感觉到两种景象其一是一只手向上持着一片绿叶，寓意人类对自然和生命的渴望；其二是两只手一上一下握在一起，将绿叶拟人化为自然的手，寓意人类的生存离不开大自然的呵护，人与自然需要和谐美好的生存关系。

图3　中国有机食品标志

通过认证的有机食品将根据证书和《有机食品标志使用管理规则》的要求，签订《有机食品标志使用许可合同》，并办理有机食品商标的使用手续。

# 第二节　蔬菜保护地生产技术

## 一、保护地建造场地选择与规划

### （一）保护地建造场地的选择

场地选择要把握因地制宜的原则，所选场地既要防寒保温利于园艺作物的生长发育，又能充分利用自然资源，还要有利于产品的运输销售，见图4。

场地选择的具体要求如下：

1. 选择空旷、地势高燥、四周没有高大的建筑物或树木遮蔽的地方，南向或东南小于10°的缓坡地也较好。这样的场地可以使设施获得充足的光照，又有利于排水，在高温季节气流通畅，还有利于设施通风换气。

2. 选择向阳避风的地带。在有强烈季候风的地区，选择迎风面有屏障物的地段，山区要注意避开山谷风。微风可使空气流

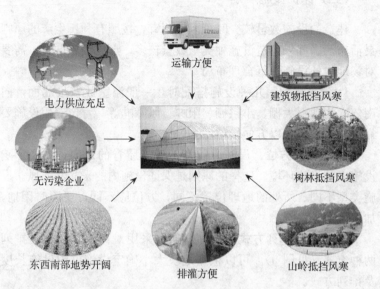

运输方便

电力供应充足

建筑物抵挡风寒

无污染企业

树林抵挡风寒

东西南部地势开阔

排灌方便

山岭抵挡风寒

图 4　园艺设施建造场地条件要求

通，但大风会影响设施的增温效果，会对设施形成破坏，严重时造成灾害。

3. 选择土质疏松肥沃、土壤酸碱度中性、地下水位低的地块。疏松肥沃的土壤保肥保水能力强、通透性好，地温容易提高，有利于作物的生长发育。地下水位高的地块土壤湿度大，地温不易提高，土壤容易发生盐渍化。

4. 选择水质好、水源丰富，供电充足，交通便利的地方。对于现代化的温室，如自动化卷帘机、喷淋系统、强制通风系统等的应用需要保证用电要求，所以要充分考虑电力总负荷，确保用电的可靠性和安全性。

5. 场地要远离环境污染源，也不能将其建在有污染源的下风向。场地周围的土壤、大气、水源等生态环境质量应符合无公害农产品的要求。

### （二）保护设施规划

建造的设施数量较少时可因地制宜，按照有利于生产的原则灵活布局。如果建造设施种类与数量较多，形成设施群时，需要对场地内的设施进行合理布局。

**1. 设施搭配**　几种设施搭配时，一般温室放在最北面，向南依次为塑料大棚、小拱棚、阳畦、风障畦等。育苗专用设施要靠近栽培设施，以方便供苗。

**2. 设施的方位**　设施方位是指设施屋脊的走向，主要影响设施内的光热环境。选择的原则是保证设施内的采光和通风。设施类型不同、所处的地理位置不同，方位应不同，要因时因地，加以确定。

**3. 设施的排列方式**　设施群通常采用对称排列和交错排列两种方式（见图5）。可以依据地块大小确定设施群内设施长度及排列方式。

对称排列设施群的通风较好，高温期有利于通风降温，但低温期的保温效果较差。交错排列设施群内没有风的通道，能挡风、保温性能好，低温期有于保温，但高温期通风降温效果不好。多风地区可采用交错排列，可避免道路变为风口，形成风害。

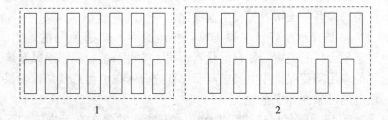

图5　大型设施排列方式
1. 对称排列方式　2. 交错排列方式

**4. 设施的间距** 为提高土地利用率，设施间距的确定原则是在前后排设施不相互遮光和不影响通风的前提下尽量缩小间距。塑料大棚一般前后间距要求为棚高的 1.5～2 倍，这样在早春和晚秋，前排棚不会挡住后排棚的太阳光线。温室前后间距一般以冬至日，前排温室不影响后排温室的采光为标准，一般要求不少于温室脊高加卷起的草苫高度的 2 倍。

**5. 田间道路的设置** 设施群内应设有交通运输的通道以及灌溉渠道。交通运输的通道分主干道和支路。可以根据设施群的田间布局，确定田间道路的位置。在合理的交通路线的前提下要最大限度地减少占地。主干道宽 6 米，允许两辆汽车对开或并行；支路宽 3 米左右。沿道布置排灌沟渠。

## 二、保护设施覆盖材料

### (一) 塑料棚膜

**1. 塑料薄膜的种类** 塑料棚膜属于透明覆盖材料，按生产原料不同，分为 PVC 膜、PE 膜、EVA 膜、PO 膜、PET 膜等几种类型，每种棚膜按配方和加工工艺不同又分为多个品种，主要棚膜介绍如下：

（1）PVC 膜 PVC 膜种类不多，主要有普通 PVC 膜、PVC 无滴长寿膜、PVC 多功能长寿膜等，目前主要使用的是PVC 多功能长寿膜。

PVC 多功能长寿膜是在普通 PVC 膜原料中加入多种辅助剂后加工而成。具有无滴、耐老化、透光性好而稳定、拒尘和保温等多项功能，是当前冬季温室的主要覆盖用膜。

（2）PE 膜 设施栽培中使用的 PE 膜主要为改进型 PE 膜，薄膜的使用寿命和无滴性得到改进和提高。主要品种类型有 PE长寿膜（可连续使用 1～2 年）、PE 无滴膜、PE 多功能复合膜、PE 灌浆膜等，以 PE 多功能复合膜应用最为普遍，PE 灌浆膜近年来发展也比较快。

PE 多功能复合膜一般为三层共挤复合结构，其内层添加防雾剂，外层添加防老化剂，中层添加保温成分，使该膜同时具有长寿、保温和无滴三项功效。一般厚度 0.07mm 左右，透光率 90％左右。在覆盖上有正反面的区别，要求无滴面（反面）朝下，抗老化面（正面）朝上。见图 6。

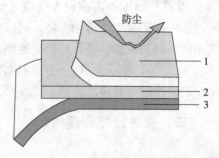

图 6　PE 棚膜结构示意图

1. 外层　2. 中层　3. 内层

PE 灌浆膜是在原有聚乙烯棚膜的基础之上，进行再次加工，通过涂覆的方法对农膜内表面进行处理，这样经过处理的棚膜，功能流滴消雾剂紧紧附着在棚膜内壁，在棚膜内表面形成一层药剂层。棚内湿气一接触棚膜内壁，就会形成一层水膜，然后由于其自身重力顺势沿着棚的坡度流下，从而达到消雾和流滴的功效。

（3）EVA 膜　EVA 膜集中了 PE 膜与 PVC 膜的优点，近年来发展很快。

EVA 膜发展重点是多功能三层复合棚膜，厚度只有 0.07 毫米左右，用膜量少，生产费用低。EVA 多功能复合膜的无滴、消雾效果更好，持续时间也较长，可保持 4～6 个月以上，使用寿命长达 18 个月以上。

（4）PO 膜　是采用聚烯烃（PO）树脂生产的多层高档功能

性聚烯烃农膜。生产用 PO 膜一般采用纳米技术，四层结构，表面防静电处理，无析出物，不易吸附灰尘，达到长久保持高透光的效果，当年透光率达到 93％以上，第二年仍可达 90％以上。消雾、流滴能力可达 3～5 年。保温性能好，相同条件下的夜间温度比 EVA 膜覆盖高 1～3℃。薄膜强度高，使用寿命长，0.1毫米厚度的 PO 膜寿命可达 3 年以上，是目前连栋温室、连栋大棚的主要用膜。

（5）有色膜 有色膜可选择性地透过光线，有利于作物生长和提高品质，此外还能降低空气湿度，减轻病害。不同有色膜在透过光的成分上有所不同，适用的作物范围也有所不同。

目前生产上所用的有色膜主要有深蓝色膜、紫色膜和红色膜等几种，以深蓝色膜和紫色膜应用比较广泛。

**2. 塑料棚膜的选择**

（1）根据栽培季节选择薄膜 北方地区冬季温室生产，应当选用加厚（不小于 0.1 毫米）的深蓝色或紫色 PVC 多功能长寿膜，不宜选择 PE 多功能复合膜和 EVA 多功能复合膜。南方地区冬季不甚寒冷，不覆盖草苫或覆盖时间较短，为降低生产成本，适宜选择 EVA 多功能复合膜和 PE 多功能复合膜。

春季和秋季温室栽培，适宜选择 EVA 多功能复合膜或 PE多功能复合膜。

春季和秋季塑料大棚栽培，适宜选择薄型 PE 多功能复合膜或 EVA 多功能复合膜。

（2）根据设施类型选择薄膜 温室和大棚的保护栽培期比较长，应选耐老化的加厚型长寿膜。中、小拱棚的保护栽培时间比较短，并且定植期也相对较晚，可选普通的 PE 膜或薄型 PE无滴膜，降低生产成本。

（3）根据作物种类选择薄膜 以蔬菜为例，栽培西瓜、甜瓜等喜光的蔬菜应选择无滴棚膜，栽培叶菜类，选择一般的普通棚膜或薄型 PE 无滴膜即可。

（4）根据病害发生情况选择薄膜　栽培期比较长的温室和塑料大棚内的作物病害一般比较严重，应选择有色无滴膜，降低空气湿度。新建温室和塑料大棚内的病菌量少，发病轻，可根据所栽培作物的发病情况以及生产条件等灵活选择棚膜。

**3. 薄膜加工**

（1）粘接　从市场上购买来的薄膜一般幅宽 2～3 米，不能直接扣棚，需要粘接成一幅或几幅更宽的薄膜，以增加薄膜的密闭性。粘接方法主要有热粘法和粘合剂法两种。

①热粘法用薄膜专用热粘机或电熨斗（调温型）粘接。PVC 膜的适宜粘接温度为 130℃左右，PE 膜为 110℃左右。用电熨斗粘膜时，应在膜下垫一层细铁网筛，在膜上铺盖一层报纸或牛皮纸后，加热。上、下两层膜的粘缝宽 5 厘米左右，一般不少于 3 厘米。电熨斗的温度高低与推移速度快慢对粘膜质量的影响很大，温度偏低或热量不足时，粘不住膜，温度过高或热量过大时，容易烫破或烫糊薄膜。应先做实验，找到规律后再正式粘膜。

塑料薄膜热合机（也叫粘膜机）是近年来国内新推出的适合温室、大棚薄膜粘膜用机械，粘膜速度快，每分钟 2～15m，粘膜幅宽 30 毫米，节省薄膜，并具有粘膜均匀、粘合牢固、不损坏薄膜等优点，应用发展比较快，一些大型塑料薄膜专卖店多配有塑料薄膜热合机。见图 7。

图 7　粘膜机
1. 粘膜机　2. 传达带

②粘合剂法用专用粘合剂进行粘膜。粘膜时，应先擦干净薄膜的粘接处，不要有水或灰尘，粘贴后将接缝处压紧压实。

（2）修补 薄膜出现孔洞时，需要及时修补。大的孔洞多进行热粘补，小孔洞主要用粘合剂修补。补洞用的薄膜类型要与覆盖的薄膜一致。

**4. 扣膜**

（1）要选无风天扣盖棚膜 有风天扣盖棚膜，棚膜容易被风鼓起，不易拉平和拉紧，也容易拉破。应当选无风或微风天扣盖棚膜。

（2）拉紧、拉平 棚膜覆盖要紧、平，否则表面容易积水，也容易遭受风害。

（3）晴天中午前后 晴天中午前后温度高，棚膜受热变软，容易拉紧、拉平，并且拉紧后不容易松弛。低温期扣膜，中午前后高温时棚膜容易变软而松弛不紧。

（4）要避免棚膜的机械损伤 支撑架面要平滑，或用旧布包扎好。

（5）塑料大棚扣膜 扣膜时从两侧开始，由下向上逐幅扣膜，上幅膜的下边压住下幅膜的上边，上、下两幅薄膜的膜边叠压缝宽不少于 20 厘米。棚膜拉紧拉平拉正后，四边挖沟埋入地里，同时上压杆压住棚膜。

（6）温室扣膜 采用扒缝式通风口类温室，主要有二膜法和三膜法两种扣膜方法，见图 8。双膜法扣膜后只留有上部通风口，下部通风口一般采取揭膜法代替。三膜法扣膜后，留有上、下两个通风口，下部通风口的位置比较高，可避免"扫地风"的危害。扣膜时，上幅膜的下边压住下幅膜的上边，压幅宽不少于 20 厘米。

不管采取何种扣膜法，叠压处上、下两幅薄膜的膜边均应粘成裙筒。下幅膜的裙筒内穿粗铁丝或钢丝，并用细铁丝固定到前屋面的拱架或钢丝上，防止膜边下滑。上幅膜的裙筒内要穿钢丝，利用钢丝的弹性，拉直膜边，使通风口关闭时合盖严实。

扣膜后，随即上压膜线或竹竿压住薄膜。

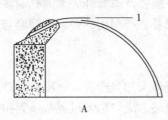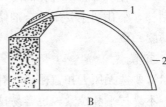

图 8　温室薄膜扣盖方法示意图

A. 二膜法　B. 三膜法

1. 上部通风口　2. 下部通风口

### 5. 薄膜的维护

（1）修补　主要对出现的孔洞进行粘接等。

（2）除尘　棚膜表面容易落尘，需要定期清除，以保持薄膜良好的透光性。清除覆盖物表面上的灰尘，目前主要采用布条掸扫（棚面按一定间隔横向固定宽布条，依靠布条被风吹动后的不停摆动来掸扫灰尘，见图 9）、人工水冲洗等方法。

图 9　用布条掸扫棚膜表面上的灰尘

（3）除雪　薄膜表面积雪不仅影响薄膜的正常透光，积雪过厚时，还容易压松棚膜，严重时将棚膜压破。因此，雪后要及时清理膜面积雪。棚面去雪目前主要依靠人工刮雪，见图10。

图10　人工棚面去雪

（4）防积水　棚膜表面积水容易使棚膜积水处形成水包下坠，损坏棚膜。发现积水处，要及早从膜下用平板将积水处顶起，使水沿膜面落下。

（5）保持一定平整度　棚膜表面平整有利于太阳光线透过，也利于膜面排水。当发现棚膜变松软或起皱时，要及早把膜拉平、拉紧，重新固定好。

## （二）硬质塑料板材

设施栽培所用硬质塑料板材一般指厚度0.2毫米以上，适合设施覆盖的硬质透明塑料板材。硬质塑料板材的种类主要有聚碳酸酯树脂板（PC板）、玻璃纤维增强聚酯树脂板（FRP板）和玻璃纤维增强聚丙烯树脂板（FRA板）等几种，以聚碳酸酯树脂板（PC板）应用较为普遍。目前，PC板基本取代玻璃和塑料薄膜成为高档温室的主要透明覆盖材料。

**1. PC 板** PC 板为聚碳酸酯系列板材的简称，分为实心型耐力板和中空型阳光板（见图 11）。

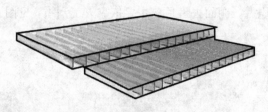

图 11 PC 中空阳光板

园艺设施上常用的为双层中空平板和波纹板两种。双层中空平板厚度一般为 6～10 毫米，波纹板的厚度一般为 0.8～1.1 毫米，波幅 76 毫米，波宽 18 毫米。PC 板表面涂有防老化层，使用寿命 15 年以上；抗冲击能力是相同厚度普通玻璃的 200 倍；重量轻，单层 PC 板的重量为同等厚度玻璃的 1/2，双层 PC 板的重量为同等厚度玻璃的 1/5；透光率高达 90%，衰减缓慢（10 年内透光率下降 2%）；保温性好，是玻璃的 2 倍；不易结露，在通常情况下，当室外温度为 0℃，室内温度为 23℃，只要室内相当湿度低于 80%，材料的表面就不会结露；阻燃；但防尘性差；价格较贵。

**2. PC 中空板安装**

（1）安装时，一定要将保护膜上印的文字说明和注意事项理解清楚，并向操作员说明，特别要注意哪面朝外，千万不可错装。

（2）安装前，要将保护膜沿边缘揭起，留出压条位置，使压条直接接触板材，待安装完成后，将保护膜完全撕掉，不要将带有保护膜的板材安装好后，再沿压条边划开保护膜，因为这样容易在板材上留下划痕，板材会沿划痕开裂。如使用螺丝固定阳光板，孔径应大于螺丝直径的 0.5 倍以上，防止冷热收缩变形，损坏板材。

（3）在连接型材中或在镶框的镶槽中必须留出有效的空间以便板材受膨胀和受载位移。

（4）安装阳光板时，应使用专用密封胶和胶垫，其他种类的密封胶可能会对板材造成腐蚀，使板材变脆，容易断裂。严禁使用PVC密封条及垫片。板面禁忌接触碱性物质及侵蚀性的有机溶剂，如碱、胺、酮、醛、醚、卤化烃、芳香烃、甲醛基丙醇等。

**3. PC中空板的维护** 主要是阳光板的清洗。清洗时，要使用中性清洁剂或不含侵蚀性的清洁剂加水擦洗。用软布或海绵蘸中性液轻轻擦洗，禁用粗布、刷子、拖把等其它坚硬、锐利工具实施清洗，以免产生拉毛现象。用清水把清洗下的污垢彻底冲洗干净后，用干净布把板面擦干擦亮，不可有明显水迹。当表面上出现油脂、未干油漆、胶带印迹等情况时可用软布点酒精擦洗。

## （三）遮阳网

遮阳网是以聚烯烃树脂为主要原料，加入一定的光稳定剂、抗氧化剂和各种色料等，熔化后经拉丝制成的一种轻质、高强度、耐老化的塑料编织网，见图12。遮阳网的主要作用是遮光和降温、防止强光和高温危害。按遮阳网的规格不同，遮光率一般从20%～75%不等。遮阳网的降温幅度因种类不同而异，一般可降低气温3～5℃，其中黑色遮阳网的降温效果最好，可使地面温度下降9～13℃。

**1. 遮阳网的种类** 按颜色不同，分为黑色、银灰色、蓝色、绿色以及黑—银灰色相间等几种类型，以前两种类型应用比较普遍。按纬编稀密度，分为SZW-8型、SZW-10型、SZW-12型、SZW-14型和SZW-16型五种型号。各型号遮阳网的主要性能指标见表20。生产上主要使用SZW-12型、SZW-14型两种型号，宽度以160～25厘米为主，每平方米质量45克和49克，使用寿命为3～5年。

图 12　遮阳网

**表 20　遮阳网的型号与性能指标**

| 型　号 | 遮光率（％） | | 机械强度 | |
| --- | --- | --- | --- | --- |
| | 黑色网 | 银灰色网 | 50 毫米宽度的拉伸强度（N） | |
| | | | 经向（含一个密区） | 纬向 |
| SZW-8 | 20～30 | 20～25 | ≥250 | ≥250 |
| SZW-10 | 25～45 | 25～40 | ≥250 | ≥300 |
| SZW-12 | 35～55 | 35～45 | ≥250 | ≥350 |
| SZW-14 | 45～65 | 40～55 | ≥250 | ≥450 |
| SZW-16 | 55～75 | 50～70 | ≥250 | ≥500 |

　　另外，遮阳网还具有一定的防风、防大雨冲刷、防轻霜和防鸟害等作用。

　　**2. 遮阳网的选择**　　一是根据作物种类选择遮阳网，一般喜光、耐高温的作物适宜选择 SZW-8～SZW-12 型遮光率较低的遮阳网，不耐强光或耐高温能力较差的作物应选择 SZW-14～SZW-16 型遮光率较高的遮阳网，其它作物可根据相应情况进行选择。如：高温季节种植对光照要求较低、病毒病危害较轻的作物（如伏小白菜、大白菜、芹菜、香菜、菠菜等），可选择遮光降温效果较好的黑色遮阳网；种植对光照要求较高、易感染病毒病的作物（如萝卜、番茄、辣椒等），则应选择透光性好，且有避蚜作用的银灰色遮阳网；

二是根据季节选择遮阳网，夏季栽培多选择黑色网，秋季和早春应选择银灰色遮阳网，不致造成光照过弱。

三是要选择质量合格的遮阳网。优质遮阳网通常具备以下特点：网面平整、光滑，扁丝与缝隙平行、整齐、均匀，经纬清晰明快；光洁度好，有质亮感；柔韧适中、有弹性，无生硬感，不粗糙，有平整的空间厚质感；正规的定尺包装，遮阳率、规格、尺寸标明清楚；无异味、臭味，有的有塑料淡淡的焦糊味。

目前市场上销售遮阳网主要有两种方式：一种是以重量卖，一种是按面积卖。以重量卖的一般为再生料网，属低质网，使用期为2个月至1年，此网特点是丝粗、网硬、粗糙、网眼密、重量重、无明确的包装；以面积卖的网一般为新料网，使用期为3至5年，此网特点是质轻、柔韧适中、网面平整、有光泽。

## （四）防虫网

防虫网是一种新型农用覆盖材料，它以优质聚乙烯为原料，添加了防老化、抗紫外线等化学助剂，经拉丝织造而成，形似窗纱类的覆盖物，见图13。防虫网的主要功能是以人工构建的屏障，将害虫拒之网外。此外，防虫网反射、折射的光对害虫还有一定的驱避作用。覆盖防虫网后，基本上可免除菜青虫、小菜蛾、甘蓝夜蛾、斜纹夜蛾、黄曲跳甲、猿叶虫、蚜虫等多种害虫的为害，是目前物理防治各类农作物、蔬菜害虫的首选产品。

**1. 防虫网的规格和种类** 防虫网通常是以目数进行分类的。目数即是在一英寸*见方内（长25.4毫米，宽25.4毫米）有经

---

* 英寸为非法定计量单位。

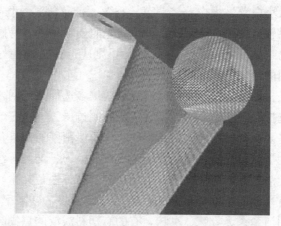

图 13 防虫网

纱和纬纱的根数,如在一英寸见方内有经纱 20 根,纬纱 20 根,即为 20 目,目数小的防虫效果差;目数大的防虫效果好,但通风透气性差,遮光多,不利网内蔬菜、花卉等的生长。

防虫网的颜色有白色、黑色、银灰色、灰色等几种。铝箔遮阳防虫网是在普通防虫网的表面缀有铝箔条,来增强驱虫、反射光效果。

正确使用与保管下,防虫网寿命可达 3～5 年或更长。

**2. 防虫网的选择** 生产上主要根据所防害虫的种类选择防虫网,但也要考虑作物的种类、栽培季节和栽培方式等因素。防棉铃虫、斜纹夜蛾、小菜蛾等体形较大的害虫,可选用 20～25 目的防虫网;防斑潜蝇、温室白粉虱、蚜虫等体形较小的害虫,可选用 30～50 目的防虫网。

喜光性蔬菜、花卉以及低温期覆盖栽培,应选择透光率高的防虫网;夏季生产应选择透光率低、通风透气性好的防虫网,如可选用银灰色或灰色及黑色防虫网。

单独使用时,适宜选择银灰色(银灰色对蚜虫有较好的拒避作用)或黑色防虫网。与遮阳网配合使用时,以选择白色为宜,网目一般选择 20～40 目。

### （五）保温被

保温被是由多层不同功能的化纤材料组合而成的保温覆盖材料，一般厚度 6～15 毫米。保温被的规格和结构是根据保温需要进行设计的，针对性强，并且保温被较草苫覆盖严实，紧贴薄膜，保温性能较好。一般单层保温被可提高温度 5～8℃，与加厚草苫相当；而在在低温多湿地区，由于保温被的防水性较好，晴天覆盖保温被比草苫温度提高 2～3℃，雨雪天提高 4～5.5℃。保温被使用寿命长，一般正常使用时间可达 10 年以上，并且保温被薄并且重量轻，使用小功率卷放机即可完成任务，并且卷保温被不会走偏，卷放和运输、保存都方便。目前，保温被正逐步取代传统的草苫。

**1. 保温被的种类**　当前温室大棚上使用最广泛的保温被主要有两种类型：一是用针刺毡作保温芯，两侧加防水保护层（见图 14）；二是用发泡聚乙烯材料（见图 15）。

图 14　针刺毡

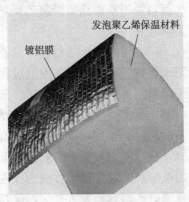

发泡聚乙烯保温材料

镀铝膜

图 15　发泡聚乙烯保温材料

（1）针刺毡保温被　针刺毡是用旧碎线（布）等材料经一定处理后重新压制而成的，造价低，保温性能好，可充分利用工业下脚料，实现了资源的循环利用，是一种环保性材料。该保温被常用的防水材料有帆布、牛津布、涤纶布等，其防水性能是通过进行材料表面防水处理后获得的。为了增强保温被的保温效果，除必需的保温芯和防水层外，还有在二者之间增加无纺布、塑料膜、牛皮纸等材料的，也有在保温被的内侧粘贴铝箔用以阻挡室内长波辐射的。优质针刺毡保温被一般可以连续使用 7～10 年。

但这种材料由于原材料来源不同，产品的性能差异较大。另外，传统的缝制式保温被的表面有很多针眼，这些针眼有的可能做了防水处理，但在经过一段时间使用后，由于保温被经常执行卷放和拉拽作业，针眼处的防水基本不能完好保持。在遇到下雨或下雪天后，雨水很容易进入保温被的保温芯，使保温芯受潮降低其保温性能，而且由于缝制保温被的针眼较小，进入保温芯的水汽很难再通过针眼排出，因此，长期使用后保温被将会由于内部受潮而失去保温性能，或者内部受潮发霉。为解决针眼渗水问题，近年来，针刺毡保温被在加工工艺上有了许多改进，例如利用聚乙烯膜做保温被表层材料，与毛毡或棉毡直接压合而成；或将面料采用双面涂覆聚氯乙烯防水等，保温被表面完整无针眼，防水性好。

（2）发泡聚乙烯材料保温被　发泡聚乙烯是一种轻型闭孔自防水材料。利用材料在发泡过程中形成的内部空隙进行保温。由于材料内部空隙相互不连通，所以，外部水分很难直接进入材料内部，也就克服了保温芯材料受潮性能下降的问题，同时也省去了材料的防水层，实现了材料的自防水。但发泡聚乙烯重量较轻，抗风能力较差，一般多在上下面缝合一层毡布或牛津布，增加重量，同时配置压被线确保在刮风时保温被不被掀起。另外，发泡聚乙烯容易发生老化，保温被的使用寿命只有 4～6 年。

**2. 保温被的选择**

（1）选择合格的保温被　合格的保温被一般用针刺毡、晴纶棉、防水包装布、镀铝膜等多层材料复合缝制而成，要求质轻、蓄热保温性好，能防雨雪，厚度不应低于 3 厘米，寿命在 5～8 年。

（2）根据所在地区冬季的温度情况选择保温被 冬季严寒地区应选择厚度大一些的保温被，反之则选择薄一些的保温被，以降低生产成本。

（3）根据所在地区冬季的降水情况选择保温被 冬季雨、雪多的地区应选择防水效果好的保温被。使用缝制式保温被时，不宜选择双面防水保温被，因为双面防水保温被一旦进水后，水难以清除，冬天上了冻后，不但不保温，反而从棚内吸热降温，并且也容易使保温被碎裂。

## 三、保护地结构与类型

### （一）风障畦

风障畦是指在菜畦的北侧立有一道挡风屏障的蔬菜栽培畦。

**1. 风障畦的基本结构** 风障畦主要由栽培畦与风障两部分构成，见图 16。

（1）栽培畦 主要为低畦。视风障的高度不同，畦面一般宽 1～2.5 米。根据畦面是否有覆盖物，通常将栽培畦分为普通畦和覆盖畦两种。

（2）风障 是竖立在栽培畦北侧的一道高 1～2.5 米的挡风屏障。风障的结构比较简单。完整风障主要由篱笆、披风和土背三部分组成，简易风障一般只有篱笆和土背，不设披风。

篱笆：是挡风的骨干，主要用玉米秸、高粱秸等具有一定强度和高度的作物秸秆夹设而成。为增强篱笆的抗风能力，在篱笆内一般还有较粗的竹竿或木棍等。

披风：固定在风障背面的中下部，主要作用是加强风障的挡风能力。一般用质地较软、结构致密的草苫、苇席、包片以及塑料薄膜等材料，高度 1～1.5 米。有的地方在风障的正面也固定上一层旧薄膜或反光膜，加强风障的挡风和反射光作用，增温和增光效果比较好。

土背：培在风障背面的基部，一般高 40 厘米左右，基部宽50 厘米左右。土背的主要作用是加固风障，并增强风障的防寒能力。

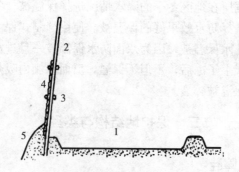

图 16　风障畦的基本结构
1. 栽培畦　2. 篱笆　3. 扎腰　4. 披风　5. 土背

**2. 风障畦的类型**　依照风障的高度不同，一般将风障畦划分为小风障畦和大风障畦两种类型。

（1）小风障畦　风障低矮，通常高度 1 米左右，结构也比较简单，一般只有篱笆，无披风和土背。

小风障畦的防风抗寒能力比较弱，畦面多较窄，一般只有 1米左右。主要用于行距较大或适于进行宽、窄行栽培的大株型蔬菜，于早春保护定植，一般每畦定植一行蔬菜。

（2）大风障畦　风障高度 2.5 米左右，保护范围较大，其栽培畦也比较宽，一般为 2 米左右。

大风障畦的增、保温性较小风障畦的好，土地利用率也比较高。多用于冬春季蔬菜育苗以及冬季或早春提早栽培一些种植密度比较大、适合宽畦栽培的绿叶菜类、葱蒜类以及白菜类蔬菜等。

**3. 风障畦的环境特点**　风障畦主要是依靠风障的反射光、热辐射以及挡风保温作用，而使栽培畦内的温度升高。由于风障畦是敞开的，无法阻止热量向前和向上散失，因此风障畦的增温和保温能力有限，并且离风障越远，温度增加越不明显。风障畦的增温和保温效果受气候的影响很大，一般规律是：晴天的增温和保温效果优于阴天；有风天优于无风天，并且风速越大，增温效果越明显。

由于风障能够将照射到其表面上的部分太阳光反射到风障畦内，增强栽培畦内的光照，一般晴天畦内的光照量可比露地增加10%～30%，如果在风障的南侧缝贴一层反光膜，可较普通风障畦增加光照1.3%～17.36%，并且提高温度0.1～2.4℃。

**4. 风障畦的设置**

(1) 风障的倾斜角度　冬季栽培用风障畦，风障应向南倾斜75°左右，以减少风害以及垂直方向上的对流散热量，加强风障的保温效果。春季用风障畦，风障应与地面垂直或采用较小的倾斜角，避免遮光。

(2) 风障畦的大小　风障畦的长度应适当大一些，一般要求不小于10米。风障畦越长，风障两端的风回流对风障畦的不良影响越小，畦内的温度越高，栽培效果也越好。

栽培畦不易过宽，视风障的高度以及所栽培蔬菜的耐寒程度不同，以1～2.5米为宜。栽培畦过宽，受"穿堂风"的影响也比较大。

(3) 风障的间距　适宜的风障间距是防风保温效果好，不对后排栽培畦造成遮光，并且土地利用率也较高。一般冬季栽培，风障间距以风障高度的3倍左右为宜，春季栽培以风障高度的4～6倍为宜。

(4) 风障畦的排列　风障群的防风保温效果优于单排风障，应集中建造风障畦，成区成排分布。多风地区可在风障区的西面夹设一道风障，增强整个栽培区的防风能力。

**5. 风障畦的生产应用**

（1）越冬蔬菜春季早熟栽培　保护秋播蔬菜或根茬蔬菜安全越冬，并于春季较露地提早收获上市，一般可提早上市 15～20 天。

（2）春季提早播种或定植喜温性蔬菜　于早春定植一些瓜类、豆类或茄果类蔬菜，可提早上市 15～20 天。

（3）冬春生产耐寒性蔬菜　在冬季不甚寒冷地区，用大风障畦，畦面覆盖薄膜和草苫，栽培韭菜、韭黄、蒜苗、芹菜等，一般于元旦前后开始收获上市。

## （二）阳畦

阳畦是在风障畦的基础上，将畦底加深，畦埂加高、加宽，并且用玻璃、塑料拱棚以及草苫等覆盖，进行增温和保温，以阳光为热量来源的小型保护设施。

**1. 阳畦的基本结构**　阳畦主要由风障、畦框和覆盖物组成，见图 17。

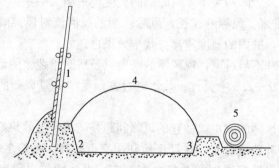

图 17　阳畦的基本结构

1. 风障　2. 北畦框　3. 南畦框
4. 塑料拱棚（或玻璃窗扇）　5. 保温覆盖物

（1）风障　为完整风障。篱笆和披风较厚，防风保温性能较好。风障一般高度 2～2.5 米。

（2）畦框　主要作用是保温以及加深畦底，扩大栽培床的空间。多用土培高后压实制成，也有用砖、草把等砌制或垫制而成。

南畦框一般高 20～60 厘米，宽度 30～40 厘米；北畦框高度 40～60 厘米，宽度 35～40 厘米。东西两畦框与南北畦框相连接，宽度同南畦框。

（3）覆盖物　包括透明覆盖物和不透明覆盖物两种。透明覆盖物主要为玻璃和塑料薄膜。玻璃通常以玻璃窗或扇页形式覆盖在畦口上，管理麻烦，易破碎，费用也较高，为早期阳畦的主要透明覆盖物，因费用较高，现已较少使用。塑料薄膜多以小拱棚形式扣盖在畦口上，容易造型和覆盖，费用较低，并且畦内的栽培空间也比较大，有利于生产，为目前主要的透明覆盖材料。

不透明覆盖物主要使用草苫、苇苫等。主要作用是低温期保温。

**2. 阳畦的类型**　按畦框高度以及栽培床的空间大小不同一般分为以下两种：

（1）抢阳畦　抢阳畦的南畦框高 20～40 厘米，北畦框高 35～60 厘米，南低北高，畦口形成一自然的斜面，采光性能好，增温快，但空间较小。

（2）槽子畦　槽子畦的南、北畦框高度相近，或南框稍低于北框，一般高度 40～60 厘米，畦口较平，白天升温慢，光照也比较差，但空间较大。

**3. 阳畦的环境特点**　阳畦空间小，升温快，增温能力比较强。北京地区 12～1 月份里，抢阳畦的旬增温幅度一般为 6.6～15.9℃，旬保温能力一般可达 13～16.3℃。阳畦的温度高低受天气变化的影响很大，一般晴天增温明显，夜温也比较高，阴天增温效果较差，夜温也相对较低。阳畦内各部位因光照量以及受畦外的影响程度不同，温度高低有所差异，见表21。

表 21　阳畦内不同部位的地面温度

| 距离北框（厘米） | 0 | 20 | 40 | 80 | 100 | 120 | 140 | 150 |
|---|---|---|---|---|---|---|---|---|
| 地面温度（℃） | 18.6 | 19.4 | 19.7 | 18.6 | 18.2 | 14.5 | 13.0 | 12.0 |

阳畦内畦面温度分布不均匀，容易造成畦内蔬菜或幼苗生长不整齐，生产中要注意区分管理。

**4. 阳畦的设置**　阳畦应建于背风向阳处，育苗用阳畦要靠近栽培田。为方便管理以及增强阳畦的综合性能，阳畦较多时应集中成群建造，群内阳畦的前后间隔距离应不少于风障或土墙高度的 2 倍，避免前排阳畦对后排造成遮荫。

**5. 阳畦的生产应用**　阳畦空间较小，不适合栽培蔬菜，主要用于冬春季育苗。槽子畦以及改良阳畦的空间稍大，一些地方也常于冬季和早春用来栽培一些低矮的茎叶菜类或果菜类。

### （三）塑料小拱棚

塑料小拱棚用细竹竿、竹片等弯曲成拱，上覆盖塑料薄膜。一般棚中高低于 1.5 米，跨度 3 米以下，棚内有立柱或无立柱。

**1. 塑料小拱棚的环境特点**　塑料小拱棚的空间比较小，蓄热量少，晴天增温比较快，一般增温能力可达 15～20℃，高温期容易发生高温危害。但保温能力却比较差，在不覆盖草苫情况下，保温能力一般只有 1～3℃，加盖草苫后可提高到 4～8℃。

**2. 塑料小拱棚的生产应用**　塑料小拱棚的空间低矮，不适合栽培高架蔬菜，生产上主要用于蔬菜育苗、矮生蔬菜保护栽培以及高架蔬菜低温期保护定植等。

### （四）塑料大拱棚

简称塑料大棚，是指棚体顶高 1.8 米以上，跨度 6 米以上的大型塑料拱棚的总称。

**1. 塑料大拱棚的基本结构**　主要由立柱、拱架、拉杆、棚膜和压杆五部分组成，见图 18。

图 18 塑料大拱棚的基本结构

1. 压杆 2. 棚膜 3. 拱架 4. 立柱 5. 拉杆

（1）立柱 主要作用是稳固拱架，防止拱架上下浮动以及变形。主要用水泥预制柱，部分大棚也用竹竿、钢架等作立柱。

（2）拱架 主要作用是大棚的棚面造型以及支撑棚膜。所用材料主要有竹竿、钢梁、钢管、硬质塑料管等。

（3）拉杆 主要作用是纵向将每一排立柱连成一体，与拱架一起将整个大棚的立柱纵横连在一起，使整个棚架形成一个稳固的整体。拉杆通常固定在立柱的上部，距离顶端 20～30 厘米处。所用材料主要有竹竿、钢梁、钢管等。

（4）棚膜 主要作用，一是低温期使大棚增温并保持一定的温度；二是雨季防止雨水进入大棚内，进行防雨栽培。所用薄膜主要有幅宽（筒宽）1.5～2 米的聚乙烯无滴膜、聚乙烯长寿膜以及蓝色聚乙烯多功能复合膜等。

（5）压杆 主要作用是固定棚膜，使棚膜绷紧。所用材料主要有竹竿、大棚专用压膜线、粗铁丝以及尼龙绳等。

**2. 塑料大拱棚的分类**

（1）竹拱结构大棚 该类大棚通常用横截面 8～12×8～12（厘米）的水泥预制柱作立柱，用径粗 5 厘米以上的粗竹竿作拱架，建造成本比较低，是目前农村应用最普遍的一类塑料大拱棚。该类大拱棚的主要缺点：一是竹竿拱架的使用寿命短，需要定期更换拱架；二是棚内的立柱数量比较多，地面光照不良，也不利于棚内的整地作畦和机械化管理。为减少棚内立柱的数量，该类大棚多采取"二拱一柱式"结构，也叫"悬梁吊柱式"结构，见图19。

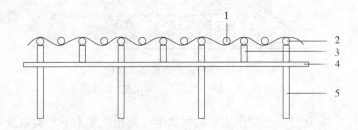

图19　塑料大拱棚的"二拱一柱式"结构形式
1. 拱杆　2. 吊柱　3、5. 立柱　4. 拉杆

　（2）钢拱结构大棚　该类大棚主要使用 $\phi8\sim16$ 毫米的圆钢以及 1.27 厘米或 2.54 厘米的钢管等加工成双弦拱圆型钢梁拱架。为节省钢材，一般钢梁的上弦用规格稍大的圆钢或钢管，下弦用规格小一些的圆钢或钢管。上、下弦之间距离 20～30 厘米，中间用 $\phi8\sim10$ 毫米的圆钢连接。钢梁拱架间距一般 1～1.5 米，架间用 $\phi10\sim14$ 毫米的圆钢相互连接。见图20。

　钢拱结构大棚的结构比较牢固，使用寿命长，并且棚内无立柱或少立柱，环境优良，也便于在棚架上安装自动化管理设备，是现代塑料大拱棚的发展方向。该类大棚的主要缺点是建造成本比较高，设计和建造要求也比较严格。

　（3）管材组装结构大棚　该类大棚采用一定规格的薄壁镀锌钢管或硬质塑料管材，并用相应的配件，按照组装说明进行连接或固定而成。见图21。大棚的棚架由工厂生产，结构设计比较合理，易于搬运和安装。大棚跨度一般 6～12 米，规格型号也比较多，选择余地较大，是未来大棚的发展主流，目前在中国南方

图 20　钢架塑料大棚

图 21　管材组装结构塑料大棚

应用的比较多。

（4）琴弦式结构大棚　该类大棚用钢拱、预制拱架或粗竹竿作主拱架，拱架间距 3 米左右。在主拱架上间隔 20～30 厘米纵向拉大棚专用防锈钢丝或粗铁丝，钢丝的两端固定到棚头的地锚上。在拉紧的钢丝上，按 50～60 厘米间距固定径粗 3 厘米左右的细竹竿支撑棚膜。依据主拱架的强度及大棚的跨度大小等的不同，一般建成无立柱式大棚或少立柱式大棚，目前以少立柱式大棚为主。

琴弦式结构塑料大棚的主要优点是：拱架遮荫小，棚内光照好；棚架重量较轻，棚内立柱的用量减少，方便管理；容易施工建造，建棚成本也比较低。其主要缺点是：大棚建造比较麻烦，钢丝对棚膜的磨损也比较严重，棚膜拉不紧时，雨季棚面排水不良，容易积水。

（5）玻璃纤维增强水泥骨架结构大棚　也叫GRC大棚。该大棚的拱杆由钢筋、玻璃纤维、增强水泥、石子等材料预制而成。一般先按同一模具预制成多个拱架构件，每一构件为完整拱架长度的一半，构件的上端留有2个固定孔。安装时，两根预制的构件下端埋入地里，上端对齐、对正后，用两块带孔厚铁板从两侧夹住接头，将4枚螺丝穿过固定孔固定紧后，构成一完整的拱架，见图22。拱架间纵向用粗铁丝、钢筋、角钢或钢管等连成一体。

图22　玻璃纤维增强水泥骨架结构大棚

（6）连栋大棚　该类大棚有2个或2个以上拱圆形的棚顶。见图23。连栋大棚的主要优点是：大棚的跨度范围比较大，根据地块大小，从十几米到上百米不等，占地面积大，土地利用率比较高；棚内空间比较宽大，蓄热量大，低温期的保温性能好；

适合进行机械化、自动化以及工厂化生产管理，符合现代农业发展的要求。该类大棚的主要缺点是：对棚体建造材料、棚体设计和施工等的要求比较严格，建造成本高；棚顶的排水和排雪性能比较差，高温期自然通风降温效果不佳，容易发生高温危害。

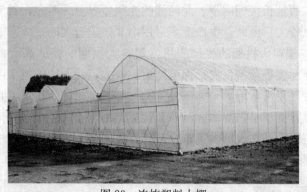

图 23　连栋塑料大棚

（7）双拱大棚　整座大棚有内、外两层拱架，多为钢架结构或管材结构大棚。双拱大棚低温期一般覆盖双层薄膜保温，或在内层拱架上覆盖无纺布、保温被等保温，可较单层大棚提高夜温 2～4℃。高温期则在外层拱架上覆盖遮阳网遮荫降温，在内层拱架上覆盖薄膜遮雨，进行降温防雨栽培。与单拱大棚相比较，双拱大棚容易控制棚内环境，生产效果比较好。其主要不足是建造成本比较高，低温期双层薄膜的透光量少，棚内光照也不足。

双拱大棚在我国南方应用的比较多，主要用来代替温室于冬季或早春进行蔬菜生产。

**3. 塑料大拱棚的环境特点**

（1）温度　塑料大拱棚的增、保温能力不强，一般低温期的增温能力只有 15℃左右，高温期为 20℃左右。低温期单栋大棚的保温能力只有 3℃左右，连栋大棚的保温能力稍强于单栋大棚。

（2）光照　塑料大拱棚的棚架材料粗大，遮光多，根据大棚类型以及棚架材料种类不同，采光率一般从 50％～72％不等。

大棚方位对大棚的采光量也有影响。一般东西延长大棚的采光量较南北延长大棚的稍高一些。但是，南北延长大棚内水平方向上的日光照量分布差异幅度较小，光照较为均匀，生产效果好。东西延长大棚内南、北两侧的光照差异更为明显，对生产的影响比较大。因此，生产上多采用南北向建造大棚。

**4. 塑料大拱棚的生产应用** 塑料大拱棚的棚体高大，不便于从外部覆盖草苫保温，保温能力比较差，北方地区较少用于育苗，主要用来栽培果菜类以及其它一些效益较好的蔬菜，栽培模式主要有春季早熟栽培、秋季延迟栽培和春到秋高产栽培三种。南方地区除了在大棚内进行育苗外，一些冬季不太寒冷的地区还广泛利用双层或多层大棚进行冬季蔬菜生产。

## （五）温室

温室是指具有屋面和墙体结构，增、保温性能优良，能够在严寒条件下进行蔬菜生产的大型蔬菜栽培设施的总称。

**1. 温室的基本结构** 主要由墙体、后屋面、前屋面、立柱以及保温覆盖物等几部分构成。见图 24。

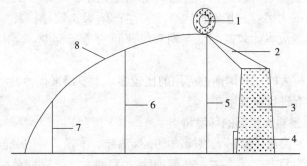

图 24　温室的基本结构
1. 保温覆盖　2. 后屋面　3. 后墙　4. 加温设备
5. 后立柱　6. 中立柱　7. 前立柱　8. 前屋面

（1）墙体　分为后墙和东、西侧墙，主要由土、草泥以及砖石等建成，一些玻璃温室以及硬质塑料板材温室为玻璃墙或塑料板墙。泥、土墙通常做成上窄下宽的"梯形墙"，一般基部宽1.2～1.5米，顶宽1～1.2米。砖石墙一般建成"夹心墙"或"空心墙"，宽度0.8米左右，内填充蛭石、珍珠岩、炉渣等保温材料。

（2）后屋面　土木结构温室的后屋面主要由粗木、秸秆、草泥以及防潮薄膜等组成。秸秆为主要的保温材料，一般厚20～40厘米。钢架结构温室的后屋面多由钢筋水泥预制柱（或钢架）、水泥板、泡沫板和保温材料等构成。后屋面的主要作用是保温以及放置草苫等。

（3）前屋面　由屋架和透明覆盖物组成。

屋架主要作用是前屋面造型以及支持薄膜和草苫等，分为拱圆形和斜面形两种基本形状。竹竿、钢管及硬质塑料管材、圆钢等多加工成拱圆形屋架，角钢、槽钢等则多加工成斜面形屋架。

透明覆盖物主要有塑料薄膜、玻璃和聚脂板材等。其中，塑料薄膜成本低，易于覆盖，并且薄膜的种类较多，选择余地也较大等，是目前主要的透明覆盖材料。所用薄膜主要为深蓝色聚氯乙烯无滴防尘长寿膜和聚乙烯多功能复合膜。

（4）立柱　土木结构温室内一般有3～4排立柱。按立柱所在温室中的位置，分别称为后柱、中柱和前柱。后柱的主要作用是支持后屋面，中柱和前柱主要支持和固定拱架。立柱主要为水泥预制柱，横截面规格为10～15×10～15（厘米）。一般埋深40～50厘米。后排立柱距离北墙0.8～1.5米，向北倾斜5°左右埋入地里，其它立柱则多垂直埋入地里。钢架结构温室以及管材结构温室内一般不设立柱。

（5）保温覆盖物　主要有草苫和保温被。

草苫主要有稻草苫和蒲草苫两种，以前者应用较普遍。温室用草苫厚度一般3厘米以上，幅宽1.2～2.0米。草苫的成本低，保温性好，是目前使用最多的保温覆盖材料，其主要缺点是使用寿命比较短，一般连续使用时间只有 3 年左右。另外，草苫的体积较大，不方便收藏，也容易被雨雪打湿，降低保温性能。

保温被由多层具有不同功能的材料缝制而成，具有寿命长、保温性好、防水、重量轻以及适合机械自动卷放等一系列优点，是传统草苫的替代产品，但由于其成本较高，目前推广较为缓慢。

**2. 温室的分类**

（1）竹拱结构温室　该类温室用横截面 10～15 厘米×10～15 厘米的水泥预制柱作立柱，用径粗 8 厘米以上的粗竹竿作拱架，建造成本比较低，也容易施工建造。该类温室的主要缺点是：竹竿拱架的使用寿命较短，需要定期更换拱架；棚内的立柱数量比较多，地面光照不良，也不利于棚内的整地作畦和机械化管理。见图 25。

图 25　竹拱结构日光温室

竹拱结构温室是普通日光温室的主要结构类型，一般采取"琴弦式"结构形式，用细竹竿代替粗竹竿，以减少竹竿的遮阴面积。

（2）水泥预制骨架结构温室　主要是玻璃纤维增强水泥结构，即 GRC 结构温室。该温室的拱架由钢筋、玻璃纤维、增强水泥、石子等材料预制而成。见图 26。

图 26　玻璃纤维增强水泥结构温室

（3）钢骨架结构温室　该类温室所用钢材一般分为普通钢材、镀锌钢材和铝合金轻型钢材三种，我国目前以前两种为主。单栋日光温室多用镀锌钢管和圆钢加工成双弦拱形平面梁，用塑料薄膜作透明覆盖物。见图 27。双屋面温室和连栋温室一般选用型钢（如角钢、工字钢、槽钢、丁字钢等）、钢管和钢筋等加工成骨架，用硬质塑料板作透明覆盖物。钢架结构温室结构比较牢固，使用寿命长，并且温室内无立柱或少立柱，环境优良，也便于在骨架上安装自动化管理设备，是现代温室的发展方向。但钢架温室的建造成本比较高，设计和建造要求也比较严格，尚不适合在广大农村建造使用。

（4）混合骨架结构温室　主要为主、副拱架结构温室。主拱架一般选用钢管、钢筋平面梁或水泥预制拱架，副拱架用细竹竿

图 27　钢骨架结构温室

或细钢管。在主拱架上纵向拉钢筋（钢丝）或焊接几道型钢，将副拱架固定到纵向钢筋（钢丝）或型钢上。

混合骨架结构温室综合了钢骨架温室和竹拱温室的优点，结构简单、结实耐用，制造成本低，生产环境优良，较受农民欢迎，发展较快，是当前我国农村温室发展的主要方向。

（5）光伏日光温室　大棚都是钢架结构，棚顶由钢化玻璃和按一定规则排列的太阳能光伏发电板组成。棚内有光伏汇流盒，用来储存太阳能光伏发电板产生的电，再由电缆传递到棚端的并网逆变器，电流在并网逆变器内由直流转换为交流，然后升压，并入国家电网。太阳能电池组件有非常高的透光率，大棚装太阳能电池板时可根据蔬菜种植的不同区域设计成透光率 97％或 75％等多种样式，在发电的同时，也能满足植物光合作用对太阳光的需求，还可与 LED 系统相搭配，夜晚 LED 系统可利用白天发的电给植物提供照明，延长蔬菜照射时间，缩短生产周期，保证蔬菜稳定生产。见图 28。

太阳能光伏温室由钢结构和钢化玻璃建成，结构牢固，可抗

图 28 光伏温室

击强风、暴雨、冰雹等恶劣气候侵害。

（6）连栋温室 该类温室有 2 个或 2 个以上屋顶。见图 29。

图 29 连栋温室

连栋温室的跨度范围比较大，根据地块大小，从十几米到上百米不等，占地面积大，土地利用率比较高；室内空间比较宽大，蓄热量大，低温期的保温性能好；适合进行机械化、自动化以及工厂化生产管理，符合现代农业发展的要求。其主要缺点是对建造材料、结构设计和施工等的要求比较严格，建造成本高；屋顶的排水和排雪性能比较差，高温期自然通风降温效果不佳，容易发生高温危害。

### 3. 主要温室类型介绍

（1）寿光冬暖式日光温室　温室方位采用正南或南偏西 5°，棚面采光角大于 30°，半地下式建造，深入地下 1~1.3 米。温室内宽 10~15 米，长 80~100 米。后墙一般高 4~4.5 米，下宽 5~6 米，上宽 1.8~2 米。后屋面内宽 1.5 米左右，与地面夹角 40~45°，屋面厚度 30 厘米左右。前屋面通常建成无立柱结构，用镀锌钢管弯曲成拱，或用双弦钢梁、新型无机复合材料等作主拱，在主拱上东西向拉专用钢丝，钢丝间距 25~30 厘米，在其上按 60 厘米间距固定细竹竿。有立柱结构温室一般有 4 排立柱，立柱东西间距 3~4 米，南北间距 3 米左右，后排立柱下部埋入后墙内。见图 30。

图 30　寿光冬暖式日光温室

（2）辽沈Ⅳ型日光温室　该温室为沈阳农业大学研制的大跨度改良型日光温室，属于"十五"国家科技攻关项目。

该温室拱架采用镀锌钢管两铰拱式平面桁架（上、下双弦结构），上弦 $\phi32.25×3.75$（毫米），下弦 $\phi16$ 毫米，中间用 $\phi12$ 毫米镀锌钢筋连接，拱架间距 $85\sim90$ 厘米；前坡顶部倾角 15°以上，距前底角 1 米处高度 $1.35\sim1.4$ 米；室内无立柱，净跨度12 米；墙体宽 60 厘米，双层砖结构。内层砖墙厚度 3.7 厘米，外层砖墙厚度 24 厘米，中间为两层缀铝箔聚苯乙烯泡沫塑料板，墙体沿高度每隔 8 层砖，水平间距每 50 厘米拉一道拉接筋；墙体顶部用钢筋混凝土压顶，在压顶北侧砌一道 24 厘米宽、$45\sim$60 厘米高的女儿墙，钢架安装好后，再沿压顶内侧砌 2 层砖，把钢架夹紧；后墙高 3 米（地面距压顶）；脊高 5.5 米，屋脊地面垂直投影点距离温室前点 9.5 米，距离后墙 2.5 米。后屋面仰角 45°，用 $2\sim2.5$ 厘米厚的松木板铺底，上盖一层 $12\sim20$ 厘米厚的聚苯板，用 1∶5 的白灰炉渣掺少量水拍实，再抹 2.5 厘米厚的 1∶3 水泥砂浆封顶防水。参考结构见图 31。

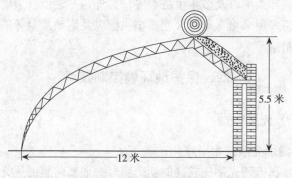

5.5 米

12 米

图 31　辽沈Ⅳ型日光温室

（3）改良冀Ⅱ型节能日光温室　温室跨度 8 米，脊高 3.65米，后坡投影长度 1.5 米。骨架为钢筋桁架结构，后墙为 37 厘米厚砖墙，内填 12 厘米厚珍珠岩。温室结构性能精良，在严寒季节，室内外温差可达 25℃以上。

**4. 温室的环境特点**

（1）温度　单屋面温室通常无太阳直射光的死角，在光照下增温比较快，增温性优于塑料大棚。一般，冬暖型日光温室（节能型日光温室）冬季晴天的增温能力约 30℃左右。

温室有完善的保温结构，保温性能比较强。据测定，冬季晴天，潍坊改良型日光温室卷苫前的最低温度一般比室外高 15～20℃，采取多层覆盖保温措施后，保温幅度还要大。

（2）光照　温室的跨度小，采光面积和采光面的倾斜角度均比较大，加上冬季覆盖透光性能优良的玻璃或专用薄膜，采光性比较好。特别是改良型日光温室，由于其加大了后屋面的倾斜角度，消除了对后墙的遮荫，使冬季太阳直射光能够照射到整个后墙面上，采光性能更为优良。

**5. 温室的生产应用**　冬暖型（节能型）日光温室在冬季最低温度－20℃以上的地区，在不加温情况下，可于冬春季栽培喜温的果菜类。在冬季最低温度－20℃以下的地区，冬季只能栽培耐寒的绿叶菜类以及多年生蔬菜等。另外，冬暖型（节能型）日光温室还多用来培育塑料大棚、小拱棚以及露地蔬菜等的春季早熟栽培用苗。

# 四、保护地环境控制技术

## （一）光照管理

**1. 增加光照技术措施**

（1）覆盖透光率比较高的新薄膜　一般新薄膜的透光率可达90％以上，一年后的旧薄膜，视薄膜的种类不同，透光率一般为50％～60％。

（2）保持覆盖物表面清洁　应定期清除覆盖物表面上的灰尘、积雪等，减少遮阴物。

（3）及时消除薄膜内面上的水珠　薄膜内面上的水珠能够反射阳光，减少透光量，同时水珠本身也能够吸收一部分光波，进一步减弱设施内的透光量，故要选用膜面水珠较小（一般仅为一薄层水膜）的无滴膜。

（4）保持膜面平、紧　棚膜变松、起皱时，反射光量增大，透光率降低，应及时拉平、拉紧。

（5）利用反射光　一是在地面上铺盖反光地膜；二是在设施的内墙面或风障南面等张挂反光薄膜，可使北部光照增加 50％左右；三是将温室的内墙面及立柱表面涂成白色。

（6）减少保温覆盖物遮荫　在保证温度需求的前提下，上午尽量早卷草苫，下午晚放草苫。有条件的地方应尽量采用机械卷放草苫，缩短草苫的卷放时间，延长光照时间。

白天设施内的保温幕和小拱棚等保温覆盖物要及时撤掉。

（7）农业措施　对高架蔬菜实行宽窄行种植，并适当稀植；及时整枝抹杈，摘除老叶，并用透明绳架吊拉蔬菜茎蔓等。

（8）人工补光　连阴天以及冬季温室采光时间不足时，一般于上午卷苫前和下午放苫后各补光 2～3 小时，使每天的自然光照和人工补光时间相加保持在 12 小时左右。

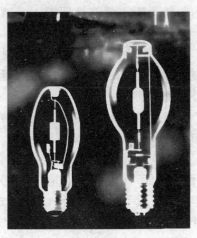

图 32　陶瓷金属卤化物灯

人工补光一般用白炽灯、日光灯、碘钨灯、高压气体放电灯（包括钠灯、水银灯、氙灯、生物效应灯、金属卤化物灯，见图 32）等。

**2. 遮荫技术措施**　采用遮阳网、荫障、苇帘、草苫等遮荫。另外，塑料大棚和温室还可以采取薄膜表面涂白灰水或泥浆等措施进行遮荫，一般薄膜表面涂白面积 30％～50％时，可减弱光照 20％～30％。

## （二）温度管理

**1. 增加温度技术**

（1）人工加温　主要方法有：火炉加温、暖水加温、热风炉加温、明火加温、火盆加温、电加温等。

（2）地中热应用　利用地中热交换增温系统白天将室内的热气导入地下，贮热于贮气槽中，夜间打开贮气槽上出气口，将热量释放于室内，提高气温。

**2. 保温技术措施**

（1）用保温性能优良的材料覆盖保温　如：覆盖保温性能好的塑料薄膜；覆盖草苫密、干燥、疏松，并且厚度适中的草苫等。

（2）减少缝隙散热　设施密封要严实，薄膜破孔以及墙体的裂缝等要及时粘补和堵塞严实。通风口和门关闭要严，门的内、外两侧应张挂保温帘。

（3）多层覆盖　多层覆盖材料主要有塑料薄膜、草苫、无纺布等。多层覆盖的主要形式有：

①“塑料薄膜（浮膜）＋草苫＋温室薄膜”。该形式简称“两膜一苫”覆盖形式，是目前应用最普遍的保温覆盖形式，保温能力一般可达 15～20℃。该形式的浮膜盖在草苫上面，利用浮膜保护草苫，防雨水打湿草苫，并加强草苫的密封保温能力，持续保温的效果比较好，草苫的使用寿命也比较长，可连续使用 3 年以上。浮膜多利用上一年的温室旧膜，投资小。

②“塑料薄膜（浮膜）＋草苫＋无纺布＋温室薄膜”。该形式是在“两膜一苫”保温覆盖形式的基础上，在草苫下增加一层无纺布覆盖保温，保温效果更好，可较前者提高温度 3～5℃，

但保温费用增加。

③ "塑料薄膜（浮膜）＋草苫＋温室薄膜＋保温幕"。该覆盖形式是在"两膜一苫"覆盖形式的基础上，在温室内再增加一层活动的保温覆盖幕帘，可较单一的"两膜一苫"覆盖形式提高温度2～3℃。

（4）保持较高的地温 主要措施有：

合理浇水：低温期应于晴天上午浇水，不在阴雪天及下午浇水；10厘米地温低于10℃时不得浇水，低于15℃要慎重浇水，只有20℃以上时浇水才安全；低温期要尽量浇预热的温水或温度较高的地下水、井水等，不浇冷凉水；要浇小水、浇暗水，不浇大水和明水；低温期要浇暗水，减少地面水蒸发引起的热量散失。

挖防寒沟：在设施的四周挖深50厘米左右、宽30厘米左右的沟，内填干草或泡沫塑料等，上用塑料薄膜封盖，减少设施内的土壤热量外散，可使设施内四周5厘米地温提高4℃左右。

（5）在设施的四周夹设风障 多于设施的北部和西北部夹设风障，以多风地区夹设风障的保温效果较为明显。

**3. 降温技术措施**

（1）通风散热 通过开启通风口及门等，散放出热空气，同时让外部的冷空气进入设施内，使温度下降。

通风散热技术要领：低温期只能开启上部通风口或顶部通风口，严禁开启下部通风口或地窗，以防冷风伤害蔬菜的根颈部。随着温度的升高，当只开上部通风口不能满足降温要求时，再打开中部通风口协助通风。下部通风口只有当外界温度升到15℃以上后方可开启放风。低温期，一般当设施内中部的温度升到30℃以上后开始放风，高温期在温度升到25℃以上后就要放风。放风初期的通风口应小，不要突然开放太大，导致放风前后设施内的温度变化幅度过大，引起蔬菜萎蔫。适宜的通风口大小是放风前后，设施内温度的下降幅度不超过5℃。之后，随着温度的不断上升，逐步加大通风口，设施内的最高温度一般要求不超过32℃。下午当温度下降到25℃以下时开始关闭通风口，当温度下降到20℃左右时，将通风口全部关闭严实。

（2）遮荫　遮荫方法主要有覆盖遮阳网、覆盖草苫，以及向棚膜表面喷涂泥水、白灰水等，以遮阳网的综合效果为最好。

## （三）湿度控制

**1. 降低空气湿度**　保护地内的空气湿度如果长时间偏高，不仅不利于蔬菜的正常生长，而且还容易诱发蔬菜的病虫害，生产中要加以控制，防止湿度偏高。主要措施有：

（1）通风排湿　多是结合通风降温来进行排湿。阴雨（雪）天、浇水后2～3天内以及叶面追肥和喷药后的1～2天里，设施内的空气湿度容易偏高，应加强通风。

一日中，以中午前后的空气绝对含水量为最高，也是排湿的关键时期，清晨的空气相对湿度达一日中的最高值，此时的通风降湿效果最明显。

（2）减少地面水分蒸发　主要措施是覆盖地膜，在地膜下起垄或开沟浇水。大型保护设施在浇水后的几天里，应升高温度，保持32～35℃的高温，加快地面的水分蒸发，降低地表湿度。对裸露的地面应勤中耕松土。不适合覆盖地膜的设施以及育苗床，在浇水后应向畦面撒干土压湿。

（3）合理使用农药和叶面肥　低温期，设施内尽量采用烟雾法或粉尘法使用农药，不用或少用叶面喷雾法。叶面追肥以及喷洒农药应选在晴暖天的上午10：00时后、下午15：00时前进行，保证在日落前留有一定的时间进行通风排湿。

（4）减少薄膜表面的聚水量　主要措施有：选用无滴膜　选用普通薄膜时，应定期做消雾处理；保持薄膜表面排水流畅　薄膜松弛或起皱时应及时拉紧、拉平。

**2. 降低土壤湿度**　保护地内由于缺少风吹和日晒，土壤湿

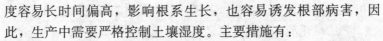

度容易长时间偏高，影响根系生长，也容易诱发根部病害，因此，生产中需要严格控制土壤湿度。主要措施有：

（1）用高畦或高垄栽培蔬菜　高畦或高垄易于控制浇水量，通常需水较多时，可采取逐沟浇水法，需水不多时，可采取隔沟浇水法或浇半沟水法，有利于控制地面湿度。另外，高畦或高垄的地面表面积大，有利于增加地面水分的蒸发量，降湿效果好。

（2）适量浇水　低温期应采取隔沟（畦）浇沟（畦）法进行浇水，或用微灌溉系统进行浇水，也即要浇小水，不大水漫灌。

（3）适时浇水　晴暖天设施内的温度高，通风量也大，浇水后地面水分蒸发快，易于降低地面湿度。低温阴雨（雪）天，温度低，地面水分蒸发慢，浇水后地面长时间呈高湿状态，不宜浇水。

### （四）气体控制技术

**1. 有害气体控制技术**

（1）主要有害气体危害症状识别

①氨气　氨气主要是施用未经腐熟的人粪尿、畜禽粪、饼粪等有机肥（特别是未经发酵的鸡粪），遇高温时分解而生。追施肥不当也能引起氨气危害，如在设施内施用碳铵、氨水等。当设施内空气中氨气浓度达到 5 毫克/千克时，就会不同程度地危害作物，一般危害发生在施肥几天后。当氨气浓度达到 40 毫克/千克时，经一天一夜，所有蔬菜都会受害，直至枯死。蔬菜受害后，叶片像开水烫了似的，颜色变淡，叶子镶黄边，接着变黄白色或变褐色，直至全株死亡。

②二氧化氮　二氧化氮是施用过量的铵态氮而引起的。施入土壤中的铵态氮，在土壤酸化条件下，亚硝态氮不能转化为硝态氮，亚硝态酸积累而散发出二氧化氮。施入铵态氮越多，散发二氧化氮越多。当空气中二氧化氮浓度达到 0.2 毫克/千克时可危害植物。危害发生时，叶面上出现白斑，以后褪绿，浓度高时叶

片叶脉也变白枯死。番茄、黄瓜、莴苣等对二氧化氮敏感。

③二氧化硫 二氧化硫又称为亚硫酸气体，是由于燃烧含硫较高煤炭或施用大量的肥料而产生的，如未经腐熟的粪便及饼肥等在分解过程中，也释放出大量的二氧化硫。二氧化硫遇到水生成亚硫酸，亚硫酸掉到叶子上，直接破坏叶绿体也会使叶子受害。当棚、室内二氧化硫浓度达到 0.2 毫克/千克时，经过 3～4 天，有些蔬菜就开始出现中毒症状，当浓度达到 1 毫克/千克时，经过 4～5 小时后，敏感的蔬菜就会出现中毒症状。受害时先在叶片气孔多的地方出现斑点，接着褪色。二氧化硫浓度低时，只在叶片背面出现斑点；浓度高时，整个叶片都像开水烫过似的，逐渐褪绿，斑的颜色各种蔬菜有所不同。二氧化硫对生理功能叶首先产生危害，而老叶和新叶受害轻。对二氧化硫敏感，最容易受害的蔬菜有豆角、豌豆、蚕豆、甘蓝、白菜、萝卜、南瓜、西瓜、莴苣、芹菜、菠菜、胡萝卜等。

④二异丁脂 以邻苯二甲酸二异丁脂作为增塑剂而生产出来的塑料棚膜或硬塑料管，在使用过程中遇到高温天气，二异丁脂不断放出来，当浓度达到 0.1 毫克/千克时，就会对植物产生危害，叶片边缘及叶脉间的叶肉部分变黄，后漂白枯死。苗期发生危害时，秧苗的心叶及叶尖嫩的地方，颜色变淡，逐渐变黄，变白，两周左右全株叶子变白而枯死。对二异丁脂反应非常敏感的蔬菜有油菜、菜花、白菜、水萝卜、芥蓝菜、西葫芦、茄子、辣椒、番茄、茼蒿、莴苣、黄瓜、甘蓝等蔬菜。

⑤乙烯 用聚氯乙烯棚膜，如果工艺中配方不合理，在温度超过 30℃以上，可挥发出一定数量的乙烯气体。另外，大气中也会有乙烯气体，主要是煤气厂、聚乙烯厂、石油化工厂附近，都会有乙烯气体危害蔬菜生产。当大棚、温室内乙烯气体含量达到 1 毫克/千克时，作物就会出现中毒症状，叶子下垂、弯曲，叶脉之间由绿变黄，逐渐变白，最后全部叶片变白而枯死。对乙烯气体敏感的蔬菜有黄瓜、番茄、豌豆等。

⑥氯气　氯气往往也是由于聚氯乙烯棚膜配方不合理而产生的，当棚室内温度超过 30℃以上时，就会放出氯气。当浓度达到 1 毫克/千克时，叶子褪绿、变黄、变白，严重时枯死。对氯气敏感的蔬菜有白菜、油菜、菜花、水萝卜、芥蓝等十字花科蔬菜。

（2）有害气体危害预防措施

①合理施肥　有机肥要充分腐熟后施肥，并且要深施肥；不用或少用挥发性强的氮素化肥；深施肥，不地面追肥；施肥后及时浇水等。

②覆盖地膜　用地膜覆盖垄沟或施肥沟，阻止土壤中的有害气体挥发。

③正确选用与保管塑料薄膜与塑料制品　应选用无毒的蔬菜专用塑料薄膜和塑料制品，不在设施内堆放塑料薄膜或制品。

④正确选择燃料、防止烟害　应选用含硫低的燃料加温，并且加温时，炉膛和排烟道要密封严实，严禁漏烟。有风天加温时，还要预防倒烟。

⑤勤通风　特别是当发觉设施内有特殊气味时，要立即通风换气。

**2. 二氧化碳气体施肥技术**

（1）施肥方法选择

①钢瓶法　把气态二氧化碳经加压后转变为液态二氧化碳，保存在钢瓶内，施肥时打开阀门，用一条带有出气孔的长塑料软管把气化的二氧化碳均匀释放进温室或大棚内。一般钢瓶的出气孔压力保持在 98～116 千帕，每天放气 6～12 分钟。

该法的二氧化碳浓度易于掌握，施肥均匀，并且所用的二氧化碳气体主要为一些化工厂和酿酒厂的副产品，价格也比较便宜。但该法受气源限制，推广范围有限。

②燃烧法　通过燃烧碳氢燃料（如煤油、石油、天然气等）产生二氧化碳气体，再由鼓风机把二氧化碳气体吹入设施内。见

图33。

图33　燃烧法二氧化碳发生器

　　该法在产生二氧化碳的同时，还释放出大量的热量可以给设施加温，一举两得，低温期的应用效果最为理想，是目前大型温室、大棚的主要施肥设备。但该法需要专门的二氧化碳气体发生器和专用燃料，费用较高，燃料纯度不够时，也还容易产生一些对蔬菜有害的气体。

　　③化学反应法　主要用碳酸盐与硫酸、盐酸、硝酸等进行反应，产生二氧化碳气体，其中广大农村应用比较普遍的是硫酸与碳酸氢铵反应组合。

　　硫酸与碳酸氢铵反应法是通过控制碳酸氢铵的用量来控制二氧化碳的释放量。碳酸氢铵的参考用量为：栽培面积667米$^2$的塑料大棚或温室，冬季每次用碳酸氢铵2500克左右，春季3500克左右。碳酸氢铵与浓硫酸的用量比例为1∶0.62。

　　简易施肥法一般用小塑料桶盛装稀硫酸（稀释3倍），每40～50米$^2$地面一个桶，均匀吊挂到离地面1米以上高处。按桶数将碳酸氢铵分包，装入塑料袋内，在袋上扎几个孔后，投入桶内，与硫酸进行反应。

　　成套装置法是硫酸和碳酸氢铵在一个大塑料桶内集中进行反

应，产生的气体经过滤后释放进设施内。见图34。

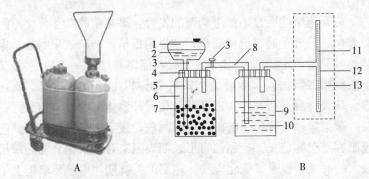

图34　成套施肥装置基本结构示意图

A. 施肥装置外形图　B. 工作原理图

1. 盛酸桶　2. 硫酸　3. 开关　4. 密封盖　5. 输酸管　6. 反应桶
7. 碳酸氢铵　8. 输气管　9. 过滤桶　10. 水　11 散气孔
12. 散气管　13. 温室（大棚）

　　硫酸与碳酸氢铵反应液中含有高浓度的硫酸铵，硫酸铵为优质化肥，可用作设施内追肥。做追肥前，要用少量碳酸氢铵做反应检查，不出现气泡时，方可施肥。

　　④生物法　利用生物肥料的生理生化作用，生产二氧化碳气体。一般将肥施入1～2厘米深的土层内，在土壤温度和湿度适宜时，可连续释放二氧化碳气体。以山东省农业科学院所研制的固气颗粒肥为例，该肥施于地表后，可连续释放二氧化碳40天左右，供气浓度500～1000毫升/米$^3$。

　　该法高效安全、省工省力，无残渣危害，所用的生物肥在释放完二氧化碳气体后，还可作为有机肥为蔬菜提供土壤营养，一举两得。其主要缺点是二氧化碳气体的释放速度和释放量无法控制，需要高浓度时，浓度上不去，通风时又无法停止释放二氧化碳气体，造成浪费。

　　（2）二氧化碳的施肥时期和时间

①施肥时期　苗期和产品器官形成期是二氧化碳施肥的关键时期。

苗期施肥能明显地促进幼苗的发育，果菜苗的花芽分化时间提前，花芽分化的质量也提高，结果期提早，增产效果明显。据试验，黄瓜苗定植前施用二氧化碳，能增产 10％～30％；番茄苗期施用二氧化碳，能增加结果数 20％以上。苗期施用二氧化碳应从真叶展开后开始，以花芽分化前开始施肥的效果为最好。

蔬菜定植后到座果前的一段时间里，蔬菜生长比较快，此期施肥容易引起徒长。产品器官形成期为蔬菜对碳水化合物需求量最大的时期，也是二氧化碳气体施肥的关键期，一般要求把上午 8～10 时蔬菜光合效率最高时间内的二氧化碳浓度提高到适宜的浓度范围内。蔬菜生长后期，一般不再进行施肥，以降低生产成本。

②施肥时间　晴天，塑料大棚在日出 0.5 小时后或温室卷起草苫 0.5 小时左右后开始施肥为宜，阴天以及温度偏低时，以 1 小时后施肥为宜。下午施肥容易引起蔬菜徒长，除了蔬菜生长过弱，需要促进情况外，一般不在下午施肥。

每日的二氧化碳施肥时间应尽量地长一些，一般每次的施肥时间应不少于 2 小时。

## （五）土壤酸化控制

土壤酸化是指土壤的 pH 值明显低于 7，土壤呈酸性反应的现象。土壤酸化的主要原因是大量施用氮肥导致土壤中的硝酸积累过多。此外，过多施用硫酸铵、氯化铵、硫酸钾、氯化钾等生理酸性肥也能导致土壤酸化。

土壤酸化对蔬菜的影响很大，一方面能够直接破坏根的生理机能，导致根系死亡；另一方面还能够降低土壤中磷、钙、镁等元素的有效性，间接降低这些元素的吸收率，诱发缺素症状。

土壤酸化主要控制措施有：

**1. 合理施肥** 氮素化肥和高含氮有机肥的一次施肥量要适中，应采取"少量多次"的方法施肥。

**2. 施肥后要连续浇水** 一般施肥后连浇 2 水，降低酸的浓度。

**3. 加强土壤管理** 如进行中耕松土，促根系生长，提高根的吸收能力。

**4.** 对已发生酸化的土壤应采取淹水洗酸法或撒施生石灰中和的方法提高土壤的 pH 值，并且不得再施用生理酸性肥料。

## （六）土壤盐渍化控制

土壤盐渍化是指土壤溶液中可溶性盐浓度明显过高的现象。

土壤盐渍化主要是由于施肥不当造成的，其中氮肥用量过大导致土壤中积累的游离态氮素过多是造成土壤盐渍化的最主要原因。此外，大量施用硫酸盐（如硫酸铵、硫酸钾等）和盐酸盐（如氯化铵、氯化钾等）也能增加土壤中游离的硫酸根和盐酸根浓度，发生盐害。

当土壤发生盐渍化时，植株生长缓慢、分枝少；叶面积小、叶色加深，无光泽；容易落花落果。危害严重时，植株生长停止、生长点色暗、失去光泽，最后萎缩干枯；叶片色深、有蜡质，叶缘干枯、卷曲，并从下向上逐渐干枯、脱落；落花落果；根系变褐色坏死。土壤盐渍化往往是大规模造成危害，不仅影响当季生产，而且过多的盐分不易清洗，残留在土壤中，对以后蔬菜的生长也会产生影响。

土壤盐渍化的主要控制措施有：

**1. 定期检查土壤中可溶性盐的浓度** 土壤含盐量可采取称重法或电阻值法测量。

称重法是取 100 克干土加 500 克水，充分搅拌均匀。静置数小时后，把浸取液烘干称重，称出含盐量。一般，蔬菜设施内每 100 克干土中的适宜含盐量为 15～30 毫克。如果含盐量偏高，表明有可能发生盐渍化，要采取预防措施。

电阻值法是用电阻值大小来反映土壤中可溶性盐的浓度。测量方法是：取干土 1 份，加水（蒸馏水）5 份，充分搅拌。静置数小时后，取浸出液，用仪器测量浸出液的电传导度。蔬菜适宜的土壤浸出液的电阻值一般为 0.5～1 毫欧/厘米。如果电阻值大于此值范围，说明土壤中的可溶性盐含量较高，有可能发生盐害。

**2. 适量追肥** 要根据作物的种类、生育时期、肥料的种类、施肥时期以及土壤中的可溶性盐含量、土壤类型等情况确定施肥量，不可盲目加大施肥量。

**3. 淹水洗盐** 土壤中的含盐量偏高时，要利用空闲时间引水淹田，也可每种植 3～4 年夏闲一次，利用降雨洗盐。

**4. 覆盖地膜** 地膜能减少地面水分蒸发，可有效地抑制地面盐分积聚。

**5. 换土** 如土壤中的含盐量较高，仅靠淹水、施肥等措施难以降低时，就要及时更换耕层熟土，把肥沃的田土搬入设施内。

## （七）温室大棚"四位一体"环境调控技术

该技术以沼气为纽带，种、养业结合，通过生物转换技术，将沼气池、猪（禽）舍、厕所、日光温室连结在一起，组成生态调控体系。大棚为菜园、猪舍、沼气池创建良好的环境条件；粪便入池发酵产生沼气，净化猪舍环境；沼渣为菜园提供有机肥料。

**1. "四位一体"生态调控体系组成** "四位一体"生态调控体系主要由沼气池、进料口、出料口、猪圈、厕所、沼气灯、蔬菜田、隔离墙、输气管道、开关阀门等部分组成。见图 35 所示。

**2. 主要功能**

（1）提高棚内温度 一般，一个容量 8 米$^3$沼气池可年产沼

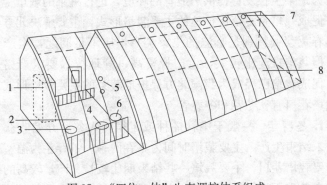

图35　"四位一体"生态调控体系组成
1. 厕所　2. 猪圈　3. 进料口　4. 沼气池
5. 通气口　6. 出料口　7. 沼气灯　8. 生产田

气 400～500 米³，燃烧后可获得 1012.5 兆焦左右的热量（沼气热值为 20～25 兆焦/米³）。早上在棚内温度最低时点燃沼气灯、沼气炉，可为大棚提供约 46 兆焦的热量，使棚内温度上升 2～3℃，防止冻害。

（2）提供肥料　一般，一个 8 米³ 沼气池一年可提供 6 吨沼渣和 4 吨沼液。每吨沼渣的含氮量相当于 80 千克碳酸氢铵，每吨沼液的含氮量相当于 20 千克碳酸氢铵。

（3）提供二氧化碳气体　沼气是混合气体，主要成份是甲烷，占 55%～70%，其次是二氧化碳，占 25%～40%。1m³ 沼气燃烧后可产生 0.97 米³ 二氧化碳。一般通过点燃沼气灯、沼气炉，可使大棚内的二氧化碳浓度达到 1000～1300 毫升/米³，较好地满足蔬菜生长的需要。

## 五、蔬菜保护地栽培形式

### （一）促成栽培

主要是指冬春季节，利用温室、塑料大棚等进行增温和保温，为蔬菜生长发育提供一适宜的环境，进行蔬菜的栽培生产。

促成栽培是蔬菜保护地的主要栽培形式，主要解决北方冬季和早春蔬菜（特别是喜温的果菜类）供应不足问题，生产效益高，但栽培难度比较大，生产投资高，管理技术要求严格。目前，促成栽培已经成为我国北方保护地蔬菜的主要栽培形式。主要栽培茬口有秋冬茬和冬春茬。

**1. 冬春茬** 一般于中秋播种或定植，入冬后开始收获，来年春末结束生产，主要栽培时间为冬春两季。冬春茬为温室蔬菜的主要栽培茬口，主要栽培一些结果期比较长、产量较高的果菜类。在冬季不甚严寒的地区，也可以利用日光温室、阳畦等对一些耐寒性强的叶菜类，如韭菜、芹菜、菠菜等进行冬春茬栽培。冬春茬蔬菜的主要供应期为 1～4 月。

**2. 秋冬茬** 一般于 8 月前后育苗或直播，9 月定植，10 月开始收获，来年的 2 月前后拉秧。秋冬茬为温室蔬菜的重要栽培茬口之一，是解决北方地区"国庆"至"春节"阶段蔬菜（特别是果菜）供应不足所不可缺少的。该茬主要栽培果菜类，栽培前期温度高，蔬菜容易发生旺长，栽培后期温度低、光照不足，容易早衰，栽培难度比较大。

### （二）早熟栽培

主要是利用保护设施提早播种或定植，并提早采收上市供应，在露地蔬菜上市前完成主要供应期。

早熟栽培主要是利用塑料大棚、小拱棚等增温和保温效果较差的保护设施，通过多层覆盖，对蔬菜的生产前期进行保护，一般可较露地提早 30～40 天播种或定植，并提早 1 个多月收获上市。与促成栽培相比较，早熟栽培的生产成本较低，栽培管理技术也较为简单，是目前塑料大棚、小拱棚蔬菜生产基地的主要栽培形式，另外，一些日光温室一年两茬栽培基地也常采用春茬和秋冬茬栽培模式。早熟栽培的主要茬口为早春茬，一般于冬末早春播种或定植，4月前后开始收获，盛夏结束生产。主要栽培一些效益较高的果菜类以及部分高效绿叶蔬菜。在栽培时间安排上，温室一般于2~3月定植，3~4月开始收获；塑料大拱棚一般于3~4月定植，5~6月开始收获。

### （三）延迟栽培

主要是利用保护设施在蔬菜的生产中、后期，当气温明显下降时，进行保护生产，延长蔬菜的生产期和供应期，在露地蔬菜供应结束后完成主要供应期。

延迟栽培主要是利用塑料大棚、小拱棚等增温和保温效果较差的保护设施，通过多层覆盖，对蔬菜进行保护，一般可较露地同类蔬菜延迟生产期30~40天，延长供应期1个多月。与促成栽培相比较，延迟栽培的生产成本较低，栽培管理技术也较为简单，也是目前塑料大棚、小拱棚蔬菜生产基地的主要栽培形式。主要栽培茬口为秋茬，一般于7~8月播种或定植，8~9月开始收获，可供应到11~12月。主要栽培果菜类，在露地果菜供应旺季后、加温温室蔬菜大量上市前供应市场，效益较好，但也存在着栽培期较短，产量偏低等问题。

### （四）遮阳栽培

主要是指强光、高温季节，通过选用遮阳网等遮阴材料对蔬菜田进行覆盖遮光，为蔬菜制造一光照适宜、温度适中的环境，来进行蔬菜的正常生产。遮阳栽培的主要茬口为夏秋茬，一般春末夏初播种或定植，7~8月收获上市，冬前结束生产；栽培的蔬菜主要有果菜类、高档的叶菜类（如大叶菠菜）、生姜等夏季露地生产效果较差，但经济效益较高的蔬菜。

遮阳栽培的遮阳材料种类比较多，主要有遮阳网、草苫、苇帘等，以遮阳网的使用效果为最好。遮阳网主要有浮面覆盖、小拱棚覆盖、平棚覆盖以及大（中）棚覆盖几种覆盖形式（见图36）。

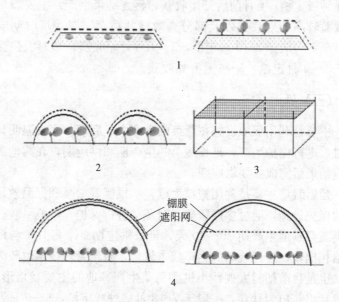

图36　遮阳网覆盖形式

1. 浮面覆盖　2. 小拱棚覆盖　3. 平棚覆盖　4. 大（中）棚覆盖

**1. 浮面覆盖**　主要用于高温季节叶菜类播种后或果菜类定植后，将遮阳网直接盖在播种畦或作物上，避免中午前后强光直射，又能获得傍晚短时间的"全光照"，出苗后不徒长，有利于齐苗和壮苗，出苗率和成苗率可提高20％～60％。

**2. 小拱棚覆盖**　利用小拱棚架，或临时用竹片（竹竿）做拱架，上用遮阳网全封闭或半封闭覆盖，根据天气情况合理揭盖。可用于芹菜、甘蓝、花菜等出苗后防暴雨遮强光栽培，茄果类、瓜类等蔬菜越夏栽培、育苗，及萝卜、大白菜、葱蒜类蔬菜的早熟栽培。

**3. 平棚覆盖**　用角铁、木桩、竹竿、绳子搭成简易的水平棚架，上用小竹竿、绳子或铁丝固定遮阳网，棚架高度和栽培畦宽度可依需要而定。早、晚阳光直射畦面，有利于光合作用，防徒长，中午防止强光，多为全天候覆盖，可用于各种蔬菜的越夏栽培。

**4. 大（中）棚覆盖**　通常利用 6 米跨度的棚架，保留大棚顶部棚膜，拆除底脚围裙，将遮阳网按覆盖宽度缝合好，直接盖在棚顶上。可将遮阳网两侧均固定于骨架进行固定式覆盖或一侧固定进行活动式覆盖，也可在棚内进行悬挂式覆盖。这种覆盖方式多用于甘蓝、芹菜等蔬菜的夏季覆盖育苗。

为便于遮阳网的揭盖管理和固定，一般根据覆盖面积的长、宽选择不同幅宽的遮阳网，拼接成一幅大的遮阳网，进行大面积的整块覆盖。在切割遮阳网时，剪口要用电烙铁烫牢，避免以后"开边"；在拼接遮阳网时，不可采用棉线，应采用尼龙线缝合，以增加拼接牢固度。使用过程中，如发现有破裂处，应及时打补丁缝补好。生产结束后，应将遮阳网收起，清除杂物后卷起存放于阴凉通风处。

### （五）防虫栽培

蔬菜防虫栽培是利用防虫材料或防虫措施，为蔬菜创造一少害虫或无害虫的栽培环境，来进行蔬菜安全生产。

蔬菜防虫栽培主要通过物理措施，将害虫与蔬菜进行物理隔离，害虫无法接触蔬菜，达到防虫害的目的。防虫栽培能够明显减少农药使用量，减轻农药污染，达到生产"放心菜"的目的。例如，用 22 目的银灰色防虫网覆盖于生长期长的长豇豆，具有明显的防虫作用，喷药次数由露地栽培的 11 次减少为 4 次，减少农药用量 64%，生产的蔬菜达到无公害的标准要求，并使产量和产值分别增加 14.2%和 16.9%。

防虫栽培所用覆盖材料主要是防虫网。一般使用 20～30 目防虫网，不仅可以隔离体形稍大的害虫，如菜青虫、斜纹夜蛾等，即使体形最小的蚜虫、美洲斑潜蝇等也能被隔离在网外。防虫网的覆盖方式主要有以下几种：

**1. 大、中拱棚覆盖**　将防虫网直接覆盖在棚架上，四周用土或砖压严实，棚管（架）间用压膜线扣紧，留大棚正门揭盖，便于进棚操作。

**2. 小拱棚覆盖**　将防虫网覆盖于拱架顶面，四周盖严，浇水时直接浇在网上，整个生产过程实行全程覆盖。

**3. 平棚覆盖**　用水泥柱或毛竹等搭建成平棚，面积以 300 米² 左右为宜，棚高 2 米，棚顶与四周用防虫网覆盖压严，既能做到生产期间的全程覆盖，又能进入网内操作。

**4. 局部覆盖**　防虫网覆盖于温室、塑料大棚的通风口、门等部位。

防虫网覆盖前要进行土壤灭虫，可用 50％敌敌畏 800 倍液或 1％杀虫素 2000 倍液，畦面喷洒灭虫，或每亩地块用 3％米乐尔 2 千克作土壤消毒，杀死残留在土壤中的害虫，清除虫源。为防止栽培期间的害虫潜入危害与产卵，防虫网四周要用土压严实，同时加大基肥用量，生长期内尽量不撤网追肥，不给害虫侵入制造可乘机会。另外，覆盖防虫网的拱棚高度要大于作物高度，避免叶片紧贴防虫网，网外害虫取食叶片并产卵于叶上。生产过程中，发现防虫网破损后应立即缝补好，防止害虫趁机而入。

## （六）防雨栽培

防雨栽培是利用温室或塑料大棚的棚架覆盖塑料薄膜，降雨时将雨水排到田外，蔬菜完全靠人工灌溉进行生产。

我国夏秋季节大部分地区降雨比较多，并且雨水也无定时，往往是需要水时不降雨，不需要水时却常常雨水连绵，不仅不利于蔬菜的正常生长，而且雨水过多时也容易造成蔬菜徒长，并引起水涝，造成蔬菜死亡。另外，由于工业的发展，雨水中往往含有较多的酸，形成的酸雨对蔬菜叶片、果实等也容易造成伤害，降低品质。

因此，防雨栽培已经成为蔬菜雨季高产优质栽培的重要措施之一。随着蔬菜保护地栽培规模的不断扩大，利用冬春促成栽培、早熟栽培的旧薄膜在雨季进行防雨栽培，已经成为一种新的栽培时尚，不仅提高了薄膜的利用率，降低了生产成本，而且也为夏秋季节蔬菜的高产优质栽培开辟了新的途径。

### （七）地膜覆盖栽培

地膜是指专门用来覆盖地面的一类薄型农用塑料薄膜的总称。目前所用地膜主要为聚乙烯吹塑膜。地膜覆盖能够改善蔬菜的栽培环境，一般可使地面上 0～40 厘米范围内增加光照量150％以上；可使1～10 厘米土层的温度升高 2～5℃，含水量提高 10％左右；能够长时间保持土壤良好的疏松透气状态；一些特殊的地膜还具有灭草功效。在地膜覆盖保护下，低温期播种喜温性蔬菜可提早 6～7 天出苗，开花结果期提早 5～10 天，采收期提前 7～15 天，增产、增收效果明显。地膜覆盖栽培生产成本低，技术简单，不仅适用于保护地内，露地蔬菜栽培也得到广泛应用，目前已经成为蔬菜重要的栽培形式。

**1. 地膜的种类**　按地膜的功能和用途可分为普通地膜和特殊地膜两大类。

（1）广谱地膜　多采用高压聚乙烯树脂吹制而成。厚度为0.012～0.016 毫米，透明度好、增温、保墒性能强，适用于各类地区、各种覆盖方式、各种栽培作物、各种茬口。每亩用量约7～8 千克。

（2）微薄地膜　半透明，厚度为 0.006～0.10 毫米。增温、保墒性能接近于广谱的膜。但由于厚度减薄，强度降底，而且透光性不及广谱地膜，一般不宜用于地膜沟畦、高畦沟植、高垄沟植、阳坡垄沟植、平畦近地面、地膜小拱棚等覆盖栽培方式。每亩用量用4～5 千克。

（3）黑色地膜　是在基础树脂中加入一定比例的碳黑吹制而

成。厚度为 0.015～0.025 毫米。增温性能不及广谱地膜，保墒性能优于广谱地膜。黑色地膜能阴隔阳光，使膜下杂草难以进行光合作用，无法生长，具有限草功能。宜在草害重、对增温效应要求不高的地区和季节作地面覆盖或软化栽培用。每亩用量 7.4～12.3 千克。

（4）黑色两面地膜　一面为乳白色，一面为黑色。使用时黑色面贴地，增加光反射和作物中下部功能叶片光合作用强度、降低地温、保墒、除草，适用于高温季节覆盖栽培。厚度为 0.025～0.4 毫米，每亩用量 12.3～19.8 千克。

（5）银黑两面地膜　使用时银灰色面朝上。这种地膜不仅可以反射可见光，而且能反射红外线和紫外线，降温、保墒功能更强，还有很强的驱避蚜虫、预防病毒功能，对花青素和维生素丙的合成也有一定的促进作用。适用于夏秋季节地面覆盖栽培。厚度为 0.03～0.05 毫米，每亩用量 14.8～24.7 千克。

（6）微孔地膜　每平方米地膜上有 2500 个以上微孔。这些微孔，夜间被地膜下表面的凝结水封闭阻止土壤与大气的气、热交换，具仍保温性能；白天吸收太阳辐射而增温，膜表凝结的水蒸发，微孔打开，土壤与大气间的气、热进行交换，避免了由于覆盖地膜而使根际二氧化碳郁积，抑制根呼吸，影响产量。这种地膜增温、保湿性能不及普通地膜，适用于温暖湿润地区应用。

（7）切口地膜　把地膜按一定规格切成带状切口。这种地膜的优点是，幼苗出土后可从地膜的切口处自然长出膜外，不会发生烤苗现象，也不会造成作物根际二氧化碳郁积。但是增温、保墒性能不及普通地膜。可用于撒播、条播蔬菜的膜覆盖栽培。

（8）银灰（避蚜）地膜　蚜虫对银灰色光有很强的反趋向性，有翅蚜见到银灰光便飞走。银灰（避蚜）膜利用蚜虫的这一习性，采用喷涂工艺在地膜表面复合一层铝箔，来驱避蚜虫，防止病毒病的发生与蔓延。这种地膜厚度一般为 0.015～0.02 毫米，可用于各种夏秋蔬菜覆盖栽培。

（9）（化学）除草地膜　覆盖时将含有除草剂的一面贴地，当土壤蒸发的气化水在膜下表面凝结成水滴时，除草剂即溶解在水中，滴入土表，形成杀草土层。这种膜同时具有增温、保墒和杀草三种功能。

（10）可控降解地膜　此类地膜覆盖后经一段时间可自行降解。防止残留污染土壤。目前我国可控降解地膜的研制工作已达到国际先进水平。降解地膜诱导期能稳定控制在 60 天以上；降解后的膜片不阻碍作物根系伸长生长，不影响土壤水分运动。

**2. 地膜覆盖的方式**　主要有平畦覆盖、高垄覆盖、高畦覆盖、沟畦覆盖、支拱覆盖、临时覆盖几种，见图 37。

（1）平畦覆盖　在栽培畦的表面覆盖一层地膜。平畦规格和普通露地生产用畦相同（畦宽 1.00～1.65 米），一般为单畦覆盖，也可联畦覆盖。平畦覆盖便于灌水，初期增温效果好，但后期由于随灌水带入泥土盖在薄膜上面，而影响薄膜透光率，降低增温效果。

（2）高垄覆盖　菜田整地施肥后，按 45～60 厘米宽，10 厘米高起垄，一垄或两垄覆盖一块地膜。高垄覆盖增温效果一般比平畦覆盖高 1～2℃。

（3）高畦覆盖　菜田整地施肥后，将其做成底宽 1.0～1.1米，高 10～12 厘米，畦面宽 65～70 厘米，灌水沟宽 30 厘米以上的高畦，然后将地膜紧贴畦面覆盖，两边压入畦肩下部。为方便灌溉，常规栽培时大多采取窄高畦覆盖栽培，一般畦面宽60～80 厘米、高 20 厘米左右；滴灌栽培则主要采取宽高畦覆盖栽培形式。

（4）沟畦覆盖　又称改良式高畦地膜覆盖，俗称"天膜"。即把栽培畦做成沟，在沟内栽苗，然后覆盖地膜。当幼苗长至将接触地膜时，把地膜割成十字孔将苗引出，使沟上地膜落到沟内地面上，故将此种覆盖方式称作"先盖天，后盖地"。采用沟畦覆盖既能提高地温，也能增高沟内空间的气温，使幼苗在沟内避霜、避风，所以这种方式兼具地膜与小拱棚的双重作用。可比普通高畦覆盖提早定植5～10天，早熟1周左右，同时也便于向沟内追肥灌水。

（5）支拱覆盖　即先在畦面上播种或定植蔬菜，然后在蔬菜播种或定植处支高和宽各30～50厘米的小拱架，将地膜盖在拱架上，形似一小拱棚。待蔬菜长高顶到膜上后，将地膜开口放苗出膜，同时撤掉支架，将地膜落回地面，重新铺好压紧。

（6）临时覆盖　多用于播种畦、育苗畦的短期保温保湿以及越冬蔬菜春季早熟栽培覆盖。覆盖地膜时，将地膜平盖到畦面或蔬菜上，四边用土压住，中央压土或放横竿压住地膜，防止风吹。待蔬菜出苗或气温升高后，揭掉地膜。

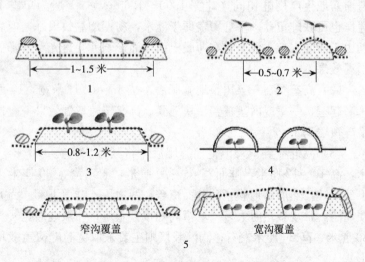

图37　地膜覆盖形式
1. 平畦覆盖　2. 高垄覆盖　3. 高畦覆盖　4. 支拱覆盖　5. 沟畦覆盖

### 3. 地膜覆盖技术要领

（1）覆膜时机　低温期应于蔬菜种植前7～10天将地膜覆盖好，促地温回升。高温期要在种植蔬菜后再进行覆膜。

（2）地面处理 地面要整平整细，不留坷垃、杂草以及残枝落蔓等，以利于地膜紧贴地面，并避免刺、挂破地膜。

杂草多的地块应在整好地面后，将地面均匀喷洒一遍除草剂再覆盖地膜。

（3）放膜 露地应选无风天或微风天放膜，有风天应从上风头开始放膜。放膜时，先在畦头挖浅沟，将膜的起端埋住、踩紧，然后展膜。边展膜，边拉紧、拉平、拉正地膜，同时在畦肩（高畦或高垄）的下部挖沟，把地膜的两边压入沟内。膜面上间隔压土，压住地膜，防止风害。地膜放到畦尾后，剪断地膜，并挖浅沟将膜端埋住。

设施内放膜技术与露地基本相同，只是设施内的风较小，对压膜要求不如露地的严格。

（4）地膜机械覆盖 一般用动力 4476～5968 瓦（6～8 马力）的手扶车牵引。在转轴上卷好地膜并安装牢固，把地膜始端通过展压档，横放在需盖土块的一端。通过前覆垄器把土壤疏松并整成高畦或高垄，通过压膜轮将地膜拉紧，有后覆垄器将适当的泥土压在地膜两侧，固定地膜（图38）。

图38 地膜覆盖机

**4. 地膜覆盖注意事项** 由于覆膜后土壤有机质消耗多，所以，要注意增施基肥、培肥地力。盖膜前最好能喷施除草剂以防杂草危害。当出苗率达 60％～70％且大部分幼苗子叶转绿时要及时在地膜上打孔放苗，以免灼伤幼苗；小苗出孔后还要及时压土封口以防水分散失或大风揭膜。覆膜容易出现前期旺长、后期脱肥而早衰，所以，要适时整枝，控制前期过旺生长，注意合理追肥。废膜要尽可能彻底回收，碎膜在土中积累过多，会造成土壤污染，影响作物根系下扎和吸水吸肥，不利于持久增产。

# 六、保护地蔬菜机械化管理

## （一）保护地机械化管理内容

目前，设施蔬菜生产机械主要应用于以下两个方面：

**1. 生产管理** 主要包括耕地、施肥、整地、起垄、播种、定植、覆盖地膜、农药使用、采收、农资运输等，主要使用机械有多功能管理机、采收车、喷雾机等。

**2. 设施管理** 主要包括草苫卷放、遮阳网开放、通风口开启等。

## （二）主要设施蔬菜生产机械简介

**1. 多功能微型管理机** 也称为微型耕耘机，微耕机等。按照 JB/T10266.1—2001《微型耕耘机技术条件》的要求，凡功率不大于 7.5kW、可以直接用驱动轮轴驱动旋转工作部件（如旋耕），主要用于水、旱田整地、田园管理及设施农业等耕耘作业为主的机器，称之为微型管理机。见图 39。

多功能微型管理机的主机形似一小型手扶拖拉机。一台主机可配带多种农机具，能够完成小规模的耕地、栽植、开沟、起垄、中耕锄草、施肥培土和喷药等多项作业，还可以进行短途运输，能满足现阶段农村小规模生产经营机械化作业的要求。

（1）微耕机的类型 按地域一般将国内厂家生产的多功能微型管理机分为南方型和北方型两种。

南方型：机型结构形式以参照欧洲的机型为主，在旋耕刀具

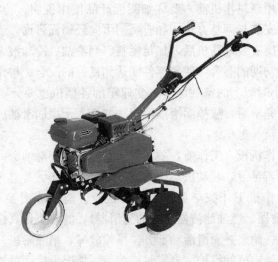

图 39　设施微耕机

方面又吸取了日本产品的特点，初期以水田作业为主，逐步发展成水旱兼用。代表机型为广西蓝天和重庆合盛等制造的多功能微型管理机。

北方型：机型以参照韩国和我国台湾的机型为主，代表机型有山东华兴机械集团生产的 TG 系列多功能田园管理机、北京多利多公司生产的 DWG 系列微耕机等。

按性能和功能一般分为简易型和标准型两种。

简易型：配套动力小于 3.7kW；配套机具少，功能也少。该类管理机手把不能调节、无转向离合器、前进和后退挡位少等，操作不够方便，但其价格低（主机售价低于 3000 元/台），销售量呈逐步增加之趋势。

标准型：配套动力大于 3.7kW；可配套机具多，功能也较多；使用可靠性好，操作方便。但售价较高，主机售价为 4000～7000 元/台。

（2）微耕机的使用

①使用新耕作机前，要详细阅读产品使用说明、功能介绍、各部分的安装与调整方法，如有疑问可向经销商咨询。

②正确安装好新机后，加足燃料、润滑油、冷却液，同时还必须进行初期的磨合，使各零件间达到良好的配合。耕作机械要进行 50 小时以上的空载磨合，变速箱的各档位也要分别进行磨合。磨合完毕后，放掉润滑油，清洗并换入干净润滑油后，方可逐步加带负荷工作。

③耕作机投入工作前，要注意检查燃油、润滑油、冷却液是否足量。若足量，起动机器预热后方可投入工作。

④耕作机工作完毕后，要注意检查、清洁或更换"三滤"（空气滤清器、燃油滤清器、机油滤清器），滤芯要认真检查、清洁、紧固、调整并润滑活动部分，排除故障，消除隐患。

（3）微耕机的维护　要定时或按使用情况更换润滑油和"三滤"。遇到不能排除的故障，要及时与专业维修人员联系，切不可盲目拆机。

耕作机平时不用时，要注意定期起动，润滑各部件，使其处于良好的待机状态。

**2. 卷帘机**　卷帘机，又名大棚卷帘机，是用于温室大棚草帘、保温被自动卷放的农业机械设备，根据安放位置分为前式、后式，根据动力源分为电动和手动。目前常用的是电动卷帘机，一般使用 220V 或 380V 交流电源。卷帘机的出现极大地推动了温室大棚作业的机械化发展。

（1）主要类型

①手摇卷帘机　属于人力卷帘机械，主要用于保温被的卷放。

该卷帘机主要以缠绕式为主，在保温被的下端横向固定一根铁管作为卷帘轴，在轴的两端安装卷帘轮，用以缠绕牵引索。

该卷帘机安装在两端侧墙。卷帘时，用手扶卷帘轮缠绕数圈，然后摇转绕线轮，通过钢索牵引卷帘轮转动，即可实现卷

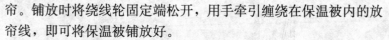

帘。铺放时将绕线轮固定端松开，用手牵引缠绕在保温被内的放帘线，即可将保温被铺放好。

②电动卷帘机　主要分为以下几种：

A. 牵引式卷帘机：为固定式卷帘机，主要用于卷放草苫。

该机构由电机、减速机和卷帘轴等组成。卷帘轴安装在棚顶后屋面上的一排人字形（钢架）支架上，电机、减速机一般安装在温室的中部，与卷帘轴相连结。在草苫的下端横向固定一根与草苫总覆盖面长度相等的钢管。在草苫下横向（南北向）铺放数根拉绳，线的上端固定在后屋面上，下端从草苫上绕回到屋顶，固定到卷帘轴上。卷帘时，卷帘轴转动，将拉绳缠绕到卷帘轴上，牵引草苫卷上升，完成卷帘。放苫时电机反转，利用大棚的坡度、草苫的重量并配以人力拉放，往下滚放草苫。

该种卷帘机造价较高，要求温室屋面保持一定的坡度，以利于草苫自动下滚展放，温室的高：宽比增大，土地利用率降低。另外，该种卷帘机必需使用卷帘绳，费用也增加，并且草苫卷放一段时间后，还必需重新调整草苫的松紧度、绳的长度等，以确保整个屋面上的草苫等速移动，管理也较为麻烦。目前，牵引式卷帘机正逐步被淘汰。

B. 撑杆式卷帘机：采用机械手的原理，利用卷帘机的动力上、下自由卷放草苫。电机与减速机一起沿屋面滚动运行。电机正转时，卷帘轴卷起覆盖物，电机反转时，放下草苫，见图40。由于该卷帘机的主机在棚顶上沿固定轨道（草苫）上、下滚动，故也称为滑轨式卷帘机。

撑杆式卷帘机安装简单，草苫卷放效果不受大棚坡度大小的限制，使用方便、安全，总体成本比较适宜，较受欢迎，应用规模扩大较快。

C. 侧悬浮动式卷帘机：由电机和减速机组成。卷帘机悬挂在大棚一侧的固定杆上，动力输出端通过万向节、传动轴与卷帘轴相连，随电机转动，动力传动轴随帘卷浮动旋转，完成卷帘工

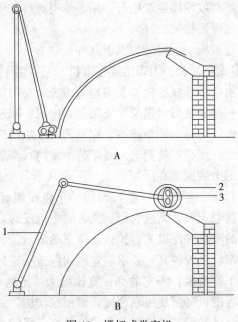

图 40　撑杆式卷帘机

A. 铺放草苫　B. 卷起草苫

1. 支撑杆　2. 草苫卷　3. 卷帘机

作。铺放时，电机反向转动即可。

侧悬浮动式卷帘机主要用于保温被的卷放。

（2）卷帘机的性能　一个长 30～120 米的温室，使用电动卷帘机卷放一次，只需要 3～7 分钟，比人工操作提高工效十五倍以上。

由于草苫卷放所用时间的缩短，每天可为温室增加光照时间一个多小时，不仅延长了蔬菜的光照时间，而且使温室内温度提高 3～5℃，蔬菜的生长周期缩短、早熟，比人工卷帘可提前 5～10 天上市，效益增加明显。

另外，机械卷放草苫能减少草苫的破损，延长草苫的使用寿命。

（3）卷帘机的使用与维护 卷帘机在使用和维护中要注意以下几点：

①接通电源时防止缺一相电源，如果缺一相电源会烧坏电机。

②主机的传动部分（如减速机、传动轴承等）每年要添加一次润滑油。

③牵引式卷帘机在安装过程中，要把卷帘绳子的长度（松紧）调整一致，使卷起的草苫处在一条直线上。在使用过程中要经常对卷苫绳子进行调整，如果绳子长短不齐，草苫松紧不一致，卷起的草苫会出现曲线状，而加大卷帘机和卷轴的扭矩力，影响使用效果或损坏卷帘机和卷轴。

④每年对部件涂一遍防锈漆。

**3. 拉幕系统** 拉幕系统的工作原理是电机通过减速箱，使固定在传动轴上的链轮转动，带动链条及钢丝绳往复运动，从而使幕帘正常开与关。拉幕系统主要控制遮阳网和二道幕的拉、放。图 41 为遮阳网自动卷放系统示意图。

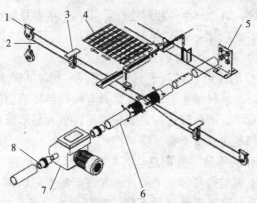

图 41 遮阳网自动卷放系统

1. 换向轮 2. 驱动线 3. 吊线轮 4. 遮阳网
5. 轴承座 6. 驱动轴 7. 驱动电机 8. 联轴器

# 第三节　蔬菜的种植制度

蔬菜种植制度又称蔬菜栽培制度，是指一个地区或一个种植单位在一定时间内，在一定面积上安排各种作物布局和茬口接替的制度。它包括因地制宜地扩大复种，采用轮作、间、混、套作等技术来安排蔬菜栽培的次序，并配以合理的施肥和灌溉制度、土壤耕作和休闲制度。合理的种植制度，应有利于土地、阳光、空气、劳力、能源和水等各种资源的最有效利用，取得当时条件下作物生产的最佳社会、经济、环境效益，并能可持续发展生产。

## 一、连　　作

连作又称"重茬"，是指一年内或连续几年内，在同一田地上种植同一种作物的种植方式。

**1. 连作的表现形式**　连作可以是在同一块地上一年或连续几年内，连续栽培同一种作物，也可以是在同一块土地上连年栽培同一作物。如：一年多茬的连作，如第一年春夏栽培番茄，秋季种植萝卜或白菜，第二年春夏季再栽培番茄秋季种植萝卜或白菜。

**2. 连作的优点**　有利于充分利用同一地块的气候、土壤等自然资源，大量种植生态上适应且具有较高经济效益的作物，没有倒茬的麻烦，产品较单一，管理简便，也容易形成稳定的蔬菜生产基地和专业批发市场。

**3. 连作的不足**　长期连作，一方面容易加重蔬菜的病虫草害、破坏土壤结构和养分平衡，诱发蔬菜的生理病害，另一方面也容易导致蔬菜产量和品质下降，降低生产效益。常见蔬菜中，不耐连作的蔬菜主要包括苦瓜、黄瓜、西瓜、甜瓜、甜椒、番茄、韭菜、大葱、大蒜、花椰菜、结球甘蓝等。

**4. 连作注意事项** 随着我国蔬菜产业化的发展，专业化蔬菜生产已经成为蔬菜生产的必然趋势，由此形成的诸如番茄专业村（基地）、黄瓜专业村（基地）、西瓜专业村（基地）等将越来越多，生产规模也将越来越大。如何有效解决蔬菜的连做障碍问题，已经成为蔬菜专业化生产发展中的一个重要课题。蔬菜进行连作时应注意以下三点：

（1）选用耐连作的蔬菜种类和品种 根据蔬菜的耐连作程度不同，一般把蔬菜分为三类：第一类为忌连作蔬菜，包括番茄、茄子、菜豆、西瓜、甜瓜等蔬菜；第二类为耐短期连作蔬菜，包括白菜类、根菜类、薯芋类、葱蒜类、黄瓜、丝瓜等，可进行2～3年连作；第三类为耐连作蔬菜，包括大多数绿叶菜类以及禾本科蔬菜，可进行3年以上的连作。

（2）对同一种蔬菜来讲，抗病虫能力强的品种一般比容易感病和遭受虫害的品种耐连作。

（3）选用配套的栽培方式 例如，采用无土栽培方式或嫁接栽培方式。

（4）要有配套的生产管理技术 要与土壤消毒技术、土壤改良技术、配方施肥技术、合理灌溉技术等结合进行，以减少连作所带来的危害。

## 二、轮　作

轮作是指同一块田地里有顺序地在季节间或年度间轮换种植不同类型作物的种植制度，也称换茬或倒茬。

**1. 轮作的表现形式** 在单主作区，轮作一般为不同年份栽种不同种类的蔬菜；而在多主作区，则是以不同的多次作方式，在不同年份内轮流种植。

**2. 轮作优点** 轮作能够通过变换寄主，来控制蔬菜的病虫草害，并保持土壤中的养分平衡、酸碱度平衡，稳定土壤结构等。

轮作虽有许多优点，但蔬菜生产不可能都实行轮作，特别是现代蔬菜产业专业化生产的迅速发展，严格的轮作制度不仅利于形成专业化的蔬菜市场，而且也难以持久发展，因此，合理的连做、轮作搭配十分必要。应根据蔬菜种类确定连作和轮作年限，常见蔬菜中，白菜、芹菜、甘蓝、花椰菜、葱蒜类、慈姑等在没有严重发病的地块上可以连作几茬，但需增施底肥；马铃薯、山药、生姜、黄瓜、辣椒等轮作年限为 2～3 年；茭白、芋、番茄、大白菜、茄子、甜瓜、豌豆等的轮作年限为 3～4 年；西瓜的轮作年限是 6～7 年；黄瓜病虫害较多，连作不可超过 2～3 年，三年后一定要另种其它蔬菜；大白菜由于需求量多，栽培面积大，虽然病害较重，仍需部分连作，但连作限度不应超过 3～4 年；葱蒜类忌连作。

**3. 蔬菜轮作的方法**　由于蔬菜种类多，不可能将田块分为许多小区，每年轮换一种作物，且每类蔬菜多具有相同的特性，因此要将各种蔬菜按类种植，轮流栽培，如白菜类、根菜类、葱蒜类、茄果类、瓜类、豆类等。同类蔬菜集中于同一区域；不同类的同科蔬菜也不宜相互轮作，如番茄和马铃薯。绿叶菜类的生长期短，应配合在其它作物的轮作区中栽培，不独占一区。

**4. 蔬菜轮作的原则**

（1）同类蔬菜不宜进行轮作　同科、属的蔬菜具有相近的病虫害，不能轮作；产品器官相同的蔬菜对土壤养分的要求较为一致，进行轮作时容易破坏土壤的养分平衡，也不宜进行轮作；根系类型（主要是分布深浅）相同的蔬菜进行轮作，不利于改良土壤的结构以及调节土壤养分的均衡分布，不宜进行轮作；对土壤酸碱度要求相近的蔬菜（如黄瓜、南瓜、生姜等要求微酸性土壤，甘蓝、马铃薯、洋葱等要求微碱性土壤）进行轮作，容易使土壤酸碱度发生明显改变，不利于保持酸碱度平衡，也不宜进行轮作。

（2）要有利于改善栽培环境　例如种植豆类蔬菜的土壤中，

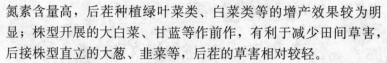

氮素含量高，后茬种植绿叶菜类、白菜类等的增产效果较为明显；株型开展的大白菜、甘蓝等作前作，有利于减少田间草害，后接株型直立的大葱、韭菜等，后茬的草害相对较轻。

（3）要有利于控制病虫害的发生　同科蔬菜常感染相同的病虫害，制订轮作计划时，应避免将同科蔬菜连作。每年调换种植性质不同的蔬菜，可使病虫害失去寄主或改变生活条件，达到减轻或消灭病虫害的目的。如，葱蒜类茬后接大白菜，能够减轻大白菜软腐病的危害。生产中，粮菜轮作、水旱轮作对于控制土壤传染性病害是行之有效的措施。

（4）轮作的形式要多样化　由于受现代蔬菜生产的专业化、规模化发展的影响，某一地区往往不可能逐年轮换种植不同种类的蔬菜，要求蔬菜种类相对稳定，因此需要采取多种轮作形式，如：同种蔬菜不同类型间的轮作；将菜田分区划块，逐区逐块进行轮作；加强栽培管理，改善生产环境，缩短轮作期，进行短期轮作等。

## 三、间作与套作

将两种或两种以上蔬菜隔畦或隔行同时种植在同一地块内的种植方式为间作。在某种蔬菜的栽培前期或后期，于其行间或畦间种植另一种蔬菜的种植方式为套作。安排蔬菜间套作要点如下：

**1. 以主作蔬菜为主**　主作蔬菜是主要的生产对象，要保证主作蔬菜对肥水、温光等的需求。间作与套作蔬菜的播种或定植时间以及种植密度等要合理，与主作蔬菜的共生期不得过长，避免妨碍主作蔬菜的正常生产。

**2. 蔬菜的搭配要合理**　应选择形态、生态以及生育期长短不同的蔬菜进行搭配种植。

**3. 要有配套的技术措施**　一是应实行宽窄行种植，将副作蔬菜种植在宽行内，避免主作蔬菜对副作蔬菜造成遮光以及通风不良；二是副作蔬菜应采取育苗移栽措施，缩短与主作蔬菜的共生期；三是加大肥水投入，保证肥水供应。

# 第四节  土壤耕作与改良技术

## 一、蔬菜对土壤的要求

蔬菜作物生长期短，生长速度快，吸收水分、养分量大，产量高，复种指数高。因此，蔬菜对土壤要求较高。

**1. 土壤熟化度高**  也即土壤的熟化程度高，熟土层厚，高度熟化熟土层厚度要大于 30 厘米。菜田有机质含量在 30～50 克/千克。土壤质地均匀，三相比例应为：固相 50%，气相 30%～20%，液相 20%～30%。总孔隙度 55% 以上。

**2. 土壤质地疏松，耕性良好**  菜田土壤容重应在 1.1～1.3 克/厘米$^3$，达到 1.5 克/厘米$^3$ 时，根系生长受到抑制。土壤容重大，土壤板结，有机质含量低，耕性不良。

**3. 土壤含有较高的速效养分**  优良菜园地的碱解氮含量不低于 90 毫克/千克，速效磷含量不低于 50 毫克/千克，速效钾含量不低于 115 毫克/千克，氧化钙含量不低于 1～1.4 毫克/千克，氧化镁含量不低于 150～240 毫克/千克，并含有以及一定量的硼、锰、锌、钼、铁、铜等微量元素。

**4. 土壤含盐量低**  适宜的土壤含盐量为 0.1%～0.2%（干土重量比例），不得高于 0.4%。各种蔬菜对碱性土壤的适应能力有所不同，如甘蓝类、除黄瓜外的瓜类耐盐性最强；蚕豆、大蒜、韭菜、小白菜、芹菜、马铃薯等具有中等耐盐力；黄瓜、大葱、萝卜和胡萝卜耐盐性较弱．在栽培中，要因地制宜，根据不同土壤的盐碱性选择适宜的种类。

**5. 土壤酸碱度适宜**  适宜的土壤 pH 值为 6.0～6.8，呈微酸性。大多数蔬菜适宜在中性土壤或弱酸性（pH6.5～7.5）土壤上生长。洋葱、韭菜、菜豆、黄瓜、花椰菜、菠菜等要求中性土壤，而对酸性土壤较为敏感；马铃薯、西瓜、番茄、萝卜、胡

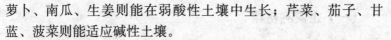

萝卜、南瓜、生姜则能在弱酸性土壤中生长；芹菜、茄子、甘蓝、菠菜则能适应碱性土壤。

**6. 不含有害物质**　要求土壤中无病菌、无害虫、无寄生虫卵、无有害污染性物质积累。有害物质含量应低于国标 GB15618—1995（土壤环境质量标准）中二级标准。

## 二、菜园地土壤类型

按土壤组成的不同，可分为壤土、沙壤土、沙土、黏壤土、黏土五类。

**1. 壤土**　组成壤土的黏性泥粒和沙粒的比例大致相同，土壤肥力高，水、肥、气、热常处于最佳状态，适宜种黄瓜、四季豆、豇豆、辣椒、芋等多种蔬菜。

**2. 黏壤土**　组成黏壤土的粘粒比例稍大于沙粒，其保水、保肥力强，通透性稍差，适宜种植大白菜、甘蓝、花椰菜、菠菜、芹菜、茄子、番茄、冬瓜等。

**3. 沙壤土**　组成沙壤土的沙粒比例稍大于黏粒，其通透性好，土壤疏松，适宜种植地下部形成产品的萝卜、胡萝卜、马铃薯、生姜、豆薯、芋头等。

**4. 黏土**　黏土的主要成分为黏土，这种土壤水分稍多就泥泞，干时板结，通气性和透水性不好，只适宜种蕹菜等少数蔬菜，需要进行改良。

**5. 沙土**　沙土的主要成分为沙粒，其保水保肥力差，易干旱，适宜种西瓜、甜瓜、山药、南瓜等。

## 三、土壤耕作

菜地耕作的时期与方法时间、因地点而异。总的来都要求深耕。菜田多以平翻耕法为主。应抓住三个主要环节：基本耕作——耕翻；表土耕作——耙、耢、压地；中耕——在生长期中在行间和株间的松土或培土。

## （一）土壤的耕翻

**1. 耕翻的方法**　耕翻的方法大体上有两种，一种是半翻垡耕翻，使垡块翻转角度为 135 度。耕深为 20～25 厘米，多在晚秋及早春菜收获后用这种方法。第二种方法是旋耕法，利用旋耕机将土壤旋耕，深度可达 12～18 厘米，这种方法破坏性大，使土壤的团粒结构受到破坏，多在夏季倒茬时采用。

**2. 耕翻的时期**

（1）秋翻　为最基本的耕作方式，使底土层土壤翻到地表，通过长基冻垡，晒垡可使之熟化。又可及时灭茬、灭草、消灭虫卵或病菌，具有蓄墒、保墒的作用。

（2）春翻　在秋茬收获晚或早的地块进行。或者对于适耕性差的过湿性粘土采用春耕。应提早进行，一般应在土壤化冻16～18 厘米或返浆期进行。

（3）夏翻　在秋菜播种前进行。起灭茬及疏松土壤的作用，耕翻深度应以 13～15 厘米为宜。

**3. 耕翻深度**　采用机引有壁犁耕翻深度为 20～25 厘米，而以畜力作业的耕翻深度多为 16～22 厘米。加深耕层可获增产，一般在 50 厘米以内，随耕翻的加深，产量可以相应增加，所以提倡深耕。

（1）深耕的作用　菜田土壤的结构可分为耕作层即根系活动的主要场所。往下是 4～5 厘米厚的紧实坚硬横向片状结构的犁底层，它妨碍了上下土层之间水分及营养的交流。再往下是心土层，向耕层土壤补充矿质营养。主要由成土母质岩分解矿物质。由此可见，越是加深耕层，植株根系活动的场所越大，土壤中蓄存有机或无机养分、调节水气条件的能力越大。因此，加深耕层可望增产。其次，深耕可打破犁底层、根系可下扎，多余的水分可以向下渗透，心土层土壤得以熟化，使上下层土壤的理化性质都得以改善。

（2）深耕的方法　第一次深耕可以在 2～3 年内有效，每 3 年一次，在原来基础上加深 3.3 厘米。要深耕、浅耕、松土相结合以防产生新的犁底层。土层深厚的土壤、黏重土壤、栽培瓜类、根菜类、茄果类蔬菜宜深耕；土层浅的、沙性大的土壤、栽培叶菜宜浅耕。深耕时施足有机肥料，改善土壤的理化性质，加厚活土层，耕作时要考虑到土壤的宜耕性，耕作时深浅要一致，不留大的墒沟。

### （二）表土耕作

表土耕作是基本耕作的辅助措施，是为播种准备条件的耕作。包括耙、耢、压地三项作业。

**1. 耙地**　其作用是疏松表土，耙碎耕层土块，解决耕翻后地面起伏不平，使表层土壤细碎，地面平整，保持墒情，为作畦或播种打下基础。一般用圆盘耙在耕翻后连续进行。北方秋翻地的春耙，愈早越好，应在土壤解冻时顶凌耙地，以保墒防旱。

**2. 耢地**　多在耙地后进行，可与耙地联合作业。在耙后拖一树枝条编的耢子即可耢地。它可使地表形成覆盖层，为减少土壤水分蒸发的重要措施，同时还有平地、碎土和轻度镇压的作用。

**3. 镇压**　用镇压器镇压地面，主要目的是碎土保墒，早春顶凌压地以碎土为主。在干旱年份镇压土地可以保住底墒。播种前镇压能防止土壤塌陷，使播种深度一致；播种后镇压，使种子与土壤密接，保证出苗整齐。如土壤墒情及土壤细碎程度适宜时，可免除这一工序。

### （三）中耕与培土

**1. 中耕的作用**　疏松土壤，增加土壤温度，促进根系发育，增加土壤通气、蓄水、保墒的能力，同时增加土壤中氧的含量，促进根系的吸收功能。

**2. 中耕的深度**　依蔬菜种类而异。黄瓜、葱蒜类为浅根系，须浅耕；番茄，南瓜为深根系，可行深中耕，深度为6.7～10厘米。就生育期而论，苗期及生育后期宜浅中耕，生育中期可较深。就位置而论，离苗近处宜浅，远处宜深。

**3. 培土** 培土也是中耕的一种形式，其目的是增加局部土层厚度。培土对有的蔬菜有软化产品器官的作用，促进产品器官形成及肥大作用，有的促生不定根，增加吸收土壤养分的作用，也有的为防止倒伏，增加排涝能力，防寒能力，增加防热能力等不同目的。

## 四、整地作畦

### （一）整地

菜地经过耕翻、耙、耢之后，还要整地作畦。其目的主要是便于灌溉、排水、密植及管理。此外对土壤温度、湿度和空气条件也有一定的调节作用。作畦的形式，视当地气候条件（雨量）、土壤条件、地下水位的高低及蔬菜种类而异。常见的有平畦、高畦和垄等。

### （二）作畦

**1. 菜畦的主要类型** 菜畦主要由畦面和畦间通道两部分组成。

畦面是菜畦的主要组成部分，用于种植蔬菜。畦间通道主要用于行走、灌溉、通风、排水等，分为畦埂、畦沟等形式。根据畦面与畦间通道的高低关系不同，通常将菜畦划分为平畦、高畦、低畦和垄几种形式，见图42。

（1）平畦 畦面与畦间通道相平。地面平整后不需要筑成畦沟和畦埂，适宜于排水良好、雨量均匀，不需经常灌溉的地区，采用喷灌、滴灌、渗灌等现代灌溉方式时也可采用平畦。平畦的主要优点是土地利用率比较高。

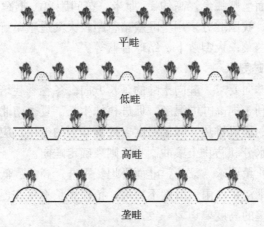

平畦

低畦

高畦

垄畦

图 42 菜畦的主要类型

（2）低畦 畦面低于畦间通道，有利于蓄水和灌溉。适宜于地下水位低、排水良好、气候干燥的地区或季节，栽培密度大且需经常灌溉的绿叶蔬菜、小型根菜、蔬菜育苗畦等，也基本都用低畦。低畦的缺点是浇水后地面容易板结，影响土壤透气而阻碍蔬菜生长，也容易通过流水传播病害。

低畦有顶水畦、跑水畦和四平畦三种形式。顶水畦的进水口略低于出水口，浇水时水的流速较慢，便于对蔬菜大量浇水。跑水畦的进水口略高于出水口，浇水流速较快，适于要求浇水量不大的蔬菜或栽培季节；四平畦的进水口与出水口相平，浇水流速介于顶水畦与跑水畦之间。

（3）高畦 畦面高于畦间通道。北方地区一般畦面高 10～15 厘米、畦面宽 60～80 厘米。畦面过高过宽，浇水时不易渗到畦中心，容易造成畦内干旱。

高畦的主要优点：一是加厚耕层；二是排水方便，土壤透气性好，有利于根系发育；三是地温高，有利于早春蔬菜生产；四是浇水不超过畦面，可减轻通过流水传播的病害蔓延。

（4）垄 垄似较窄的高畦，一般垄底宽 60～70 厘米，顶部稍窄，垄面呈圆弧形，高约 15 厘米，垄间距离根据蔬菜种植的行距而定。我国北方多用垄畦栽培行距较大又适于单行种植的蔬菜，如大白菜、大型萝卜、结球甘蓝等。

**2. 作畦要求**

（1）畦向要求　畦向指畦的延长方向。冬春季栽培应采用东西向，有利于提高畦内温度，促进植株生长。夏季南北向作畦有利于田间的通风排热，降低温度。地势倾斜的地块，应以有利于保持土壤水分和防止土壤冲刷为原则来确定畦向。

（2）质量要求　第一，畦面平坦。平畦、高畦、低畦的畦面要平，否则浇水或雨后湿度不均匀，植株生长不整齐，低洼处还易积水。垄的高度要均匀一致。

第二，土壤细碎。整地作畦时，一定要使土壤细碎，保持畦内无坷垃，无石砾，无薄膜等。

第三，土壤松紧适度。整体来说，作畦后应保持土壤疏松透气。但在耕翻和作畦过程中也需适当镇压，避免土壤过松，大孔隙较多，浇水时造成塌陷而使畦面高低不平，影响浇水和蔬菜生长。

# 五、菜园土壤改良技术

菜园土壤是人工培肥的肥沃土壤，在蔬菜生产过程要不断对其改良与培肥地力，主要途径是：

**1. 增施有机肥**　通过增施有机肥使菜田土壤的有机质含量不断提高，可改善土壤结构，增强通透性，保持土壤疏松，同时提高土壤的保水保肥能力。新老菜园土、黏性土、沙性土、盐碱土一般通过增施有机肥，几年后就能够得到较好改良。

**2. 适当深耕**　在增施有机肥的基础上逐年深耕，每 1～2 年夏季或冬季深翻 1 次，耕后暴晒或冻垡，配合每次倒茬时耕翻，可使土壤熟化，加厚活土层。

**3. 轮作养地**　种豆科蔬菜可借助固氮菌的作用，增加土壤中氮的含量；种芥菜、豌豆等能吸收利用一般蔬菜不能利用的磷、钾元素，并有相当一部分磷、钾元素遗留在表土层中，增加土壤中的磷、钾养分含量；种南瓜、玉米、菜苜蓿等会增加土壤碱性，有利于酸性土的改良。

**4. 沙土和黏土的改良** 对沙土应大量施用河泥、塘泥，在土壤翻耕后大量施用有机肥料，种植豆科绿肥作物，适时翻压入土，或与豆类蔬菜进行多次轮作。而对黏性土可逐年增施一些过筛的细炉渣、掺细沙、施木屑、谷壳等有机质，逐年提高土壤的通透性。

**5. 酸性土的改良** 对酸性土可施石灰中和酸性，一般每年结合土壤耕翻，亩施生石灰 50～1000 千克。同时，酸性土尽量不施或少施酸性化肥。

**6. 盐碱土改良** 盐碱地耕翻不宜过深，避免把下层的盐碱翻上来。作畦要高、短、窄，便于排水洗碱；灌水要均匀，通过沟灌水洗碱；勤中耕，铺沙或盖草，减少土壤蒸发，避免返碱。

**7. 温室大棚土壤改良** 保护地不淋雨水，地下水常向地表移动，加上施肥多，盐类常积聚土壤表层，容易使土壤盐渍化、酸化。

防止措施：雨季揭棚淋雨，让雨水把盐分带走；夏菜罢园后棚内灌水，保持水深 10 厘米，亩施 50～100 千克石灰，水面盖旧农膜，同时密闭大棚，高温下水泡田 7～10 天，再放掉余水，这样可中和土壤酸性，灭菌消毒，并带走部分盐分；大棚内埋设暗管，棚土翻松后灌水，带盐分的水下渗到暗管排走；在施有机肥时，配合施一些秸秆，防止土壤盐渍的效果也较好。

# 第五节 配方施肥技术

配方施肥技术，也称为测土配方施肥技术、平衡施肥技术，是综合运用现代农业科技成果，依据作物需肥规律、土壤供肥特性与肥料效应，在施用有机肥的基础上，合理确定氮、磷、钾和中、微量元素的适宜用量和比例以及相应的科学施肥技术。工作流程包括测土、配方、合理施肥三个技术环节。

# 一、测　　土

## (一) 采样

一般在蔬菜收获后采集土样。温室、大棚每 30～40 个棚室或大田 20～40 亩采一个样，采样深度为 0～20 厘米。一般采用"S"形布点采样。每个样品取 15～20 个样点混合。

同一采样单元，无机氮及植株氮营养快速诊断每季或每年采集 1 次；土壤有效磷、速效钾等一般 2～3 年采集 1 次；中、微量元素一般 3～5 年采集 1 次。

## (二) 化验

样品测试参考项目见表 22。

**表 22　样品测试参考项目汇总表**

| 编号 | 测试项目 | 测土配方施肥 | 耕地地力评价 |
|------|----------|--------------|--------------|
| 1 | 土壤质地指测法 | 必测 | |
| 2 | 土壤容重 | 选测 | |
| 3 | 土壤含水量 | 选测 | |
| 4 | 土壤田间持水量 | 选测 | |
| 5 | 土壤 pH | 必测 | 必测 |
| 6 | 土壤交换酸 | 选测 | |
| 7 | 石灰需要量 | pH 值＜6 的样品必测 | |
| 8 | 土壤阳离子交换量 | 选测 | |
| 9 | 土壤水溶性盐分 | 选测 | |
| 10 | 土壤氧化还原电位 | 选测 | |
| 11 | 土壤有机质 | 必测 | 必测 |
| 12 | 土壤全氮 | 选测 | 必测 |
| 13 | 土壤水解性氮 | 至少测试 1 项 | |

（续）

| 编号 | 测试项目 | 测土配方施肥 | 耕地地力评价 |
|------|----------|--------------|--------------|
| 14 | 土壤铵态氮 | | |
| 15 | 土壤硝态氮 | 必测 | 必测 |
| 16 | 土壤有效磷 | | |
| 17 | 土壤缓效钾 | 必测 | 必测 |
| 18 | 土壤速效钾 | 必测 | 必测 |
| 19 | 土壤交换性钙镁 | pH 值＜6.5 的样品必测 | |
| 20 | 土壤有效硫 | 必测 | |
| 21 | 土壤有效硅 | 选测 | |
| 22 | 土壤有效铁、锰、铜、锌、硼 | 必测 | |
| 23 | 土壤有效钼 | 选测，豆科作物产区必测 | |

## 二、配　方

施肥配方确定方法比较多，常用的是目标产量配方法和计算机推荐施肥法。

### （一）目标产量配方法

该法是根据作物产量的构成，由土壤和肥料二个方面供给养分的原理来计算肥料的施用量。目标产量确定后，计算作物需要吸收多少养分来施用多少肥料。肥料需要量可按下列公式计算：

化肥施用量＝｛（作物单位吸收量×目标产量）－土壤供肥量｝÷（肥料养分含量×肥料当季利用率）

式中：作物单位吸收量×目标产量＝作物吸收量

土壤供肥量＝土壤测试值×0.15×校正系数

土壤测试值以毫克/千克表示，0.15 为养分换算系数，校正系数是通过田间试验获得。

### （二）计算机推荐施肥法

通过系统对土壤养分结果的录入和运算，计算机能很快地提出作物的预测产量（生产能力）和最佳施肥配比和施肥量，指导农民科学施肥。

## 三、测土配方施肥的主要模式

**1. 全程服务型** 即由农业部门开展"测土、配方、生产、供肥和施肥指导"全程服务。

**2. 联合服务型** 即由农业部门土肥技术推广机构进行测土和配方筛选，联合或委托复混肥料生产企业进行定点生产，实行定向供应，并由土肥技术推广机构发放施肥通知单，或对农民的具体施肥环节进行直接培训和指导服务。

**3. 单一指导型** 即由农业部门进行测土和配方筛选，然后根据辖区内的土壤类型和作物布局等进行施肥分区，在确定目标产量后，制作施肥通知单，或印发明白纸、发放技术挂图，开展多种形式的技术培训，指导农民科学施肥。农户根据需要，自主在市场上购买单质肥料进行配施，或选择基础复混肥进行灵活调节。

## 四、肥料的种类

菜田常用肥料主要类型包括：

**1. 有机肥** 包括普通有机肥和生物有机肥两种。

（1）普通有机肥主要有腐熟鸡粪、精制干鸡粪、腐熟猪粪等，以前两种应用较多。腐熟鸡粪、猪粪等多用作基肥，作追肥一般取沤制液结合浇水冲施。精制干鸡粪主要用于有机生态无土栽培施肥。由于施肥成本低，较受菜农喜欢，在一些地区仍是主要的菜田用肥料。

（2）生物有机肥 指用特定功能微生物与主要以动植物残体（如畜禽粪便、农作物秸秆等）为来源并经无害化处理、腐熟的有机物料复合而成的一类兼具微生物肥料和有机肥效应的肥料。固体生物有机肥一般用于有机生态无土栽培蔬菜追肥，液态生物有机肥多用作设施蔬菜冲施肥。生物有机肥养地、肥田、防病、环保等效果好，应用前景广阔，但施肥成本偏高，目前多用于高档蔬菜施肥。

**2. 普通化肥**　常用的主要有尿素、氮磷钾复合肥等。由于普通化肥要么肥效单一，施肥后对土壤结构和酸碱性的不良影响大，如尿素；要么肥效差、残留多，对土壤污染严重，如普通复合肥。近年来，普通化肥在蔬菜田，特别是温室和塑料大棚蔬菜中的应用越来越少，主要用于基肥作有机肥的补充施肥。追肥中除了露地蔬菜外，保护地蔬菜应用越来越少。

**3. 水溶肥料**　是指能够完全溶解于水中的多元素复合型肥料，能被作物的根系和叶面直接吸收利用，有效吸收率高达 $80\%\sim90\%$，配合滴灌系统结合浇水施肥，需水量仅为普通化肥的 $30\%$，节水效果明显。水溶性肥料是目前设施蔬菜的主要追肥种类，主要品种有硝酸钾水溶肥、氮磷钾水溶肥、硝酸镁水溶肥以及包含多种微量元素的水溶肥等。

**4. 叶面肥**　叶面肥是通过作物叶片为作物提供营养物质一类肥料的统称。按作用功能一般分为营养型和功能型两大类。营养型叶面肥的主要作用是有针对性地提供和补充作物营养，改善作物的生长情况，通常由大量元素（氮、磷、钾）、中量元素（钙、镁、硫）和微量营养元素（铁、锌、锰、硼、铜、钼）中的一种或一种以上配制而成。功能型叶面肥由无机营养元素和植物生长调节剂、氨基酸、腐植酸、海藻酸、糖醇等生物活性物质或杀菌剂及其他一些有益物质等混配而成，达到一种相互增效和促进的作用。

## 五、施肥原则和方法

### （一）施肥的基本原则

**1. 有机肥与无机肥合理施用**　蔬菜栽培高度集约化，要求较肥沃的土地，除了对矿物质含量的基本要求之外，蔬菜田需要有较高的有机质，这些有机质构成了菜田肥力的基础。一般，当菜田土壤有机质含量低于 15% 时，随着土壤有机质含量的增加，蔬菜作物的生产量也会提高。

**2. 基肥为主追肥为辅**　北方地区，基肥施用量一般可占总施肥量的 50%～60%。在地下水位较高或土壤径流严重的地区，可适当减少基肥的施用量，以避免肥效的损失。结合不同生育时期的需肥特点，可进行必要的追肥。除土壤追肥以外，叶面追肥也是蔬菜栽培中常用到的追肥方式。

**3. "看天看地看苗"施肥**　施肥必须根据当地不同季节的气候特点与当时的土壤状况，以及植株生育情况进行。同时施肥常与灌溉结合，以提高肥效。为了使施肥更加科学化，可根据土壤中养分含量和形态，结合植株生育对各种元素的需求量，进行施肥量的计算，并通过植株器官养分分析对施肥方案作出必要的调整，实施科学化施肥，应用效果良好。

## （二）常用的施肥方法

**1. 基肥施肥法**　有全层施肥法、分层施肥法、撒施法、条施和穴施法等。一般结合深耕进行施肥。

**2. 追肥方法**

（1）土壤施肥法　该法是在蔬菜附近开沟或挖穴施肥。土壤施肥法施肥范围小，供肥集中，有利于提高肥效，但也存在着施肥作业费工费时、容易发生肥害等不足。设施蔬菜栽培由于覆盖地膜、种植密度大等原因，不适合进行土壤追肥，因此该追肥法大多用于蔬菜生长前期追肥以及有机生态型无土栽培蔬菜追肥。

土壤施肥法追肥应注意以下几点：

①施肥位置要与主根保持 10 厘米以上的距离，以免施肥后伤害主根。

②施肥量要适宜。要根据肥料的种类、有效成分含量等确定

施肥量，防止施肥量过大发生肥害。

③施肥后要保证充足的水供应，以使肥料能够充分溶解、扩散，及时发挥肥效。

（2）冲施肥法　该法是将肥料溶于水中随灌溉水一起进入地里。

根据施肥方式不同，冲施肥法分为直接冲施肥和施肥器冲施肥两种方式。直接冲施肥是将肥料溶于水桶中，然后缓慢倒入水中施肥，施肥均匀性较差，为早期的主要冲施肥方式。施肥器冲施肥法是用专用施肥器（文丘里施肥器，

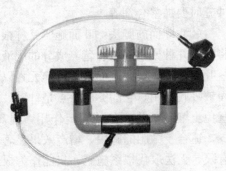

图43　文丘里施肥器

见图43）或利用虹吸原理用塑料管将肥液溶于灌溉水中。该方式施肥量易于控制，且施肥均匀性好，是目前主要的冲施肥法。

冲施肥法的施肥均匀性好，供肥均匀，不易发生肥害，并且省工省力，是目前温室、大棚蔬菜的主要施肥方法。但该施肥法也存在着施肥分散，供肥不集中的问题。冲施肥法适用于水溶性肥，包括复合肥、复混肥、配方肥、微量元素类肥以及氨基酸类、植腐酸类、甲壳素类、工业发酵肥类、菌肥类等。

冲施肥时应注意以下几点：

①冲施肥量要适宜，一次用量过大，容易造成肥害，生产中多采取少量多次冲施肥法施肥。

②要根据各种作物的需要养分特点选择冲施肥的种类。如叶菜需氮多，要多冲氮肥；豆科、茄果需磷、钾多，要多冲施磷、钾肥。

③在冲施肥中添加少量的增效钠、a—萘乙酸钠，增效胺

（DA-6）等，均可促进植物的活力，促进根系生长，增加肥料的吸收，使肥效快、肥效高、肥效显著。

④不同种类肥料不能混合冲施，以免混合后发生沉淀，降低肥效。如碳铵不能与强酸性肥料混合冲施，氨基酸肥料不能与腐植酸类肥料混合冲施，磷酸类肥料与锌、锰、铁、铜等肥料混合冲施时要加螯合剂等。

（3）叶面施肥法　叶面施肥又称根外追肥或叶面喷肥法，是将含有几种或多种植物营养成分的肥液，以喷雾方式喷洒到蔬菜茎叶以及花果等的表面上，营养元素以渗透的方式进入植株体内而被吸收利用。它的突出特点是针对性强，养分吸收运转快，可避免土壤对某些养分的固定作用，提高养分利用率，且施肥量少，适合于微肥的施用，增产效果显著。但叶面追肥由于施肥量有限，无法取代根系施肥，只能作为根系施肥的补充。

叶面追肥应注意以下几点：

①选择适宜的肥料品种　蔬菜生长初期，为促进其生长发育适宜选择功能型叶面肥，若作物营养缺乏或生长后期根系吸收能力衰退，应选用营养型叶面肥。选择叶面肥时，氮一般优先选择硝态氮，其次选择铵态氮和尿素态氮；铁、锌、锰和铜最好使用螯合态的，提高利用率；钙、镁不要和磷一起喷施，以免出现不溶性沉淀。

②喷施浓度要适宜　在一定浓度范围内，养分进入叶片的速度和数量，随溶液浓度的升高而增加，但浓度过高容易发生肥害，尤其是微量元素肥料，作物营养从缺乏到过量之间的临界范围很窄，更应严格控制。另外，含有生长调节剂的叶面肥，亦应严格按浓度要求进行喷施，以防调控不当造成危害。

③喷施时间要适宜　叶面施肥时叶片吸收养分的数量与溶液湿润叶片的时间长短有关，湿润时间越长，叶片吸收养分越多，效果越好。一般情况下保持叶片湿润时间在30～60分钟为宜，因此叶面施肥最好在傍晚无风的天气进行，在有露水的早晨喷

肥，会降低溶液的浓度，影响施肥的效果。雨天或雨前也不能进行叶面追肥，因为养分易被淋失，起不到应有的作用，若喷后 3 小时遇雨，待晴天时需要补喷一次，但浓度要适当降低。为增加营养液与叶片的接触面积，提高叶面追肥的效果，可在溶液中加入适量的湿润剂，如中性肥皂，质量较好的洗涤剂等。

④喷施要均匀、细致、周到 叶面施肥要求雾滴细小，喷施均匀，尤其要注意喷洒生长旺盛的上部叶片和叶的背面，以利于叶片的吸收利用。

⑤喷施次数应有间隔 植物叶面肥的浓度一般都较低，每次的吸收量是很少的，与作物的需求量相比要低得多。因此，叶面施肥的次数一般不应少于 2～3 次。对于在作物体内移动性小或不移动的养分（如铁、硼、钙、磷等），更应注意适当增加喷洒次数。在喷施含调节剂的叶面肥时，喷洒要有间隔，间隔期至少应在一周以上，喷洒次数不宜过多，防止出现调控不当，造成危害。

⑥叶面肥混用要得当 叶面追肥时，将两种或两种以上的叶面肥合理混用，可节省喷洒时间和用工，其增产效果也会更加显著。但肥料混合后必须无不良反应或不降低肥效，否则达不到混用目的。另外，肥料混合时要注意溶液的浓度和酸碱度，一般情况下溶液 pH 值在 7 左右时，利于叶部吸收。

# 第六节　定植与植株调整技术

## 一、定植技术

### （一）定植时期

喜温性蔬菜春季应在地上断霜、10 厘米地温稳定在 10～15℃时定植，秋季则以初霜期为界，根据蔬菜栽培期长短确定定植期，如番茄、菜豆和黄瓜应从初霜期前推三个月左右定植。耐寒性蔬菜春季当土壤解冻、地温达5～10℃时即可定植。

设施蔬菜定植期确定，除了考虑温度影响外，还要考虑蔬菜产品的上市时间，使上市高峰期位于露地蔬菜的供应淡季。

## （二）定植方法

**1. 明水定植法** 整地作畦后，先按行、株距开穴（开沟）栽苗，栽完苗后按畦或地块统一浇定植水。该法浇水量大，地温降低明显，适用于高温季节。

**2. 暗水定植法** 分为水稳苗法和座水法两种。

①水稳苗法 栽苗后先少量覆土并适当压紧、浇水，待水全部渗下后，再覆土到要求厚度。该定植法既能保证土壤湿度要求，又能保持较高地温，有利于根系生长，适合于冬春季定植，尤其适合于各种容器苗定植。

②座水法 开穴或开沟后先引水灌溉，并按预定的距离将幼苗土坨或根部置于水中，水渗后覆土。该法有防止土壤板结、保持土壤良好的透气性、保墒、促进幼苗发根和缓苗等作用。

与明水法相比较，暗水定植法的浇水量少，降温作用不明显，有利于蔬菜缓苗，较适用于低温期定植蔬菜。但暗水定植法浇水量不足，对定植前的土壤湿度要求严格，土壤干旱时，定植前必须先造墒。

**3. 定植深度** 以达到子叶以下为宜。不同种类有所不同，例如黄瓜根系浅、需氧量高，定植宜浅。茄子根系较深、较耐低氧，定植宜深。番茄可栽至第一片真叶下，对于番茄等的徒长苗还可深栽，以促进茎上不定根的发生。大白菜根系浅、茎短缩，深栽易烂心。北方春季定植不宜过深，潮湿地区定植不宜过深。

## （三）定植密度

合理的定植密度是指单位面积上有一个合理的群体结构，使个体发育良好，同时能充分发挥群体的增产作用，达到充分利用光能、地力和空间，从而获得高产。定植密度因蔬菜种类和栽培方式而异，例如爬地生长的蔓性蔬菜定植密度宜小，直立生长或支架栽培的蔬菜密度可适当增大；对一次采收肉质根或叶球的蔬菜，为提高个体产量和品质，定植密度宜小，而以幼小植株为产品的绿叶菜类为提高群体产量定植密度宜大；对于多次采收的茄果类及瓜类，早熟品种或栽培条件不良时密度宜大，晚熟品种或适宜条件下栽培时定植密度宜小。

## 二、植株调整技术

植株调整技术是通过整枝、摘心、疏花、疏果、摘叶、压蔓、绑蔓、落蔓、搭架等操作，来控制蔬菜的营养生长和生殖生长，协调其相互关系的技术。

### (一)搭架技术

搭架的主要作用是使植株充分利用空间，改善田间的通风、透光条件。

**1. 架形**　架形一般分为单柱架、人字架、圆锥架、篱笆架、横篱架、棚架、绳架等几种形式，见图44。

(1) 单柱架　在每一植株旁插一架竿，架竿间不连接，架形简单，适用于分枝性弱、植株较小的豆类蔬菜以及单干整枝的矮生番茄等。

(2) 人字架　在相对应的两行植株旁相向各斜插一架竿，上端分组捆紧再横向连贯固定，呈人字形。

人字架架形牢固，承受重量大，较抗风吹，但架内的背光面较大，前架对后架的挡风、挡光比较严重，架间的通风透光性比较差。适用于菜豆、豇豆、黄瓜、番茄等植株较大的蔬菜。

(3) 圆锥架　用3～4根架竿分别斜插在各植株旁，上端捆紧使架呈三脚或四脚的锥形。圆锥架牢固可靠，抗风能力强，架间的通风透光性能好，但架竿上部过于靠拢，易使植株拥挤，影响架内的通风透光。常用于单干整枝的早熟番茄以及菜豆、豇豆、黄瓜等。

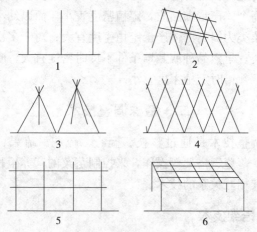

图 44　蔬菜架形

1. 单柱架　2. 人字架　3. 圆锥架
4. 篱笆架　5. 横篱架　6. 棚架

（4）篱笆架　沿栽培行斜插架竿，编成上、下交叉的篱笆。

篱笆架支架牢固，便于操作，但费用较高，搭架也费工。适用于分枝性强的豇豆、黄瓜等。

（5）横篱架　沿畦长或在畦四周每隔 1～2 米插一架竿，横向用 1～2 竿连接而成，茎蔓呈直线或"S"形引蔓上架，并按同一方向牵引，多用于单干整枝的瓜类蔬菜。

横篱架光照充足、适于密植，但管理较费工。

（6）棚架　在植株旁或畦两侧插对称架竿，并在架竿上扎横杆，再用绳、杆编成网格状，有高、低棚两种。

棚架结构牢固，架形表面积大，适用于生长期长、枝叶繁茂、瓜体较长的冬瓜、长丝瓜、长苦瓜、晚黄瓜等。

（7）绳架　在植株的上方纵拉一道铁丝，在植株的正上方吊一道或几道绳，绳的上端系到铁丝上，下端打活口系到植株的茎蔓基部或分枝基部。

绳架通常使用尼龙绳、布绳或专用塑料绳。尼龙绳和布绳不易老化，使用期长，塑料绳容易老化断裂，使用期较短。一般，栽培期较长的蔬菜或甜瓜、西瓜等大果型蔬菜应选用尼龙绳或布绳，栽培期较短或小果型蔬菜选用塑料绳即可。

绳架用料少，成本低，易于操作和管理，但抗风能力差，适用于设施栽培中。

**2. 技术要求**

（1）搭架必须及时，宜在倒蔓前或初花期进行。

（2）插竿要远离主根 10 厘米以上，不要插伤根系。

（3）架竿固定要牢固。

（4）浇灌定植水、缓苗水及中耕管理等，应在搭架前完成。

## （二）绑、落蔓技术

**1. 绑蔓**　对搭架栽培的蔬菜，需要进行人工引蔓和绑扎，固定在架上。

技术要点　对攀缘性和缠绕性强的豆类蔬菜，通过一次绑蔓或引蔓上架即可。对攀缘性和缠绕性弱的番茄，则需多次绑蔓。

瓜类蔬菜长有卷须可攀缘生长，但由于卷须生长消耗养分多，攀缘生长不整齐，一般不予应用，仍以多次绑蔓为好。

技术要求：

（1）要选晴天午后进行绑蔓，上午和阴天茎蔓中含水量较高，容易折断，不宜绑蔓。

（2）绑蔓材料要柔软坚韧，持久性好，常用麻绳、稻草、马蔺草、塑料绳等。绑绳还要有一定的粗度或宽度，过细容易勒伤茎蔓。

（3）绑绳松紧度要适度，不使茎蔓受伤或出现缢痕，也不能使茎蔓在架上随风摇摆被磨伤。设施栽培一般采用缠绕法，将茎蔓缠绕到绳架上。露地蔬菜应采用"8"字扣绑蔓，使茎蔓不与架竿发生摩擦。

1                                    2

图 45  植株落蔓形式

1. 盘蔓式  2. 顺延式

（4）绑蔓时要注意调整植株的长势，如黄瓜绑蔓时若使茎蔓直立上架，有助于其顶端优势的发挥，增强植株长势，而使茎蔓弯曲上升，则可抑制顶端优势，促发侧枝，且有利于叶腋间花的发育。

（5）绑蔓要及时，要在茎蔓明显打弯前进行绑蔓。结合绑蔓，将植株下部的老叶、卷须等摘掉。

**2. 落蔓**  就是将茎蔓定期从支架上解开，下落，将生长点下放，使生长点与地面始终保持一定的距离。

落蔓的意义  使生长点下放，保持植株上部充足的光照和良好的通风环境；使结果部位与根系的垂直距离始终保持在适宜的范围内，保证果实的营养供应；延长结果枝的长度，增加结果数量，提高产量。

技术要点  当茎蔓生长到架顶时开始落蔓。

落蔓前先摘除下部果实、老叶、黄叶、病叶。然后将茎蔓从架上取下，落地的茎蔓在地面绕主茎盘好，或朝一个方向（顺时针或逆时针方向）顺延绑蔓，见图 45 所示。将生长点置于架上适当高度后，重新绑蔓固定。

技术要求：

（1）应选晴天午后进行落蔓，阴天和上午茎蔓中的含水量较高，质地较脆，容易折断，不宜落蔓。

（2）落蔓动作要轻，不要扭断或折伤茎蔓。

（3）嫁接蔬菜应将下部茎蔓落到地膜上，防止茎蔓着地后产生不定根。

（4）落蔓动作要轻，解绳放开茎蔓时，要提住茎蔓顶部，防止茎蔓骤然落地，跌伤果实、折断茎蔓、伤害叶片等。

（5）落蔓后要密封温室、大棚，提高温度，促伤口愈合。

## （三）整枝技术

对分枝性强、放任生长易于枝蔓繁生的蔬菜，为控制其生长，促进果实发育，人为地使每一植株形成最适的果枝数目称为整枝。在整枝中，除去多余的侧枝或腋芽称为"打杈"（或抹芽）；除去顶芽，控制茎蔓生长称"摘心"（或闷尖、打顶）。

**1. 整枝方式**　整枝方式应以蔬菜的生长和结果习性为依据。一般以主蔓结果为主的蔬菜（如早熟黄瓜、西葫芦等），应保留主蔓，摘掉侧蔓；以侧蔓结果为主的蔬菜（如甜瓜、瓠瓜等）则应及早摘心，促发侧蔓，提早结果和增加结果数量；主侧蔓均能正常结果的蔬菜（如冬瓜、西瓜、丝瓜、南瓜等），大果型品种应留主蔓去侧蔓，小果型品种则留主蔓并适当选留强壮侧蔓结果。

整枝方式还与栽培目的有关。如西瓜早熟栽培应进行单蔓或双蔓整枝，增加种植密度，而高产栽培则应进行三蔓或四蔓整枝，增加单株的叶面积。

**2. 技术要求**

（1）整枝应在晴天上午露水干后进行，做到晴天整、阴天不整，上午整、下午不整，以利整枝后伤口愈合，防止感染病害。阴天抹杈、摘心后，要用多菌灵、甲双灵等涂抹伤口防病，或涂抹机油保护伤口。

（2）整枝时要避免植株过多受伤，遇病株可暂时不整，防止病害传播。

（3）整枝最好用专用剪刀进行抹杈、摘心，不要用手硬折、硬劈，以免拉伤茎蔓、撕裂表皮等。

（4）初次抹杈的时机要适宜，抹杈过早，植株营养体不足，影响根系的发育，抹杈过晚，不仅消耗营养过多，而且也影响主茎的生长发育。以番茄为例，当侧枝长至15厘米以上长时进行抹杈最为适宜。

（5）抹杈时不要将侧枝紧靠主茎去掉，应保留1厘米左右长去掉上部。紧靠主茎抹杈，侧枝伤口紧靠主茎，不仅伤流液较多，而且将来在主茎表面留下一个大伤口，也影响主茎的影响运输，同时伤口处感染病菌后，也会很快传染给主茎。

## （四）摘叶与束叶技术

**1. 摘叶**　是指摘除植株上的病叶、黄叶、超出功能期的老叶以及过于密集的叶。

技术要求：

（1）摘叶的适宜时期是蔬菜的生长中、后期。选晴天上午进行，留下一小段叶柄后将叶片剪除。

（2）剪除病叶后宜对剪刀做消毒处理。

（3）摘下的叶片要集中带出田外，不要留在地里。

（4）摘叶不可过重，即便是病叶，只要其同化功能还较为旺盛，就不宜摘除。

**2. 束叶**　束叶就是用绳将蔬菜的叶片拢起后捆绑起来。

束叶的作用　束叶后为植株内部创造一弱光的环境，促进心叶或内部叶片、花球等软化；外叶对内部叶片寒保温作用，预防冻害；保持植株间良好的通风透光性，提高地温，加大空气流通，防止病害；方便管理人员进田作业。

束叶技术适合于结球白菜、花椰菜等产品需要软化的蔬菜。

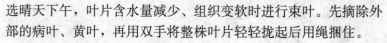
选晴天下午，叶片含水量减少、组织变软时进行束叶。先摘除外部的病叶、黄叶，再用双手将整株叶片轻轻拢起后用绳捆住。

技术要求：

（1）束叶的时期要适宜。适宜的束叶时期是在生长后期，结球白菜已充分灌心，花椰菜花球充分膨大后，或温度降低，光合同化功能已很微弱时进行束叶。过早束叶，产品尚未充分发育，产品质量变差，产量也降低，严重时还会造成叶球、花球腐烂。

（2）要保护叶片。束叶动作要轻，不要折伤叶片。捆绳的松紧度也要适宜，不要捆菜过紧，勒伤叶片。

（3）束叶时摘下的病叶、黄叶等要集中带出田外。

# 第七节　微灌溉技术

## 一、滴灌技术

### （一）滴灌系统组成

滴灌系统由水源、首部枢纽、输水管道系统和滴头（滴管带）4 部分组成。见图 46。

**1. 水源**　一般选择水质较好，含沙、含碱量低的井水与渠水作为水源，以减少对管道、过滤系统的堵塞和腐蚀，保护滴灌系统的正常使用，延长滴灌系统的使用年限。一般在水源选择时还应注意水中有机物的含量，如有机物较多时应对水进行处理。

**2. 首部控制枢纽**　首部控制枢纽由水泵、施肥罐、过滤装置及各种控制和测量设备组成，如压力调节阀门、流量控制阀门、水表、压力表、空气阀、逆止阀等。

（1）水泵　水泵的作用是将水流加压到系统所需要压力并将其输送入管网。滴灌系统所需要的水泵型号根据滴灌系统的设计流量和系统总扬程确定。当水源为河流和水库，且水质较差时，需建沉淀池，此时一般选用离心泵。水源为机井时，一般选用潜

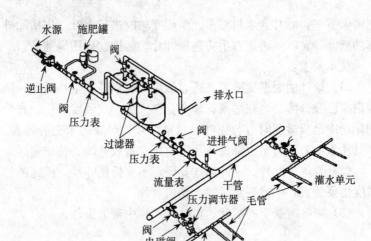

图 46  灌溉系统组成

水泵。

（2）过滤设备  过滤设备是将水过滤，防止各种污物进入滴灌系统堵塞滴头或在系统中形成沉淀。过滤设备有沉淀池、拦污栅、离心过滤器、砂石过滤器、筛网过滤器、叠片过滤器，各种过滤器可以在首部枢纽中单独使用，也可以根据水源水质情况及滴头抗堵塞能力组合使用。一般而言，水源为井水且水质较好时，选用"离心＋网式"过滤器，水源为渠水时一般选用"砂石＋网式"过滤器。

（3）施肥罐  施肥罐是使易溶于水并适于根施的肥料、农药、化肥药品等在施肥罐内充分溶解，然后再通过滴灌系统输送到作物根部。施肥罐选择可根据设计流量和灌溉面积的大小，肥料和化学药物的性质而定。

**3. 输水管道系统**  由干管、支管和毛管三级管道组成。干、支管采用直径 20～100 毫米掺碳黑的高压聚乙烯或聚氯乙稀管，一般埋在地下，覆土层不小于 30 厘米。毛管多采用直径 10～15 毫米碳黑高压聚乙烯或聚氯乙烯半软管。

**4. 管道附件** 滴灌系统管道附件分为管材连接件和控制件两种。管材连接件地貌的要求将管道连成一定的网络形状，一般为弯头、三通等。控制件的作用是控制和量测简称管件，管件的作用是按照滴灌设计和地形管道系统水流的流量和压力大小，如阀门、压力表、流量表等。

**5. 滴头** 滴头是安装在灌溉毛管上，以滴状或连续线状的形式出水，且每个出口的流量不大于 15 升/小时的装置。现行滴头的相关标准为 GB/T17187—1997《农业灌溉设备 滴头技术规范和试验方法》。目前，国内外滴灌系统中应用的滴头形式很多，见图47。按滴头结构和消能方式可分为以下几种：

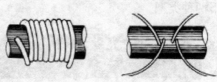

A.微管滴头

（1）长流道型滴头长流道型滴头是靠水流与流道壁之间的摩擦阻力消能来调节流量大小。如微管滴头、螺纹滴头和迷宫滴头等。

（2）孔口型滴头孔口型滴头是靠孔口出流造成的局部水头损失来消能调节流量大小。

（3）涡流型滴头涡流型滴头是靠水流进入灌水器的涡室内形成

B.管上式压力补偿滴头

图47 滴头类型

的涡流来消能调节流量大小。水流进入涡室内，由于水流旋转产生的离心力迫使水流趋向涡室的边缘，在涡流中心产生一低压区，使中心的出水口处压力较低，从而调节流量。

（4）压力补偿型滴头　压力补偿型滴头是利用水流压力对滴头内的弹性体作用，使流道（或孔口）形状改变或过水断面面积发生变化，即当压力减小时，增大过水断面面积，压力增大时，减小过水断面面积，从而使滴头流量自动保持在一个变化幅度很小的范围内，同时还具有自清洗功能。这种滴头分为全补偿型和部分补偿型两种。

**6. 滴灌带**　滴头与毛管制造成一个整体，兼具配水和滴水功能的带称为滴灌带，见图 48。按滴灌带的结构不同一般分为以下两种类型。

图 48　滴管带

（1）内镶式滴灌带　内镶式滴灌带（管）是在毛管制造过程中，将预先制造好的滴头镶嵌在毛管内的滴灌带（管）。内镶滴头有两种，一种是片式，另一种是管式。

（2）薄壁滴灌带　薄壁滴灌带为在制造薄壁管的同时，在管的一侧热合出各种形状的流道，灌溉水通过流道以滴流的形式湿润土壤。

滴灌带也有压力补偿式与非压力补偿式两种。

## （二）滴灌系统布设

滴灌系统布设主要是根据作物种类合理布置，尽量使整个系统长度最短，控制面积最大，水头损失最小，投资最低。

**1. 选择滴灌系统**　果树滴灌采用固定式、移动式均可；蔬

菜、花卉采用固定式为好。

**2. 滴头及管道布设** 滴头流量一般控制在 2～5 升/小时，滴头间距 0.50～1 米。黏土地的滴头流量宜大、间距也宜大，反之亦然。干、支、毛三级管最好相互垂直，毛管应与作物种植方向一致。在滴灌系统中，毛管用量最大，关系工程造价和管理运行。一般果园滴灌毛管长度为 50～80 米，大田 30～50 米，并加辅助毛管 5～10 米。

### （三）滴灌系统的运行与管理

1. 系统第一次运行时，需进行调压。可通过调整球阀的开启度来进行调压，使系统各支管进口的压力大致相等。薄壁毛管压力可维持在 1 千克左右，调试完后，在球阀相应位置作好标记，以保证在其以后的运行中，其开启度能维持在该水平。

2. 系统每次工作前先进行冲洗，在运行过程中，要检查系统水质情况，视水质情况对系统进行冲洗。

3. 系统运行时，必须严格控制压力表读数，将系统控制在设计压力下运行，以保证系统能安全有效的运行。

4. 灌水时每次开启一个轮灌组，当一个轮灌组结束后，先开启下一个轮灌组，再关闭上一个轮灌组，严禁先关后开。

5. 定期对管网进行巡视，检查管网运行情况，如有漏水要立即处理。灌溉季节结束后，应对损坏处进行维修，冲净泥沙，排净积水。

6. 施肥罐中注入的水肥混合物不得超过施肥罐容积的 2/3。每次施肥完毕后，应对过滤器进行冲洗。

### （四）重力滴管系统

重力滴灌是利用水位差形成的水压自然滴灌，不需动力，每个标准大棚投资成本不超过 500 元。该系统主要由水箱（一般由废旧柴油桶去盖、清洗、改装而成）、阀口控制部分、输水管道、滴灌管网组成。见图49。

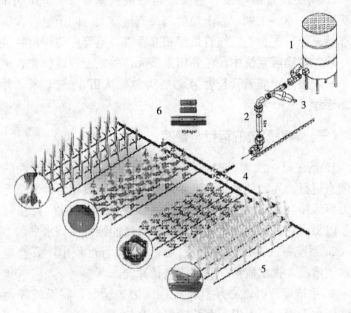

图49　重力灌系统的基本组成

1. 蓄水池　2. 干管　3. 施肥器　4. 支管　5. 滴管　6. 放大的滴灌

### 1. 安装要点

（1）用砖或石头筑一高0.5～1米、能承受一柴油桶水重量的平台。

（2）将柴油桶改制成水桶。柴油桶去掉桶盖，桶口就成了进水口。在桶底部设置出水口。出水口应便于安装管道和阀门。排污口应便于排除桶中积存的固体污物。

（3）将改装好的水桶放在平台上，阀门和过滤器依次连接出水口。

（4）将管经12或16厘米的高密度或中密度聚乙烯管沿大棚方向铺设于一侧，其中一端与过滤器连接，另一端封闭。

（5）将滴灌管线沿作物种植行铺设于植株附近，用打孔器在直径12或16厘米的聚乙烯管上对着种植行打孔，然后，依次将首部接头、快速接头和滴灌管线与孔口连接。这样，整个滴灌系统就安装好了。

（6）将水桶加满水，打开所有管线末端，流出清水时，将滴灌管线末端弯折封闭。至此，这套简易重力滴灌系统就可使用了。

**2. 使用时注意事项**

（1）在灌溉过程中，要定期打开过滤器进行清理，间隔时间为1～2周，视水质情况而定。

（2）每隔1个月打开管线末端检查一次，如有杂物，应打开所有管线末端进行冲洗。

## 二、微喷灌技术

微喷灌是通过低压管道将水送到作物植株附近并用专门的小喷头向作物根部土壤或作物枝叶喷洒细小水滴的一种灌水方法。

### （一）微喷灌系统组成

设施机械微喷灌系统由水源、供水泵、控制阀门、过滤器、施肥阀、施肥罐、输水管、微喷头等组成，系统组成与滴灌系统基本像似，只是将滴头变为喷头或微喷带。

微喷头是将压力水流以细小水滴喷洒在土壤表面的灌水器。单个微喷头的喷水量一般不超过250升/小时，射程一般小于7米。按照结构和工作原理，微喷头分为旋转式、折射式、离心式和缝隙式四种。见图50。

**1. 旋转式微喷头** 水流从喷水嘴喷出后，集中成一束向上喷射到一个可以旋转的单向折射臂上，折射臂上的流道形状不仅可以使水流按一定喷射仰角喷出，而且还可以使喷射出的水舌反作用力对旋转轴形成一个力矩，从而使喷射出来的水舌随着折射

离心式可调微喷头

缝隙式微喷头

塑料旋转式微喷头　　　　折射式微喷头

图 50　微喷头类型

臂作快速旋转。旋转式微喷头有效湿润半径较大，喷水强度较低，由于有运动部件，加工精度要求较高，并且旋转部件容易磨损，因此使用寿命较短。

**2. 折射式微喷头**　　折射式微喷头的主要部件有喷嘴、折射锥和支架，水流由喷嘴垂直向上喷出，遇到折射锥即被击散成薄水膜沿四周射出，在空气阻力作用下形成细微水滴散落在四周地面上。折射式微喷头的优点是水滴小，雾化高，结构简单，没有运动部件，工作可靠，价格便宜。

**3. 离心式微喷头**　　水流从切线方向进入离心室，绕垂直轴旋转后，从离心室中心射出，在空气阻力作用下粉碎成水滴洒灌在微喷头四周。这种微喷头的特点是工作压力低，雾化程度高。

**4. 缝隙式微喷头**　　水流经缝隙喷出，在空气阻力下粉碎散成水滴。性能同滴水器类似。

**5. 微喷带**　微喷带又称多孔管、喷水带，是在可压扁的塑料软管上采用机械或激光直接加工出水小孔进行微喷灌的设备，微喷带的工作水头压力 100～200 千帕。见图 51。

图 51　微喷灌带

微喷灌的吊管、支管、主管管径宜分别选用 4～5 毫米、8～20 毫米、32 毫米和壁厚 2 毫米的 PV 管，微喷头间距 2.8～3 米。

## （二）微喷灌技术要点

**1. 微喷灌水**　微喷灌时间一般宜选择在上午或下午，这时进行微喷灌后地温能快速上升。喷水时间及间隔可根据作物的不同生长期和需水量来确定。随着作物长势的增高，微喷灌时间逐步增加，经测定，在高温季节微喷灌 20 分钟，可降温 6～8℃。因微喷灌的水直接喷洒在作物叶面，便于叶面吸收，既可防止病虫害流行，又有利于作物生长。

**2. 微喷灌施肥**　微喷灌能够随水施肥，提高肥效。宜施用易溶解的化肥，每次 3～4 千克，先溶解（液体肥根据作物生长情况而定），连接好施肥阀及施肥罐，打开阀门，调节主阀，待连接管中有水流即可，一般一次微喷 15～20 分钟即可施完。根据需水量，施肥停止后继续微喷 3～5 分钟以清洗管道及微喷头。

# 第八节　无土栽培技术

　　无土栽培是指不用天然土壤而用基质或仅育苗时用基质，在定植以后用营养液进行灌溉的栽培方法。

　　由于无土栽培可人工创造良好的根际环境以取代土壤环境，有效防止土壤连作病害及土壤盐分积累造成的生理障碍，充分满足作物对矿质营养，水分、气体等环境条件的需要，栽培用的基本材料又可以循环利用，无土栽培还可避免水分大量的渗漏和流失，使得难以再生的水资源得到补偿，因此具有省水、省肥、省工、高产优质等特点。

## 一、无土栽培的主要形式

### （一）水培

　　水培蔬菜的根系直接浸泡在营养液内，由流动的营养液提供生长所需营养。主要有营养液膜法、深液流法、漂浮培法、雾培法等几种形式。

　　**1. 营养液膜法（NFT）**　将蔬菜种植在浅层流动的营养液中。营养液循环利用，营养液深度不超过 1 厘米。根系呈悬浮状态以提高其氧气的吸收量。生产上一般采用简易装置进行生产。简易装置的具体施工方法如下：将长而窄的黑色聚乙烯膜沿畦长方向铺在平整的畦面上，把育成的幼苗连同育苗块按定植距离成一行置于薄膜上，然后将膜的两边拉起，用金属丝折成三角形，上口用回形针或小夹子固定，营养液在塑料槽内流动，见图 52。该栽培方式主要适宜种植莴苣、草莓、甜椒、番茄、茄子、甜瓜等根系好气性强的作物。

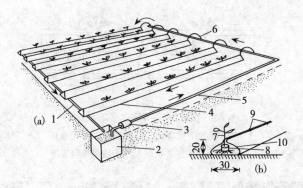

图52　NFT法设施示意图

（a）NFT系统示意图　　（b）大型植株种植槽示意图

1. 回流管道　2. 贮液池　3. 水泵　4. 种植槽　5. 供液主管

6. 供液毛管　7. 带有育苗钵的幼苗　8. 育苗钵

9. 夹子　10. 塑料薄膜

**2. 深液流法（DFT）**　　该法一般采用水泥砖砌成的种植槽或泡沫塑料槽，在槽上覆盖泡沫板，泡沫板上按一定间距固定有定植网筐或悬杯或定植孔，将植物种植在定植网筐或悬杯定植板的定植杯中，植株根系浸入营养液中，营养液一般深度5～10厘米，见图53。利用水泵、定时器、循环管道使营养液在种植槽和地下贮液池之间间歇循环，以满足营养液中养分和氧气的供应。该水培法的营养液供应量大，适宜种植大株型果菜类和小株型叶菜密植栽培。

**3. 漂浮培法**　　也称为浮板毛管水培（FCH）法。该法是在深液流法的基础上，在栽培槽内的液面上放置一块泡沫板，板的上面铺一层扎根布，植物的根系扎入扎根布内，营养液滴浇到扎根布上，如图54。栽培系统由栽培床、贮液池、循环系统和控制系统四大部分组成。该法的植物根系不浸入营养液内，氧气供应充足，不容易发生烂根现象，较适合于株型较大、根系好气的植物无土栽培。

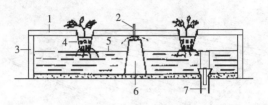

图 53  深液流（DFT）水培示意图

1. 定植板  2. 供液管  3. 种植槽  4. 定植杯
5. 液面  6. 支撑墩  7. 回液及液层控制装置

图 54  浮板毛管水培法

1. 泡沫盖板  2. 育苗块  3. 滴灌带  4. 扎根布
5. 栽培槽内的营养液  6. 漂浮泡沫板

**4. 雾培**  又称气培或雾气培。将蔬菜根系悬挂在栽培槽内，根系下方安装自动定时喷雾装置，每隔 2～3 分钟喷雾 30 秒左右，间断地将营养液喷到蔬菜根系上，营养液循环利用，见图 55。此方法设备费用高，需要消耗

图 55  雾培

1. 栽培板  2. 喷雾管

大量电能，且不能停电，没有缓冲的余地，目前还只限于科学研究应用，未进行大面积生产。

## （二）基质栽培

将蔬菜种植在固体基质上，用基质固定蔬菜并供给营养。固体基质栽培方法比较多，主要有袋培法、槽培法等。

**1. 袋培法** 用一定规格的栽培袋盛装基质，蔬菜植株种植在基质袋上，采用滴灌系统供营养液（如图56）。袋培法受场地限制较小，并且容易管理，适合于种植大型植株。

图56 袋培法

**2. 槽培法** 用一定规格和形状的栽培槽内盛栽培基质，在槽内种植蔬菜等，用滴灌装置向基质提供营养液和水。槽培法的栽培槽一般宽20～48厘米，槽深20厘米左右。槽培法的栽培槽规格可根据生产需要进行调整，因此适应范围广，各类园艺植物均可选用槽培法栽培。

## 二、栽培基质准备

### （一）基质的种类

分为有机基质和无机基质两大类。

有机基质主要包括草炭、锯末、树皮、炭化稻壳、食用菌生产的废料、甘蔗渣和椰子壳纤维等，有机基质必须经过发酵后才可安全使用。

**1. 草炭**　富含有机质，保水力强，但透气性差，偏酸性，一般不单独使用，常与木屑、蛭石等混合使用。

**2. 刨花、锯末**　具高碳氮比。刨花使用时，在基质中占50％为宜。锯末可连续使用2～6茬，使用后应加以消毒。

**3. 棉籽壳（菇渣）**　种菇后的废料，消毒后可用。

**4. 炭化稻壳**　稻壳炭化后，用水或酸调节 pH 至中性，体积比例不超过 25％。

国内无机基质主要包括炉渣、珍珠岩、蛭石、陶粒等。

**1. 珍珠岩**　容重小且无缓冲作用，孔隙度可达 97％。珍珠岩较易破碎，使用中粉尘污染较大，应先用水喷湿。

**2. 蛭石**　透气性、保水性、缓冲性均好。

**3. 沙**　来源广，易排水，通气性好，但保持水分和养分能力较差。一般选用0.5～3毫米粒径的沙粒，不能选用石灰质的沙粒。

**4. 炉渣**　炉渣颗粒大小差异较大，且偏碱性，使用前要过筛，水洗，用直径 0.5～3 毫米的炉渣进行栽培。

## （二）基质混合

基质混合可以使各种基质间优缺点互补，为作物提供营养充足，水分适中、空气持有量大的生态环境。基质混合以 2～3 种混合为宜，常用的基质混合配方和比例见表23。

**表 23　常用基质混合配方**

| 序号 | 配方及比例 | 序号 | 配方及比例 |
|---|---|---|---|
| 1 | 蛭石：珍珠岩＝2：1 | 6 | 蛭石：锯末：炉渣＝1：1：1 |
| 2 | 蛭石：沙＝1：1 | 7 | 蛭石：草炭：炉渣＝1：1：1 |
| 3 | 草炭：沙＝3：1 | 8 | 草炭：蛭石：珍珠岩＝2：1：1 |
| 4 | 刨花：炉渣＝1：1 | 9 | 草炭：珍珠岩：树皮＝1：1：1 |
| 5 | 草炭：树此＝1：1 | 10 | 草炭：珍珠岩＝7：3 |

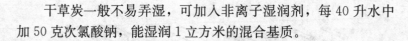

干草炭一般不易弄湿，可加入非离子湿润剂，每 40 升水中加 50 克次氯酸钠，能湿润 1 立方米的混合基质。

## （三）基质消毒

为降低生产成本，基质一般可以连续使用，但必须在前茬作物拉秧后进行消毒。消毒方法主要有蒸气消毒、药剂消毒和太阳能消毒三种。

**1. 蒸气消毒**　将基质装人消毒柜或大箱内，通人蒸气，密封后在 70～90℃条件下，消毒 0.5～1 小时。

**2. 药剂消毒**　将 40％甲醛原液稀释 50 倍，用喷壶将基质均匀喷湿，然后用无破损薄膜盖严，经 24～26 小时后揭膜，再风干 2 周后使用。

**3. 太阳能消毒**　夏季高温季节，在温室或大棚中把基质堆成 20～25 米高的堆，长、宽据具体情况而定。培堆时喷湿基质，使其含水量超过 80％，再用透光较好的塑料薄膜盖堆。槽培可直接在槽内基质上浇水并盖薄膜或密封温室，暴晒 10～15 天，消毒效果良好。

# 三、栽培槽准备

栽培槽是盛装栽培基质或营养液，在其内种植蔬菜的容器。永久性栽培槽多用水泥预制，或用砖石作框，水泥抹面防渗漏，也有用铁片加工成形的。临时性栽培槽多以砖石作框，内铺一层塑料薄膜防漏，也有用木板、竹片、塑料泡沫板等作框的，或在地面用土培成槽或挖成槽，内铺一层塑料薄膜防渗漏。

## （一）栽培槽的种类

按栽培槽底部形状的不同，分为平底槽、"V"形底槽、"W"形底槽和"︿"形底槽等四种类型（如图 57）。

平底槽的底部平整，营养液分布均匀，多用于水培。"V"

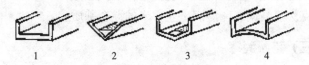

图 57　无土栽培槽的类型

1. 平底槽　2. "V" 形底槽　3. "W" 形底槽　4. "⌒" 形底槽

形底槽的槽底通常盖一片带有许多细孔的铁片、竹片或木板等，上铺一层纺织袋，将栽培槽一分为二，上面盛装基质，下面为排水和通气沟，根系生长环境较好。"W" 形槽中央扣盖一多孔半圆形瓦，槽中多余营养液或水集中于其内便于排出槽外。"⌒" 形底槽的底部中部较高，多余的营养液或水集中在底部的两侧排出。

## （二）栽培槽的规格

栽培槽的大小取决于蔬菜的栽培形式、栽培槽的类型、蔬菜的种类以及栽培设施的大小等。

根据种植蔬菜的行数不同，栽培槽的内宽从 20～80 厘米不等。一般 "V" 形槽宽 20～30 厘米；平底槽宽 48～80 厘米；"⌒" 形底槽和 "W" 形底槽比平底槽窄些，否则底部高度差小，排水效果不良；立体栽培用的栽培槽宽度一般不超过 20 厘米。有机营养无土栽培法是靠施入的有机肥提供营养，为保证肥量，一般要求用内宽 40～50 厘米以上的栽培槽。

栽培槽的有效深度为 15～20 厘米。水培槽一般深 15 厘米左右，固体基质槽深 20 厘米左右。"V" 形槽的隔板以上高度 15厘米，下方深 5 厘米。"⌒" 形底槽和 "W" 形底槽的最浅部应不小于 15 厘米。

栽培槽的长度应根据灌溉能力、棚室结构及田间操作所需走道等因素进行确定。

### (三)栽培槽的设置

为避免栽培过程中受土壤污染，栽培槽应与地面进行隔离；为保持栽培槽底部积液有一定的流动速度，设置栽培槽时，进液端要稍高一些，两端保持 1/60～1/80 的坡度。立体栽培槽上、下层槽间的距离应根据栽培的蔬菜高度确定，一般为 50～100 厘米。

## 四、营养液的配制、使用与管理

### (一)营养液配方

在一定体积的营养液中，规定含有各种营养元素或盐类的数量称为营养液配方。目前，应用较为普遍的是日本园艺试验场提出的园试标准配方和日本山崎配方。

**1. 日本园试通用营养液配方** 该配方适用于多种蔬菜，见表 24。

表 24　日本园试通用营养液配方

| | 化合物名称 | 分子式 | 用量<br>(毫克/升) | 元素含量（毫克/升) | |
|---|---|---|---|---|---|
| 大量元素 | 硝酸钙 | $Ca(NO_3)_2 \cdot 4H_2O$ | 945 | N—112 | Ca—160 |
| | 硝酸钾 | $KNO_3$ | 809 | N—112 | K—312 |
| | 磷酸二氢铵 | $NH_4H_2PO_4$ | 153 | N—18.7 | P—41 |
| | 硫酸镁 | $MgSO_4 \cdot 7H_2O$ | 493 | Mg—48 | S—64 |
| 微量元素 | 螯合铁 | $Na_2Fe-EDTA$ | 20 | Fe—2.8 | |
| | 硫酸锰 | $MnSO_4 \cdot 4H_2O$ | 2.13 | Mn—0.5 | |
| | 硼酸 | $H_3BO_3$ | 2.86 | B—0.5 | |
| | 硫酸锌 | $ZnSO_4 \cdot 7H_2O$ | 0.22 | Zn—0.05 | |
| | 硫酸铜 | $CuSO_4 \cdot 5H_2O$ | 0.05 | Cu—0.02 | |
| | 钼酸铵 | $(NH_4)_6Mo_7O_{12}$ | 0.02 | Mo—0.01 | |

**2. 日本山崎营养液配方** 主要适用于无基质的水培，见表 25。

**表 25  山崎营养液配方***

| 无机盐类 | 分子式 | 用量（毫克/升） | | | | | | |
|---|---|---|---|---|---|---|---|---|
| | | 甜瓜 | 黄瓜 | 番茄 | 甜椒 | 茄子 | 草莓 | 莴苣 |
| 硝酸钙 | $Ca(NO_3)_2 \cdot 4H_2O$ | 826 | 826 | 354 | 354 | 354 | 236 | 236 |
| 硝酸钾 | $KNO_3$ | 606 | 606 | 404 | 606 | 707 | 303 | 404 |
| 磷酸二氢铵 | $NH_4H_2PO_4$ | 152 | 152 | 76 | 95 | 114 | 57 | 57 |
| 硫酸镁 | $MgSO_4 \cdot 7H_2O$ | 369 | 492 | 246 | 185 | 246 | 123 | 123 |
| 螯合铁 | $Na_2Fe-EDTA$ | 16 | 16 | 16 | 16 | 16 | 16 | 16 |
| 硼酸 | $H_3BO_3$ | 1.2 | 1.2 | 1.2 | 1.2 | 1.2 | 1.2 | 1.2 |
| 氯化锰 | $MnCl_2 \cdot 4H_2O$ | 0.72 | 0.72 | 0.72 | 0.72 | 0.72 | 0.72 | 0.72 |
| 硫酸锌 | $ZnSO_4 \cdot 4H_2O$ | 0.09 | 0.09 | 0.09 | 0.09 | 0.09 | 0.09 | 0.09 |
| 硫酸铜 | $CuSO_4 \cdot 5H_2O$ | 0.04 | 0.04 | 0.04 | 0.04 | 0.04 | 0.04 | 0.04 |
| 钼酸铵 | $(NH_4)6Mo7O_{12}$ | 0.01 | 0.01 | 0.01 | 0.01 | 0.01 | 0.01 | 0.01 |

*用井水可不用锌、铜、钼等微量元素。

## （二）营养液配制技术

营养液一般配制成浓缩贮备液（也叫母液）和工作营养液（栽培营养液）两种。

**1. 配制母液**  为防止在配制母液时产生沉淀，应将配方中的各种化合物进行分类，把相互之间不会产生沉淀的化合物放在一起溶解。根据此要求，一般将配方中的各种化合物分为三类，配制成的浓缩液分别称为 A 母液、B 母液、C 母液。

A 母液：以钙盐为中心。凡不与钙作用而产生沉淀的化合物均可放置在一起溶解。一般包括 $Ca(NO_3)_2$、$KNO_3$，浓缩 200 倍。

B 母液：以磷酸盐为中心。凡不与磷酸根产生沉淀的化合物都可溶在一起，一般包括 $NH_4H_2PO_4$、$MgSO_4$，浓缩 200 倍。

C 母液：由铁和微量元素合在一起配制而成，可配制成 1000 倍液。

配制浓缩 A 或 B 母液的步骤：

（1）按照要配制的浓缩母液的体积和浓缩倍数计算出配方中各种化合物的用量。

（2）依次正确称取 A 母液或 B 母液中的各种化合物，分别放在不同容器中。

（3）量取所需配制母液体积 80％的清水，然后将称量好的肥料逐一加入，并充分搅拌，且要等前一种肥料充分溶解后再加入第二种肥料。

（4）待肥料全部溶解后加水至所需配制的体积，搅拌均匀即可。

C 母液配制步骤：先量取所需配制体积 2/3 的清水，分为两份，分别放入两个塑料容器中；称取 $FeSO_4 \cdot 7H_2O$ 和 EDTA-2Na 分别加入这两个容器中，搅拌溶解后，将溶有 $FeSO_4 \cdot 7H_2O$ 的溶液缓慢倒入 EDTA-2Na 溶液中，边加边搅拌；称取 C 母液所需的其他微量元素化合物，分别放在小的容器中溶解，再分别缓慢地倒入已溶解了 $FeSO_4 \cdot 7H_2O$ 和 EDTA-2Na 的溶液中，边加边搅拌，最后加清水至所需配制的体积，搅拌均匀即可。

**2. 工作营养液的配制**

（1）利用母液稀释为工作营养液的配制步骤　在储液池中放入大约需要配制体积的 1/2～2/3 的清水；量取所需 A 母液的用量倒入，开启水泵循环流动或搅拌器使其扩散均匀；量取 B 母液的用量，缓慢地将其倒入贮液池中的清水入口处，让水源冲稀 B 母液后带入贮液池中，开启水泵将其循环或搅拌均匀，此过程所加的水量以达到总液量的 80％为度；量取 C 母液，按照 B 母液的加入方法加入贮液池中，经水泵循环流动或搅拌均匀即完成工作营养液的配制。

（2）直接称量配制工作营养液法　微量营养元素可采用先配制成 C 母液再稀释为工作营养液的方法，A、B 母液采用直接称量法配制。

配制步骤：在种植系统的储液池中放入所要配制营养液总体积约 1/2～2/3 的清水；称取 A 母液的各种化合物，放在容器中溶解后倒入储液池中，开启水泵循环流动；称取 B 母液的各种化合物，放入容器中分别溶解后，用大量清水稀释后缓慢地加入贮液池的水源入口处，开动水泵循环流动；量取 C 母液，用大量清水稀释，在贮液池的水源入口处缓慢倒入，开启水泵循环流动至营养液均匀为止。

**3. 配制营养液应注意事项**

（1）为防止母液产生沉淀，在长时间贮存时，一般可加硝酸或硫酸将其酸化至 pH 3～4，同时将配制好的浓缩母液置于阴凉避光处保存，C 母液最好用深色容器贮存。

（2）在直接称量营养元素化合物配制工作营养液时，在贮液池中加入钙盐及不与钙盐产生沉淀的盐类之后，不要立即加入磷酸盐及不与磷酸盐产生沉淀的其他化合物，而应在水泵循环大约 30 分钟或更长时间之后再加入。加入微量元素化合物时也要注意，不应在加入大量营养元素之后立即加入。

（3）在配制工作营养液时，如果发现有少量的沉淀产生，就应延长水泵循环流动的时间以使产生的沉淀溶解。如果发现由于配制过程中加入化合物的速度过快，产生局部浓度过高而出现大量沉淀，并且通过较长时间开启水泵循环之后仍不能使这些沉淀溶解时，应重新配制营养液。

## （三）营养液使用技术

刚定植蔬菜的营养液浓度宜低，以控制蔬菜的长势，使株型小一些。盛果期的供液浓度要高，防止营养不足，引起早衰。以番茄为例，高温期从定植到第三花序开放前的供液浓度为标准配方浓度的 0.5 倍（也即半个剂量）其后到摘心前为 0.7 倍浓度，再后为 0.8 倍浓度。低温期根系的吸收能力弱，应提高浓度，一般为高温期的 1～2 倍。

### （四）营养液管理

**1. 营养液浓度的调整和管理** 营养液在使用过程中，应随着浓度的升高或降低，及时补充水分或无机盐。方法如下：

（1）根据硝态氮的浓度变化进行调整 测定营养液中硝态氮的含量，并根据其减少量，按配方比例推算出其他元素的减少量，然后计算出补充肥料用量，保持营养液应有的浓度和营养水平（见表26）。

表 26 营养液中可接受的营养元素的浓度

| 元　素 | 浓度（毫克/升） | | 元　素 | 浓度（毫克/升） | |
| --- | --- | --- | --- | --- | --- |
| | 范围 | 平均 | | 范围 | 平均 |
| 氮（N） | 150～1000 | 300 | 铁（Fe） | 2～10 | 5 |
| 钙（Ca） | 300～500 | 400 | 锰（Mn） | 0.5～5 | 2 |
| 钾（K） | 100～400 | 250 | 硼（B） | 0.5～5 | 1 |
| 硫（S） | 200～1000 | 400 | 锌（Zn） | 0.5～1 | 0.5 |
| 镁（Mg） | 50～100 | 75 | 铜（Cu） | 0.1～0.5 | 0.5 |
| 磷（P） | 50～100 | 80 | 钼（Mo） | 0.001～0.002 | 0.001 |

（2）根据营养液的电导率变化进行调整 测定标准营养液和一系列不同浓度营养液的电导率（EC 值），并根据不同浓度值计算达到标准浓度时需追加的母液量，画出电导率值、营养液浓度和母液追加量三者关系曲线，再由每次测定使用营养液的电导率值，查出相对应的母液追加量，对营养液进行调整。

生产上也可采用较简单的方法来管理营养液。具体做法是：第一周使用新配制的营养液，第一周末添加原始配方营养液的一半，第二周末把营养液罐中所剩余的营养液全部倒入，从第三周开始重新配制营养液，并重复以上过程。

**2. 营养液的 pH 调整** 营养液 pH 的适宜范围为 5.5～6.5。每吨营养液从 pH7.0 调到 6.0 所需酸量为：98％硫酸（$H_2SO_4$）100 毫升或 63％硝酸（$HNO_3$）250 毫升或 85％磷酸（$H_3PO_4$）

· 199 ·

300 毫升或 63％硝酸（$HNO_3$）与 85％磷酸（$H_3PO_4$）体积比为 1：1 的混合酸 245 毫升。

**3. 营养液温度管理** 夏季营养液温度应不超过 28℃，冬季不低于 15℃。冬季温度过低时可用电热器或电热线配上控温仪对营养液进行加温。

**4. 营养液含氧量调整** 夏季由于温度高，营养液的含氧量往往不足，可通过搅拌、营养液循环流动、降低营养液浓度、化学试剂制氧等措施提高含氧量。

## 五、蔬菜有机营养无土栽培技术

该技术利用河沙、煤渣和作物秸秆作为栽培基质，生产过程全部使用有机肥，以固体肥料施入，灌溉时只浇灌清水。操作管理简单，系统排出液无污染，产品品质好，能达到中国绿色食品中心颁布的"AA 级绿色食品"的标准。

### （一）准备栽培基质

栽培基质可就地取材，如棉籽壳、玉米秸、玉米蕊、农产品加工后的废弃物（如酒糟）、木材加工的副产品（如锯木、刨花等），并可按一定配比混合后使用。

为了调整基质的物理性能，可加入一定量的无机物质，如蛭石、珍珠岩、炉渣、砂等，加入量依调整需要而定。有机物与无机物之比按体积计可自 2：8 至 8：2，混配后的基质容重在 0.30～0.65 克/米³ 之间，每立方米基质可供净栽培面积 9～6 米²（栽培基质的厚度为 11～16 厘米）。常用的混合基质配方有：

1. 草炭：炉渣＝4：6

2. 砂：棉籽壳＝5：5

3. 玉米秸：炉渣：锯末＝5：2：3

4. 草炭：珍珠岩＝7：3

栽培基质的更新年限因栽培作物不同约为 3～5 年。含有锯末、玉米秆的混合基质，由于在作物栽培过程中基质本身分解速度较快，所以每种植一茬作物，均应补充一些新的混合基质，以弥补基质量的不足。

## （二）栽培槽和供水系统设置

**1. 栽培槽**　有机生态型无土栽培系统采用基质槽培的形式。槽边框高 15～20 厘米，槽宽依不同栽培作物而定。黄瓜、甜瓜等蔓茎蔬菜或植株高大需支架的番茄、辣椒等蔬菜，其栽培槽标准宽度为 48 厘米，可供栽培两行蔬菜，栽培槽间距 0.8～1.0 米；生菜、草莓等株型较为矮小的蔬菜，栽培槽宽度可定为 72 厘米或 96 厘米，供栽培多行蔬菜，栽培槽间距 0.6～0.8 米。

槽长应依保护地棚室建筑状况而定，一般为 5～30 米。

**2. 供水系统**　单个棚室建独立的供水系统。栽培槽宽 48 厘米，可铺设滴灌带 1～2 根，栽培槽宽 72～96 厘米，可铺设滴灌带 2～4 根。

## （三）生产管理规程

**1. 制定栽培管理规程表**　主要根据市场需要、价格状况，确定适合种植的蔬菜种类、品种搭配、上市时期、播种育苗期、种植密度、株形控制等技术操作规程表。

**2. 营养液管理规程**　肥料供应量以氮磷钾三要素为主要指标，每立方米基质所施用的肥料内应含有全氮（N）1.5～2.0 千克、全磷（$P_2O_5$）0.5～0.8 千克、全钾（$K_2O$）0.8～2.4 千克。这一供肥水平，能够满足一茬产量 667 米$^2$ 8000～10000 千克番茄的养分需要量。

先在基质中混入一定量的肥料（如每立方米基质混入 10 千克消毒鸡粪、1 千克磷酸二铵、1.5 千克硫铵和 1.5 千克硫酸钾）作基肥，20 天后每隔 10～15 天追肥 1 次，均匀地撒在离根 5 厘米以外的周围。基肥与追肥的比例为 25：75 至 60：40。一般每次每立方米基质追肥量：全氮（N）80～150 克、全磷（P₂O₅）30～50 克，全钾（K₂O）50～180 克，追肥次数以所种作物生长期的长短而定。

**3. 水分管理规程**　根据栽培作物种类和生长期中基质含水状况来确定灌溉量。定植的前一天，灌水量以达到基质饱和含水量为度，即应把基质浇透。作物定植以后，每天 1 次或 2～3 次，保持基质含水量达 60%～85%（按占干基质计）即可。一般在成株期，黄瓜每天每株浇水 1～2 升，番茄 0.8～1.2 升，辣椒0.7～0.9 升。灌溉的水量必须根据气候变化和植株大小进行调整，阴雨天停止灌溉，冬季隔 1 天灌溉 1 次。

# 第九节　立体种植技术

　　蔬菜立体栽培是根据当地的自然条件和各种蔬菜对环境条件的要求，充分利用它们生育期长短的时间差、植株高矮的空间差以及对土壤营养、湿度、光照、水分要求不同的环境差，进行间、套作，形成合理的分层的复合立体结构，最大限度地发挥土地和作物的生产潜力，同一时间内，在单位面积上获得更多的产品。

## 一、立体栽培的优点

**1. 立体栽培有利于提高光能利用率**　进行立体栽培，通过在一定范围内增加蔬菜群体的叶面积，提高光和效率，提高蔬菜的产量。立体栽培通过分层利用空间差，叶面积系数可达土地面积的 5～6 倍，产量得以大幅增长。

**2. 立体栽培可以提高土地利用率、增加复种指数**　复种指数高，土地利用率也高。复种指数受地区气候、作物生育期长短的制约，如果采用间、套种立体栽培，使前后茬作物有一段共生期，等于缩短了它们的生长期，增加了种植茬次，提高了复种

指数。

**3. 有利于提高种植密度** 作物的产量是由单位面积上种植作物的株数和单株产量构成的，而种植密度又受最大叶面积系数制约，而立体栽培的群体叶面积大于单作平面栽培，所以能大幅提高产量。

**4. 立体栽培有利于发挥"边行优势"** 一般生长于田边、沟边的作物由于光照充足，通风好，生长比较健壮，产量也高。如立体栽培高、矮间套，高秆作物缩小株距，矮秆作物增加行距，使高秆作物发挥边行优势，种间互利共同增产。

## 二、立体栽培应掌握的原则

1. 将吸收土壤营养不同、根系深浅不同的蔬菜互相轮作或间套作，如需要氮肥较多的叶菜与消耗较多钾肥的根、茎菜或消耗磷肥较多的花果菜，以及深根性茄果类、瓜、豆类与浅根性的叶菜类、葱蒜类轮换或搭配。

2. 同一个科、属的植物多有共同的病虫害，不宜连作，应选不同科之间的作物互相轮作。

3. 豆科作物有根瘤，可以培肥土壤，葱蒜类有一定的杀菌作用，因此可与其他类蔬菜轮作或间套作。水生作物可以抑制旱地杂草及地下病虫害，是其他类蔬菜的良好前作。

4. 喜强光的瓜类、茄子、番茄、豇豆、扁豆、菜豆与喜弱光的葱、韭、姜、蒜、芹、莴苣、茼蒿、茴香，高秆直立或搭架的与矮秆塌地的配合，如玉米与大豆、马铃薯、大白菜间、套作。

5. 生长期长的高秆作物与生长期短的攀援植物间、套作，后期利用高秆作物的茎秆作支架供蔓生作物攀援，如烤烟地套种菜豌豆，玉米套种豇豆、菜豆、豌豆等，或者利用前作的支架间套瓜类或豆类，如用番茄地间套西瓜、冬瓜、丝瓜、苦瓜、豇豆等。

6. 合理安排好田间群体结构、处理好主作与副作争空间、争水肥的矛盾。在保证主作密度及产量的前提下，适当提高副作的密度及产量，尽量缩小前后茬共生的时间。或者采取一些相应的栽培技术措施，随时调整主副作的关系，促进它们向互利方向发展。

# 三、立体栽培的主要模式

根据蔬菜立体栽培群体所处的位置又可分为地面立体和空间立体。地面立体的不同作物都种在同一地平面上，但地上部呈立体分布，此种栽培实际就是传统农业中的间、套作。而空间立体是利用一定的栽培设施，不同的蔬菜栽在不同的层次上如床台式、吊盆、吊袋、立柱式等。

## (一) 地面立体种植

**1. 粮、菜立体栽培** 适合粮菜季节性种植区。

(1) 玉米套种反季节白菜 小垄种玉米 2 行、垄沟种白菜 3～4 行，玉米喜光喜温，大白菜喜凉稍耐弱光。

(2) 玉米套豇豆或菜豌豆 玉米秆作豆类支架可省工、省材，一举两得。

(3) 玉米套种香菇 利用玉米为香菇遮阴，香菇栽培料又可作为玉米田的有机肥，一举多得，目前推广面积较大。

**2. 经济作物与蔬菜立体栽培** 适合蔬菜与经济作物季节性种植区。

(1) 烤烟套种大蒜、菜豌豆在烟叶采收后期约 9 月拉平烟垄，施肥播大蒜，烟叶收完后砍去烟秆，可直接点播秋豌豆在烟垄行间，以烟秆作支架，再横拉几条支线，任豌豆攀爬。

(2) 甘蔗地套早番茄、早辣椒、早黄瓜、毛豆、矮生菜豆等 利用甘蔗封行前的间隙套种一茬早蔬菜，蔬菜收后进行大培土，不影响甘蔗生长。

（3）果园套蔬菜的立体栽培 冬春季在落叶果树行间或新植的幼年果树行间种植白菜、萝卜、豌豆、蚕豆等，夏秋季又可套种稍耐阴的生姜、黄瓜、南瓜等。

**3. 蔬菜与蔬菜立体种植**

（1）不同蔬菜的立体种植 这种模式是依据不同蔬菜植株高矮的"空间差"、根系的"深浅差"、生长的"时间差"和光温的"需求差"来交错种植，合理搭配，以达到高产、高效的目的。典型代表有：

（2）同种蔬菜高矮立体种植模式 如番茄，以中晚熟抗病高产品种为主栽行，选用早熟矮秧品种作加行或加株，每株留 2 穗 10 个果，当加行或加株的果实采收后 1 次性拔除，可使总产增加 25％以上。再比如黄瓜，在棚室黄瓜常规栽培的基础上，以原栽培行为主栽行，在主栽行之间加行或加株，当加行或加株栽培的黄瓜长到 12 片叶，每株留瓜 3～4 条时，摘除其生长点，使其矮化。待瓜条采摘后，将加行或加株 1 次性拔除，使棚室黄瓜恢复常规栽培密度，可使产量增加 30％左右。

（3）菌、蔬菜类立体种养模式 这种模式将食用菌栽培在高茬蔬菜的架下，让蔬菜为食用菌遮光，利用食用菌释放的二氧化碳为蔬菜补充二氧化碳气肥。其栽培模式有黄瓜与平菇套种、西红柿—生菜—食用菌（鸡腿菇）立体种植模式，既能节省有限的种植空间，又能使所种植的植物养分互补，形成一个良性循环的过程，使苗壮、高产、农民增收。

## （二）空间立体种植

**1. 袋式立体种植** 用塑料薄膜做成一个长桶形塑料袋，用热合机封严，装入轻质栽培基质，竖立在温室或大棚内，在袋上按一定间距打洞定植速生叶菜类、食用菌类等。

**2. 吊槽式** 在温室空间顺畦方向吊挂小型栽培槽种植蔬菜。

**3. 多层槽式** 将多层塑料槽、泡沫槽等按一定距离置于多层栽培架上，进行有机基质栽培或流动营养液栽培。

**4. 立柱式**　固定很多立柱，蔬菜围绕着立柱栽培，营养液从上往下渗透或流动。

**5. 墙体栽培**　是利用特定的栽培设备附着在建筑物的墙体表，不仅不会影响墙体的坚固度，而且对墙体还能起到一定的保护作用，墙体栽培的植株采光性较普通平面栽培更好，所以太阳光能利用率更高。适合墙体栽培的蔬菜有：生菜、芹菜、草莓、空心菜、甜菜、木耳菜、香葱、韭菜、油菜、苦菜等。

### （三）设施种养结合生态栽培模式

通过温室工程将蔬菜种植、畜禽（鱼）养殖有机地组合在一起而形成的质能互补、良性循环型生态系统。目前，这类温室已在中国辽宁、黑龙江、山东、河北和宁夏等省市自治区得到较大面积的推广。

该模式目前主要有两种形式：

**1. 温室"畜一菜"共生互补生态农业模式**　主要利用畜禽呼吸释放出的 $CO_2$。供给蔬菜作为气体肥料，畜禽粪便经过处理后作为蔬菜栽培的有机肥料来源，同时蔬菜在同化过程中产生的 $O_2$ 等有益气体供给畜禽来改善养殖生态环境，实现共生互补。

**2. 温室"鱼一菜"共生互补生态农业模式**　利用鱼的营养水体作为蔬菜的部分肥源，同时利用蔬菜的根系净化功能为鱼池水体进行清洁净化。

# 第十节　除草剂使用技术

## 一、除草剂的选择

主要根据除草剂的性能、蔬菜的种类以及杂草类型等选择除草剂。主要除草剂的适用剂量、除草范围及适用的蔬菜范围见表27。

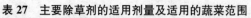

### 表 27  主要除草剂的适用剂量及适用的蔬菜范围

| 除草剂名 称 | 常用剂型 | 用药量* | 除草范围 | 适用的蔬菜种类及时期 |
|---|---|---|---|---|
| 除草通 | 33%乳油 | 100～150 | 一年生禾本科杂草和小黎、马齿苋、鳢肠等双子叶杂草 | 白菜类、萝卜、西葫芦、胡萝卜、韭菜、大蒜、洋葱、苋菜、蕹菜等播后苗前；洋葱、茄科类、甘蓝、花椰菜等移栽前 |
| 地乐胺 | 48%乳油 | 200 | 一年生单、双子叶杂草与莎草 | 胡萝卜、黄瓜、南瓜、冬瓜、苦瓜、丝瓜等播后苗前或移栽缓苗后；芫荽、韭菜、豆类等播后苗前 |
| 异丙隆 | 50%可湿性粉剂 | 150～300 | 一年生禾本科杂草和小黎、马齿苋、鳢肠等双子叶杂草 | 茄科蔬菜移栽前，豆类、大蒜、洋葱等播后苗前 |
| 扑草净 | 50%可湿性粉剂 | 100 | 一年生单、双子叶杂草与莎草 | 萝卜、马铃薯、生姜、山药、豆类、胡萝卜、韭菜、大蒜、洋葱、茼蒿、藕等播后苗前；茭白、洋葱移栽缓苗后 |
| 大惠利 | 50%可湿性粉剂 | 75～150 | 一年生禾本科杂草和小黎、马齿苋、鳢肠等双子叶杂草 | 白菜类、茄果类、大蒜、山药、生姜等播后苗前；西葫芦、茄果类、白菜类等整地后移栽前 |
| 利谷隆 | 50%可湿性粉剂 | 150～300 | 一年生单、双子叶杂草与莎草 | 芦笋、芫荽等播后苗前；芦笋移栽前 |
| 氟乐灵 | 48%乳油 | 100～150 | 一年生单子叶杂草与部分小粒种子阔叶杂草 | 白菜类、茄果类、黄瓜、南瓜、冬瓜、苦瓜、丝瓜、芹菜、苋菜等播种前或移栽前；山药、生姜、马铃薯等播后苗前 |

（续）

| 除草剂名称 | 常用剂型 | 用药量* | 除草范围 | 适用的蔬菜种类及时期 |
|---|---|---|---|---|
| 拉索 | 48％乳油 | 150～200 | 一年生单子叶杂草和部分双子叶杂草 | 十字花科蔬菜移栽前（地膜覆盖）；葫芦科、菜豆、豇豆、番茄、辣椒、洋葱等播后苗前 |
| 杜耳 | 72％乳油 | 80～150 | 一年生禾本科杂草、部分阔叶杂草 | 大白菜、芥菜、萝卜、马铃薯、豆类、生姜、山药等播后苗前；茄果类、白菜类移栽前 |
| 拿捕净 | 12.5％乳油 | 40～100 | 一年生禾本科杂草 | 十字花科、胡萝卜、韭菜、豆类、芹菜、茄科、西瓜等于杂草3～5叶期叶面喷雾 |
| 乙草胺 | 50％乳油 | 70～150 | 一年生禾本科杂草与部分小粒种子阔叶杂草 | 油菜及多种蔬菜（黄瓜、菠菜、韭菜、地膜大蒜除外）播后苗前或移栽前 |

*用药量指每亩的用药量（克或毫升）

## 二、除草剂使用

1. 应尽量选用触杀型除草剂或选用内吸传导型除草剂中传导性能差的除草剂。

2. 前茬蔬菜严禁使用磺酰脲类及咪唑啉类除草剂，亦不宜使用会毒化土壤的西玛津、伏草隆等。

3. 叶菜类尽量不用茎叶处理型除草剂，根菜类尽量不用会伤根的土壤处理型除草剂。

4. 除草剂的剂型有粉剂、乳油、水剂、颗粒剂、可溶性粉剂、烟剂、油剂、悬浮剂和片剂等，各种剂型的除草剂中都加进了助剂，如溶剂、湿润剂、乳化剂、悬浮剂或稳定剂等，这些助剂的导入，会提高除草剂的毒性，但也增加了产生药害的可能性。蔬菜地应尽量避免应用乳油、油剂。

5. 除草剂使用的间隔时间以及距离收获的时间要符合安全用药的要求。

# 第三章
# 蔬菜采后处理与市场营销技术

## 第一节　蔬菜采收技术

简单地讲，商品蔬菜就是指达到采收标准，并且经过采后处理、检验，适合上市销售的蔬菜。

### 一、采收时期

蔬菜的采收时期主要由蔬菜的种类以及市场需求所决定。

**1. 不同蔬菜的采收时期**　一般，以成熟器官为产品的蔬菜，其采收期比较严格，要待产品器官进入成熟期后才能采收。而以幼嫩器官为产品的蔬菜，其采收时期则较为灵活，根据市场价格以及需求量的变化，从产品器官形成早期到后期可随时进行采收。主要蔬菜的适宜采收时期见表 28。

表 28　主要蔬菜的适宜采收时期

| 蔬 菜 名 称 | 产品器官类型 | 适宜采收时期 | 备　注 |
|---|---|---|---|
| 西瓜、甜瓜、番茄 | 成熟的果实 | 成熟期 | 要求严格 |
| 大白菜、结球甘蓝、花椰菜等叶球、花球类菜 | 成熟的叶球、花球 | 叶球、花球紧实期 | 要求严格 |
| 大葱、大蒜等鳞茎菜 | 成熟的鳞茎 | 鳞茎发育充分，进入休眠期前 | 要求严格 |

（续）

| 蔬 菜 名 称 | 产品器官类型 | 适宜采收时期 | 备　　注 |
|---|---|---|---|
| 黄瓜、西葫芦、丝瓜、苦瓜、茄子、青椒、菜豆、豇豆等 | 嫩果 | 果实盛长期后，种皮变硬前 | 要求不严格 |
| 冬瓜、南瓜等 | 嫩果或成熟果 | 果实盛长期至成熟期 | 视栽培目的而定 |
| 根菜类、薯芋类、水生蔬菜、莴笋、榨菜等 | 成熟的根、茎 | 成熟期或进入休眠期前 | 要求不严格 |
| 绿叶菜类 | 嫩叶、嫩茎 | 茎、叶盛长期后，组织老化前 | 要求不严格 |

**2. 市场需求对采收期的影响**　一般，蔬菜供应淡季里的销售价格比较高，供应量少，一些对采收期要求不严格的嫩瓜、嫩茎以及根、叶菜的收获期往往提前，以提早上市，增加收入；进入蔬菜供应旺季，各蔬菜的收获期往往比较晚，一般在产量达到最高期后开始采收，以确保产量。

例如：冬季黄瓜一般长到 20 厘米左右长时就开始采收，而春季则需要长到 30 厘米左右长后才开始收获；早春大萝卜通常进入露肩期后就开始收获，而秋季则要在圆腔后开始收获。

**3. 蔬菜销售方式对采收期的影响**　蔬菜收获后的销售方式不同，对蔬菜的采收期也有影响。如番茄、西瓜、甜瓜等以成熟果为产品的蔬菜，如果采收后产品就地销售，一般当果实达到生理成熟前开始采收；如果采收后进行远距离外销，则在果实体积达到最大，也即定个后进行采收，以延长果实的存放期。

## 二、采收时间

蔬菜的适宜采收时间为晴天的早晨或傍晚，当气温偏低时进行采收。此时采收，产品中的含水量高，色泽鲜艳，外观好，产量也比较高。中午前后的温度偏高，植株蒸发量大，蔬菜体内的含水量低，产品的外观差，产量低，不宜采收蔬菜。阴天温度低、湿度大，蔬菜采收后伤口不易愈合，容易感染病菌腐烂，也不宜采收蔬菜。

另外，为防止蔬菜采收过程中被污染，早晨采收时应在产品表面上的露水消失后开始收获，雨后也要在产品表面上的雨水消失后才能进行采收。根菜类、薯芋类、大蒜、洋葱等蔬菜应在土壤含水量适中时（半干半湿时最为适宜）进行采收，雨季应在雨前收获完毕。

### 三、采收方法

蔬菜的采收方法因蔬菜的种类而异。一般果菜类应用采收刀在果前留一小段果柄（长约0.5～1厘米）将果实采摘下来，避免病菌由伤口直接进入果实内，引起腐烂；白菜类、花菜类也要带小量的根部，用刀将叶球或花球切割下来；根菜类和薯芋类要带少量的叶柄（根菜类）或叶鞘（生姜）进行收获；绿叶菜类一般连根一起采收，以保持植株的完整，防止松散；大蒜、洋葱一般将植株连根带茎一起收获，以方便搬运和收藏。

同一种蔬菜，采后的处理方式不同，采收方法也有所区别。如采收后立即上市的大白菜，一般不带根收获，而采收后需要存放一段时间再上市时，则往往要求带根收获。

## 第二节　蔬菜采后处理技术

蔬菜采后处理是在采收后通过再投入，将蔬菜产品转化为蔬菜商品的增值过程。

### 一、蔬菜采后处理的意义

**1. 增值**　蔬菜采收后经过一定的加工处理，一般可增值

90％以上，因此蔬菜采后处理已经成为蔬菜产业化生产的一个重要环节。国外农业发达国家十分重视蔬菜的采后处理，蔬菜加工率约占总产量的 70％～90％，我国蔬菜加工率只占总产量的 25％左右，且以初加工为主，加工增值幅度较小，只有 35％左右，发展潜力较大。

**2. 方便销售**　经过处理后的蔬菜，按捆、箱、盒等形式上市，易于携带。有的蔬菜还标明重量和价格，也方便消费者选择。

**3. 减少浪费**　经过处理后的蔬菜，按上市标准捆扎、包装，以"净菜"上市，市民一般"即拿即买"，不必再进行逐一挑选，可以避免市民反复挑选中所造成的人为损害减产，如去叶、挤破果实等。另外，蔬菜经过处理后，不带病菌和害虫，运输和销售过程中病虫害也比较轻，可避免病虫害引起的损耗。

**4. 减少城市污染**　经过处理后的蔬菜在销售过程中，一般不再扒外叶、去根、去皮、剔除烂果、小果、畸形果等，废弃蔬菜较少，对城市环境的污染也比较小。

## 二、蔬菜采后处理技术

蔬菜采收后一般需要经过整理、分级、清洗、晾晒、预冷、包装等处理后才能够上市或运送。由于蔬菜的种类以及销售方式的不同，蔬菜采后需要进行的处理也不完全相同。

### （一）整理

整理就是根据蔬菜的"净菜"标准，除去蔬菜上的老叶、病叶、畸形果、烂果、病果、混杂物等，使蔬菜以"净菜"上市，提高蔬菜的外观性状。

不同蔬菜整理的内容有所不同，具体如下：

**1. 叶菜**　除去黄叶、病叶、烂叶以至非食用性叶片、多余的根部等。部分蔬菜，如大葱、芹菜等还需要按照一定的长度要求，截去部分叶片。

**2. 果菜**　剔除病果、烂果、畸形果以及其它不符合商品果标准要求的果实，除去杂果和混杂物，除掉过长的果柄等。

**3. 根茎菜**　除去畸形根或茎、带病或遭受虫害或规格上不符合上市要求的根或茎。一些根茎菜，如牛蒡、山药等还要按标准长度进行截短、除去多余的侧根等。

**4. 其它蔬菜**　如大蒜需要切除茎干、根部，或将蒜按一定头数编成蒜辫或扭成蒜把；大白菜需要将多余的外叶摘掉，削掉根，捆菜绳过松的还要将捆菜绳重新捆牢等。

## （二）清洗

清洗是采用浸泡、冲洗、喷淋等方式水洗或用干毛刷刷净某类蔬菜产品，除去沾附在产品外表上的污泥和杂物，使之清洁卫生，符合商品蔬菜要求和卫生标准。

**1. 清洗的主要作用**　除去产品表皮上的泥土、落尘、农药残留以及其它污物等，使产品表面光亮、洁净、提高商品性状；清洗掉产品表面上的病菌、虫卵，减少贮运和销售过程中的发病；结合清洗，剔除带病的产品；清洗过程中，增加叶片中的含水量，延长产品的保鲜时间。

**2. 清洗的方法**　少量蔬菜一般进行人工清洗，量大时可用清洗机。

清洗机一般由传送装置、清洗滚筒、喷淋系统和箱体组成。清洗使用的洗涤水一定要干净卫生，可加入适量的杀菌剂，如次氯酸钠、漂白粉等。

**3. 主要蔬菜清洗要点**　根菜类、生姜、水生蔬菜的产品收获时，往往带泥较多，影响美观，也不方便携带，作为商品菜上市前，应先进行洗涤，将外表清洗干净。

部分绿叶菜类收获后，如茼蒿、油菜、蕹菜等容易失水萎蔫，丧失新鲜度，收获后往往需要结合清洗泥土、残留农药等，进行浸水，增加叶片中的含水量。

果菜类一般喷洒农药比较多，收获后果面上残留的农药、污物等需要进行洗涤掉，使果面卫生、洁净。

**4. 注意事项**　蔬菜清洗时应注意以下几点：

（1）清洗动作要轻，不要损伤蔬菜，特别是一些受伤后易腐烂的蔬菜，洗涤时如果蔬菜损伤严重，将严重缩短该蔬菜的适销期。

（2）洗涤蔬菜用水要干净。

（3）蔬菜洗涤的时间不要过长，防止蔬菜在水中的浸泡时间过长，引起营养外渗过多、染病甚至腐烂等。

（4）一些清洗后需要保持产品表面干燥的蔬菜，水洗后必须进行干燥处理，除去游离水分。干燥处理在气候干燥、水分蒸发快的地区可使用自然晾干的方法；在气候潮湿，水分蒸发慢的地区可使用脱水机。脱水机主要有脱水器和加热蒸发器两种类型。脱水机有时和清洗机做成一体，安装在清洗机的出口附近。

## （三）晾晒

采收下来的蔬菜，经初选及药剂处理后，置于阴凉或太阳下，在干燥、通风良好的地方进行短期放置，使其外层组织失掉部分水分，以增进产品贮藏性的处理称为晾晒。

**1. 蔬菜晾晒的主要作用**　晾晒对于提高哈密瓜、大白菜及葱蒜类蔬菜等产品的贮运效果非常重要。

大白菜收后进行适当晾晒，失重5％～10％即外叶垂而不折时再行入贮，可减少机械伤和腐烂，提高贮藏效果，延长贮藏时间。洋葱、大蒜收后在夏季的太阳下晾晒几日，会加快外部鳞片干燥使之成为膜质保护层，对抑制产品组织内外气体交换、抑制呼吸、减少失水、加速休眠都有积极的作用，有利于贮藏。对马铃薯、甘薯、生姜、哈密瓜、南瓜等进行适当晾晒，对贮藏也有好处。

**2. 蔬菜晾晒的方法**　主要有自然晾晒法和机械通风晾晒法。

（1）自然晾晒法　在自然环境下晾晒，不用能源，不需特殊设备，经济简便，适用性强。但是，由于它完全依赖于自然气候的变化，有时晾晒的时间长，效果不稳定。

（2）机械通风晾晒法　室内晾晒时用机械通风装置进行强制通风，加速空气流动，从而加快表皮内水分的蒸腾，缩短晾晒时间，提高晾晒效果。如果有条件进行降温，使预冷与晾晒两者结合进行，效果更好。

参考温度和风速为：在温度为 10℃、湿度为 62% 左右的条件下，风速 20 厘米/秒。

**3. 注意事项**

（1）蔬菜晾晒应在通风阴凉处进行，不要放在阳光下暴晒。

（2）晾晒期间要对产品进行定期翻动，提高晾晒速度和效果。

（3）室外晾晒过程中要防止雨淋和水浸，如果遇到雨淋或水浸，应延长晾晒时间。

（4）晾晒要适度。晾晒不足蔬菜表皮失水太少，达不到晾晒要求而影响贮藏效果，但晾晒过度，产品失水过多，脱水严重，不但造成产量损失，而且也会对贮藏产生不利影响。如大白菜晾晒过度，不但失重增加，还会刺激乙烯的产生，促使叶柄基部形成离层，导致严重脱帮，降低耐贮性。

## （四）分级

分级就是按照一定的规格或品质标准，将蔬菜划分成不同的等级。

**1. 分级的意义**　分级能够按级定价、收购、销售、包装；

可以贯彻优质优价的政策，推动蔬菜生产技术的发展；能够剔除病虫害和机械伤果，减少在贮运中的损失，减轻一些危险病虫害的传播，并将这些残次产品及时销售或加工处理，降低成本和减少浪费。

**2. 分级标准** 我国《标准化法》根据标准的适应领域和范围，把标准分为四级：国家标准、行业标准、地方标准和企业标准。

（1）国家标准 是国家标准化主管机构批准发布，在全国范围内统一使用的标准。

（2）行业标准 即专业标准、部标准，是在没有国家标准的情况下由主管机构或专业标准化组织批准发布，并在某个行业范围内统一使用的标准。

（3）地方标准 是在没有国家标准和行业标准的情况下，由地方制定、批准发布，并在本行政区内统一使用的标准。

我国"七五"期间对一些蔬菜（如大白菜、花椰菜、青椒、黄瓜、番茄、蒜、芹菜、菜豆和韭菜等）的等级及新鲜蔬菜的通用包装技术制定了国家或行业标准。

**3. 等级标准** 蔬菜通常根据坚实度、清洁度、大小、重量、颜色、形状、鲜嫩度以及病虫感染和机械伤等，分为三个等级，即特级、一级和二级。

（1）特级品 品质最好，具有本品种的典型形状和色泽，不存在影响组织和风味的内部缺点，大小一致，产品在包装内排列整齐，在数量或重量上允许有5％的误差。

（2）一级品 产品与特级产品有同样的品质，允许在色泽、形状上稍有缺点，外表稍有斑点，但不影响外观和品质，产品不需要整齐地排列在包装箱内，可允许10％的误差。

（3）二级品 产品可以呈现某些内部和外部缺陷，价格低廉，采后适合于就地销售或短距离运输。

表29为大白菜和大蒜的分级标准（参考标准）。

表 29　大白菜的产品分级标准

| 项　目 | 特级品 | 一级品 | 二级品 |
|---|---|---|---|
| 品质要求 | 同一品种，形状正常，质细，新鲜、清洁，叶球紧实；无腐烂、病虫害、机械损伤及冻害，花芽分化不明显。每批样品的不合格率≤5%。 | 同一品种，形状正常，质细，新鲜、清洁，叶球紧实；无腐烂、病虫害、机械损伤及冻害，花芽分化不很明显；每批样品的不合格率≤10%。 | 同一品种，形状尚正常，叶球较紧实；无腐烂、冻害，严重病虫害、花芽分化不很明显；每批样品的不合格率≤10%。 |
| 株重与平均株重的偏差（克） | ≤250 | ≤650 | ≤750 |
| 叶球高度与平均叶球高度的偏差（厘米） | ≤2 | ≤5 | ≤6 |
| 理化指标 | 含水量≥94.0%；还原糖（以转化糖计）≥2.10；维生素 C≥17.0毫克/100 克 | | |

**4. 分级方法**

（1）人工分级　这是目前国内普遍采用的分级方法。人工分级方法有以下两种：

一是单凭人的视觉判断，按颜色、大小将产品分为若干级。用这种方法分级的产品，级别标准容易受人心理因素的影响，往往偏差较大。

二是用选果板分级。选果板上有一系列直径大小不同的孔，根据果实横径和着色面积的不同进行分级。用这种方法分级的产品，同一级别果实的大小基本一致，偏差较小。

人工分级能最大程度地减轻蔬菜的机械伤害，适用于各种蔬菜，但工作效率低，级别标准有时不严格。

（2）机械分级　机械分级的最大优点是工作效率高，适用于那些不易受伤的果蔬产品。有时为了使分级标准更加一致，机械分级常常与人工分级结合进行。蔬菜的机械分级设备有以下几种：

①重量分选装置 根据产品的重量进行分选。按被选产品的重量与预先设定的重量进行比较分级。重量分选装置有机械秤式和电子秤式等不同的类型。重量分选装置多用于番茄、甜瓜、西瓜、马铃薯等。

②形状分选装置 按照被选蔬菜的形状大小（直径、长度等）分选，有机械式和光电式等不同类型。

③颜色分选装置 根据果实的颜色进行分选。果实的成熟度根据测定装置所测出的果实表面反射的红色光与绿色光的相对强度进行判断；表面损伤的判断是将图像分割成若干小单位，根据分割单位反射光的强弱算出损伤的面积，最精确可判别出 0.2～0.3 毫米大小的损伤面；果实的大小以最大直径代表。

## （五）催熟

催熟是指销售前用人工方法促使果实加速完熟的技术。

不少果菜的果实成熟度不一致，有的为了长途运输需要提前采收，为了保证这些产品在销售时达到成熟，确保其最佳品质，常需要采取催熟措施。

主要蔬菜催熟方法：

**1. 番茄** 将绿熟番茄放在 20～25℃ 和相对空气湿度 85%～90% 下，用 1000～2000 毫克/升的乙烯处理 48～96 小时，果实可由绿变红。也可直接将绿熟番茄放入密闭环境中，保持温度 22～25℃ 和相对空气湿度 90%，利用其自身释放的乙烯催熟，但是催熟时间较长。

**2. 西瓜催熟** 将 7～8 成熟的瓜放在 20～25℃ 和相对空气湿度 85%～90% 下，对其表皮喷施 500～1000 毫克/升的乙烯利药液，喷后 2～3 天瓜瓤可变色。

## （六）预冷

预冷就是蔬菜收获回来之后，在贮藏运输之前，用不同的冷却方式，尽快把蔬菜从田间带回来的热气赶走，使蔬菜的温度迅速地降下来。

**1. 预冷的主要作用**　及时降低菜温，减少损失，延长寿命；控制病害，减少腐烂；减轻蔬菜贮藏或运输开始时机械降温的负担与能量消耗。

为了最大限度地保持蔬菜的生鲜品质和延长货架寿命，预冷最好在产地进行，而且越快越好，预冷不及时或不彻底，都会增加产品的采后损失。

**2. 预冷方式**

（1）自然预冷　将产品放在阴凉通风的地方使其自然冷却。采收后先置于阴凉处放置一夜，利用夜间低温，使之自然冷却，翌日气温升高前入贮。

（2）风冷　风冷一般在低温贮藏库内进行，适用于任何种类的蔬菜，预冷后可以不搬运，原库贮藏。

（3）水冷　水冷却是以冷水为介质的一种冷却方式，将蔬菜浸在冷水中或者用冷水冲淋，达到降温目的。冷却水有低温水（一般在 0～3℃左右）和自来水两种。前者冷却效果好，后者生产费用低。水冷却有流水法和传送带法。

水冷却降温速度快，产品失水少，但要防止冷却水对蔬菜造成污染。适合于水冷却的蔬菜有胡萝卜、芹菜、甜玉米、网纹甜瓜、菜豆等。

（4）真空预冷　真空预冷是将蔬菜放在真空室内，迅速抽出空气至一定真空度，使产品体内的水在真空负压下蒸发而冷却降温。

生菜、菠菜、莴苣等叶菜最适合于用真空冷却，石刁柏、花椰菜、甘蓝、芹菜、葱、蘑菇和甜玉米也可以使用真空冷却。但一些比表面小的产品，如多种根茎类蔬菜、番茄等果菜由于散热慢而不宜采用真空冷却。

真空冷却对产品的包装有特殊要求，包装容器要求能够通风。

## （七）捆扎

一些茎叶菜类经过整理、分级后，需要按照一定的重量标准或体积标准进行打捆。

**1. 捆扎材料** 蔬菜捆扎材料主要有草绳、塑料绳、捆扎胶带等。

草绳、塑料绳是早期普遍使用的捆扎材料，捆扎较紧，草绳取材也方便，但较为费工，并且不适合机械捆扎，使用量逐渐减少。捆扎胶带是近几年广泛使用的蔬菜捆扎材料，使用方便，适合机械化操作，是大型蔬菜市场、蔬菜超市所用的主要捆扎材料。

**2. 捆扎方法** 蔬菜捆扎分为人工捆扎和机械捆扎两种方法。

人工打捆速度较慢，并且扎绳的松紧度难以统一，容易出现捆扎过紧或过松现象。

机械打捆速度较快，并且捆扎松紧度较为统一，有的捆扎机与电子秤连成一体，在捆扎的同时也能将蔬菜的重量、捆扎日期等打印出来。

**3. 技术要求**

（1）捆绳松紧要适宜，捆绑过紧，容易勒伤蔬菜，捆绑过松，蔬菜容易散捆。

（2）捆绳的道数要适宜，适宜的捆绳道数是捆菜后，蔬菜不张扬，菜捆不变形。小白菜、茼蒿等低矮蔬菜一般在菜捆的中央捆一道绳即可；芹菜、大葱等高秧蔬菜至少捆两道绳，一道捆在植株上部，另一道捆在下部。

（3）蔬菜的根部要排齐。

（4）菜捆大小要符合市场要求或贮藏要求。

## （八）包装

**1. 包装的主要作用**　包装是使蔬菜产品标准化、商品化、保证安全运输和贮藏、便于销售的主要措施。合理的包装可减少或避免在运输、装卸中的机械伤，防止产品受到尘土和微生物等的污染，防止腐烂和水分损失，缓冲外界温度剧烈变化引起的产品损失；包装可以使蔬菜在流通中保持良好的稳定性，美化商品，宣传商品，提高商品价值及卫生质量。

**2. 包装容器**

（1）对包装容器的要求　包装容器应该具有美观、清洁、无异味、无有害化学物质、内壁光滑、卫生、重量轻、成本低、便于取材、易于回收及处理，并在包装外面注明商标、品名、等级、重量、产地、特定标志及包装日期等；有足够的机械强度以保护产品，避免在运输、装卸和堆码过程中造成机械伤；具有一定的通透性，以利于产品在贮运过程中散热和气体交换；具有一定的防潮性，以防止包装容器吸水变形而造成机械强度降低，导致产品受伤而腐烂；具有透明性。

（2）包装容器的种类和规格　随着科学技术的发展，包装的材料及其形式越来越多样化。包装容器的种类、材料及适用范围见表 30。

表 30　蔬菜包装容器种类

| 种类 | 材料 | 适用范围 | 备注 |
|---|---|---|---|
| 塑料箱 | 高密度聚乙烯、聚苯乙烯 | 高档蔬菜 | 可多次使用 |
| 纸箱 | 板纸 | 绿叶菜外的其他蔬菜 | 容易吸湿受潮 |
| 钙塑箱 | 聚乙烯、碳酸钙 | 高档蔬菜 | 防潮、可多次使用 |

（续）

| 种类 | 材料 | 适用范围 | 备注 |
|---|---|---|---|
| 板条箱 | 木板条 | 多种蔬菜 | 可多次使用 |
| 筐 | 竹子、荆条 | 多种蔬菜 | 可多次使用 |
| 加固竹筐 | 筐体竹皮、筐盖木板 | 多种蔬菜 | 可多次使用 |
| 网、袋 | 天然纤维或合成纤维 | 不易擦伤、含水量少的果蔬、大蒜、洋葱等 | 耐挤压能力差、容易变形 |

**3. 包装材料**

（1）包装纸　包装纸的主要作用：抑制蔬菜采后失水，减少失重和萎蔫；减少蔬菜在装卸过程中的机械伤；阻止蔬菜体内外气体交换，抑制采后生理活动；隔离病原菌侵染，减少腐烂；避免蔬菜在容器内相互摩擦和碰撞，减少机械伤；具有一定的隔热作用，有利于保持蔬菜稳定的温度。

包装纸要求质地光滑柔软、卫生、无异味、有韧性，若在包装纸中加入适当的化学药剂，还有预防某些病害的作用。

近年来塑料薄膜在蔬菜包装上的应用越来越广泛，如蘑菇、番茄、黄瓜、辣椒等分级后先装入小塑料袋或塑料盒中，然后再装入箱中进行运输和销售，效果也很好。

（2）衬垫物　使用筐类容器包装蔬菜时，应在容器内铺设柔软清洁的衬垫物，以防蔬菜直接与容器接触而造成损伤。另外，衬垫物还有防寒、保湿的作用。常用的衬垫物有蒲包、塑料薄膜、碎纸、牛皮纸、山草、刨花等。

（3）抗压托盘　抗压托盘有纸制的、也有塑料制的，上具有一定数量的凹坑。凹坑的大小和形状根据包装的具体果实来设计，每个凹坑放置一个果实，果实的层与层之间由抗压托盘隔开，可有效地减少果实的损伤，同时也起到了美化商品的作用。

### 4. 包装要求

（1）蔬菜在包装容器内要有一定的排列形式，既可防止它们在容器内滚动和相互碰撞，又能使产品通风换气，并充分利用容器的空间。如番茄、辣椒用纸箱包装时，果实的排列方式有直线式和对角线式两种；用筐包装时，常采用同心圆式排列。马铃薯、洋葱、大蒜等常常采用散装方式。

（2）包装应在冷凉的条件下进行，避免风吹、日晒和雨淋。

（3）包装时应轻拿轻放，装量要适度，防止过满或过少而造成损伤。不耐压的蔬菜包装时，包装容器内应填加衬垫物，减少产品的摩擦和碰撞。易失水的产品应在包装容器内加衬塑料薄膜等。

（4）由于各种蔬菜抗机械伤的能力不同，为了避免上部产品将下面的产品压伤，下列蔬菜的最大装箱（筐）高度为：洋葱、马铃薯和甘蓝 100 厘米，胡萝卜 75 厘米，番茄 40 厘米，其他蔬菜参照有关要求。

（5）包装时剔除腐烂及受伤的产品。

（6）销售小包装应根据产品的特点，选择透明薄膜袋或带孔塑料袋包装，也可放在塑料托盘或泡沫托盘上，再用透明薄膜包裹。销售包装上应标明重量、品名、价格和日期。销售小包装应具有保鲜、美观、便于携带等特点。

# 第三节　蔬菜营销技术

蔬菜营销是蔬菜产业化中的一个重要环节，其最终目的是把所产的蔬菜销售出去，并获得较好的效益。蔬菜生产的效益必须通过营销才能得到实现。

## 一、蔬菜流通

蔬菜流通是指蔬菜产品从生产者经过中间商、市场、运输、贮存等环节到达消费者的过程。

## （一）流通在蔬菜产业中的地位与作用

**1. 增值**　从国外市场经济发达国家的情况看，农产品的最终销售值中，生产环节只占 25％，流通环节占 42％，加工环节占 33％。由此可以看出，蔬菜业的效益"大头"在产后且主要是在"流通"环节。

**2. 蔬菜流通将整合资源，促进全国蔬菜种植区域和结构的合理配置**　市场的功能之一就是配置资源，市场将通过利润的指针引领全国、甚至全球的蔬菜种植结构进行大调整，实现资源的最佳配置，以最低成本生产出最高质量和最低价格的产品。

**3.** 蔬菜流通将有效促进产品质量的提高，推动我国无公害蔬菜、绿色蔬菜、有机蔬菜的发展。

**4.** 蔬菜流通将加快我国蔬菜产业化的形成，增强国际竞争力。

## （二）蔬菜流通体系的组成

蔬菜流通体系主要由蔬菜生产者、批发市场、蔬菜运销组织、销售组织和消费者组成，见图 58。

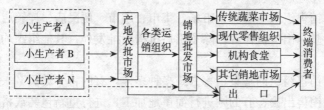

图 58　蔬菜流通体系结构示意图

**1. 蔬菜生产者**　提供蔬菜产品。目前，我国的蔬菜生产者主要是小规摸生产者，而以个体农户为主体，生产规模小，蔬菜品种类型多种多样，产品的质量也高低不齐，不利于蔬菜的流通。

**2. 批发市场** 批发市场是通过形成一个可供生产者共同享用的交易平台来促进交易的。批发市场具有容量大、交易灵活、加入成本低和进出自由等优点，是我国目前蔬菜流通的中心环节，是占主导地位的市场流通载体。

根据批发市场的规模与功能不同，一般分为大型多功能批发市场和一般批发市场。大型多功能批发市场，不但市场规模大，而且功能强，除把本地蔬菜销往外地外，还能够大量吞吐全国各地的蔬菜，成为全国的蔬菜集散中心、价格形成中心和信息传播中心。一般批发市场的规模小，功能也少，主要是销售本地蔬菜，并主要靠外地运销户前来收购并转销各地。

**3. 运销组织** 运销组织的主要作用是先把本地菜或外地转运来的菜收购起来，然后再转卖出去，起到"中转"作用，是蔬菜流通的主体。此外，运销组织又把市场上蔬菜的供需变化信息传回给生产者，指导生产者及时调整种植内容、改进生产技术，使产品适应市场的供需变化。

运销组织主要有各类蔬菜运销协会、运销公司、农村合作经济组织、民间运销组织、个体运销户等。

**4. 销售组织** 主要作用是将蔬菜卖到消费者的手中或完成出口任务。

销售组织主要有菜市场、集市、超市、便民店、连锁店、机构食堂、出口机构等。除了出口机构为批发外，其他组织均为零售形式。

销售组织的蔬菜销售方式多种多样，有的将"转买"来的菜直接销售出去；有的则进行简单地加工，进行重新包装或搭配后再销售出去；有的则进行深加工，将生菜加工成熟菜后再销售；也有的是将蔬菜先就地贮藏，根据市场的销售和价格变化情况，择机销售。

**5. 消费者** 消费者是蔬菜流通领域中的末端，消费者的消费水平高低、消费量的多少，直接影响到蔬菜流通的内容、流通

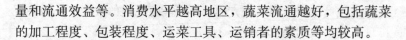

量和流通效益等。消费水平越高地区，蔬菜流通越好，包括蔬菜的加工程度、包装程度、运菜工具、运销者的素质等均较高。

## （三）蔬菜流通模式

**1. 根据有无中介主体参与分为以下两种模式**

（1）生产主体→消费主体 蔬菜产品直接由生产者销售给消费者，供需双方见面，没有中间环节，交易手段简单，交易费用低。该模式采取产品直销方式，为早期的市场流通模式，蔬菜流通范围小，并且因受产地的生产条件限制，蔬菜品种类型有限，属于"小生产、小流通"时代的流通模式。

（2）生产主体→中介主体（分销商等）→消费主体 蔬菜产品先销给中介主体，再由中介主体销售给消费主体。该模式中的蔬菜产品经由中介主体的一次或多次转销，蔬菜的流通范围增大，丰富了蔬菜市场的供应，满足了消费者对蔬菜需求的广泛性和多样性。但是，中介主体的参入又增加了蔬菜的交易费用，并且参入的中介主体越多，蔬菜的交易费用增加幅度越大，提高了蔬菜的最终销售价格，加重了消费者的负担。据调查，未经任何加工包装的蔬菜，从生产者经众多中间环节到消费者，其价格要增加 3～10 倍，极大地损害了消费者的利益。

该模式要求蔬菜产地有较大的蔬菜生产规模，是蔬菜生产和消费均达到一定水平后的高级流通模式，属于"大生产、大流通"时期的流通模式。

**2. 根据中介媒体类型分为以下两种模式**

（1）生产主体→市场→消费主体 蔬菜产品经过市场销售给消费主体，蔬菜流通时间长，有的蔬菜还需要经过多重中介组织，流通过程中的浪费较大，交易费用也比较高。另外，生产者与消费者往往不能直接见面，直接信息交流不足，一方面消费者的意见不能直接传达给生产者，生产者的生产盲目性较大；另一方面生产者与消费者间无法形成良好的互利和信任关系，生产者在改进生产技术提高品质方面也不可能有明显的改变，有的甚至出现重表损质的怪现象。

（2）生产主体→网络→消费主体　蔬菜产品不经过"现实市场"，而是通过"虚拟市场"（网络化市场）进行交流。该模式中，生产者与消费者可以直接交换信息，相互沟通，有利于生产的发展，增进消费者对生产者的信任；免除了"现实市场"、"中介组织"等的费用，减少了蔬菜浪费，蔬菜流通和交易费用更低；借助网络，世界上任何地方的买家和卖家，都能轻松达成交易，蔬菜流通范围更广，更有利于促进生产和流通的全球化。

# 二、蔬菜销售

## （一）蔬菜销售主体

蔬菜销售主体主要包括个体商贩、菜农、配菜中心以及各类蔬菜店等。

**1. 个体商贩**　个体商贩是我国蔬菜销售业的主要力量，主要集中于集市。个体商贩大多就地上货，就地销售，蔬菜鲜活，价格灵活，同时个体商贩分布广泛，也方便市民购菜。但由于缺乏有效地组织和管理，个体商贩中"缺斤短两，价格多变"等现象时有发生，往往给人一种"不放心、不踏实"的感觉。

个体商贩的存在有效地弥补了当前我国城市内国营和集体菜店数量少、分布不均匀的不足，为满足城市的蔬菜供应做出了很大的贡献。

**2. 菜农**　主要是一些城镇近郊的菜农，在生产之余，将所种的部分蔬菜直接拿到城镇市场销售。与个体商贩相比较，菜农由于是将所种蔬菜直接拿到市场销售，减少了中间交易费用，蔬菜价格一般较低，并且蔬菜的鲜活度也较好，"缺斤短两、欺骗消费者"等现象也比较轻。由于菜农要往返于市场与菜田之间，销菜时间短，加上受城市内小菜贩的排挤，在大、中城市中的数

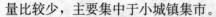

量比较少，主要集中于小城镇集市。

**3. 配菜中心**　配菜中心属于菜贩与菜店的中间类型。配菜中心一般位于蔬菜批发市场内，根据客户的要求，选购不同的蔬菜经过加工处理或包装后，销售给客户。配菜中心与客户间通常采取预约式销售方式，有的配菜中心还负责将配好的菜直接送到客户手中。服务对象主要有大的饭店、宾馆、个人（社区配菜中心）等。

我国配菜中心建立较晚，但由于配菜中心能够根据客户的需要定时、定量提供蔬菜，并且蔬菜质量有保证，服务周到，较受欢迎，特别是在一些大中城市发展较快。

**4. 蔬菜店**　包括各种性质的普通蔬菜零售店、蔬菜超市（包括兼营超市）、蔬菜连锁店、蔬菜直销店等。

（1）普通蔬菜零售店　经营的蔬菜种类比较多，蔬菜大多只进行简单处理，档次偏低，价格便宜，面向广大的低消费水平者。

（2）蔬菜超市　主要经营经过标准处理的小包装蔬菜，以细菜和特菜为主，蔬菜包装精细，档次较高，面向高档消费者。

（3）蔬菜连锁店　是指以消费者为中心通过统一商品、统一价格、统一服务，广泛布点，及时地最大限度满足顾客所需的蔬菜经销店。蔬菜连锁经营能够使消费者在不同的地方，以同样的价格购买到同样的产品。

连锁经营店以高服务质量、高信誉度和高质量的产品而深受消费者的欢迎，发展比较迅速。当前主要以经营高档蔬菜，如有机蔬菜、无公害蔬菜、特色蔬菜、注册蔬菜等为主。

（4）蔬菜直销店　主要由一些蔬菜生产基地在城市开设并经营。经营蔬菜由基地直接供应，没有了中间交易环节，蔬菜价格较低，同时直销店的蔬菜质量也有所保证。蔬菜直销店能够使基地生产的蔬菜直接面对消费者，不仅能够有效地防止其他人"假冒"，维护基地的形象，而且让利于消费者，较受生产者和消费者的欢迎，发展较快。

## （二）蔬菜的销售方式

1. 根据蔬菜销售有无中介以及中介的内容不同，分为直销、转销、拍卖、网络销售等。

（1）直销　蔬菜产品直接由生产者到达消费者，最常见的是菜农直接到集市上销售自己生产的蔬菜。另外，蔬菜直销店是由生产部门或地区的人员直接经营，也属于直销的范畴。

（2）转销　由菜贩、蔬菜商店、批发市场、配菜中心等将蔬菜集中到自己手中后，再零售给消费者或批发给其他蔬菜商。

（3）拍卖　蔬菜通过拍卖中介拍卖给中间商，交易蔬菜数量大，主要为批发。

（4）网络销售　蔬菜生产者与消费者通过网络进行交易信息交流，然后生产者按照消费者的要求将蔬菜送交消费者或消费者自己来取菜。

2. 根据蔬菜的销售形式不同，分为零售、套菜销售、配菜销售、包菜销售等。

（1）零售　经营者的蔬菜可由消费者自由挑选，蔬菜销售大多以重量为单位，没有规律性。

（2）套菜销售　根据客户的需要，将 10 种左右的蔬菜，每种蔬菜 1~1.5 千克左右，先进行小包装，再装入标准箱内，每箱 10~15 千克。蔬菜价格随市场行情而定，一般效益比单卖蔬菜要高 2~3 倍。

套菜内的蔬菜种类比较齐全，方便消费者，也适合节日前单位发放福利、个人馈赠亲友，多出现于春节、国庆节等重要节日期间，方便、美观，投入市场供不应求。

（3）配菜销售　蔬菜经营者根据消费者的要求，购进蔬菜，并按要求对蔬菜进行处理，然后按时送交客户。配菜销售完全按照客户的愿望进行搭配蔬菜，并对蔬菜进行处理，客户可以电话

预约也可以预交订单，客户的愿望容易得到满足，较受欢迎。

（4）包菜销售　蔬菜经营者与客户预先约定，某一个月或季度的全部蔬菜或某些蔬菜由约定的经销商负责供应。包菜销售可以免除客户对某些蔬菜货源不足的担心，经销商在此段时间内也有了固定的客户，属于"双赢"销售方式。该方式中，供需双方之间的供需关系必须建立在相互信任的基础之上，特别是蔬菜经销商要有良好的信誉度。

3. 根据蔬菜供需双方间有无约定，分为一般销售和约定销售两种方式。

（1）一般销售　蔬菜买卖双方间预先没有约定，主要为集市销售。该方式中，生产者不了解消费者的标准要求，消费者购菜也多带有盲目性，双方主要凭经验进行生产和购菜，均处于被动地位。

（2）约定销售　蔬菜买卖双方预先有供需约定，包括蔬菜的种类、质量标准、蔬菜的数量以及交货时间、交货方式等均有约定。约定方式有口头约定、电话约定、书面约定（订单、合同）等。

该销售方式中，生产者对生产内容与生产技术等有明确的针对性，对投资也有合理的预算，有利于提高产品质量；消费者对产品的质量有预见性，可以放心地购菜。因此，约定销售对买卖双方均有好处，发展速度较快。

# 第四章

# 蔬菜育苗技术

## 第一节　壮苗标准

### 一、壮苗指标

**1. 形态标准**　秧苗生长健壮，高度适中；大小整齐，茎秆粗壮，颜色深，节间短，既不徒长，也不老化；叶片大而厚，叶形和叶色正常，子叶完整，不过早脱落或变黄；根系发达，保护完整；果类蔬菜秧苗的花芽分化早，发育良好，但不现或少量现花蕾；叶菜类没有形成花芽或花芽分化晚；穴盘集约育苗以及外销苗的苗龄宜小，育苗钵育苗可适当大些。

**2. 生理标准**　根、茎、叶中含有丰富的营养物质，生理活性较强，对环境的适应性和抗逆性强，定植后缓苗快，生长旺盛，开花结果早，产量高。

### 二、主要蔬菜壮苗标准

#### (一) 黄瓜

**1. 普通黄瓜壮苗标准**　秧苗生长健壮，育苗钵育苗有 4～5 片真叶（穴盘集约育苗 3～4 叶），叶片较大，呈深绿色，子叶健全，厚实肥大；株高 15 厘米左右，下胚轴长度不超过 6 厘米，茎粗 5～6 毫米，能见雌瓜纽；根系发达、较密、白色，没有病虫害；生长势强，对不良环境条件有较强的适应性。

**2. 嫁接黄瓜壮苗标准**　嫁接口愈合正常；苗生长整齐，育苗钵育苗有 3～4 片真叶（穴盘集约插接育苗 2～3 叶），叶色正常，无病叶；无检疫性病虫害，无损伤；苗高 15～20 厘米，茎粗 0.4～0.6 厘米，嫁接口高度 6～8 厘米；砧木子叶、接穗子叶完好；根系完整量多，根色白；生长势强，对不良环境条件有较强的适应性。

### （二）番茄

**1. 普通番茄壮苗标准**　秧苗健壮，株顶平而不突出，高度 15 厘米左右；育苗钵育苗有 6～8 片叶（穴盘集约育苗 4 叶左右），叶片舒展，叶色深绿，表面茸毛多；子叶健全，完整；茎粗壮，横径 0.6～1 厘米，节间短，茸毛多；第一花序不现或少量现而未开放；根系发达，侧根数量多，呈白色，保护完整；无病虫害；生长势强，对不良环境条件有较强的适应性。

**2. 嫁接番茄壮苗标准**　嫁接苗嫁接接口处愈合良好，嫁接口高度 8～10 厘米；生长健壮、整齐；根系发达，保护完整；茎粗 0.6～0.8 厘米，节间短；育苗钵育苗有 5～6 片正常叶片（穴盘集约育苗 4～5 叶），砧木子叶健全，完整；无病虫害；生长势强，对不良环境条件有较强的适应性。

### （三）辣椒

秧苗植株挺拔健壮，株顶平而不突出；育苗钵育苗有 8～10 片正常叶（穴盘集约育苗 5～6 叶），叶片舒展，叶色绿，有光泽；子叶健全，完整；苗高 15～20 厘米，茎粗 0.4～0.5 厘米，节间较短；第一花序不现或少量现而未开放；根系发达，侧根数量多，保护完整；无病虫危害；生长势强，对不良环境条件有较强的适应性。

### （四）茄子

**1. 普通茄子壮苗标准**　秧苗挺拔健壮，株顶平而不突出；

具有 6～7 片正常叶（穴盘集约育苗 4 叶左右），叶片肥厚且舒展，叶色深绿带紫色，叶茸毛较多；子叶健全，完整；苗高 15 厘米左右；茎粗壮，茸毛较多，节间短，直径约 0.6～1 厘米；门茄花蕾不现或少量现而未开放；根系发达，侧根多，保护完整；无病虫症状。

**2. 嫁接茄子壮苗标准**　嫁接苗嫁接接口处愈合良好，嫁接口高度 8～10 厘米；生长健壮、整齐；砧木根系发达，保护完整；茎粗 0.6～1 厘米；育苗钵育苗有 6～7 片正常叶片（穴盘集约育苗 4 叶 1 心左右），砧木子叶健全，完整；无病虫害；生长势强，对不良环境条件有较强的适应性。

### （五）菜豆、豆角

育苗钵或穴盘育苗；秧苗生长健壮，具有 1～2 片真叶，叶片大，颜色深绿；子叶健全，完整；茎粗，节间短，苗高 5～8 厘米；根系发达，保护完整；无病虫害；生长势强，对不良环境条件有较强的适应性。

### （六）甘蓝、花椰菜

育苗钵或穴盘育苗；秧苗生长健壮，具有 6～8 片叶，叶色深绿，叶丛紧凑，节间短；子叶健全，完整；根系发达，保护完整；无病虫害；生长势强，对不良环境条件有较强的适应性。

# 第二节　种子选择与处理

## 一、蔬菜种子的类型

我们常说的蔬菜种子包括植物学上的种子、果实、营养器官以及菌丝体。

常见的蔬菜种子大多属于植物学上的种子，如十字花科、茄科、葫芦科、豆科等。少数蔬菜的种子属于植物学上的果实，如伞形科、黎科、菊科中的部分蔬菜。薯芋类蔬菜、水生蔬菜以及大蒜等属于营养体繁殖的蔬菜。食用菌类则主要用菌丝组织进行生产。

# 二、蔬菜种植的质量要求

## （一）种子质量标准

蔬菜种子质量应符合国家标准 GB 16715 中规定的质量标准，各项指标应不低于规定的最低标准。主要蔬菜种子质量国家规定标准见表 31。

表 31　瓜菜作物种子质量标准（引自 GB 167151～167155－2010）

| 作物种类 | 种类类别 | | 品种纯度不低于（%） | 净度不低于（%） | 发芽率不低于（%） | 水分不高于（%） |
|---|---|---|---|---|---|---|
| 结球白菜 | 常规种 | 原种 | 99.0 | 98.0 | 85 | 7.0 |
| | | 大田用种 | 96.0 | | | |
| | 杂交种 | 大田用种 | 96.0 | 98.0 | 85 | 7.0 |
| 茄子 | 常规种 | 原种 | 99.0 | 98.0 | 75 | 8.0 |
| | | 大田用种 | 96.0 | | | |
| | 杂交种 | 大田用种 | 96.0 | 98.0 | 85 | 8.0 |
| 辣椒 | 常规种 | 原种 | 99.0 | 98.0 | 80 | 7.0 |
| | | 大田用种 | 95.0 | | | |
| | 杂交种 | 大田用种 | 95.0 | 98.0 | 85 | 7.0 |
| 番茄 | 常规种 | 原种 | 99.0 | 98.0 | 85 | 7.0 |
| | | 大田用种 | 95.0 | | | |
| | 杂交种 | 大田用种 | 96.0 | 98.0 | 85 | 7.0 |
| 结球甘蓝 | 常规种 | 原种 | 99.0 | 99.0 | 85 | 7.0 |
| | | 大田用种 | 96.0 | | | |
| | 杂交种 | 大田用种 | 96.0 | 99.0 | 80 | 7.0 |

（续）

| 作物种类 | 种类类别 | | 品种纯度不低于(%) | 净度不低于(%) | 发芽率不低于(%) | 水分不高于(%) |
|---|---|---|---|---|---|---|
| 球茎白菜 | 原种 | | 98.0 | 99.0 | 85 | 7.0 |
| | 大田用种 | | 95.0 | | | |
| 花椰菜 | 原种 | | 99.0 | 98.0 | 85 | 7.0 |
| | 大田用种 | | 96.0 | | | |
| 芹菜 | 原种 | | 99.0 | 95.0 | 70 | 8.0 |
| | 大田用种 | | 93.0 | | | |
| 菠菜 | 原种 | | 99.0 | 97.0 | 70 | 10.0 |
| | 大田用种 | | 95.0 | | | |
| 莴苣 | 原种 | | 99.0 | 98.0 | 80 | 7.0 |
| | 大田用种 | | 95.0 | | | |
| | 二倍体杂交种 | 大田用种 | 95.0 | 99.0 | 90 | 8.0 |
| | 三倍体杂交种 | 大田用种 | 95.0 | 99.0 | 75 | 8.0 |
| 甜瓜 | 常规种 | 原种 | 98.0 | 99.0 | 90 | 8.0 |
| | | 大田用种 | 95.0 | | 85 | |
| | 杂交种 | 大田用种 | 95.0 | 99.0 | 85 | 8.0 |
| 哈密瓜 | 常规种 | 原种 | 98.0 | 99.0 | 90 | 7.0 |
| | | 大田用种 | 90.0 | 99.0 | 85 | |
| | 杂交种 | 大田用种 | 95.0 | 99.0 | 85 | 7.0 |
| 冬瓜 | 原种 | | 98.0 | 99.0 | 70 | 9.0 |
| | 大田用种 | | 96.0 | | 60 | |
| 黄瓜 | 常规种 | 原种 | 98.0 | 99.0 | 90 | 8.0 |
| | | 大田用种 | 95.0 | | | |
| | 杂交种 | 大田用种 | 95.0 | 99.0 | 90 | 8.0 |

## （二）蔬菜育苗对种植的要求

**1. 种子要新**  要选用有效使用时间内的种子，有些蔬菜如葱、韭菜、香椿等必须使用当年的新种子。主要蔬菜种子的有效使用年限见表 32。

表 32　主要蔬菜种子的有效使用年限 *

| 蔬菜名称 | 有效使用年限 | 蔬菜名称 | 有效使用年限 |
|---|---|---|---|
| 大 白 菜 | 1~2 | 蕃 茄 | 2~3 |
| 结球甘蓝 | 1~2 | 辣 椒 | 2~3 |
| 球茎甘蓝 | 1~2 | 茄 子 | 2~3 |
| 花 椰 菜 | 1~2 | 黄 瓜 | 2~3 |
| 芥 菜 | 2 | 南 瓜 | 2~3 |
| 萝 卜 | 1~2 | 冬 瓜 | 1~2 |
| 芜 菁 | 1~2 | 瓠 瓜 | 1~2 |
| 根 芥 菜 | 1~2 | 丝 瓜 | 2~3 |
| 菠 菜 | 1~2 | 西 瓜 | 2~3 |
| 芹 菜 | 2~3 | 甜 瓜 | 2~3 |
| 胡 萝 卜 | 1~2 | 菜 豆 | 1~2 |
| 莴 苣 | 2~3 | 豇 豆 | 1~2 |
| 洋 葱 | 1 | 豌 豆 | 1~2 |
| 韭 菜 | 1 | 蚕 豆 | 2 |
| 大 葱 | 1 | 扁 豆 | 2 |

说明：有效使用年限是指种子收获后的有效时间年段，如芹菜种子有效使用年限为 2~3 年，表示有效使用年段为第 2~3 年的种子，第一年的种子使用效果不佳。

**2. 种子饱满度要高**　饱满度也就是种子的饱满程度。一般用千粒重来表示，即 1000 粒种子的质量（克）。饱满种子发育充分，所含营养充足，胚的发育也好，出芽时种芽粗大，有利于培育壮苗。

**3. 种子纯度要高**　纯度是指品种在特征特性方面一致的程度，用本品种的种子数占供检本作物样品种子数的百分率表示。

**4. 种子要完整**　破损的种子失去种皮保护，种胚容易受到机械伤害，也容易感染病菌等，不能用于生产。

**5. 种子不带病菌**　蔬菜种子上能携带多种植物病菌，引起苗期发病。因此，优良的种子不得带有植物病菌，对可能带有病菌的种子播种前需要做消毒处理。

**6. 种子发芽质量好** 要求种子发芽率高，发芽快，发芽整齐度高。

## 三、蔬菜种子质量的鉴定

蔬菜种子质量主要以纯度、净度、发芽率、水分含量四大指标评判，以纯度、净度、发芽率为分级依据。此外，还可根据颜色、饱满情况、气味等感观，直接、快速地判断种子质量的好坏。

### (一) 形态鉴别

**1. 颜色** 种子表皮的颜色多种多样，一般好的种子还具有光泽。种色灰暗多为陈种子或保管不良受潮了的种子，种色过浅多为成熟度较差的秕种子，种色发黑多为病果或烂果内的种子。颜色的检验最好在黑色盘上，避免在强光或光线过弱处进行检验。

**2. 饱满度** 饱满的种子为优良的种子。结果后期的果或发育较差的果，种子发育不良，饱满度多较差。种子的饱满程度可用千粒重来衡量，如一般普通茄子种子的千粒重为 4~5 克，千粒重小于 3 克多为饱满度差的种子。

**3. 整齐度** 即种子纯度，指品种的植物学和生物学典型性状的一致性程度。种子的大小和颜色的整齐度越高，种子的纯度和质量也就越好。种子的颜色混杂，说明种子的纯度差。种子间的大小差异较大，说明种株结果不良或者是果实收获后没有剔除结果较晚、成熟不良或因遭受病害而发育不良或因其他原因而提早成熟的果实，好坏果混杂进行取种。

**4. 气味** 如果种子带有异味、霉味或味淡，表示种子质量不好。气味的检验可将种子放在手中口呵气后，用鼻子闻味或将种子放在 60℃~70℃ 温水中加盖浸泡 2~3 分钟后闻味，新鲜、优良的种子应具有该类种子特有的清香味，如辣椒种辣味浓、番茄有腐败番茄味、白菜等十字花科种子有清香气味、芹菜种子辛香味浓、葱蒜类种子有香味。发过芽的、被虫侵害过的、发过霉的种子有酒味或霉味。

**5. 净度**　种子的净度一般用去掉杂物以及废种子重量后的本作物种子重占供检测种子总重的百分率来表示，优良种子的纯度应不低于98％。种子的净度越高，质量越好。

**6. 纯度**　蔬菜种子纯度是指品种在特征特性方面典型一致的程度，用本品种的种子数占供检本作物样品种子数的百分率表示。种子的纯度越高，种子质量越好。种子纯度检测的依据是国家标准《中华人民共和国国家标准农作物种子检验规程真实性和品种纯度鉴定》（GB/T 3543.5－1995）。

蔬菜种子纯度的检测范围包括种子检测、幼苗检测、田间种植检测等。

种子检测主要采用种子形态检测法、种子染色法、种子荧光法、电泳法等，对种子的真实性和纯度进行鉴定；幼苗检测主要是根据幼苗的下胚轴颜色、叶色、叶片卷曲程度和子叶等形状对取样的真实性和纯度进行鉴定；田间小区种植检测法除了对幼苗进行鉴定外，还能对成熟期（常规种）、花期（杂交种）和食用器官成熟期的品种特征特性进行鉴定。

## （二）发芽鉴定

一般检测种子的发芽率和发芽势。发芽率是指种子发芽终止在规定时间内的全部正常发芽种子粒数占供检种子粒数的百分率。种子发芽势是指发芽试验初期，在规定的日期内正常发芽的种子数占供试种子数的百分率。种子发芽势高，表示种子生活力强，发芽整齐，出苗一致。一般农户购买价贵、数量多的种子时，均宜进行发芽鉴定，有条件的可在恒温箱内催芽，无条件的可用热水瓶保温简易发芽法、随身体温发芽法等做发芽能力鉴别根据国家标准《农作物种子检验规程 发芽试验》（GB/T 3543.4—1995），种子发芽检测一般采用纸床或沙床。具体做法是：

用经过净度测定的干净种子，以十字形划分法取得平均样本。再从平均样本中随机取出 2～4 份样本，较大粒种子每份取 50 粒，较小粒种子每份取 100 粒。再根据种子大小、种子吸水难易及需水量的不同，选用清洁的滤纸、纱布或细沙，铺放在清洁的培养皿、搪瓷盘等容器中，作为发芽床。播种后，在发芽床上贴上标签，注明品种名称、重复次数、日期等。然后按种子发芽所需的温度、光线放在适宜的温室或温箱中进行发芽。在种子发芽过程中，每天检查温度和发芽的种子数，用镊子取出已发芽的种子并记录数量。需光种子的发芽床白天应放在亮处。发现腐败种子应随时拣出，并登记。发现种皮上生霉种子，应拣出洗净杀菌后再放回发芽床。发芽期间要注意通气。试验结束后，按照以下公式分别计算出种子的发芽率和发芽势。

种子发芽率（％）＝ 整个发芽期内的全部正常发芽种子粒数÷供检种子粒数×100％

种子发芽势（％）＝ 初次计数天数内的全部正常发芽种子粒数÷供检种子粒数×100％

主要蔬菜发芽实验需要的温度和时间见表 33。

表 33　主要蔬菜发芽实验需要的温度和时间（摘自 GB/T 3543.4—1995）

| 蔬菜 | 温度*（℃） | 初次计数天数（天） | 末次计数天数（天） | 蔬菜 | 温度*（℃） | 初次计数天数（天） | 末次计数天数（天） |
|---|---|---|---|---|---|---|---|
| 洋葱 | 20；15 | 6 | 12 | 甜瓜 | 20～30；25 | 4 | 8 |
| 葱 | 20；15 | 6 | 12 | 黄瓜 | 20～30；25 | 4 | 8 |
| 韭菜 | 20；15 | 6 | 14 | 南瓜 | 20～30；25 | 4 | 8 |
| 结球甘蓝 | 15～25；20 | 5 | 10 | 胡萝卜 | 20～30；20 | 7 | 14 |

（续）

| 蔬菜 | 温度*（℃） | 初次计数天数（天） | 末次计数天数（天） | 蔬菜 | 温度*（℃） | 初次计数天数（天） | 末次计数天数（天） |
|------|-----------|--------------------|--------------------|------|-----------|--------------------|--------------------|
| 花椰菜 | 15～25；20 | 5 | 10 | 番茄 | 20～30；25 | 5 | 14 |
| 大白菜 | 15～25；20 | 5 | 7 | 茄子 | 20～30；30 | 5 | 14 |
| 辣椒 | 20～30；30 | 7 | 14 | 萝卜 | 20～30；20 | 4 | 14 |
| 西瓜 | 20～30；30；25 | 5 | 14 | 甜椒 | 20～30；30 | 7 | 14 |

温度说明：20；15 表示在 20℃ 或 15℃ 的恒温下进行试验；15～25；20 表示在 15～25℃ 的变温下或 20℃ 的恒温下进行试验。

## （三）新陈种子鉴定

新种子凡指有效使用年限内的种子，不专指当年生产的种子。陈种子凡指超过有效使用年限的种子。

蔬菜新种子的生活力强，播种后发芽快，幼苗生长旺盛，易获高产。陈种子为存放时间过长的种子，因受存放环境的影响，陈种子的发芽势和幼苗的生长势等均较差，不适合播种生产。新陈种子可以通过看、闻、搓、浸四种方法来检验。

看：观察种子的颜色、亮度、鲜艳度等。一般新种子色泽鲜艳、种皮光滑发亮；陈种子种皮色暗，无光泽。

闻：闻种子的气味。一般新种子气味清香；陈种子有不同程度的霉味。

搓：将种子用手搓。新种子不易破裂；陈种子容易脱皮和开裂。

浸：用水浸泡种子。新种子的浸种水色浅、较清；陈种子的浸种水色深、浑浊。

常见蔬菜的新陈种子比较见表34。

## 表34  常见蔬菜的新陈种子比较

| 蔬菜名称 | 新种子 | 陈种子 |
| --- | --- | --- |
| 大白菜 | 表皮呈铁锈色或红褐色，成熟种为金红色，表皮光滑新鲜，胚芽处略凹，用指甲压开，子叶为米黄色或黄绿色，油脂较多，表皮不易破裂。 | 表皮呈暗铁锈色或深褐色，发暗，无光泽，常有一层"白霜"，用指甲压开，子叶为橙黄色，表皮碎裂成小块。 |
| 甘蓝 | 表皮枣红色或褐红色，有光泽，种子大而圆，用指甲压开，饱满种子子叶为米黄色，欠熟种子子叶为黄绿色，压破后种皮与子叶相连，不易破裂，油脂多。 | 表皮铁锈色或褐红色，发暗，无光泽，种子皱小而欠圆，用指甲压开，子叶为橙黄色，略发白，压破后子叶与种皮各自破裂成小块。 |
| 黄瓜 | 表皮为乳白色或白色，有光泽，端部毛刺较尖，将手伸进种子袋内拔出时，往往挂有大量种子；种皮较韧，剥开时片与片可连，种仁放在纸上一压成泥状，纸被油脂印染变色。 | 表皮无光泽，有黄斑，端部毛刺较钝，将手伸进种子袋内拔出时，种子很少挂手；种皮较脆，剥时不易相连，种仁放在纸上一压成片状，纸不易被油脂印染变色。 |
| 番茄 | 种毛整齐、斜生，长而细软，用手搓，无刺手心感，种毛不易被搓掉；切开种子，种仁易挤出，呈乳白色，用指甲压种仁成泥状，油脂可印染纸。 | 用手搓，手心有刺痛感，种毛易被搓掉或搓乱；切开种子，种仁不易挤出，挤出后呈黄白色，用指甲压种仁成片状，油脂少，不易染纸。 |
| 茄子 | 表皮橙黄色或接近人体肤色，边缘略带黄色，用门齿咬时易滑落，用手扭时有韧性，破处卷曲，子叶与种皮不易脱开。 | 表皮无光泽.呈浅橙黄色，边缘与中心色泽一致，用门齿咬时易被咬住，用手扭时无韧性，破处整齐，子叶与种皮可脱开，皮较脆。 |
| 辣椒 | 表皮呈深米黄色，脐部橙黄色，有光泽，牙咬柔软不易被切断，辣味较大。 | 表皮呈浅米黄色，脐部浅橙黄色或无橙黄色，无光泽.牙咬硬而脆，易被切断，辣味小或无辣味。 |

(续)

| 蔬菜名称 | 新种子 | 陈种子 |
|---|---|---|
| 萝卜 | 表皮光滑，湿润，呈浅铁锈色或棕褐色，表皮无皱纹或很少皱纹，子叶高大凸出，胚芽深凹。用指甲挤压易压成饼状，油脂多，子叶为深米黄色或黄绿色。 | 表皮发暗无光泽，干燥，呈深铁锈色或深棕褐色，表皮皱纹细而明显，用指甲挤压不易破，油脂少，子叶为白黄色。 |
| 胡萝卜 | 种仁白色，有辛香味。 | 种仁黄色至深黄色，无辛香味。 |
| 西葫芦 | 表皮乳白色，有光泽，外缘光滑柔软，种子放平用2指紧捏，种仁与种皮不易脱开，种仁衣呈干草绿色。 | 表皮白色无光泽，外缘不光滑，硬而脆，种皮易破，种子放平用2指紧捏，种仁与种皮易脱离，种仁衣呈浅草绿色。种仁黄白色。 |
| 菜豆 | 表皮光亮，脐白色，子叶白黄色，子叶与种皮紧密相连，从高处落地时声音实。 | 表皮深暗无光泽，脐色发暗，子叶深黄色或土黄色，且易与种皮剥离，从高处落地时声音发空。 |
| 菠菜 | 表皮黄绿色，坚韧有光泽，有清香味，内含淀粉为白色。 | 表皮土黄色或灰黄色，有霉味，种皮脆无光泽，内含淀粉为浅灰色至灰色。 |
| 芹菜 | 表皮土黄色稍带绿，辛香味很浓。 | 表皮为土黄色：辛香味淡。 |
| 葱蒜类 | 表面皱褶，有光泽，种脐上有一个明显的小白点，具有该品种原有的腥味。 | 表皮黑色发暗，胚乳发黄。其中韭菜，新种子表皮褶皱而富光泽，种皮有白点，色泽鲜明，有韭菜所固有的香味；陈种子表皮失去光泽，种皮外部附有一层"白霉"，种皮由白变黄色。 |
| 芫荽 | 种子气味浓。 | 种子气味变淡。 |
| 芹菜 | 表皮土黄色稍带绿，辛香气味较浓。 | 表皮为深土黄色，辛香气味较淡。 |

# 四、种子播种前处理

## （一）选种

剔除杂物以及颜色、形状有异的种子，破碎的种子以及发霉、畸形、变色、小粒的种子也应剔掉。

## （二）晒种

晒种能够提高种温，降低含水量，增强种子的吸水能力，提高发芽势。另外，对一些新种子进行晒种，还能够促进后熟，提高发芽率。一般晒种 1～2 天。

播种前把种子置于太阳下晾晒，一是利用太阳光中的紫外线灭杀掉种子上所带的部分病菌，减少苗期病害；二是提高种子的体温，促进种子内的营养物质转化，增强种子的发芽势；三是减少种子的含水量，增强种子的吸水能力，缩短浸种需要的时间。

晒种时要注意以下几点：

1. 高温期晒种不要把种子放于阳光下曝晒，以免种子体温过高或种子失水过快，伤害种胚，使种子失去发芽能力或形成畸形苗。

2. 夏季晒种应在中等光照下进行，并且把种子放到纸上或布上晾晒，不要直接放到水泥地或石板等吸热快，升温快的物体表面晒种，避免烫伤种子。

3. 晒种的时间不宜过长。晒种时间过长，种子容易因失水过多、含水量偏低，而导致种胚和子叶变形，长成畸形苗。一般视晒种时的温度高低和光照强弱不同，晒种 1～2 天为宜。

4. 要选无风天晒种。蔬菜种子多较小，有风天晒种时容易被风吹散。

## （三）浸种催芽

浸种催芽的主要目的是缩短种子的出苗时间，减少出苗对种子的营养消耗，使出土后的蔬菜苗获得较多的母体营养供应，提高种子的出苗率和成苗率。另外，浸种催芽后播种，也能够通过缩短够种子的出苗时间，减少烂种。

**1. 浸种** 浸种是将种子投入根据浸种的水温以及作用不同，通常分为一般浸种、温汤浸种和热水烫种三种方法。

（1）浸种方法

一般浸种：用温度与种子发芽适温相同的水浸泡种子即为一般浸种，也叫温水浸种。视种子类型不同，浸种水温 20～30℃不等。一般浸种法对种子只起供水作用，无灭菌和促进种子吸水作用，适用于种皮薄、吸水快的种子。

温汤浸种：先用温水泡湿种子，再用 55～60℃ 的温汤浸种10～15 分钟，之后加入凉水，降低温度转入一般浸种。由于55℃是大多数病菌的致死温度，10 分钟是在致死温度下的致死时间，因此，温汤浸种对种子具有灭菌作用，但促进吸水效果仍不明显，适用于种皮较薄、吸水快的种子。

热水烫种：将充分干燥的种子投入 75～85℃ 的热水中，快速烫种 3～4 秒，之后加入凉水，降低温度，转入温汤浸种，或直接转入一般浸种。该浸种法通过热水烫种，使干燥的种皮产生裂缝，有利于水分进入种子，因此促进种子吸水效果比较明显，适用于种皮厚，吸水困难的种子，如西瓜、冬瓜、丝瓜、苦瓜等。种皮薄的种子不宜采用此法，避免烫伤种胚。

（2）确定浸种时间 蔬菜间因种子大小、种皮厚度、种子结构等的不同，浸种需要的时间也不相同，应根据种子的类型确定浸种时间。主要蔬菜的适宜浸种水温与时间见表 35。

**表 35 主要蔬菜浸种的适宜温度与时间**

| 蔬菜 | 温度（℃） | 时间（小时） | 蔬菜 | 温度（℃） | 时间（小时） |
|------|-----------|--------------|------|-----------|--------------|
| 黄瓜 | 25～30 | 8～12 | 冬瓜 | 25～30 | 12＋12* |
| 西葫芦 | 25～30 | 8～12 | 甘蓝 | 20 | 3～4 |

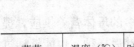
（续）

| 蔬菜 | 温度（℃） | 时间（小时） | 蔬菜 | 温度（℃） | 时间（小时） |
|------|-----------|--------------|------|-----------|--------------|
| 番茄 | 25～30 | 10～12 | 芹菜 | 20 | 24 |
| 茄子 | 30 | 20～24 | 花椰菜 | 20 | 3～4 |
| 辣椒 | 25～30 | 10～12 | | | |

* 第一次浸种后晾 10～12 小时再浸第二次。

（3）蔬菜水浸种应注意事项

①要用洁净的种子　浸种种子上的残留物对种子吸水有妨碍作用，要把种子充分淘洗干净，除去果肉物质后再浸种。

②保持水质清洁　浸种一段时间后，水中的有害物质浓度提高，同时含氧量降低，容易引起烂种。所以，浸种过程中要勤换水，保持水质清新，一般每 12 小时换一次水为宜。

③浸种水量要适宜　浸种水量过多，容易引起种子内的营养物质大量外渗，削弱种子的生长势，水量过少，浸种水的浓度容易偏高，特别是有害物质的浓度容易偏高。适宜的浸种水量为种子量的 5～6 倍。

④浸种时间要适宜　浸种时间过短，种子吸水不足，达不到浸种的目的，浸种时间过长，种胚中的营养物质外渗过多，能够引起种胚生长势下降。对一些需要长时间浸种的蔬菜，应采取间歇浸种法，先浸种一段时间，捞出种子晾一段时间后，再继续浸种。

**2. 催芽**　催芽是将已吸足水的种子，置于黑暗或弱光环境里，并给予适宜温度、湿度和氧气条件，促使其迅速发芽。种子催芽处理是在人工创造的环境条件下进行的，环境适宜，有利于种子萌动、出芽，不仅种子出芽快，出芽整齐，而且还能够明显缩短播种后的出苗时间，有利于一播全苗。

蔬菜种子催芽的基本程序如下：

（1）确定催芽方法　种子量少时，可将浸种后的种子，先沥去或凉去种皮上多余的水，使种皮成湿润状，然后用热水烫过的纱布将种子包裹起来，置于适宜的温度、湿度和弱光条件下进行催芽；种子量大时，应把种子放入通气性良好的编制袋中进行催芽；对一些催芽时间较长的蔬菜（如香椿），还可以采取拌沙法，将种子与一定比例的细纱拌匀后堆放起来，上盖纱布或遮阳网等进行催芽。

（2）确定催芽时间　主要蔬菜的催芽适温和时间见表36。

表36　主要蔬菜催芽的适宜温度与时间

| 蔬菜 | 温度（℃） | 时间（天） | 蔬菜 | 温度（℃） | 时间（天） |
|---|---|---|---|---|---|
| 黄瓜 | 25～30 | 1～1.5 | 冬瓜 | 28～30 | 3～4 |
| 西葫芦 | 25～30 | 2 | 甘蓝 | 18～20 | 1.5 |
| 番茄 | 25～28 | 2～3 | 芹菜 | 20～22 | 2～3 |
| 茄子 | 28～30 | 6～7 | 花椰菜 | 18～20 | 1.5 |
| 辣椒 | 25～30 | 4～5 | | | |

（3）催芽管理　催芽期间，一般每4～5小时上、下翻动种子包一次，使包内种子交换位置。每天用清水淘洗一次种子，除去种皮上的粘液，并对种子补充水分。当大部分种子露白时，停止催芽，准备播种。若遇恶劣天气不能及时播种时，应将种子放在5℃～10℃低温环境下，保湿待播。

（4）低温催芽处理　该处理是将萌动的种子放到0℃环境中冷冻12～18小时，然后用凉水缓冻，置于18～22℃条件下处理6～12小时，最后放到适温条件下催芽。锻炼过程中要保持种子湿润，变温要缓慢。经锻炼后，胚芽原生质黏性增强，糖分增高，对低温的适应性增强，幼苗的抗寒力增强，适用于瓜类和茄果类的种子。

（5）变温催芽处理　该处理在催芽过程中，每天给予12～18小时的高温（28～30℃）和12～6小时的低温（16～18℃）交替处理，直至出芽。采用变温催芽处理有利于提高幼苗的抗寒性和提高种子的发芽整齐度。

（6）营养液浸种　蔬菜营养液浸种主要是用微量元素溶液浸种，用营养液代替水浸种，在对种子提供水的同时，也为种子补充微量元素，促进种子内一些酶的活动，增强种子的呼吸作用及其它生理活性，从而促进秧苗的生长发育。

常用的微量元素有硼酸、硫酸锰、硫酸锌、钼酸铵等，用单一元素或将几种元素混合进行浸种，营养液的浓度一般为0.01％～0.1％，浸种时间同温水浸种。浸种结束后，再进行催芽处理。

## （四）种子消毒

主要对种子上携带的病菌及虫卵等进行灭杀，避免或减少苗期病虫危害。种子消毒目前主要采取的是药剂消毒和高温灭菌两种方法。

蔬菜种子消毒的方法主要有：

**1. 高温灭菌**　结合浸种，利用55℃以上的热水进行烫种，杀死种子表面和内部的病菌。或将干燥（含水量低于2.5％）的种子置于60℃～80℃的高温下处理几小时，杀死种子内外的病原菌和病毒。

**2. 药剂浸种**　该法是把农药配成一定浓度的药液，当种子浸入药液后，药液便进入种子内，对种子的表皮及内部组织进行消毒。该法消毒快，也较为彻底，是目前应用最为普遍的种子消毒法。常用浸种药液有800倍的50％多菌灵溶液、800倍的托布津溶液、100倍的福尔马林溶液、10％的磷酸三钠溶液、1％的硫酸铜溶液、0.1％的高锰酸钾溶液等。

药剂浸种法消毒应注意以下几点：

第一，消毒前应先用温水把种子浸泡湿，使种子上的病菌吸水后，由不活跃状态变为活跃状态，而易于被消灭。一般在种子水浸种结束后再进行药剂浸种消毒处理的效果比较好。

第二，药液的浓度要适宜。浓度偏高时容易"烧伤"种子，也浪费农药；浓度偏低时，消毒的效果不理想。适宜的浸种药液浓度为叶面喷药浓度的 1～1.5 倍或按使用说明书上的要求浓度来浸种。

第三，浸种消毒的时间要适宜。用高浓度的药剂浸种，浸种的时间应短，通常不超过 30 分钟；用低浓度的药剂浸种，为确保浸种灭菌的效果，浸种的时间应长一些，视具体的药剂浓度不同，浸种时间从 40 分钟到 1～2 小时不等。

第四，用高浓度的药剂或用腐蚀性较强的药剂浸种结束后，要立即用清水将种子反复淘洗几遍，洗去种子上残留的药剂，避免将来种子出芽后，残留的药剂"烧伤"种芽。

**3. 药剂拌种法**　药剂拌种法是用较高浓度的药剂与干燥的种子进行混拌或者是用药粉与浸种后的湿种子进行混拌，将药剂或药粉均匀地粘附到种子的表面上。

该消毒法不仅对种子本身具有消毒作用，而且播种后，对种子周围的土壤病菌也有较好的灭杀作用，药效较长。另外，该法对干种子处理的时间也较为灵活，可于种子采收后也可于种子贮藏期间或播种前进行拌种，较适合对大批量的种子进行处理，处理时间短，效率比较高。该处理法的主要缺点是不能对种子内部进行消毒，消毒的效果较差，处理了的种子播种前也不适合进行水浸种和催芽。

用药剂拌种法处理种子应注意以下几点：

第一，用药量与种子量的比例要得当。用药粉拌种时，药粉的重量应为干种子重量的 0.4%～0.5%；用药剂拌种时，用药量一般为干种子重的 2%左右。

第二，拌药要均匀，要使药剂或药粉均匀地粘附到种子的表面。

第三，要注意用药安全。由于拌种法所用的农药浓度比较高，对人身的危害也较大，容易造成人身中毒，因此在具体的操作过程中，要注意用药安全。

### （五）种子激素处理

激素处理的主要目的是打破种子休眠，提高种子的发芽率，缩短发芽时间，并使种子出芽整齐。目前所用的激素主要是赤霉素。

蔬菜激素浸种也即用植物生长调节剂进行浸种。

激素浸种的主要作用：一是打破种子休眠，提高种子的发芽率，如马铃薯切块用 0.5～5 毫克/千克浓度的赤霉素药浸泡 10～15 分钟，或者用 5～15 毫克/千克浓度的赤霉素药液浸泡整薯 30 分钟，可解除马铃薯块茎休眠期；二是促进种子发芽，特别是提高高温期种子的发芽势和发芽率，如用 100 毫克/千克激动素溶液或 500 毫克/千克乙烯利溶液浸泡莴苣种子，可促进种子在高温季节发芽，用 100 毫克/千克吲哚乙酸（IAA）浸种大白菜，能够提高夏季大白菜的出苗率和成苗率；三是防止幼苗徒长，培育壮苗，如用 20 毫克/千克烯效唑浸种黄瓜、番茄 5 小时，可以使黄瓜、番茄幼苗高度分别降低 29.9％ 和 44.2％。

### （六）种子的渗透剂处理

蔬菜种子渗透剂处理是将种子用高渗溶液浸泡处理，通过调节吸水进程，达到促进种子萌发、齐苗以及增强幼苗生长势的效果。

目前常用的渗透剂是聚乙二醇（PEG）和交联型聚丙烯酸钠（SPP）。聚乙二醇为一高分子惰性物质，有不同分子量类型，处理蔬菜种子多以 20％～30％聚乙二醇 6000 溶液浸种，温度 10～15℃为宜。在渗透液中加入赤霉素、激动素等可提高渗调效果。由于 PEG、SPP 价格较高，目前仅用于小粒种子与名贵蔬菜种子的播前处理。

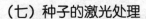

### (七) 种子的激光处理

种子激光处理是将种子通过激光照射，将适宜的光子摄入细胞，增加细胞生物能，促进种子发芽，提高光合作用，缩短成熟期，增强抗病性。如用氦—镉激光连续光束在 10 瓦/平方厘米功率下照射种子 2 小时，中间间歇 3 小时，再用激光连续以同样方式照射 2 小时后，胡萝卜、甜瓜产量分别提高 10% 与 20%，甜瓜成熟期提早 15 天，而且糖、维生素 C 含量显著提高。

### (八) 种子的静电处理

静电处理是将种子通过静电场，种子在静电场中可被极化，电荷水平提高，从而提高种子内部脱氢酶、淀粉酶、酸性磷酸酶、过氧化氢酶等多种酶的活性。目前已研制出静电种子处理机。通常剂量为：场强 50～250 千伏/米，处理 1～5 分钟，能显著提高种子发芽率，如陈冬瓜种子发芽率可由 8% 提高到 56%。还可改善蔬菜品质，提高干物质含量，如黄瓜含糖量、维生素 C、无机物含量分别提高 5%、2%、4%，产量亦有明显提高。

### (九) 种子的磁化处理

磁化处理即将种子倒入种子磁化机内，在一定磁场强度中以自由落体速度通过磁场而被磁化。由于微弱磁场可促进种子酶活化，从而提高发芽势、秧苗吸水吸肥能力与光合能力。蔬菜种子处理的适宜场强为 1000～4000GS。西瓜、冬瓜大粒种子需连续处理 3 次，而白菜、茄果类蔬菜种子处理 2 次即可。磁化后须立即播种，有效时间不超过 24 小时。种子处理后，苗齐苗壮，茎粗根深，提早成熟，而且增产 10%～35%。

# 五、包衣种子应用

种子包衣是指利用粘着剂或成膜剂，用特定的种子包衣机，将杀菌剂、杀虫剂、微肥、植物生长调节剂、着色剂或填充剂等非种子材料，包裹在种子外面，以达到种子成球形或者基本保持原有形状，提高抗逆性、抗病性，加快发芽，促进成苗，增加产量，提高质量的一项种子技术。种衣剂能迅速固化成膜，因而不易脱落。

用种衣剂包过的种子播种后，能迅速吸水膨胀。随着种子内胚胎的逐渐发育以及幼苗的不断生长，种衣剂将含有的各种有效成分缓慢地释放，被种子幼苗逐步吸收到体内，从而达到防治苗期病虫害、促进生长发育、提高作物产量的目的。包衣种子药效持续期长，一般可维持到出苗后 40 天左右，可减少喷药 1～2 次。

使用包衣种子应注意以下事项：

**1. 严防中毒**　包衣种子剧毒，不能食用或作副食品原料，应存放在安全、干燥、阴凉、通风处，严防小孩、禽畜触摸误食，如不慎误食，应及时送诊，按种衣剂有毒成分对症下药。播种时不得饮食、抽烟、徒手擦脸，播种后立即用皂水洗净手脸。包衣种子的包装袋及盛过包衣种子的用具应及时妥善处理，严防误装粮食和食品。包衣种子的幼苗也有毒，出苗后 40～50 天内，要严防牲畜啃食，以防中毒。

**2. 不宜浸种催芽**　因为种衣剂溶于水后，不但会失效，而且会对种子萌芽产生抑制作用。

**3. 要足墒播种**　由于包衣种子在出苗时，受种衣剂的抑制作用，比未包衣的种子晚出苗 1～2 天，所以要足墒下种。

**4. 不宜与敌稗类除草剂同时使用**　应在播种 30 天后再用敌稗，如先用敌稗，则需 3 天后再播种，否则容易发生药害或降低种衣剂的使用效果。

**5. 不宜用于盐碱地和低洼地**　种衣剂遇碱会失效，所以在 pH 值大于 8 的地块上，不宜使用包衣种子。另外，包衣种子在高水低氧的土壤环境条件下使用，极易出现酸败、腐烂现象，因此，低洼地也不宜使用包衣种子。

**6. 晒种处理**　凡购回的包衣种子，最好在阳光下晒种 24～48 小时，以利种子出苗，可以提高出苗率 10％左右。如果播种季节、时期已错过去，不能再播种了，可以把种子晒干后贮存，不能让种子吸水腐烂。

# 第三节　播种技术

## 一、计算播种量

播种前应根据蔬菜的种植密度、单位重量的种子粒数、种子的使用价值以及播种方式、播种季节等来确定用种量。单位面积蔬菜播种量的计算公式如下：

$$\text{单位面积播种量（克）} = \frac{\text{种植密度(穴数)} \times \text{每穴种子粒数}}{\text{每克种子粒数} \times \text{种子纯度} \times \text{种子净度} \times \text{种子发芽率}} \times \text{安全系数}(1.2\sim2.0)$$

由于人为以及自然等因素的影响，实际种子播后的出苗数往往低于理论值，因此最后确定用种量时，还应增加一个保险系数。视种子的大小、播种季节、土壤耕作质量、栽培方式等不同，保险系数从 1.2～2 不等。一般，大粒种子的保险系数应较小粒种子的大；新种子较陈种子的保险系数低；种子经过处理后播种较直播的保险系数低；点播较条播的保险系数低；条播较撒播的保险系数低。

主要蔬菜的参考播种量见表 37。

表37　主要蔬菜育苗的参考播种量

| 蔬菜 | 用种量（克/亩） | 蔬菜 | 用种量（克/亩） |
| --- | --- | --- | --- |
| 结球甘蓝 | 25～50 | 茄子 | 50 |
| 花椰菜 | 25～50 | 辣椒 | 150 |
| 球茎甘蓝 | 25～50 | 番茄 | 40～50 |
| 莴苣 | 20～25 | 黄瓜 | 125～150 |
| 结球莴苣 | 20～25 | 冬瓜 | 150 |

# 二、播种方式

主要有撒播、条播和点播三种。

**1. 撒播**　撒播是将种子均匀撒播到床面上，适用于培育小株型蔬菜苗时的播种以及适于分苗移植蔬菜的育苗播种。育苗期间需要间苗，用种量大。

根据播种前是否浇底水，撒播又分为干播（播前不浇底水）和湿播（播前浇底水）两种方法。

（1）干播法　播种前几日先造墒，播种当日不在浇水。一般用于低温期的育苗播种。

（2）湿播法　播种当日浇水造墒，水渗后播种。一般用于高温期育苗播种，催出芽的种子也要用湿播法。

**2. 条播**　条播是将种子均匀撒在规定的播种沟内。多用于培育小株型蔬菜苗，育苗期间需要间苗，用种量大。

**3. 点播**　点播是将种子播在规定的穴或育苗容器内。适用于培育株型较大的蔬菜苗，如豆类、茄果类，瓜类等，也适用于小株型蔬菜的穴盘育苗播种。点播用种最省，也便于机械化播种管理，应用最广泛。

# 三、种子的播种深度

**1. 根据种子的大小确定播种深度**　小粒种子一般播种1～1.5厘米深，中粒种子播种1.5～2.5厘米深，大粒种子播种3

厘米左右深。

**2. 根据土壤质地确定播种深度**　砂质土土质疏松，对种子的脱壳能力弱，并且保湿能力也弱，应适当深播。黏质土对种子的脱壳能力强，且透气性差，应适当浅播。

**3. 根据种子的需光特性确定播种深度**　种子发芽要求光照的蔬菜，如莴苣等宜浅播，反之则应当深播。

# 第四节　穴盘无土育苗技术

穴盘无土育苗技术就是用草炭、蛭石、珍珠岩等轻质无土材料作基质，以不同孔穴的穴盘为容器，通过精量播种、覆盖、镇压、浇水等一次成苗的现代化育苗技术。

其主要特点是：播种时一穴一粒，成苗时一穴一株，每株幼苗都有独立的空间，水分、养分互不竞争，苗龄比常规育苗的缩短 10～20 天，成苗快，无土壤传播病害，而且幼苗根坨不易散，根系完整，定植不伤根，缓苗快，成活率高，适合远距离运输，有利于规范化管理。

## 一、育苗设施要求

穴盘无土育苗技术对环境要求比较高，特别是大规模的育苗需要进行机械喷灌，对设施的空间和骨架要求较为严格，适合在结构较为牢固的日光温室、连栋温室、塑料大棚等大型设施中进行。

## 二、穴盘选择与消毒

### （一）穴盘的类型与选择

育苗穴盘按材质不同可分为聚苯泡沫穴盘和塑料穴盘，其中塑料穴盘的应用更为广泛，见图 59。塑料穴盘一般有黑色、灰色和白色等几种。一般冬春季选择黑色穴盘，以吸收更多的太阳能，使根部温度增加。而夏季或初秋，应当选择银灰色的穴盘，以反射较多的光线，避免根部温度过高。白色穴盘一般透光率较高，会影响根系生长，生产上很少选择白色穴盘。

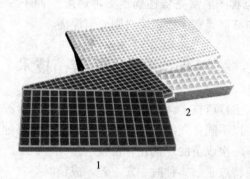

图 59　育苗穴盘
1. 聚氯乙烯穴盘　2. 聚苯泡膜穴盘

穴盘的尺寸一般为 54 厘米×28 厘米，规格有 50 穴、72 穴、128 穴、200 穴、288 穴、392 穴等几种。穴格体积大的装基质多，其水分、养分蓄积量大，水分调节能力强，通透性好，有利于幼苗根系发育，但育苗数量少，成本增加。

穴孔形状以四方倒梯形为好，有利于引导根系向下伸展，圆形或侧面垂直的穴孔根系容易在内壁缠绕。用穴孔之间留有通风孔的穴盘育苗，植株之间的空气流动性好，叶片干爽，能减少病害。

## （二）穴盘的规格与选择

应根据不同蔬菜种类、不同育苗季节、苗龄大小和管理水平等条件选择适宜的穴盘育苗。一般瓜类如南瓜、西瓜、冬瓜、甜瓜多采用 20 穴，也可采用 50 穴；黄瓜多采用 72 穴或 128 穴；茄科蔬菜如番茄、辣椒苗多采用 128 穴和 200 穴；叶菜类蔬菜如西兰花、甘蓝、生菜、芹菜多采用200穴或288穴。主要蔬菜育苗对穴盘规格要求情况参见表38。

表38　常见蔬菜穴盘育苗对穴盘的规格要求

| 蔬菜种类 | 288穴 | 128穴 | 72穴 |
|---|---|---|---|
| 冬春季茄子 | 2叶1心 | 4～5片叶 | 6～7片叶 |
| 冬春季甜椒 | 2叶1心 | 8～10片叶 | |
| 冬春季番茄 | 2叶1心 | 4～5片叶 | 6～7片叶 |
| 夏秋季番茄 | 3叶1心 | 4～5片叶 | |
| 黄瓜 | | | 3～4片叶 |
| 夏播芹菜 | 4～5片叶 | 5～6片叶 | |
| 生菜 | 3～4片叶 | 4～5片叶 | |
| 大白菜 | 3～4片叶 | 4～5片叶 | |
| 甘蓝 | 2叶1心 | 5～6片叶 | |
| 花椰菜 | 2叶1心 | 5～6片叶 | |
| 抱子甘蓝 | 2叶1心 | 5～6片叶 | |
| 羽衣甘蓝 | 3叶1心 | 5～6片叶 | |
| 木耳菜 | 2～3片叶 | 4～5片叶 | |
| 菜豆 | | 2叶1心 | |
| 蕹菜 | 5～6片叶 | | |
| 球茎茴香 | 2～3片叶 | | |
| 菊苣 | 3～4片叶 | | |

## （三）穴盘消毒处理

使用过的塑料育苗钵可能会感染残留一些病原菌、虫卵，所以循环使用前一定要进行清洗、消毒，以避免病的发生、蔓延。

消毒方法是：先清除苗盘中的残留基质，用清水冲洗干净（比较顽固的附着物用刷子刷净）、晾干，并用多菌灵500倍液浸泡 12 小时或用高锰酸钾 1000 倍液浸泡 30 分钟消毒。不建议用漂白粉或氯气进行消毒，因为氯会同穴盘中的塑料发生化学反应产生有毒的物质。

在穴盘量比较大时，可采用熏蒸的方法进行穴盘消毒：将洗干净的穴盘放置在密闭的房间，按每平方米 34 克硫磺＋8 克锯末的用量在房内点燃熏蒸，密闭一昼夜。

## 三、育苗基质配制与消毒

### （一）穴盘育苗对育苗基质得要求

对育苗基质的基本要求是：保肥能力强，能供应根系发育所需养分，并避免养分流失；保水能力好，避免根系水分快速蒸发干燥；透气性佳，使根部呼出的二氧化碳容易与大气中之氧气交换，避免或减少根部缺氧；不易分解，利于根系穿透，能支撑植物；无菌、无虫卵、无杂质。

### （二）配制基质

穴盘育苗主要采用轻型基质，如草炭、蛭石、珍珠岩等，一般配制比例为草炭：蛭石：珍珠岩＝3：1：1，1 米³ 的基质中再加入磷酸二铵 2 千克、高温膨化鸡粪 2 千克，或加入氮磷钾（15：15：15）三元复合肥 2～2.5 千克。

配制好的育苗基质播种前用多菌灵或百菌清消毒。

### （三）育苗基质消毒

育苗基质可能含有一些病菌或虫卵，容易引发病虫害。因此，使用前必须对基质进行消毒处理，以消灭可能存留的病菌和虫卵。

基质消毒方法主要有：蒸汽消毒、化学药剂消毒和太阳能消毒三种。

**1. 蒸汽消毒**　蒸汽消毒法是将基质装入柜（箱）内，然后通入蒸汽进行密闭消毒。一般在 $70\sim90℃$ 条件下，消毒 $0.5\sim1.0$ 小时。每次消毒的基质数量不可过多，以 $1\sim2$ 米$^3$ 为适宜，否则基质内部的病虫不容易被杀灭。如果需消毒的基质量大时，可将基质堆成长条形堆，堆高 20 厘米左右，长度依地形而定，用防水防高温的布将堆盖严实，然后通入蒸汽灭菌。消毒时基质的含水量应控制在 $35\%\sim45\%$，过湿或过干都可能降低消毒效果。蒸汽消毒法简便易行，安全可靠，但需要专用设备，成本高，操作也不方便。

**2. 化学药剂消毒**　化学药剂消毒操作简单，成本较低，但消毒效果不如蒸汽消毒，且对操作人员身体不利。常用的化学药剂有甲醛、氯化苦、溴甲烷和漂白剂等。

甲醛是良好的杀菌剂，但杀虫效果较差。一般将 $40\%$ 的原液稀释 50 倍，用喷壶将基质均匀喷湿，每立方米基质所需药液量 $20\sim40$ 升，用塑料薄膜覆盖封闭 $24\sim48$ 小时后揭膜，将基质摊开，风干2周或暴晒2天后，达到基质中无甲醛气味后方可使用。

氯化苦能有效地防治线虫、昆虫、一些草籽、轮枝菌和对其他消毒剂有抗性的真菌。氯化苦熏蒸的适宜温度为 $15\sim20℃$。消毒前先把基质堆放成长条堆，堆高 30 厘米左右，长宽根据具体条件而定。在基质上每隔 30 厘米许打一个深为 $10\sim15$ 厘米的孔，每孔注入氯化苦 5 毫升，随即将孔堵住，第一层打孔放药后，再在其上堆同样的基质一层，打孔放药，总共 $2\sim3$ 层，或每立方米基质中施用 150 毫升药液，然后盖上塑料薄膜。熏蒸 $7\sim10$ 天后，去掉塑料薄膜，晾 $7\sim8$ 天后即可使用。氯化苦对活的植物组织和人有毒害作用，施用时要注意安全。

**3. 太阳能消毒**　该法简便易行，安全可靠，但消毒效果受气候的影响比较大，可靠性差。具体做法是：把基质堆成高$20\sim25$ 厘米的堆，用喷壶喷湿基质，含水量达到 $80\%$ 以上，然后用塑料薄膜覆盖并将温室或大棚密闭，暴晒 $10\sim15$ 天。

### (四) 基质装盘

穴盘装填基质的基本做法是：先将基质拌匀，调节含水量至55%～60%。然后将基质装到穴盘中，不要镇压，尽量保持原有疏松状态。装满后用刮板从穴盘一端与盘面垂直刮向另一端，使每穴中都装满基质，而且各个格室清晰可见。装好后，用相同的空穴盘垂直放在装满基质的穴盘上，两手平放在空穴盘上轻轻下压，在每个穴中央压出播种穴，备用。穴盘装填基质时应注意以下几点：

1. 基质在填充前要充分润湿，一般以 60% 为宜，即用手握一把基质，没有水分挤出，松开手会成团，但轻轻触碰，基质会散开。如果太干，将来浇水后，基质会塌沉，造成透气不良，根系发育差。

2. 各穴孔填充浅满程度要均匀一致，否则基质量少的穴孔干燥速度比较快，容易造成水分管理不均衡。

3. 要根据蔬菜种类确定基质的装填量，如瓜类等大粒种子的穴孔基质不可装的太满，而茄果类蔬菜的种子小，应适当多装一些基质。

4. 避免镇压基质，以免基质过紧，影响基质的透气性和将来蔬菜苗根系的正常发育。

5. 压盘时，最好一盘一压，保证播种深浅一致、出苗整齐。

## 四、播　种

### (一) 精选种子与处理

**1. 种子精选**　穴盘商品苗生产通常都是一穴一粒种子，为了提高出苗率和减少后期的移苗工作，需要对种子进行精选，挑选出饱满健康的种子。

精选种子常用的方法有风选、水选、盐水选和筛选等。

风选是使用种子风选机或吹风机，将不充实的种子吹到较远

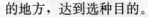

的地方，达到选种目的。

水选、盐水选是用水或盐水选种。选种时密度小、不饱满的种子漂浮在水面，饱满的种子沉入水底，从而达到选种效果。

筛选是用不同目数的网筛，种子过筛时，留下发育完全的大粒种子，筛掉发育不完全的小粒种子。

**2. 种子处理**　由于穴盘育苗采用一穴一种播种法，为了防止出苗不整齐，以及确保壮苗率，通常播种前要对种子进行预处理，即精选、温汤浸种、药剂浸（拌）种、搓洗、催芽等，种子经过处理后再播种。具体操作可参照有关部分进行。

## （二）播种

**1. 播种形式**　穴盘播种分为人工播种和机械播种两种形式。

人工播种技术要点：将种子点播在压好穴孔中，在每个孔穴中心点放1粒，种子要平放。播种后覆盖原基质，用刮板从盘的一头刮到另一头，使基质面与盘面相平；穴盘摆好后，用带细孔喷头的喷壶喷透水（忌大水浇灌，以免将种子冲出穴盘），然后盖一层地膜，利于保水、出苗整齐。

机械播种：大型的机械播种设备可以将基质混匀、装盘、播种、覆盖、淋水等作业工序一次性完成，适合大批量穴盘苗生产。

**2. 播种深度**　穴盘育苗通常用蛭石或蛭石：珍珠岩=1：1作覆盖材料，覆盖厚度约为种子直径的2～3倍或0.5～1.5厘米。主要蔬菜播种深度见表39。

表39　主要蔬菜穴盘育苗播种深度

| 蔬菜种类 | 播种深度（厘米） |
| --- | --- |
| 小粒种子（甘蓝类、白菜类、胡萝卜、芹菜、生菜等） | 0.4～1.0 |
| 中粒种子（蕃茄、茄子、辣椒、洋葱等） | 1.0～1.5 |
| 大粒种子（瓜类、豆类等） | 1.5～2.5 |

# 五、穴盘苗管理

## （一）温度管理

种子发芽期需要较高的温度和湿度。温度一般保持白天23～25℃，夜间15～18℃，相对湿度维持95％～100％。

当种子露头时，应及时揭去地膜。种子发芽后降低温度，同时把相对湿度降到80％以下，并加强苗床的通风、透光。夜间在许可的温度范围内尽量降温，加大昼夜温差，防止下胚轴过长，以利壮苗。子叶展开时的下胚轴适宜长度为0.5厘米，1厘米以上易导致幼苗徒长。

真叶出现后温度再适当升高，此期的温度管理要求见表40。

**表40 主要蔬菜苗期日温度管理标准**

| 蔬菜种类 | 白天温度（℃） | 夜间温度（℃） |
| --- | --- | --- |
| 茄子 | 25～28 | 18～21 |
| 辣（甜）椒 | 25～28 | 18～21 |
| 番茄 | 20～23 | 15～18 |
| 黄瓜 | 25～28 | 15～16 |
| 甘蓝 | 18～22 | 12～16 |
| 青花菜 | 18～22 | 12～16 |
| 甜瓜 | 25～28 | 17～20 |
| 西葫芦 | 20～23 | 15～18 |
| 西瓜 | 25～30 | 18～21 |
| 生菜 | 15～22 | 12～16 |
| 芹菜 | 18～24 | 15～18 |

出苗前一周降低温度炼苗。

## （二）湿度管理

### 1. 穴盘育苗对灌溉用水的要求

（1）适宜 pH 值范围为 5.0～6.5；

（2）含盐量（EC 值）要低于 1.0 毫西/厘米，含盐量过高会降低种子的萌发率，损伤根以及灼伤叶片。

北方某些地区，在夏季雨季来临时，地下水的硬度、pH 值和 EC 值都会比往常明显偏高，容易降低磷肥的利用率，并导致缺铁等症状出现，尤其是使用代森锰锌等含锰的广谱性杀菌剂时，更要注意发生缺铁症。

**2. 湿度管理** 由于穴盘苗置放于育苗床架上，水分容易蒸发散失，因此，要根据幼苗不同发育阶段的需要及时供水，保证需要。

萌芽阶段对水分和氧气需求较高以利于发芽，相对湿度维持在 95%～100%，供水以喷雾（水珠粒径 15～80 微米）为佳。展根阶段水分供应稍减，相对湿度降到 70%左右，使育苗基质通气量增加，以利于根系在通气良好的基质中生长。真叶生长阶段水分供应量应随幼苗成长而增加，成苗健化阶段要适当控制水量。

在水分管理上应注意以下几点：

（1）阴雨天日照不足，湿度高，不宜灌水。普通天气灌水以正午前为主，下午 3 点以后绝不可灌水，以免夜间潮湿徒长。另外，灌水过多，隔日清晨幼苗叶缘产生溢泌现象，也容易诱发病害。

（2）苗床边缘的穴盘或穴盘边缘的孔穴及幼苗容易失水，必要时要进行人工局部补水。

（3）每次灌水一定要浇透，允许少量水从排水孔排出。

## （三）光照管理

一般种子萌发阶段不需要光照，但当子叶露出基质（出苗）后要给予一定的弱光，此时幼苗根系不发达，吸水能力差，如遇强光、高温，极容易造成幼苗灼烧或萎蔫，以后应随着幼苗的生长而逐步增加光照强度，以促进幼苗的光合作用和生长发育。

### （四）施肥管理

用配方基质进行育苗，基质中的营养一般能够满足育苗需要，整个育苗期不需要再施肥。但是，如果育苗期过长苗期出现缺肥症状时，需要及时补充肥料。可选用水溶性复合化学肥料，如氮磷钾复合肥料（20∶20∶20），按照 0.01%（夏秋季）～0.02%（冬春季）浓度，溶于灌溉水中，每天上午施肥，下午不施肥或只浇清水。

### （五）控制株型

穴盘育苗控制株型的主要目的，一是控制苗子的大小，包括株高、叶片数、苗龄等，使其适合育苗者的需要；二是控制苗子的形状，使苗子健壮，符合壮苗标准；三是保持同一批苗整齐一致。

穴盘育苗遇到的主要问题是苗子生长过旺，发生徒长，因此防止苗子过旺和徒长往往成为株型控制的主要内容，主要措施有：

**1. 环境控制**　降低苗床的温度和相对湿度，减少水分供应，保持基质适当干燥；用硝态氮肥取代铵态氮肥和尿素态肥，或整体上降低肥料的使用量；增加光照等。

另外，低温期对于生长过旺的苗床，通过加温系统，使日出前夜间温度高于白天温度 3～6℃（平均温度），维持时间 3 小时以上，对控制株高非常有效。

**2. 机械刺激**　对幼苗进行拨动、振动以及人为通风，加快苗床的空气流动等，都能够抑制植物的高度增长。例如每天对番茄植株拨动几次，可使株高明显下降，但要注意避免损伤叶片。另外，像辣椒等叶片容易受伤的作物不适合进行人工拨动，适合

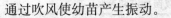

通过吹风使幼苗产生振动。

**3. 生长调节剂** 高温期使用生长调节剂的效果较好。可选用 100 毫升/千克浓度的多效唑浸种（番茄）或浸根（辣椒）1 小时，也可选用 20 毫升/千克浓度的烯效唑浸种（黄瓜、番茄 4~5 小时）。

**4. 调节光质** 在温室覆盖材料中加入红外光的吸收剂，使红光与红外光的比例升高至 1.5：1，对幼苗的茎伸长有抑制作用。

### (六) 定植前炼苗

穴盘苗定植前炼苗的主要作用：一是增强幼苗的适应能力，使幼苗能适应苗床外和栽培地的环境；二是增强幼苗的耐运输能力，减少运苗过程中的损耗。

炼苗的主要措施有：

**1. 控制浇水** 定植前进行适当控水，能够加厚植物叶片的角质层，提高对缺水的适应力。

**2. 增加光照** 夏季高温季节，定植前应增加光照，尽量创造与田间比较一致的光照环境，使其适应强光照环境。

**3. 降低温度** 冬季温室育苗，定植前将幼苗置于较低的温度环境下 3~5 天，增强幼苗对低温的适应能力。

## 六、穴盘苗的出苗

### (一) 穴盘苗成苗标准和苗龄

蔬菜穴盘苗通常长到 2~3 片以上真叶时就可以定植到栽培田。苗龄过大，容易导致根系养分供应不足、幼苗相互遮蔽、下部叶枯黄和植株徒长；苗龄过小，定植后生长缓慢，早熟性差，育苗效果不好。主要蔬菜穴盘苗成苗标准和苗龄见表 41。

#### 表41　主要蔬菜穴盘苗成苗标准和苗龄

| 蔬菜种类 | 穴盘类型 | 苗龄（天） | 成苗标准 |
| --- | --- | --- | --- |
| 春黄瓜 | 72 孔 | 20～25 | 2～3 个叶片 |
| 伏秋黄瓜 | 72 孔 | 12～15 | 2～3 个叶片 |
| 甜瓜 | 72 孔 | 30～35 | 3～4 个叶片 |
| 春辣椒 | 72 孔 | 40～45 | 8～9 个叶片 |
| 夏辣椒 | 72 孔 | 25～30 | 6～7 个叶片 |
| 春茄子 | 72 孔 | 45～50 | 5～6 个叶片 |
| 伏茄子 | 72 孔 | 25～30 | 4～5 个叶片 |
| 春番茄 | 72 孔 | 35～40 | 4～5 个叶片 |
| 夏秋番茄 | 72 孔 | 20～25 | 4～5 个叶片 |
| 花菜 | 128 孔 | 25～30 | 4～5 个叶片 |
| 结球甘蓝 | 128 孔 | 25～30 | 4～5 个叶片 |
| 抱子甘蓝 | 128 孔 | 25～30 | 4～5 个叶片 |
| 大白菜 | 128 孔 | 15～20 | 3～4 个叶片 |
| 西芹菜 | 128 孔 | 50～55 | 5～6 个叶片 |
| 生菜 | 128 孔 | 35～40 | 4～5 个叶片 |

## （二）穴盘苗的出苗方式

穴盘苗的出苗方式有两种：

一是将穴盘苗和穴盘一起置于苗盘架上，直接推入封闭式运输车，到达定植田后一边从穴盘取苗一边定植，这种方式运输过程中对穴盘苗的伤害较小，但一次性运输量小，相对运输成本较高；

二是在育苗场用松苗器将苗松动并从穴盘中取出，摆放到纸箱、塑料箱、木箱等能承受一定压力的硬质容器中，依次装入运输车，到达栽培田后，从盛苗容器中取苗定植，这种方式一次性装载量大，运输成本低，但容易使秧苗相互拥挤，产生呼吸伤害。

## 七、穴盘苗的运输

### （一）穴盘苗的运输要求

由于蔬菜穴盘苗是鲜活的商品性生产资料，为保持穴盘苗应有的生理活性，长距离运输穴盘菜苗时，应严格执行以下规定：

**1. 最长不能超过 70 小时**　中途每 24 小时开箱见光一次，同时检查盛苗箱内的温度是否适宜。

另外，在运输前应准确掌握栽培田的气候状况，运输到栽培田的穴盘苗，最好当天定植完毕。

**2. 温度要求**　蔬菜穴盘苗长途运输时的温度因蔬菜种类不同而异，瓜类、茄子及甜辣椒苗的运输适温为 12℃～13℃，番茄苗为 11℃～12℃，甘蓝类、芹菜、白菜类及莴苣苗等为 5℃～6℃，葱韭类苗为 2℃～4℃。运输过程中，温度上限不宜超过适宜温度 7℃～8℃，下限不低于适宜温度 5℃。

从出苗后的降温到定植前的升温，要逐步升温或降温。一般应有 2～3 小时的缓冲期。

**3. 水分要求**　穴盘苗装载运输前，最好浇一次水，以保证运输途中幼苗对水分和空气相对湿度的需要，保持基质含水量 80%～90%，空气相对湿度 60%～70%。

**4. 通气要求**　长途运输过程中，装苗车箱的通气孔大小及箱与箱间的通气量应保证蔬菜苗正常的呼吸。

**5. 光照要求**　长途运苗时，应尽可能使苗多见光、早见光。

### （二）穴盘苗运输技术环节

**1. 炼苗**　在秧苗运输前 3～5 天要逐渐降温炼苗，果菜类可将温度降到 10℃左右，夜间最低可降到 7～8℃，并适当控制灌水量。但是，锻炼不可过度，更不要控水过分，以免降低秧苗的培育质量。另外，育苗前应将锻炼的时间计划在内，保证秧苗有足够的苗龄。

**2. 秧苗包装** 秧苗育成后，应及时包装运输。运输秧苗的容器有纸箱、木箱、木条箱、塑料箱等，应依据运输距离选择不同的包装容器。容器应有一定强度，能经受一定的压力与路途中的颠簸。远距离运输时，每箱装苗不宜太满，装车时既要充分利用汽车空间，又必须留有一定空隙，防止秧苗伤热而受到伤害。

高温期要避免高温装箱。温度每升高 10℃，秧苗体内的一切化学反应速度均提高 1～2 倍。因此，为减少秧苗的呼吸消耗，不仅要控制运贮期间的温度，还必须注意装箱时的秧苗温度，尽量避免温室高温时装箱，防止"田间热"带入箱内，加大秧苗的呼吸量而降低秧苗质量。冬季运输秧苗要注意寒冬，不要采用保护效果较差的穴盘包装法，应采用裸根包装法，将秧苗从穴盘中取出，一层层平放在箱内，包装箱四周衬上塑料薄膜或其他保温材料，防止寒风侵入伤害秧苗。

**3. 运输工具选择** 适宜选用保温空调车，以保证运苗过程中幼苗对温度和空气的需要。采用一般车运输时，冬季要注意保温，防止秧苗发生冻害。另外，在运输前用 1% 低温保护剂喷施 2～3 次，可提高秧苗的耐低温能力。

**4. 运输时间安排** 夏季运输秧苗，尽可能在夜间行车，利用夜间的自然低温减少损耗。另外，夜间运苗，一般路程次日上午即可到达，可争取时间及早定植，快速成活。

**5. 防干防热** 夏季育苗时，在运输秧苗前应注意充分给水。为了防风、防旱，须采用车厢整体覆盖方法，尽量减少车厢内的空气流动。在运输时，可通过装箱前浇水或喷水以增加运贮期间的箱内小环境的空气湿度。如果大环境气温高而运贮工具又无法控温，可采用根部微环境的保水处理措施（如用保湿材料包裹根系等），以保持秧苗不萎蔫。

另外，长距离运输时，可在秧苗运输前一天，按规定浓度喷施秧苗保鲜剂，防止水分过度蒸发及根系活力减退，增强缓苗力。同时，每个包装箱应留有一定的通气孔，箱和箱之间留有一定空隙，防止秧苗伤热。

## 第五节　育苗钵育苗技术

育苗钵又称育苗杯，形似杯或钵，多用塑料或硬纸制作，底部有孔，用作排水和通气，见图 60。育苗钵大多为独立个体，有的纸钵为连体，可折叠起来存放、搬运，育苗时拉开。育苗钵的容积大小差异较大，根据育苗大小不同，可相差数倍之多。

图 60　塑料钵和纸钵

育苗钵育苗属于容器育苗，能够较好地保护秧苗根系，并且能够根据育苗不同，配制适宜的育苗土或基质，更有利于培育壮苗。另外，育苗钵的体积较育苗穴盘大很多，盛装的育苗土或基质量也大很多，有利于培育大苗。但育苗钵苗搬运不如穴盘苗方便，不适合培育商品苗，目前主要用于自给性育苗或半自给性育苗。

## 一、育苗设施要求

育苗钵育苗通常采用人工喷灌，对育苗设备的要求不严格，对设施的种类要求也不严格，一般的日光温室、塑料大棚、塑料小拱棚、风障阳畦等均可用来育苗。

## 二、育苗钵的选择与消毒处理

### （一）育苗钵的选择

育苗钵主要有塑料钵和纸钵两种。

**1. 塑料钵**　塑料钵是一种有底、形似水杯的育苗钵，可用模具自制，也可从市场上直接购买，其型号有 5×5、8×8、8×10、10×10、12×12、15×15（第一个数代表育苗钵的口径，第二个数代表育苗钵的高度，单位为厘米）等几种，可根据蔬菜育苗期的长短及苗子的大小来确定所需要的型号。

塑料钵底有孔，装土后，钵土的通透性好，有利于蔬菜苗的根系生长；钵壁不能被根系穿透，能有效地阻止钵内的根系向外伸展，有利于保持根系的完整；钵壁较厚不易破裂，便于搬运，能够进行多次倒苗，使用的时间也较长，在使用和收藏得当时，一般可以连续使用 5 年以上。

塑料钵是目前主要的育苗容具之一，在一些生产条件较好的地方，塑料钵的应用已相当普及，在保护地蔬菜育苗中，塑料钵的应用更为普遍。

**2. 纸钵**　纸钵是用纸手工粘制、叠制或机制的育苗钵。

手工制作的纸钵分为纸筒钵和纸杯钵两种，前者多为人工粘制，后者主要是人工叠制而成。机制纸钵多为叠拉式的连体纸钵，平日叠放起来易于保存和携带，使用时拉开成多孔的纸盘。

纸钵的成本极低，取材也很广，并且纸钵可与苗一起定植于地里，腐烂后成为土壤有机质，不污染环境。一些用特殊纸制作的育苗钵还能够对土壤进行灭菌、对幼苗提供营养等，应用前景广阔。但纸钵也存在着易破裂，特别是被水润湿后更容易发生破裂，不耐搬运，护根效果不理想以及保水能力比较差，容易失水使钵土变干燥，需要经常浇水等不足。

## （二）育苗钵消毒处理

使用过的塑料育苗钵可能会感染残留一些病原菌、虫卵，所以再次使用前一定要进行清洗、消毒。

消毒方法是：先清除育苗钵中的残留土，用清水冲洗干净、晾干，并用多菌灵 500 倍液浸泡 12 小时或用高锰酸钾 1000 倍液浸泡 30 分钟消毒。

# 三、育苗土配制与装钵

育苗土是根据蔬菜苗期的生长发育特点以及对营养的要求特点，把肥料、田土以及农药等成分按照一定的比例，调制混合而成的适合蔬菜幼苗生长的肥沃无病虫土壤，也叫人造土壤。

## （一）配制育苗土

**1. 对育苗土的要求**　优良的育苗土应具备以下几个条件：富含有机质，营养成份齐全；保肥保水能力强，土质疏松，透气性也较好；酸碱反应为中性至微酸性，pH 值为 6.5～7.0；不带有病菌和虫卵；土质清洁，不受污染。

配制育苗土应选用富含有机质且透水性较好的壤土或沙壤土，不要用透气性和透水性均较差的黏土，避免将来育苗钵内发生积水。为预防病害，配制营养土所用的田土要从最近 3～4 年内未种过蔬菜的菜园地或大田中挖取。土要捣细，并筛去土内的石块、草根以及杂草等，然后摊开在阳光下暴晒 3～4 天进行灭菌。

配制育苗土要用优质并且经过充分腐熟的有机肥，常用的有猪粪、马粪、饼肥、干鸡粪等。猪粪、马粪、干鸡粪要充分捣碎捣细后再与土混拌，如果肥料太湿不易捣碎，要先摊开晾晒，待稍干后再把粪肥捣细捣碎。如果肥料中的杂物或大粪块较多，捣肥后应过筛，筛去较大的粪块和杂物。饼肥应压碾成细末，用饼块配制育苗土容易发生烧根。

**2. 育苗土的配方**　育苗钵用育苗土应适当减少田土的用量，增加有机质的用量，以增大育苗土的疏松度，并减轻重量。适宜的田土用量为 40% 左右，腐熟秸秆或碎草的用量为 30% 左右，鸡粪、猪粪的用量 30% 左右。

为保证育苗土内有足够的速效营养，育苗土内还应当加入适量的优质复合肥，一般每立方米土内混入磷酸二铵、硫酸钾各 0.5～1 千克为宜，或混入氮磷钾复合肥（15-15-15）2 千克左右。为预防苗期病虫害，配制育苗土时，每立方米土中还应混入 50% 多菌灵可湿性粉剂 100 克～150 克和 50% 辛硫磷乳油 100～150 毫升。

**3. 育苗土配制技术**　田土和有机肥要先过筛，大的土块、粪块除去。农药的用量比较少，应事先与 10 倍左右的土混匀。液体农药也应事先配成 10 倍左右浓度的药液。

配制育苗土时，把土、肥按比例，通常 2 份土、1 份粪混均匀，混土的同时，把化肥和农药均匀混入土内。混拌均匀后，用农膜覆盖，堆置 1 周后装钵育苗。

### （二）装填育苗钵

育苗钵装土应掌握以下要领：

**1. 育苗土的量要适宜**　装填营养土的多少，要根据育苗的形式来决定。如果是在容器内直接播种，营养土应适当多一些，以保证蔬菜苗有足够多的营养土，适宜的装土量为容器高的 8 分满，上部剩余的部分留做浇水用。如果是在其它苗床培育小苗，在容器内栽苗培育大苗，装土量应适当少一些，以容器的 6～7 分满为宜，以利于带土移栽苗。

**2. 装土松紧度要适宜**　装土过松，浇水后容器内的土容易随水发生流失，减少土量，不利于培育壮苗；装土过紧，浇水后，水不能及时下渗，容易长时间在容器内发生积水。

## 四、播种技术

**1. 浇水**　播种前要浇透底水，一方面使育苗土充分沉落，播种后种子与土紧密接触；另一方面确保育苗初期的水分供应。可用带嘴的喷壶浇水，以便结合浇水在育苗钵的中央冲出一播种穴。

**2. 播种深度**　播种穴深浅要适宜，一般小粒种子播种 0.5～1 厘米深，中粒种子播种 1～1.5 厘米深，大粒种子播种 1.5～2 厘米深。

**3. 播种**　用催出芽的种子播种，水渗透后播种，每钵播种 1～2 粒，种子平放。

**4. 覆土、覆膜**　播种后随即用育苗土覆盖，并在苗床表面覆盖地膜保温保湿。

## 五、播种后管理

### (一) 温度管理

出苗前温度宜高，果菜类应保持 28～30℃，叶菜类 20℃左右。当 70％以上幼苗出土后，撤除薄膜，适当降温，把白天和夜间的温度分别降低 3～5℃，防止幼苗的下胚轴生长过旺，形成高脚苗；第一片真叶展出后，果菜类白天保持温度 25℃左右、夜间温度 15℃左右，叶菜类白天保持温度 20～25℃、夜温 10～

12℃，使昼夜温差达到 10℃以上，促幼苗健壮，并提高果菜类的花芽分化质量；定植前 7～10 天，逐渐降低温度，进行炼苗，果菜类白天温度下降到 15～20℃，夜间温度 5～10℃；叶菜类白天温度 10～15℃，夜间温度 1～5℃。

培育早春露地用苗，应在定植前 3～5 天夜间无霜冻时，全天不覆盖或少覆盖，进行全天露天育苗，也即"吃几夜露水"，以增强幼苗对低温的适应能力。

### （二）浇水管理

育苗钵的容积有限，装土量有限，容水量少，供水量也有限，容易发生干旱。因此，育苗钵育苗不主张控水。

一般做法是少水勤浇，不控水也不浇大水。少水勤浇既可防止苗钵积水也可防止发生干旱。具体浇水要求是：低温期育苗一般 3～5 天浇一次水，高温期育苗一般每天至少要浇一次水；浇水要透，要求浇水后能见到水从育苗钵底流出；每次的浇水量应少，避免浇水后育苗钵内长时间发生积水。

### （三）施肥管理

一般来讲，按配方要求配制育苗土时，育苗期间一般不再需要地面追肥，只进行适量的叶面追肥即可。但如果施肥不足或用小育苗钵培育大苗时，则仍需要进行地面追肥。

一般采取随水浇施法，即先把适量的育苗专用肥溶入水中，配制成 0.5%～1%浓度的肥液，或者用预先沤制的有机肥液加水稀释至色浅味淡状，浇水时用肥液代替水浇入育苗钵里即可。

### （四）倒苗

倒苗就是把蔬菜苗在原苗床内搬动位置或在苗床间调动位置，将大、小苗或壮、弱苗的位置调换。

倒苗的主要作用：一是调整苗子的大小分布，把大小相近的苗排到一起，以方便管理；二是随着苗子的长大，拉大苗子间的距离，避免苗子间发生拥挤；三是拉断伸出钵外的根，增加容器内的根量。

育苗钵育苗一般倒苗 1～2 次。倒苗时要注意以下几点：

1. 要将大、小苗分开苗床排放，以便于有针对性地采取措施，进行管理。

2. 不需搬动位置的苗子也要原地抬起，拉断伸出苗钵外的根，促进钵内生根，增加苗钵内的根量。

3. 结合倒苗，要将苗床内的重病苗以及老化苗等从苗床中剔除。

4. 每次倒苗都要将苗间距适当加大。适宜的苗间距是苗子间不发生拥挤，不互相遮荫。

5. 搬动苗子时，动作要轻，避免折断茎叶。

# 第六节　营养土方育苗技术

营养土方也叫营养土块，是将配制好的育苗土在苗床内按一定大小切割成方块，或用专用机械按一定大小压制成圆形或方形土块，将种子播于土方内，在土方内培育蔬菜苗。

营养土方间相互独立，方便移苗定植，有利于保护蔬菜苗的根系；土方大小不受限制，可根据不同蔬菜的育苗要求确定大小，育苗灵活。但是，营养土方容易散坨，暴露根系，根系也容易长出土方外，进入相邻土方内，保护根系的效果不如穴盘和育苗钵好；另外营养土方苗也不方便长距离运输。目前，营养土方育苗主要用于农户和小型蔬菜生产基地的自给自足性育苗。

## 一、育苗设施要求

育苗土方育苗属于简易容器育苗，育苗管理以人工为主，对设施的要求不严格，各类设施均适合进行育苗。为降低育苗成本，目前规模育苗主要应用于结构简单的简易育苗设施，如日光温室、塑料大棚、阳畦、小拱棚等。

## 二、营养土方的类型

根据营养土方的制作方法不同，一般将营养土方分为方形土方和圆形土方两种，见图 61。方形土方一般采用切割技术制作，制作工艺简单，成本也较低，适宜大量制作，应用较为广泛。但方形土方结构不够牢固，易于破碎，不适合搬运，多用于就地制作就地育苗。

圆形土方多采用模具压制，结构牢固，易于搬运，适合商业化制作生产，属于新型营养土方。但与方形土方相比较，圆形土方的制作成本比较高，适合栽培场地远离育苗地的育苗使用。

方形土方　　　　　　　　　　　圆形土方

图 61　育苗土方的种类

## 三、营养土方制作

### （一）配制营养土

营养土应具有一定的粘性，以利从苗床中起苗或定植取苗时不散土。参考配方：田土或园土 7 份，腐熟有机肥（优质的干鸡粪）3 份。为提高育苗土中的营养含量，混拌育苗土时，每方土中需要混入育苗专用缓释肥或（15-15-15）氮磷钾复合肥 2～3

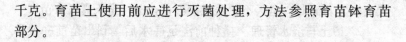

千克。育苗土使用前应进行灭菌处理，方法参照育苗钵育苗部分。

## （二）制土方

分为切块法和压制法两种。

**1. 切块法** 挖育苗床坑，坑底要平、踩实，并平铺一层炉灰或细沙，避免土块与床底粘连。将配制好的育苗土均匀铺在育苗床内，铺土厚度12～15厘米。浇透水，水渗后在床面纵横划线，然后趁湿用蘸水的快刀或厚玻璃按线切块。切块时，刀要切透，土块间不粘连，并在每土块中央用专用工具压出一播种穴。切块后晾晒几日，使土块略干燥变硬。然后用细沙或炉灰填塞土块间的缝隙。

**2. 压制法** 即将配好的营养土加入适量水搅合，达到手握成团时，装在压制膜内，压制成块，然后排入苗床内。

## 四、播种技术

播种前将育苗土块逐一喷透水，水渗后每土方中央播种一粒带芽的种子。种子平放，播种后覆土，并覆盖地膜保温保湿。

## 五、苗床管理

**1. 温度管理** 播种～第一片真叶展出前温度宜高，果菜类应保持28～30℃，叶菜类20℃左右。当70％以上幼苗出土后，撤除薄膜，适当降温，把白天和夜间的温度分别降低3～5℃，防止幼苗的下胚轴生长过旺，形成高脚苗。第一片真叶展出后，果菜类白天保持温度25℃左右、夜间温度15℃左右，叶菜类白天保持温度20～25℃、夜温10～12℃，使昼夜温差达到10℃以上，促幼苗健壮，并提高果菜类的花芽分化质量。

定植前7～10天，逐渐降低温度，进行炼苗，果菜类白天温度下降到15～20℃，夜间温度5～10℃；叶菜类白天温度10～15℃，夜间温度1～5℃。培育早春露地用苗，应在定植前3～5

天夜间无霜冻时，全天不覆盖或少覆盖，进行全天露天育苗。

**2. 覆土与浇水管理** 播种前浇足底水后，到出苗前一般不再浇水。当大部分幼苗出土时，将苗床均匀撒盖一层育苗土，保湿并防止子叶夹带种壳出土。覆土应在幼苗叶面上无水珠时进行，有水珠时覆土，容易污染叶片。覆土厚度以 0.5 厘米左右为宜。

齐苗后，根据苗床干湿变化进行浇水。冬春季控制浇水，适宜土壤湿度以地面见干见湿为宜，夏秋季适当多浇水。定植前10 天左右不再浇水，保持土方适度干燥，以便于搬运。

# 第七节　嫁接育苗技术

嫁接育苗是将栽培蔬菜的芽或枝接到另一蔬菜的苗茎上，使两者接合成一株苗。

蔬菜嫁接育苗技术应用的比较早，但广泛应用却是在设施蔬菜生产迅速发展起来后才开始的，目前嫁接育苗已成为温室和塑料大棚瓜果类蔬菜的重要育苗方式之一。

概括起来讲，蔬菜嫁接育苗主要表现出以下优势：第一，减轻病害。蔬菜嫁接育苗栽培是利用土壤传播病害对侵染蔬菜的种类具有较强专一性的特点，选择病原菌不侵染的蔬菜作砧木，使栽培蔬菜的根系不接触土壤，或是利用砧木强壮的根系对病原菌的抗性并阻止其侵染，减少栽培蔬菜的染病机会，减轻病害；第二，增强蔬菜的抗逆性。蔬菜嫁接所用砧木一般根系发达，植株生长健壮，对逆境的适应能力增强，表现出较强的抗寒、抗盐、耐湿（涝）、耐旱、耐瘠薄等特点。如：当西瓜温度低于 15℃、黄瓜温度低于 10～12℃、番茄温度低于 11℃ 时，上述蔬菜的生理活动会出现失调，生长缓慢、生育停止，选用耐低温的砧木嫁接后，上述蔬菜在同样的低温条件下仍能保持较强的生长势；第三，增强蔬菜根系对肥水的吸收能力。嫁接蔬菜利用砧木发达的根系，能明显增强栽培蔬菜的吸肥和吸水能力，特别是对深层土壤中的肥水利用率提高；第四，提高产量。嫁接蔬菜较不嫁接蔬菜的生长势增强，增产显著。如，嫁接西瓜一般可增产 1 倍以上，嫁接黄瓜可增产 30％～50％，嫁接番茄可增产 50％以上，嫁接茄子可增产 1～2 倍。

## 一、育苗设施要求

嫁接育苗对育苗设施的要求相对较高，一是要求设施有足够大的空间，以方便嫁接操作；二是要求设施的增温、保温效果好，以确保嫁接苗的成活率。目前，嫁接育苗主要在日光温室、连栋温室、塑料大棚等大型设施中进行。

## 二、嫁接育苗用具

嫁接用具主要有嫁接刀、竹签和嫁接夹。

**1. 嫁接刀**　主要用来削切苗茎接口以及切除砧木苗的心叶和生长点，多使用双面刀片。为方便操作，对刀片应按见图 62 所示进行处理。

**2. 竹签**　主要用来挑除砧木苗的心叶、生长点以及对砧木苗茎插孔，一般用竹片自行制作。具体做法：先将竹片切成宽 0.5～1 厘米、长 5～10 厘米、厚 0.4 厘米左右的片段，再将一端（插孔端）削成图 63 所示的形状，然后用沙布将竹签打磨光

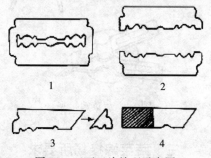

图 62　双面刀片处理示意图

1. 完整刀片　2. 刀片两分　3. 去角　4. 包缠

滑，插孔端的粗度应与接穗苗茎的粗度相当或稍大一些，若接穗苗的大小不一致，苗茎粗度差别较大，可多备几根粗细不同的竹签。

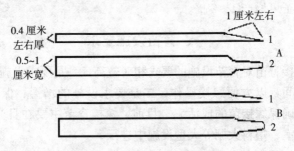

图 63  竹签的形状

A. 斜面形插头　B. 马耳形插头

1. 纵断面形状　2. 平面形状

**3. 嫁接夹**　主要用来固定嫁接苗的接合部位，多用专用塑料夹，见图 64。

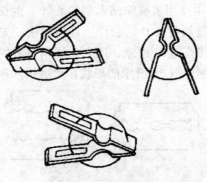

图 64  蔬菜嫁接夹

# 三、蔬菜嫁接场所要求

蔬菜嫁接应在温室或塑料大棚内进行，场地内的适宜温度为

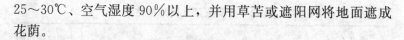

25～30℃、空气湿度 90％以上，并用草苫或遮阳网将地面遮成花荫。

## 四、蔬菜嫁接育苗对砧木的要求

目前所用砧木主要是一些蔬菜野生种、半栽培种或杂交种。优良砧木应满足以下条件：

**1. 与接穗的嫁接亲和力和共生力强而稳定**　亲和力和共生力强是保证嫁接苗成活的关键，要求成活率不低于 80％，成活率90％以上为优良。亲和力和共生力稳定是保证嫁接苗不中途发生夭折的重要条件，要求砧木与接穗的共生力和亲和力不受栽培环境和气候变化的影响，也不随时间的延长而发生改变。

**2. 不改变接穗果实的品质**　要求不明显改变果实的形状、皮色和风味，不出现砧木的风味；不明显改变果实的质地，果肉不变硬也不变软。

**3. 高抗土壤传播病害**　一般，瓜类蔬菜砧木要求高抗枯萎病，番茄砧木要求高抗青枯病和枯萎病，茄子砧木要求高抗黄萎病、青枯病，辣椒要求高抗青枯病和疫病。

另外，近几年来，设施蔬菜的根结线虫病害有加重的趋势，对用于设施蔬菜生产的砧木还应对根结线虫病具有较强的抗性或耐性。

**4. 对不良环境的抵抗能力强，能明显增强接穗的抗逆性**用于设施栽培的砧木应具备较强的耐低温能力、耐弱光能力、耐潮湿能力和耐不良的土壤环境（主要是耐盐碱和耐酸）能力；用于夏秋季栽培的砧木应具备较强的耐高温能力和耐涝能力等。

目前所用砧木主要是一些蔬菜野生种、半栽培种或杂交种。

主要蔬菜常用砧木见表 42。

表42　主要蔬菜常用嫁接砧木

| 蔬菜名称 | 常用砧木 | 主要嫁接目的 |
|---|---|---|
| 黄瓜、西葫芦、丝瓜、苦瓜等 | 黑籽南瓜、南砧1号、白籽南瓜、牵手（丝瓜砧）等 | 增强耐寒能力 |
| 西瓜 | 葫芦、圣砧2号、超丰F1、相生、新土佐南瓜、勇士、圣奥力克、金砧一号、黄金搭档 | 防病栽培 |
| 甜瓜 | 圣砧一号、大井、绿宝石、新土佐南瓜、翡翠、黑籽南瓜、日本雪松F1、甬砧2号等 | 防病栽培 |
| 番茄 | BF、兴津101、PFN、KVNF、耐病新交1号、阿拉姆特、农优野茄、果砧1号等 | 防病栽培 |
| 茄子 | 托巴姆、红茄、耐病VF、密特、刺茄、农优野茄等 | 防病栽培 |
| 辣椒 | 格拉夫特、根基、土佐绿B、PFR－K64、LS279、超抗托巴姆、红茄等 | 防病栽培 |

## 五、常用嫁接方法与应用范围

蔬菜嫁接方法比较多，有靠接法、插接法、劈接法、贴接法、中间砧法、靠劈接法、套管法等，其中以靠接法、插接法、劈接法和贴接法应用较为广泛。

### （一）靠接法

靠接法是将接穗与砧木的苗茎靠在一起，两株苗通过苗茎上的切口互相咬合而形成一株嫁接苗，见图65。

靠接法中的蔬菜苗带根嫁接，嫁接苗成活期间，蔬菜苗能够从土壤中吸收水分自我供应，不容易失水萎蔫，嫁接苗的成活率比较高，一般成活率达80％以上。但靠接法也存在着嫁接工序比较多，工效比较低；蔬菜苗的嫁接位置偏低，蔬菜切断苗茎后留茬也往往偏长，防病效果不理想；嫁接苗容易从接口处发生折断和劈裂等不足。

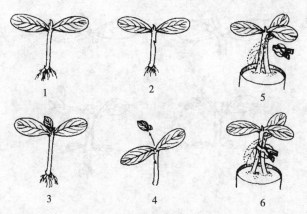

图 65  蔬菜靠接法示意图

1. 接穗苗  2. 接穗苗茎削接口  3. 砧木苗
4. 砧木苗去心、削接口  5. 接穗与砧木接口嵌合  6. 固定接口

目前，靠接法主要应用于土壤病害不甚严重的黄瓜、丝瓜、西葫芦等蔬菜的冬春设施嫁接栽培中，其主要目的是提高蔬菜的抗寒能力，增强低温期里的生长势。

## （二）插接法

插接法是用竹签或金属签在砧木苗茎的顶端或上部插孔，把削好的蔬菜苗茎插入插孔内而组成一株嫁接苗。根据蔬菜苗穗在砧木苗茎上的插接位置不同，插接法又分为顶端插接和上部插接两种形式（见图 66），以顶端插接应用较为普遍。

插接苗上的蔬菜苗接穗距离地面比较远，苗茎上不容易产生不定根，防病效果比较好。另外，蔬菜和砧木间的接合比较牢固，嫁接部位也不容易发生劈裂和折断。但插接法属于蔬菜断根嫁接，蔬菜苗穗对干燥、缺水以及高温等不良环境的反应较为敏感，嫁接苗的成活率高低受气候和管理水平的影响很大，不容易掌握。

插接法主要应用于西瓜、厚皮甜瓜、番茄和茄子等以防病栽

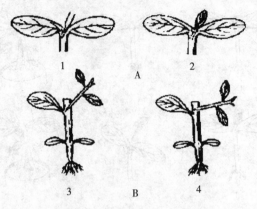

图 66　蔬菜顶端插接与上部插接
A. 顶端插接　　B. 上部插接
1. 苗茎插孔　2. 顶端插接　3. 斜插接　4. 水平插接

培为主要目的嫁接育苗。在非防病嫁接栽培中，由于该嫁接法的嫁接技术和插接苗的管理技术要求均比较严格等原因，应用较少。

## （三）劈接法

劈接法也叫切接法。该法是将砧木苗茎去掉心叶和生长点后，用刀片由顶端将苗茎纵劈一切口，把削好的蔬菜苗穗插入并固定牢固后形成一株嫁接苗。根据砧木苗茎的劈口宽度不同，劈接法又分为半劈接和全劈接两种方式，具体见图 67 所示。

半劈接法适用于砧木苗茎较粗而接穗苗茎相对较细的嫁接组合，其砧木苗茎的切口宽度一般只有苗茎粗的二分之一左右。全劈接法是将整个砧木苗茎纵切开一道口，该嫁接法较适用于砧木与接穗苗茎粗细相近或砧木苗茎稍粗一些的嫁接组合。

劈接法的接穗嫁接在砧木苗茎的顶端，距离地面较远，不容易遭受地面污染，也不易产生不定根，防病效果比较好；接穗苗不带根嫁接，容易进行嫁接操作，技术简单、易学，嫁接质量也

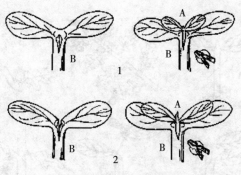

图 67 半劈接与全劈接示意图
A. 接穗 B. 砧木
1. 半劈接 2. 全劈接

容易掌握。但劈接法也存在着嫁接操作复杂、工效较低，一般人员日嫁接苗只有 500～800 株；接穗不带自根，对缺水和高温等的反应比较敏感，嫁接苗的成活率不容易掌握；接口处容易发生劈裂等不足。

劈接法主要适用于苗茎实心的蔬菜嫁接，以茄子、番茄等茄科蔬菜应用的较多，在苗茎空心的瓜类蔬菜上应用的相对较少。

### (四) 贴接法

贴接法也叫贴芽接法。该嫁接法是把接穗苗切去根部，只保留一小段下胚轴，或是从一段枝蔓上以腋芽为单位切取枝段作为接穗；用刀片把砧木苗从顶端斜削一切面，把接穗或枝段的切面贴接到砧木的切面上，固定后形成嫁接苗，见图 68 所示。

贴接法比较容易进行嫁接操作，嫁接质量也容易掌握；嫁接苗的防病效果比较好；适宜的蔬菜接穗范围广，特别适用于蔬菜成株作接穗进行嫁接，在扩大优良蔬菜繁殖系数方面具有较好的

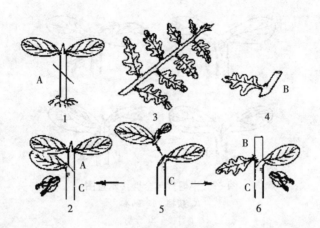

图 68　蔬菜贴接
A. 接穗　B. 枝芽　C. 砧木
1. 苗穗削切　2. 苗穗贴接　3. 枝条　4. 枝芽　5. 砧木苗削切　6. 枝芽贴接

作用。但该嫁接法也存在着嫁接苗的成活率不容易掌握；嫁接苗及嫁接株容易从接口处发生劈裂或折断；对嫁接用苗的大小要求较为严格，要求接穗和砧木的苗茎粗细大体相近等不足。

贴接法比较适用于苗茎较粗或苗穗较大的蔬菜，多应用于从大苗以及植株的枝蔓上切取枝芽作接穗进行的嫁接。

# 六、嫁接技术要点

## （一）播种期

由于嫁接苗培养需要 7～10 天的成活时间，育苗期延长，所以嫁接育苗要适当提早播种时间。另外，接穗与砧木间由于发芽、生长势等方面的差异，在具体播种时，还需要根据不同的嫁接组合对接穗和砧木的播种期进行适当的调整。主要蔬菜不同嫁接组合的接穗和砧木适宜播种期见表 43。

表 43　主要蔬菜嫁接组合的接穗和砧木播种期参考

| 蔬菜名称 | 嫁接组合 | 播种期 | | | 备注 |
|---|---|---|---|---|---|
| | | 靠接法 | 插接法 | 劈接法 | |
| 黄瓜 | 黄瓜/南瓜 | 黄瓜较南瓜早播种 5～7 天 | 黄瓜较南瓜晚播种 3～5 天 | | |
| 西瓜 | 西瓜/南瓜 | | 西瓜较南瓜晚播种 2～3 天 | | |
| | 西瓜/葫芦 | | 西瓜较葫芦晚播种 7～8 天 | | |
| 甜瓜 | 甜瓜/甜瓜 | | 甜瓜较砧木晚播种 5～7 天 | 甜瓜较砧木晚播种 2～3 天 | |
| | 甜瓜/白籽南瓜 | | 甜瓜较砧木晚播种 3～5 天 | | |
| 茄子 | 茄子/托鲁巴姆 | | 砧木提前25天左右播种 | | 砧木 1～2 叶时移栽到育苗钵中 |
| | 茄子/刺茄 | | 砧木提早 20天左右播种 | | 砧木 1～2 叶时移栽到育苗钵中 |
| 番茄 | 番茄/番茄 | | | 番茄较砧木晚播种 7～10 天 | 砧木 1～2 叶时移栽到育苗钵中 |

## （二）嫁接用苗规格要求

一般来讲，接穗与砧木的适宜嫁接时期为苗茎幼嫩的苗期，所以，幼苗期是蔬菜嫁接的最佳时期。最理想的砧木与接穗苗规格为：

1. 靠接法与劈接法要求苗茎粗细一致或相近，苗茎粗细差异越大，越不利于嫁接苗成活，这也是为什么砧木与接穗需要调整播种期的原因。一对组合中，凡是砧木生长较快，且苗茎苗茎明显粗于接穗时，就要先播种接穗，使接穗较砧木多生长一段时间，长高长粗；反之则要先播种砧木。

2. 插接法要求砧木的苗茎较接穗的粗一些，所以育苗中大多先播种砧木，后播种接穗，并在接穗苗茎加粗前进行嫁接。

3. 砧木的苗茎高度不少于 4 厘米，以 5～6 厘米为适宜。苗茎高度不够，嫁接后与接穗的结合部位偏低，容易受地面泥水污染、染病，同时也容易在结合部位发生不定根。

4. 苗茎要粗壮，整个苗没有遭受病虫危害。

主要蔬菜嫁接组合对嫁接用苗的规格要求见表 44。

**表 44　主要蔬菜嫁接组合对嫁接用苗的规格要求**

| 蔬菜名称 | 嫁接组合 | 播种期 | | |
|---|---|---|---|---|
| | | 靠接法 | 插接法 | 劈接法 |
| 黄瓜 | 黄瓜/南瓜 | 黄瓜第一片真叶展开，南瓜两片子叶展平 | 黄瓜心叶露尖，南瓜第一片真叶展开 | |
| 西瓜 | 西瓜/南瓜、葫芦 | | 西瓜心叶露尖，南瓜第一片真叶展开 | |
| 甜瓜 | 甜瓜/甜瓜、南瓜 | | 甜瓜心叶露尖，砧木第一片真叶展开 | 甜瓜心叶露尖，砧木第一片真叶初展 |
| 茄子 | 茄子/托鲁巴姆、刺茄 | 茄子 2～3 片真叶，砧木 3～4 片真叶 | | 茄子 4～5 片真叶，砧木 5～6 片真叶 |
| 番茄 | 番茄/番茄 | 番茄 2～3 片真叶，砧木 3～4 片真叶 | | 番茄 2～3 片真叶，砧木 3～4 片真叶 |

## （三）起苗

### 1. 接穗苗

（1）接穗苗一般要连根带土从苗床中起出，起苗后，把苗放入盛苗箱或脸盆内，上盖湿布或湿纸、塑料薄膜等保湿，以减少嫁接过程中的失水。应当说明的是，目前有些地方采取接穗苗不带根起苗法，甚至采取起苗后先把苗茎切断，然后把断根的苗放入水中保湿的做法。对这些做法不应当提倡，特种是水浸苗法更不可取。该法不仅对苗能够造成污染，而且还能够造成幼苗（特

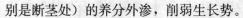

别是断茎处）的养分外渗，削弱生长势。

（2）接穗每次起苗数量不要过多，一般在苗床浇水充足、起苗后苗的保湿措施又得当时，每次的起苗量应不超过 20 株。

（3）为使起出的苗表面干净，不带泥水，起苗前一天要结合浇水用喷壶把苗冲洗一遍，把苗茎上的泥土冲洗掉，嫁接当日也要在苗茎上的露水消失后再进行起苗。如果苗比较脏，起苗后要先用清水漂洗干净，再用多菌灵或百菌清药液漂洗一遍进行消毒，然后把苗放到消过毒的湿布或干净的塑料薄膜上，待凉干表面上的水后再进行嫁接操作。

**2. 砧木苗**

（1）劈接法和插接法嫁接通常将苗连同育苗钵一起从苗床中搬出。

（2）靠接法一般将苗从苗床中连根带土起出，嫁接结束后再栽植于育苗钵或苗床中。每次起苗数量不要过多，一般在苗床浇水充足、起苗后苗的保湿措施又得当时，每次的起苗量应不超过 20 株。

（3）为使起出的苗表面干净，不带泥水，起苗前一天要结合浇水用喷壶把苗冲洗一遍，把苗茎上的泥土冲洗掉，嫁接当日也要在苗茎上的露水消失后再进行起苗。

### （四）环境控制

各种蔬菜嫁接所需要的环境条件基本一致，要求适宜的温度、弱光照、较高的空气湿度和土壤湿度以及相对密闭无风的环境。具体要求如下：

1. 蔬菜嫁接时要保持场地内气温 25～30℃，白天最高气温应不超过 35℃，最低不低于 20℃，夜间不低于 15℃；地温 25℃左右。温度不足时不利于嫁接苗的接口愈合，嫁接苗的成活率降低；温度过高时容易导致嫁接苗萎焉，特别是蔬菜断根和离地嫁接时，如温度过高，极容易造成嫁接苗失水萎焉，降低成活率。

2. 嫁接场地内要保持散射光照。嫁接操作以及嫁接苗成活期间，应保持嫁接场地内散射光照，不能让阳光直射入场地内，以避免阳光照射到蔬菜苗、砧木苗和嫁接苗上后，引起苗子的体温偏高，加速失水而导致萎蔫。另外，场地内透进的直射阳光过多时，也容易引起场地内的气温上升过快，导致气温偏高。

3. 嫁接场地内要保持较高的湿度。蔬菜嫁接操作以及嫁接苗成活期间的适宜空气湿度为 90％以上，空气湿度不足时，菜苗失水较快，容易发生萎蔫。但空气湿度过高时，虽然不会引起菜苗萎蔫，却能够抑制菜苗根系的正常吸水，影响根系的发育，也容易引起蔬菜病害。

4. 嫁接场地内还应当保持相对密闭，不要让风吹进场地内，以保持较高的空气湿度，防止风吹到嫁接苗上加速苗子失水。

## （五）嫁接注意事项

1. 嫁接时间应尽量安排在晴天的上午，阴天以及下午的嫁接成活率偏低，不宜进行嫁接。

2. 嫁接过程中不吸烟，不吃油腻的食品。手上沾有油腻、烟垢等物时，要用肥皂反复清洗干净。

3. 起苗前，如果嫁接用苗的茎叶表面泥土较多时，应先喷水冲洗，水干后再起苗。

4. 嫁接过程中，在嫁接场地内准备一盆清水，手上有泥土时及时清洗干净。

5. 嫁接过程中如发现茎叶表面有泥土，应先将茎叶放入 500 倍的多菌灵或 600 倍的百菌清或 1000 倍的高锰酸钾溶液中漂洗干净，晾干后再进行嫁接。

6. 嫁接苗要随嫁接随送入苗床中，点浇水后，用塑料薄膜覆盖保温保湿防风吹。

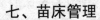

# 七、苗床管理

## （一）嫁接苗愈合阶段的管理

蔬菜嫁接后的 10 天左右，是砧木与接穗愈伤组织增长融合的过程，高温、高湿、中等强度光照条件下愈合速度快，成苗率高，因而加强该阶段的管理，促进伤口愈合，提高嫁接成活率是这一阶段的关键。

**1. 光照管理** 嫁接当日以及嫁接后头 3 天内，要用草苫或遮阳网把嫁接场所和苗床遮成花荫。从第四天开始，每天上午和下午让嫁接苗接受短时间的太阳直射光照，并随着嫁接苗的成活生长，逐天延长光照的时间。嫁接苗完全成活后，撤掉遮荫物，全日见光，转入一般的育苗管理。

**2. 温度管理** 嫁接后保持较常规育苗稍高的温度，以加快愈合进程。如：黄瓜刚刚完成嫁接后提高地温到 22℃以上，气温白天 25～28℃，夜间 18～20℃，高于 30℃时适当遮光降温；西瓜和甜瓜气温白天 25～30℃，夜间 23℃，地温 25℃左右；番茄气温白天 23～28℃，夜间 18～20℃；茄子嫁接后前三天气温要提高到 28～30℃。嫁接后 3～7 天，随着通风量的增加降低温度 2～3℃。8～10 天后叶片恢复生长，接口已经愈合，按一般育苗法进行温度管理即可。

**3. 湿度管理** 要随嫁接随将嫁接苗放入已充分浇湿的小拱棚中，并将基质浇透水，用薄膜覆盖保湿，嫁接完毕后将苗床四周封严。前三天苗床内的空气相对湿度控制在 90%～95%，之后降低湿度，于中午前后适量通风，防止嫁接苗染病。嫁接一周后转入正常管理。

**4. 通风管理** 嫁接后前三天一般不通风，保温保湿。断根插接幼苗高温高湿下易发病，每日可进行两次换气，但换气后需再次喷雾并密闭保湿。三天以后视作物种类和幼苗长势适量放风，降低空气湿度，并逐渐延长苗床的通风时间，加大通风量。嫁接苗成活后，按一般育苗法进行湿度管理即可。

## （二）嫁接苗成活后的管理

**1. 及时剔除砧木萌蘖**　接穗苗和砧木苗只有完全共生，才能互相促进，互相利用。一旦接穗苗茎上生出自根，且根扎入地里后，由于受亲缘关系的影响，接穗制造的营养，将会优先供应自根，从而不利于砧木根系的正常生长，同时也将会导致嫁接失去意义。反过来讲，如果砧木苗茎上发出了侧枝，由于亲缘关系的原因，砧木根系吸收的水和肥也将是优先供应给自己的侧枝，从而抑制接穗苗穗的正常生长。所以，一旦接穗上长出不定根或砧木苗茎上长出侧枝后，要及早抹掉。

**2. 分级培养**　幼苗嫁接成活后，要及早从苗床中剔除未成活的嫁接苗，对成活的嫁接苗要进行分级管理。成活稍差的嫁接苗要继续在原环境里培养，促嫁接苗生长。成活好的嫁接苗则进入正常的育苗管理。

随着嫁接苗的长大，要逐渐加大苗距，避免苗间相互遮荫。对容易发生倒伏的蔬菜嫁接苗如番茄嫁接苗，还应立杆或支架绑缚固定。

**3. 靠接苗接穗断根**　靠接法嫁接苗在嫁接后的第 9～10 天，当嫁接苗完全恢复正常生长后，用刀片在靠近接口部位下方将接穗胚轴或茎切断，一般下午进行较好。断根前一天用手将接穗胚轴或茎的下部捏几下，破坏其维管束，这样断根之后更容易缓苗。

断根部位应尽量向上靠近接口处，以避免接穗断茬过长，与土壤接触后重生不定根，引起病原菌侵染，失去嫁接防病作用。为避免接穗切断的两部分重新接合，断根同时应将接穗带根下胚轴拔除。

嫁接苗接穗断根后的几天里，容易发生萎蔫和倒伏，要对苗

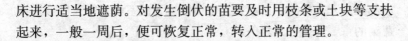

床进行适当地遮荫。对发生倒伏的苗要及时用枝条或土块等支扶起来，一般一周后，便可恢复正常，转入正常的管理。

## 八、蔬菜嫁接栽培应注意事项

**1. 要适当提早播种**　由于嫁接苗培养需要 7～10 天的成活时间，育苗期延长，所以嫁接育苗要适当提早播种时间。

**2. 嫁接苗定植要浅**　要求嫁接苗的接口距地面不小于 3 厘米，使嫁接苗上的接口远离地面，减少地面病菌对接穗的侵染。

**3. 要求用垄畦或高畦栽培**　用垄畦和高畦栽培嫁接苗，嫁接苗接口不容易遭受积水的污染，防病效果好。同时垄畦和高畦的通风性好，地面干燥，也能够避免接穗基部产生不定根。

**4. 覆盖地膜栽培**　覆盖地膜栽培一是能够保持地面干燥，降低接穗基部发生不定根的几率；二是地膜覆盖后，地膜在一定程度上也能够阻止接穗上的不定根扎入地里。

**5. 要适当稀植**　嫁接苗生长旺盛，分枝力强，应适当稀植。

**6. 浇水量要适宜**　灌溉时浇水量要适宜，不要淹没嫁接口。

**7. 适当减少基肥用量**　嫁接苗根系发达，前期生长旺盛，吸收肥水能力强，应适当减少基肥用量，坐果之前少施肥或不施肥，以防止营养生长过旺，影响坐果。坐果后增加磷、钾肥供应，以满足生育需要。

**8. 增加钙镁肥的用量**　嫁接蔬菜对土壤中的钙镁营养吸收能力减弱，蔬菜容易发生钙镁营养缺素症，因此嫁接蔬菜栽培地块要适当增加钙镁肥的施肥量。

**9. 要进行支架或吊蔓栽培，使接穗远离地面。**

**10. 要保持接穗与砧木良好的共生性**　栽培过程中，接穗上长出的不定根与砧木上长出的侧枝要及时剔除。

**11. 要适时进行植株调整**　嫁接苗侧枝萌发力强，坐果前要及时进行植株调整，但不可整枝过度，影响根系发育。蔬菜嫁接育苗技术应用的比较早，但广泛应用却是在设施蔬菜生产迅速发展起来后才开始的，目前嫁接育苗已成为温室和塑料大棚瓜果类蔬菜的重要育苗方式之一。

# 第八节　苗期主要生理障碍与病虫害防治

## 一、主要生理障碍识别与预防

### （一）高脚苗识别与预防

**1. 症状识别**　茎细、节间长、叶片薄、叶色淡、子叶甚至基部的叶片黄化或脱落，根系发育差，须根少，抗逆性差，定植后缓苗慢。光照不足、温度过高特别是夜温过高、氮肥和水分过多、播种过密而又未能及时间苗和分苗等均能诱发高脚苗。

**2. 预防**　播种量不宜过大，及时间苗、分苗；出苗后至子叶展开期及时揭去覆盖物，并通风降温；加强通风透光，控制温、湿度，保持适当的昼夜温差；不偏施氮肥。

### （二）沤根苗识别与预防

**1. 症状识别**　根皮发锈，严重时根系表皮腐烂，不长新根，幼苗易枯萎。床土温度过低、湿度过大是诱发沤根的主要原因。

**2. 预防**　合理配置营养土；保持适宜的温度；加强通风换气，避免苗床湿度长时间过高。

### （三）"戴帽"苗识别与预防

**1. 症状识别**　幼苗出土后种皮不脱落，子叶无法伸展，见图 69。

"戴帽"苗产生的主要原因有：种子质量差，生活力弱；播种方法不当；覆土太薄或覆土变干。

**2. 预防**　精选种子；足墒播种，保持一定的土壤湿度；覆土均匀，厚度适当；瓜菜种子平放；"戴帽"苗发生后，应及时

图 69 "戴帽"苗与正常苗

覆盖潮土使其种壳脱落，或人工去壳。

## 二、主要病害识别与防治

### （一）猝倒病识别与防治

**1. 症状识别** 幼苗出土前受害，导致种子、胚芽或子叶腐烂。出土后发病，在近地面茎基部呈水渍状黄褐色病斑，绕茎扩展，缢缩成线状，倒伏、枯死。湿度大时，病苗或土壤表面长出白色絮状霉层。

**2. 防治** 床土消毒；种子消毒；选择地势高燥、光照充足、排水良好、土质疏松肥沃的地块建造苗床；苗床温度保持在20～30℃，避免出现 10℃ 以下低温；出苗后尽量不浇水或少浇水，加强通风，增加光照，防止高湿；发病初期用 64％噁霜锰锌可湿性粉剂 600 倍液或 72.2％霜霉威水剂 500～1000 倍液或 72％霜脲锰锌可湿性粉剂 800～1000 倍液喷洒。

### （二）立枯病识别与防治

**1. 症状识别** 茎基部产生椭圆形暗褐色病斑，初期幼苗白天萎蔫，夜间尚能恢复，严重时病斑扩展围绕整个茎基部致凹陷、干缩，幼苗逐渐枯死。湿度大时，病部长出淡褐色蛛丝状霉。

**2. 防治**　床土消毒；种子消毒；合理通风，增加光照，防止苗床温度过高和湿度过大；发病初期用 30％甲基硫菌灵悬浮剂 600 倍液或 15％恶霉灵水剂 500 倍液喷洒。

## 三、主要虫害识别与防治

### （一）蚜虫

**1. 危害症状**　主要以成虫、若虫密集在蔬菜幼苗、嫩叶、茎和近地面的叶背，刺吸汁液。由于繁殖量大，密集为害，造成受害蔬菜严重失去水分和营养，形成叶面皱缩、发黄，严重时造成叶片"坍塌"，此外还可以传播病毒病。

**2. 防治**　苗期用强内吸性杀虫剂阿克泰 1500～2500 倍液喷洒幼苗，使药液除喷叶片意外还要渗透到土壤中，平均每平方米苗床喷洒药液 2 千克左右。

### （二）温室白粉虱

**1. 危害症状**　成虫和若虫吸取植物汁液，使叶片褪色、变黄、萎蔫，能分泌大量蜜露，污染果实和叶片。

**2. 防治**　同蚜虫。

# 第五章
# 主要蔬菜生产技术规范

## 第一节　瓜菜生产技术

　　瓜菜是我国重要的栽培蔬菜之一，全国各地均有栽培，栽培面积约占全国蔬菜总面积的40％左右。瓜菜不仅是我国重要的露地栽培蔬菜，也是重要的设施栽培蔬菜。因此，瓜菜在我国蔬菜生产和供应中，有着举足轻重的作用。

　　由于瓜菜种植期长，供应时间也长，特别是南方地区一年四季基本上均有鲜菜供应，因此，瓜菜较少贮藏。北方地区深秋后，露地瓜菜生产基本停止，瓜菜供应主要依靠南菜北运和温室栽培，部分来自贮藏的瓜菜。瓜类中的成熟南瓜、冬瓜、厚皮甜瓜以及佛手瓜等较耐贮藏的品种，通常采用窖藏和自然通风库贮藏等方法贮藏，黄瓜、苦瓜、西葫芦、丝瓜等不耐贮藏的品种，则多采用机械冷库贮藏。

　　由于瓜菜大多以嫩瓜为产品，不耐贮藏，也不便于长距离运输，因此瓜菜主要以就地销售为主，远距离销售对产品包装、运输工具等要求较严格。目前，我国瓜菜主要以国内销售为主，出口蔬菜所占比例还比较低，出口瓜菜主要有黄瓜汁、南瓜汁、乳黄瓜罐头、保鲜冬瓜等，出口的品种类型还比较少。

　　瓜菜种类繁多，风味各异，适合进行加工增值。目前，瓜菜加工品种主要有黄瓜汁、南瓜汁、西瓜汁等汁制品；乳黄瓜、腌冬瓜等腌制品；南瓜粉、苦瓜粉等粉制品；甜瓜脯、冬瓜脯等糖制品；苦瓜茶、丝瓜茶等茶制品等。瓜菜加工品的市场需求量逐年扩大，发展前景广阔。

我国瓜菜生产发展趋势概括如下：将形成以农业合作社或生产基地为基本单位的瓜菜专业生产区；以日光温室、塑料大棚为主体的设施瓜菜生产将成为专业化生产的重要形式，传统的露地瓜菜生产形式将逐渐减少；从土壤选择、品种选用、生产管理到产品收获等一系列过程均执行规范的生产标准；除了传统的瓜菜品种生产外，以观赏为目的的观赏瓜菜栽培、以生食为目的的水果瓜菜栽培、以加工为目的的加工瓜菜栽培等市场价值较高的瓜菜栽培，也将在一定范围内逐渐扩大种植规模。

# 一、黄瓜生产技术

黄瓜，也叫青瓜、胡瓜、刺瓜，葫芦科一年生草本植物。黄瓜栽培历史悠久，种植广泛，是世界性蔬菜。黄瓜含有丰富的营养，包括维生素 C、胡萝卜素和钾，还含有能够抑制癌细胞繁殖的成分，具有清热利水、解毒消肿、生津止渴等功效。另外，黄瓜富含维生素 E 和黄瓜酶，具有润肤、抗皮肤衰老等作用，被很多护肤品广为应用。黄瓜在我国从南到北均有栽培，除冬季严寒的东北地区外，其他大部分地区利用设施栽培可达到周年生产与供应。

## （一）建立生产基地

黄瓜生产基地的基本要求是：

1. 生产基地应远离工矿区和公路、铁路干线，避开工业和城市污染的影响，

2. 产地空气环境质量、农田灌溉水质质量以及土壤环境质量均应符合 NY/T391－2000 标准要求。

3. 土壤肥力应达到 NY/T391－2000 规定的二级以上标准。

4. 种植地块的适宜土壤 pH 值 5.7～7.2，以 pH 值 6.0 左右为最适。

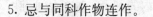

5. 忌与同科作物连作。

## （二）黄瓜露地生产技术

**1. 茬口安排**　露地黄瓜栽培可根据当地的气候条件排开播种，以满足市场需求，一般可分为春茬、夏茬和秋茬。春茬一般在晚霜后定植，盛夏供应市场；夏茬一般在当地的夏季播种，主要供应期为秋季；秋茬一般在当地早霜期前 100 天左右播种，主要供应当地秋淡季。见表 45。

**表 45　我国北方部分地区露地黄瓜生产茬口安排**

| 地区 | 茬口 | 播种期（月/旬） | 定植期（月/旬） | 收获期（月/旬） |
|---|---|---|---|---|
| 哈尔滨、呼和浩特 | 春茬 | 4/上～4/下 | 6/上～6/下 | 6/下～8/上 |
| 沈阳、太原、乌鲁木齐 | 春茬 | 3/下～4/上 | 5/中～5/下 | 6/上～7/中 |
| | 秋茬 | 6/中～7/上 | 直播 | 8/上～9/上 |
| 北京、济南、郑州、西安 | 春茬 | 3/上～4/上 | 4/下～5/中 | 5/中～7/中 |
| | 秋茬 | 6/中～7/下 | 直播 | 7/下～9/下 |

**2. 选择品种和种子**

（1）品种选择　选用品种应与栽培条件、消费习惯相适应，新引进品种应先进行小面积试种。

①春茬品种选择　应选择耐低温，坐瓜节位低，节成性好，抗病，特别是抗霜霉病的早中熟品种。适宜露地春茬栽培的品种有津绿 5 号、津优 40 号、中农 10 号、鲁春 26 号、豫黄瓜 1 号、吉杂 3 号等。

②夏茬品种选择　应选择耐高温、耐强光、耐涝、抗病、优质高产的品种。适宜露地夏茬栽培的品种有津绿 4 号、津优 4 号、中农 16 号、鲁黄瓜 2 号、豫黄瓜 1 号等。

③秋茬品种选择　应选择耐热又抗寒、耐涝、抗病、高产、生长势强、品质好的中晚熟品种。适宜露地秋茬栽培的品种有津优 40、津绿 5 号、秋丰，等。

(2) 种子质量要求　选择2年内的种子。种子品种纯度不低于95%，品种净度不低于99%，种子发芽率不低于90%，种子含水量不高8%。

**3. 育苗**　春茬黄瓜一般日历苗龄30～40天，生理苗龄3叶1心；夏茬育苗以小苗定植为宜，一般日历苗龄15～20天，具有2叶1心；秋茬多采取直播，不育苗。

露地春茬栽培选择阳畦、塑料拱棚苗床或电热温床育苗；夏、秋茬栽培选择地势高燥、排水和通风良好的地块建造苗床，苗床上搭建遮荫、防虫、防雨棚。

(1) 配制营养土　选择肥沃田土、充分腐熟的有机肥，按照5份土、5份有机肥，或6份土、4份有机肥，再加入适量膨化鸡粪、草木灰及化肥，以及适量的杀菌、杀虫剂，充分混合均匀后装入营养钵、纸袋或塑料筒中。

(2) 种子处理　剔除瘪籽、破碎籽及杂质等，用55～60℃热水浸泡12～15分钟后，加凉水降温到25～30℃浸泡4～6小时。捞出种子，控干水后在25～30℃温度下催芽，70%以上的种子出芽后播种。

(3) 播种　浇足底水，点播，覆土厚度1.5厘米左右。每亩用种量100～150克。

(4) 苗床管理　播种后昼夜保持25～30℃。子叶出土到第1片真叶露心，逐渐加大通风量，降低温度和湿度，白天气温20～25℃，夜间15℃左右，地温18℃左右。要防止出苗不齐、"戴帽"出土、烂种、猝倒病等现象的发生。

苗期进行2～3次覆土，选择叶片上没有水珠时进行，每次覆土约1厘米。苗床缺水要及时补充，不追肥或根据幼苗长势喷施1～2次叶面肥。及时防止沤根、徒长、病害等现象的发生。

夏季育苗期间夜温高，日照时间长，不利于雌花分化和形成，通常需要于一叶一心时喷洒120毫克/升浓度的乙烯利，一周后重复一次。

定植前 1 周进行，逐渐加大通风量，直至揭除全部覆盖物。采用营养土块育苗的要割坨、晒坨，采用容器育苗的要倒钵。一般不浇水，个别植株干旱时可稍喷些水，定植前一天苗床浇透水。

**4. 定植**　春茬一般在晚霜过后，日平均气温稳定在 15℃，10 厘米地温稳定在 12℃以上时定植，应选择晴朗无风天气进行。其它茬次按照当地茬口安排和气候条件适期直播或育苗移栽。

（1）整地做畦　前茬作物收获后及时清园。每亩施入充分腐熟的优质农家肥 5000 千克或堆肥土杂肥 7500 千克，腐熟鸡粪 3～4 米³，碳酸氢铵 50 千克，过磷酸钙 100 千克，硫酸钾 30 千克。2/3 地面普施，1/3 集中施于定植沟内。地面普施后深翻 25～30 厘米，精细整地。做成高畦，高度 12～15 厘米，夏秋季应稍高。

春茬栽培多采取地膜覆盖，以实现早熟高产，宜选用无色透明地膜，并在做畦前造足底墒；夏茬选用黑色地膜覆盖，能起到防暴雨冲刷、保墒和防杂草等作用。

（2）定植　一般采取大、小行栽培，平均行距 60 厘米左右，株距 25～28 厘米。夏季栽培通常按株行距挖穴，栽完苗后统一浇水。春季通常栽苗后先少量覆土并适当压紧、浇水，等水渗下后再覆土封穴。

定植时选健壮瓜苗定植，淘汰病苗、虫苗、弱苗等，同时尽量不伤根或少伤根。

**5. 田间管理**

（1）肥水管理　定植时浇透水，4～5 天后浇缓苗水，之后中耕，适当蹲苗。根瓜坐住后，进入结果期，伴随气温升高，要逐渐加强追肥浇水。盛瓜期 3～5 天浇 1 次水，1 次清水 1 次肥水，最好有机肥和无机肥交替使用。结瓜后期减少肥水供应。

（2）植株调整

①黄瓜开始抽蔓后搭架，多用人字形架，架高 1.7～2.0 米，

每株1杆,插在离瓜秧8～10厘米处。上架后每隔3～4叶绑蔓1次,绑在瓜下1～2叶处,多采用弯曲绑蔓法,以缩短植株高度。绑蔓要松紧适度,生长势强的瓜蔓比生长势弱的要适当绑紧一些,弯曲程度大一些,绑蔓后使全田瓜秧尽量处在同一高度。绑蔓宜在下午进行。

②以主蔓结瓜为主的品种,要及时摘除下部侧枝,中上部侧枝见瓜后在瓜前留1～2叶摘心。主蔓长满架顶后摘心。

③要及时去除基部老叶、黄叶、病叶等。

**6. 采收**　黄瓜以幼嫩瓜为产品,在适宜条件下,从雌花开放到采收需8～18天。当果实长度和横径达到一定大小,种子和果皮没有变硬前,即可采收。

根瓜采收要早,对生长势弱的植株要早采;生长势强的要晚采,通过采瓜、留瓜来调节植株长势。各种畸形瓜要及早疏除或早采。

采收前一天浇水,次日早晨采收。采收时用剪刀剪下果柄,要轻采轻放,避免机械损伤。

## (三)塑料大棚黄瓜生产技术

**1. 茬口安排**　塑料大棚黄瓜栽培茬次分春茬和秋茬,以春茬栽培效果较好,秋茬栽培期较短,产量偏低。茬口安排见46。

表46　我国北方地区大棚黄瓜生产茬口安排

| 茬口 | 播种期(月/旬) | 定植期(月/旬) | 收获期(月/旬) | 备　注 |
|---|---|---|---|---|
| 春茬 | 2/上～3/上 | 3/上～4/上 | 4～7 | 嫁接或不嫁接 |
| 秋茬 | 6～7 | 直播 | 8～10 | 不嫁接、夏季防雨、遮阳 |

塑料大棚春茬栽培一般在当地晚霜结束前30～40天定植,定植后35天左右开始采收,供应期2个月左右;秋茬一般在当地初霜期前60～70天播种育苗或直播,从播种到采收55天左

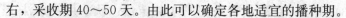

右，采收期 40～50 天。由此可以确定各地适宜的播种期。

**2. 选择品种和种子质量要求**

（1）春茬黄瓜品种选择　应选择耐低温、耐弱光、适应性强、早熟、抗病、丰产的品种。适宜大棚春茬栽培的品种有津优 30 津杂 2 号、中农 7 号、鲁黄瓜 6 号、农大 12 号等。

（2）大棚秋茬品种选择　应选择耐热、抗病、瓜码密、节成性好的品种。适宜大棚秋茬栽培的品种有津优 1 号、冀美 1 号、津春 5 号、中农 12 号、津研 4 号等。

选择 2 年内的种子。种子品种纯度不低于 95％，品种净度不低于 99％，种子发芽率不低于 90％，种子含水量不高 8％。

**3. 育苗**　具体应掌握以下要点：

（1）大棚春茬栽培育苗设施采用春茬用日光温室或温床育苗；秋茬育苗苗床应具有遮光、降温、防雨、防虫等的功能。

（2）采用育苗钵育苗或育苗穴盘无土育苗。

（3）苗期管理上，春茬栽培育苗期正值低温季节，应采取增温和保温措施。为了培育壮苗，并使花芽分化良好，可采取大温差育苗，白天最高气温可达到 35℃，夜间最低气温 13～15℃。定植前 7～10 天要进行低温炼苗，夜间最低温度可逐渐降低到 8～10℃，并适度控水。

秋茬栽培可采用直播，也可育苗移栽。播种期和苗期正值高温多雨季节，应注意遮荫、防雨和防虫。育苗时苗龄宜短，一般以不超过 20 天，幼苗具有 2 叶 1 心为宜。

**4. 定植**

（1）确定定植时期　春茬定植前 15～20 天扣棚，当棚内 10 厘米地温稳定在 12℃以上时即可定植。选晴天上午进行，采用多层覆盖定植期可提前。

（2）整地施肥　每亩施腐熟圈粪 5～6 米³ 或腐熟鸡粪 3～4 米³，磷酸二氢铵 100 千克或腐熟饼肥 200 千克。普施与开沟集中施相结合。做成高畦或垄畦，高度 15～20 厘米。

(3) 定植 春季栽培采用暗水栽苗法，秋季用明水法定植。每亩定植 4500～5000 株。春茬黄瓜定植后用地膜进行地面覆盖。

**5. 田间管理**

(1) 春茬黄瓜管理

①温度与通风管理 缓苗期不放风，缓苗后一般不超过 32℃不放风，当温度降至 25℃时关闭风口，使夜间温度保持在 15℃以上。随着外界气温的逐渐回升，逐渐加大通风量，白天温度 25～35℃，夜间 14～16℃。

②肥水管理 坐瓜前一般不浇水，结瓜期逐渐加大浇水量，盛瓜期 2～3 天浇 1 水，7～10 天追 1 次肥，每次每亩冲施尿素 15～20 千克、磷酸二氢钾 10 千克，或腐熟粪稀 500～1000 千克。

③植株调整 搭人字形架或吊架，及时引蔓、吊蔓或绑蔓、摘除卷须、病叶、黄叶及老叶等。

(2) 秋茬黄瓜管理

①温度与通风管理 初期防高温、强光和雨水冲刷，及早扣棚并加强通风，使棚内温度白天保持在 25～30℃，夜间 20℃左右。当外界气温降低时，加强保温防寒，使大棚内最低温度不低于 10℃，适当通风换气，防止高湿诱发病害。

②肥水管理 结瓜前应少浇水，多中耕；盛瓜期，每 7～10 天浇 1 次水，每次每亩追施复合肥 10～15 千克，或腐熟稀人粪尿 500～750 千克。后期减少浇水，以保持地温。

③植株调整 及早去除下部侧枝，第八叶以上的侧枝可以保留 1～2 个，瓜前留 2 片叶摘心。主蔓生长到接近棚顶时摘心，促生回头瓜。

## (四) 温室黄瓜生产技术

**1. 茬口安排** 北方地区日光温室黄瓜茬口安排见表 47。

表 47　我国北方地区日光温室黄瓜生产茬口安排

| 茬口 | 播种期（月/旬） | 定植期（月/旬） | 收获期（月/旬） | 备注 |
|---|---|---|---|---|
| 秋冬茬 | 7/上～8/上 | 直播 | 10～1 | 不嫁接 |
| 冬春茬 | 9/下～10/上 | 10/中～11/中 | 12～4 | 嫁接栽培 |
| 春　茬 | 12/下～1/下 | 2/上～3/上 | 3～6 | 嫁接或不嫁接 |
| 夏秋茬 | 4/下～5/上 | 直播 | 7～10 | 不嫁接、夏季防雨、遮阳 |

**2. 选择品种和种子质量要求**

（1）冬春茬品种选择　应选择耐低温，耐弱光，抗病，瓜码密，单性结实能力强，瓜条生长速度快，品质佳，商品性好的品种，适宜温室冬春茬栽培的品种有津优 30、津优 35、津优 38、津绿 3 号、博杰 21 号、李氏 21 等。

（2）春茬品种选择　应选择耐低温又耐高温、耐弱光、坐瓜节位低，主蔓可连续结瓜且结回头瓜能力强的品种，适宜温室春茬栽培的品种有津优 30、津优 35、津优 36 津优 38、际洲 3 号、博杰 21 号等。

（3）秋冬茬品种选择　应选择耐热又抗寒、抗病性强的中晚熟品种。适宜温室秋冬茬栽培的品种有津杂 1 号、津优 1 号、津优 11 号、中农 8 号等。

选择 2 年内的种子。种子品种纯度不低于 95%，品种净度不低于 99%，种子发芽率不低于 90%，种子含水量不高 8%。

**3. 嫁接育苗**　多选用黑籽南瓜，也可选择白籽南瓜、南砧 1 号、新土佐、拉-7-1-4 等南瓜品种。

（1）种子处理　用温汤浸种法，黄瓜浸泡 2～4 小时，黑籽南瓜浸泡 4～6 小时。催芽温度 25～30℃。

（2）播种及播后管理　黄瓜采用密集播种法，种子平放，间距 2 厘米，播深 0.5～1 厘米。黑籽南瓜按 2～3 厘米间距密集撒播或点播于育苗钵内，播深 1～1.5 厘米。

足墒播种。播后覆盖地膜保湿、保温。发芽期间保持温度

25～30℃。种子出苗后揭去地膜。多数种子出苗时撒盖一层土或少量喷水护根，并降低温度，白天25℃左右，夜间12～15℃，防止徒长。

靠接法应先播种黄瓜，5～7天后播种黑籽南瓜。适宜的嫁接用苗标准为：黄瓜苗两片子叶充分展开，第1片真叶展开露出大半或初展（也即一叶一心），苗茎粗壮，高度6厘米左右；黑籽南瓜苗两片子叶初展或刚展平，未露尖或刚露小尖（也即真叶

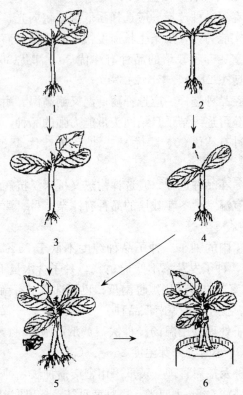

图70　黄瓜靠接过程示意图

1. 适合嫁接的瓜苗　2. 适合嫁接的南瓜苗　3. 黄瓜苗茎削接口

4. 南瓜苗去心、苗茎削接口　5. 黄瓜与南瓜苗茎接口嵌合　6. 接口固定

露尖前后），苗茎高 5 厘米左右。

插接法应先播种南瓜，3～5 天后再播种黄瓜。适宜的嫁接用苗标准为：南瓜苗两片子叶充分展开，第 1 片真叶初展，苗茎高 5 厘米左右；黄瓜苗的两片子叶展开，第 1 片真叶露小尖，苗茎粗壮，高度 3～5 厘米。

（3）嫁接　适宜的嫁接方法主要有靠接法和插接法，以靠接法应用较为普遍。靠接法育苗技术要点：

取南瓜苗，用刀尖切除瓜苗的生长点（也可以用竹签挑除生长点），然后用刀片，在南瓜苗茎的窄一侧（与子叶生长方向垂直的一侧），紧靠子叶（要求刀片的入口处距子叶不超过 0.5 厘米），与苗茎约成 45°的夹角向前削一长 0.8～1.0 厘米的切口，切口深达苗茎粗的三分之二左右。取黄瓜苗，用刀片，在黄瓜苗茎的宽一侧（子叶着生的一侧），距子叶约 2 厘米处与苗茎成 45°左右的夹角向前（上）削切一刀，刀口长与南瓜苗的一致，刀口深达苗茎粗的四分之三左右。把黄瓜苗和南瓜苗的苗茎切口对正、对齐，嵌合插好。黄瓜苗茎的切面要插到南瓜苗茎切口的最底部，使切口内不留空隙。两瓜苗的切口嵌合好后，用塑料夹从黄瓜苗一侧入夹，把两瓜苗的接合部位夹牢。

嫁接结束后，要随即把嫁接苗栽到育苗钵或育苗畦内。栽苗深度是与原土印平或稍浅一些，两瓜苗的根部应相距 0.5～1.0 厘米远。

随嫁接随将苗码入苗床，上用小拱棚覆盖保湿，使苗床内的空气湿度保持在 90％以上，白天温度 25～28℃，夜间温度 20℃左右。白天上盖草苫或遮阳网遮光，第四天开始小量放风，并开始短时间见光，后逐天加长光照时间，每天的适宜光照时间以瓜苗不发生明显萎蔫为标准。嫁接苗成活后到定植前一周，白天温度 20～32℃，夜间温度 12～18℃。嫁接后第 9～10 天，当嫁接苗完全恢复正常生长后，用刀片或剪刀从嫁接部位下把黄瓜苗茎紧靠嫁接部位切断或剪断。嫁接苗断根后，对发生倒伏了的苗，要用枝条、土块、石块等物支持住。另外，南瓜砧在去掉心叶后，其子叶节处的腋芽能够萌发长出侧枝，与黄瓜苗争夺养分，要随长出随抹掉。另外，在湿润、弱光环境下，嫁接苗的黄瓜苗茎上也容易产生不定根，要在不定根扎入土壤前及时抹掉。具体过程见图 70。

黄瓜嫁接苗的苗龄不宜过长，以嫁接苗充分成活，第 3 片真叶完全展开后定植为宜。

### 4. 定植

（1）整地施肥　冬春茬要一次施足基肥，并以有机肥为主。结合深耕一般每亩施入优质厩肥 8 米³ 左右或纯鸡粪（蛋鸡粪）5 米³ 左右，饼肥 100～200 千克，豆粉或玉米粉 100～200 千克，三元复合肥 100 千克，整地前撒施 2/3，1/3 集中施于定植沟内。由于底肥用量大，要求有机肥充分腐熟，且施肥后土壤深翻细耙，使土、肥混合均匀，否则易造成烧根。

（2）做畦　采用南北向垄畦、大小行栽培（如图 71 所示），大行距 70～80 厘米，小行距 40～50 厘米，垄高 15 厘米左右。

（3）定植　株距 25～28 厘米，前密后稀，中间平均。

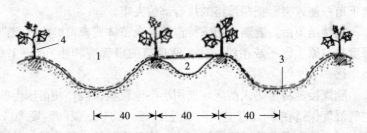

图 71　黄瓜小高垄大小行距定植（单位：厘米）
1. 宽垄沟　2. 窄垄沟　3. 地膜　4. 黄瓜苗

选晴天定植。在垄上开沟，按株距摆苗，把苗坨埋上一部分土，在定植沟内浇足水，水渗下后培垄，小行中间形成暗灌水沟，定植后进行地膜覆盖。

为使整个温室内植株长势整齐一致，定植时应分级栽苗，大苗栽到温室的东、西部和前部，小苗集中到温室中部。每一行应大苗在前，小苗在后，一般苗居中。

**5. 田间管理** 以日光温室冬春茬为例。

（1）温度管理 定植后密闭保温，白天温度控制在 35～38℃，夜间 20℃以上；缓苗后加强通风，白天保持在 28～32℃，夜间 15℃以上。结瓜期上午温度 25～35℃，超过 35℃放风，下午温度 20～22℃，降到 20℃时盖苫，前半夜温度维持在 18～15℃，后半夜 15～12℃，早晨揭苫前不低于 8～10℃。

（2）浇水管理 结瓜后开始浇水，严冬季节一般每 15 天左右浇 1 次，选在晴暖的上午进行，采用膜下暗灌法或滴灌。春季一般每 7～10 天浇 1 次，大小行均浇，浇水后注意放风排湿。结瓜中、后期，一般每 5～7 天浇 1 次。

（3）追肥管理 结瓜后开始追肥。冬季每 15 天追 1 次肥，春季每 10 天左右追 1 次肥，拉秧前 30 天不追肥或少量追肥。采取小垄沟内冲肥法施肥，交替冲施化肥和有机肥。化肥主要用硝酸钾、尿素、磷酸二氢钾等，每亩每次用量 20～25 千克。有机肥主要用饼肥、鸡粪的沤制液等。结瓜盛期交替喷施丰产素、爱多收、叶面宝、0.1%磷酸二氢钾等叶面肥。

（4）光照管理 晴天及早揭苫见光，阴天可适当晚揭早盖；采用地膜覆盖、张挂反光幕、人工补光等措施，增加室内的有效光照。

（5）植株调整

①整枝 主蔓坐瓜前，基部长出的侧枝应及早抹掉，坐瓜后长出的侧枝，在第 1 雌花前留 1 叶摘心。

②吊蔓、落蔓 及时吊绳引蔓，每 3～5 天引蔓一次。引蔓的同时摘除雄花、卷须、老叶、病叶等。

当瓜蔓长到绳顶后落蔓，落蔓的高度以功能叶不落地为宜，并形成北高南低的梯度。

## （五）采收，分级，包装，储运

**1. 采收** 采收的适期为瓜条基本长成，顶花带刺。

在上部植株的瓜坐稳后及时采摘根瓜，前期 2～3 天一次，盛瓜期 1～2 天一次。

根瓜采收要早，对生长势弱的植株要早采；生长势强的要晚采，通过采瓜、留瓜来调节植株长势。采收前一天浇水，次日早晨采收。采收时用剪刀剪下果柄，要轻采轻放，避免机械损伤。

生长期施过化学合成农药的黄瓜，采收前 1～2 天必须进行农药残留生物检测，合格后及时采收，分级包装上市。

**2. 分级** 黄瓜果实的等级划分标准参见 NY-T1587—2008（表 48）。

**表 48 黄瓜等级规格（NY-T1587—2008）**

| 等级 | 要　求 |
|------|--------|
| 特级 | 具有该品种特有的颜色，光泽好；<br>瓜条直，每 10 厘米长的瓜条弓形高度≤0.5 厘米；<br>距瓜把端和瓜顶端 3 厘米处的瓜身横径与中部相近，横径差≤0.5 厘米；<br>瓜把长占瓜总长的比例≤1/8；<br>瓜皮无因运输或包装而造成的机械损伤。 |
| 一级 | 具有该品种特有的颜色，有光泽；<br>瓜条较直，每 10 厘米长的瓜条弓形高度>0.5 厘米且≤1 厘米；<br>距瓜把端和瓜顶端 3 厘米处的瓜身横径与中部相近，横径差≤1 厘米；<br>瓜把长占瓜总长的比例≤1/7；<br>允许瓜皮有因运输或包装而造成的轻微损伤。 |
| 二级 | 基本具有陔品种特有的颜色，有光泽；<br>瓜条较直，每 10 厘米长的瓜条弓形高度>1 厘米且≤2 厘米；<br>距瓜把端和瓜顶端 3 厘米处的瓜身横径与中部相近，横径差≤2 厘米；<br>瓜把长占瓜总长的比例≤1/6；<br>允许瓜皮有少量因运输或包装而造成的轻微损伤，但不影响果实的贮藏性。 |

**3. 包装** 用于产品包装的容器如塑料箱、纸箱等应按产品的大小规格设计，同一规格应大小一致，整洁、干燥、牢固、透气、无污染、无异味，内壁无尖突物，无虫蛀、腐烂、霉变等，纸箱无受潮、离层现象。包装应符合：NY/T658的要求。

按产品的品种、规格分别包装，同一件包装内的产品应摆放整齐紧密。每批产品所用的包装、单位质量应一致。

包装上应明确标明绿色食品标志。

每一包装上应标明产品名称。

**4. 运输与贮存** 运输前应进行预冷。运输过程中注意防冻、防雨淋、防晒、通风散热。

贮存时应按品种、规格分别贮存。贮存的适宜温度为 $10 \sim 13℃$，适宜湿度 $90\% \sim 95\%$。

库内堆码应保证气流均匀流通。

## 二、西瓜生产技术

西瓜属葫芦科一年生草本植物，原产非洲。西瓜在我国又叫水瓜、寒瓜、夏瓜，因在汉代从西域引入，故称"西瓜"。西瓜味道甘甜多汁，清爽解渴，是盛夏的佳果，既能祛暑热烦渴，又有很好的利尿作用，因此有"天然的白虎汤"之称。西瓜除不含脂肪和胆固醇外，几乎含有人体所需的各种营养成分，是一种富有营养，纯净，食用安全的食品。我国西瓜栽培广泛，除少数边远寒冷地区外，国内各地均有种植。除冬季严寒的北方外，其余大部分地区利用温室、大棚等可进行西瓜周年栽培和供应。

### （一）建立生产基地

1. 选择无污染和生态条件良好的地域建立生产基地。生产基地应远离工矿区和公路、铁路干线，避开工业和城市污染的影响。

2. 产地空气环境质量、农田灌溉水质质量以及土壤环境质量均应符合 NY/T391—2000 标准要求。

3. 土壤肥力应达到 NY/T391—2000 规定的二级以上标准。

4. 要选择土层深厚、排灌方便、地力肥沃、疏松透气的沙壤土或壤土。

5. 种植地块的适宜土壤 pH 值 5～7。

## (二) 嫁接育苗

选择塑料大棚或塑料日光温室内加扣小拱棚进行育苗，最好采用电热温床育苗。砧木有瓠瓜、南瓜、冬瓜和野生西瓜，以瓠瓜和白籽南瓜应用最多。

**1. 配制营养土与装钵**　选择未种过瓜类蔬菜的菜园土 6～7 份、充分腐熟的有机厩肥 3～4 份，过筛后混合，加入氮磷钾三元复合肥 1.5～2 千克/米³。

将营养土混合均匀后装入口径 8～10 厘米的塑料营养钵中。

**2. 种子处理**　播前选晴天晒种 2～3 天，再进行热水浸种和药剂消毒。西瓜种子浸泡 8 小时，葫芦种子浸泡 10 小时左右，捞出后，用干净湿布包好放于 30℃左右的环境下催芽，大部分种子露白时播种。

用无籽西瓜做接穗时，由于种子发芽困难，出苗率低，催芽前要进行人工破壳处理，催芽温度比普通西瓜稍高，苗期温度也要高于普通西瓜 3～4℃。

**3. 播种及播后管理**　采用插接法时，葫芦砧较西瓜早播 7～8 天，南瓜砧早播 2～3 天。砧木直接播在浇透水的育苗钵中，深 2 厘米。西瓜密集播种于苗床中，种子间距 2 厘米左右。出苗前温度保持 25～30℃，夜间 20℃左右。苗齐后白天 25℃左右，夜间 15℃左右。

当西瓜子叶充分展开，第 1 片真叶未露出或初露，苗高3～4厘米，砧木第 1 片真叶初展，苗高 4～5 厘米时为嫁接适期。

无籽西瓜易带种壳出土，应及时去壳。

**4. 嫁接**　多采用插接法。

将砧木苗苗连同育苗钵一起从苗床中搬出。挑去砧木苗的真叶和生长点，然后用竹签在苗茎的顶面紧贴一子叶，沿子叶连线的方向，与水平面呈 45°左右夹角，向另一子叶的下方斜插一孔，插孔长 0.8～1 厘米，深度以竹签刚好刺顶到苗茎的表皮为适宜。

西瓜苗要连根带土从苗床中起出，每次的起苗量应不超过 20 株。用刀片在子叶的正下方一侧、距子叶 0.5 厘米以内处，斜削一刀，把苗茎削成单斜面形。

把西瓜苗茎切面朝下插入砧木苗茎的插孔内。西瓜苗茎要插到砧木苗茎插孔的尽底部，使插孔底部不留空隙。插接好后随即把嫁接苗放入苗床内，并对苗钵进行点浇水，同时还要将苗床用小拱棚扣盖严实保湿。

西瓜插接法嫁接的具体过程见示意图 72 所示。

**5. 嫁接后管理**　嫁接结束后，用小拱棚覆盖苗床保温、保湿，使苗床内的空气湿度保持在 90％

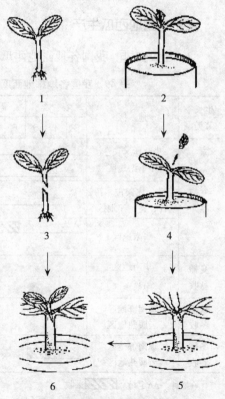

图 72　西瓜插接过程示意图
1. 适合插接的西瓜苗　2. 适合插接的砧木苗
3. 西瓜苗茎削切　4. 砧木苗去心
5. 砧木苗插孔　6. 接口嵌合

以上，白天温度 25～28℃，夜间温度 20℃左右。白天上盖草苫或遮阳网遮光，第四天开始小量放风，并开始短时间见光，后逐天加长光照时间，每天的适宜光照时间以瓜苗不发生明显萎焉为标准。

嫁接苗成活后到定植前一周，白天温度 20～32℃，夜间温度 12～18℃。

育苗过程中，南瓜砧在去掉心叶后，其子叶节处的腋芽能够萌发长出侧枝，与西瓜苗争夺养分，要随长出随抹掉。

## （三）露地西瓜生产

**1. 茬口安排**　我国各地露地西瓜生产茬口安排见表 49。

表 49　我国各地露地西瓜生产茬口安排

| 生长季节类型 | 地　区 | 春　季 | | | 夏　季 | | | 秋　季 | | | 冬　季 | | |
|---|---|---|---|---|---|---|---|---|---|---|---|---|---|
| | | 3 | 4 | 5 | 6 | 7 | 8 | 9 | 10 | 11 | 12 | 1 | 2 |
| 春播夏收 | 华北地区长江中下游地区 | | | | | | | | | | | | |
| | 东北、内蒙古、新、甘、青、宁地区 | | | | | | | | | | | | |
| | 华南地区 | | | | | | | | | | | | |
| 夏播秋收 | 华南地区 | | | | | | | | | | | | |
| | 中部地区 | | | | | | | | | | | | |
| 秋播冬收 | 琼南部地区云暖热地区 | | | | | | | | | | | | |
| 冬播春收 | 琼南部地区云暖热地区 | | | | | | | | | | | | |

••播种　△△定植　▨▨▨采收

**2. 选择品种和种子质量要求**

根据栽培目的和销往地区的消费习惯，选择抗逆性强、高产、优质的品种。早熟品种有京欣 1 号、郑抗 7 号、郑抗 8 号、世纪春蜜等；中熟品种有开杂 12 号、庆发 8 号、西农 8 号、金钟冠龙、郑抗无籽 3 号、郑抗无籽 5 号等。

选择 2 年内的种子。种子品种纯度不低于 96%，品种净度不低于 99%，种子发芽率不低于 90%，种子含水量不高 8%。

### 3. 定植

（1）确定定植期和密度　当 10 厘米地温稳定在 15℃ 以上时定植，应选择晴朗无风天气进行。中熟品种一般株距 0.4～0.5 米，每亩栽植 800～1000 株，早熟栽培、单蔓整枝及肥力差时可适当密植；晚熟栽培、多蔓整枝及肥力强时适当稀植。无籽西瓜生长势强，应适当稀植，一般每亩栽植 400～500 株。

无籽西瓜生长势强，茎叶繁茂，应适当稀植。一般每亩栽植 400～500 株。同时要间种普通西瓜品种作为授粉株，一般 3 行或 4 行无籽西瓜间种 1 行普通西瓜。授粉品种宜选用种子较小、果实皮色不同于无籽西瓜的当地主栽优良品种，较无籽西瓜晚播 5～7 天，以保证花期相遇。

（2）整地施肥　前茬收获后进行深耕、晒垡，耕深 30 厘米以上，随耕每亩普施厩肥 3～5 米³，之后挖瓜沟集中施入饼肥 100～150 千克、硫酸钾复合肥 30～40 千克（西瓜忌氯肥）。瓜沟深 40 厘米左右、宽 50～60 厘米。

施肥后平沟起垄畦，高 12～15 厘米、宽 50～60 厘米，覆宽 70～80 厘米的地膜。早熟品种垄距为 1.5～1.8 米，中晚熟品种垄距 1.8～2.0 米。

（3）定植　夏季栽培通常按株行距挖穴，栽完苗后统一浇水。春季通常栽苗后先少量覆土并适当压紧、浇水，等水渗下后再覆土封穴。

定植时选健壮瓜苗定植，淘汰病苗、虫苗、弱苗等，同时尽量不伤根或少伤根。

### 4. 田间管理

（1）浇水　定植 3～4 天后浇缓苗水，伸蔓后浇 1 次小水，之后多中耕，少浇水。坐瓜后即谢花后 5～6 天浇 1 次催瓜水，之后再浇 1～2 次水，以促进果实膨大。采收前停止浇水。

（2）追肥　缓苗后每亩施尿素 5 千克，沿主蔓一侧开沟浅施，施后及时覆土浇水。伸蔓初期每亩施尿素 7～10 千克，硫酸钾 3～5 千克，沿主蔓一侧距根 30～35 厘米处开沟施肥，沟深 10～15 厘米，施后覆土浇水。当田间大部分植株已坐果，幼果鸡蛋大小时，在瓜畦一侧距根 40～50 厘米处开沟施肥，每亩施尿素 10～15 千克，硫酸钾 5～6 千克，也可顺水冲施人粪尿 500 千克。坐瓜后约 15 天，当瓜直径达 15～25 厘米时追施第 2 次，每亩追施尿素 5～10 千克，硫酸钾 5～6 千克，或氮磷钾三元复合肥 10～15 千克。

（3）整枝　早熟品种密植早熟栽培多采用双蔓整枝法，中、晚熟品种高产栽培多采用三蔓整枝法。

双蔓整枝法：除主蔓外，在植株基部再选留 1 健壮侧蔓，其余侧蔓全部去除。多用于三蔓整枝法：除主蔓外，在基部再选留 2 条健壮侧蔓，其余去除，多用于中、晚熟品种高产栽培（见图 73）。

1             2

图 73　西瓜整枝方式
1. 双蔓整枝　2. 三蔓整枝

（4）倒秧和盘条　当主蔓长 20～40 厘米时进行倒秧。在瓜苗南侧用瓜铲挖深、宽各 5 厘米的小沟，并将根茎四周的土铲松，扭转瓜苗，轻轻向南压倒，放置沟内，再将根际表土整平，在瓜秧北侧的根茎处，用湿土封成半圆形小土堆，并压紧实。

倒秧后，当主蔓长至 40～60 厘米时进行盘条，将主蔓和侧

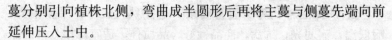

蔓分别引向植株北侧，弯曲成半圆形后再将主蔓与侧蔓先端向前延伸压入土中。

（5）压蔓　主要有明压和暗压两种方法。

明压：即把蔓拉直，隔一定距离在瓜蔓上压一块土，或用长8～10厘米的树枝折成"∧"形卡在蔓上。

暗压：即顺蔓的走向，挖一长8～10厘米的浅沟，把蔓放入沟内用土压紧。

从压蔓开始，主蔓每4～6节压1次，共压3～4次，结瓜处前后2节不压。嫁接栽培应采取明压。

（6）留瓜护瓜　普通品种一般选留第2、3雌花留瓜，约在15～20节。无籽西瓜一般多选留主茎上第三雌花（第二十节左右）留瓜。在雌花盛开时进行人工辅助授粉，先将雄花摘下，去掉花瓣，将花药在雌蕊柱头上均匀涂抹。授粉时间应掌握在晴天上午9：00时前完成，阴天可适当延后。

在果实拳头大小时，将瓜后蔓上压的土块去掉或将压入土中的蔓提出，使茎蔓放松。松蔓后，将主蔓先端从瓜柄处曲转，使瓜柄顺着瓜蔓向前延伸，将瓜下的土面拍成斜坡，把幼瓜顺放在坡上，瓜下垫草圈、麦秸或细土。

当瓜定个后开始翻瓜，每3～5天翻1次，选择晴天午后进行，要顺着瓜蔓朝一个方向翻转，共翻3～5次。在采收前几天，可将瓜竖起。

### （四）塑料大棚西瓜生产技术

**1. 茬口安排**　大棚西瓜栽培主要有春茬和秋茬。春茬塑料大棚单层覆盖一般较当地露地西瓜提早20～30天定植，大棚内套盖小拱棚还可提早10～15天，小拱棚上加盖草苫还可再提早10～15天。秋茬栽培应保证大棚内的适宜生长时间100～120天。

西瓜忌连作，应与大田作物或其他非瓜类蔬菜轮作4～6年。设施内连作时，应采取嫁接栽培，并加强病虫害预防。

**2. 选择品种和种子质量要求** 选用熟性较早，果型中等，耐低温，耐弱光，抗病，商品性好，品质佳，适宜嫁接栽培的品种；以外销为主时，应选择耐运输、耐存放的中晚熟品种，可优先选择无籽西瓜。

选择 2 年内的种子。种子品种纯度不低于 96%，品种净度不低于 99%，种子发芽率不低于 90%，种子含水量不高 8%。

**3. 定植**

（1）定植期确定 在大棚内 10 厘米土层温度稳定在 13℃以上，最低气温稳定在 5℃以上时为安全定植期。若采用大棚加小棚加草苫或大棚加双拱棚加草苫等多层覆盖形式，定植期可提前。

（2）整地做畦 定植前 15～20 天扣棚，土壤解冻时开始整地施肥。

每亩参考施肥量为：优质纯鸡粪 3～4 米³、饼肥 100～200 千克、优质复合肥 50 千克、硫酸钾 50 千克、钙镁磷肥 100 千克、硼肥 1 千克、锌肥 1 千克。在整平的地面上，开深 50 厘米、宽 1 米的沟施肥。挖沟时将上层熟土放到沟边，下层生土放到熟土外侧。把一半捣碎捣细的粪肥均匀撒入沟底，然后填入熟土，与肥翻拌均匀，剩下的粪肥与钙镁磷肥、微肥以及 70% 左右的复合肥随着填土一起均匀施入 20 厘米以上的土层内。施肥后平好沟，最后将施肥沟浇水，使沟土充分沉落。其余的肥料在西瓜苗定植时集中穴施。

采用高畦，南北延长，爬地或支架栽培，如图 74 所示。

（3）定植 选晴天上午定植。按株距挖穴、浇水，水渗后将营养土坨埋入穴内，使坨与地表平齐。

（4）定植密度 根据栽培方式确定定植密度。

①支架或吊蔓栽培采用大小行定植，大行距 1.1 米、小行距 0.7 米，早熟品种株距为 0.4 米、中熟品种 0.5 米，每亩定植株数分别为 1500～1800 株和 1300～1500 株。

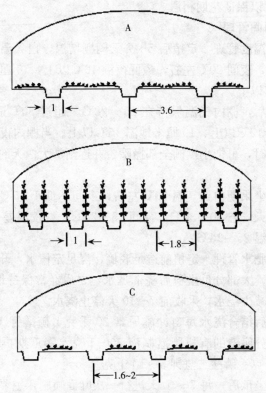

图74 大棚西瓜栽培方式与栽培畦（单位：米）
A. 大小行距栽培  B. 支架栽培  C. 等行距栽培

②爬地栽培 中早熟品种可按等行距1.6～1.8米或大行距2.8～3.2米、小行距0.4米，株距0.4米栽苗，每亩定植900～1000株；中熟品种可按等行距1.8～2米或大行距3.4～3.8米、小行距0.4米，株距0.5米栽苗，每亩定植600～800株。

③无籽西瓜生长势强，茎叶繁茂，应适当稀植一般每亩栽植400～500株。同时要间种普通西瓜品种作为授粉株，一般3行或4行无籽西瓜间种1行普通西瓜。授粉品种宜选用种子较小、果实皮色不同于无籽西瓜的当地主栽优良品种，较无籽西瓜晚播

5～7天，以保证花期相遇。

**4. 田间管理**

（1）温度管理　定植后5～7天闷棚增温，白天温度保持在30℃左右，夜间20℃左右，最低夜温10℃以上，10厘米地温维持在15℃以上。

缓苗后，棚内气温保持在25～28℃，超过30℃适当放风，夜间温度12℃以上，10厘米地温15℃以上。当棚内夜温稳定在15℃以上时，可把小拱棚全部撤除，并逐渐加大白天的放风量和放风时间。

开花坐果期白天气温30℃左右，夜间不低于15℃。瓜开始膨大后白天气温30～32℃，夜间15～25℃，昼夜温差保持10℃左右，地温25～28℃。

（2）肥水管理　定植前造足底墒，浇足定植水，开始甩蔓时浇促蔓水，大部分瓜坐稳后浇催瓜水，之后经常保持地面湿润。生长后期减少浇水，采收前7～10天停止浇水。

坐瓜后结合浇水每亩冲施尿素20千克、硫酸钾10～15千克，或充分腐熟的有机肥沤制液800千克。膨瓜期再冲施尿素10～15千克、磷酸二氢钾5～10千克。

开花坐瓜后，每7～10天进行一次叶面喷肥，主要叶面肥有0.1%～0.2%尿素、0.2%磷酸二氢钾、丰产素、1%复合肥浸出液以及1%红糖或白糖等。

（3）整枝　双蔓整枝或三蔓整枝

（4）引蔓、吊蔓　当蔓长到50厘米左右时引蔓，选晴暖天气进行，引蔓后用细枝条卡住，使瓜秧按要求的方向伸长。采用吊蔓栽培时，当茎蔓开始伸长后及时吊绳引蔓。

（5）人工授粉与留瓜　授粉在开花的当天上午6：00～9：00时授粉，阴雨天适当延后。每株瓜秧主蔓上的第1～3朵雌花和侧蔓上的第1朵雌花都要进行授粉。普通品种选留主蔓第2雌花坐瓜，无籽西瓜选留主茎上第三雌花留瓜。每株留1个瓜，其它作为后备瓜。

（6）瓜的管理

①吊蔓栽培时要进行吊瓜或落瓜，即当瓜长到 500 克左右时，用草圈从下面托住瓜或用纱网袋兜住西瓜，吊挂在棚架上，以防坠坏瓜蔓；或将瓜蔓从架上解开放下，将瓜落地，瓜后的瓜蔓在地上盘绕，瓜前瓜蔓继续上架。

②西瓜果实本身具有光合作用，同时充足的光照有利于果实充分着色，提高品质。因此，瓜要尽量放到架的外侧（南北向延长大棚）或南侧（东西向延长大棚）。同时，当瓜定个后开始翻瓜，每 3～5 天翻 1 次，选择晴天午后进行，要顺着瓜蔓朝一个方向翻转，共翻 3～5 次，使瓜表面均匀见光。

③生产方形西瓜时，在瓜长到拳头大小时，上模。模具为方形无色玻璃容器，根据所选品种的果实大小确定规格，目前多选用长 40 厘米、宽 25 厘米的模具（大小可调节）。在模具的压力下，西瓜变为方形，后再适当调宽模具，如此进行 2～3 次，可长出色泽均匀、瓜形端正的方形西瓜。西瓜七成熟时撤除模具。

## （五）采收

**1. 采收标准**　一般早熟品种从雌花开放到成熟需要 30 天左右，中熟品种 35 天左右，晚熟品种 40 天以上。

成熟瓜判断标准：留瓜节附近的几节卷须变黄或枯萎，瓜皮变亮、变硬，底色和花纹色泽对比明显，花纹清晰，呈现出老化状；瓜的花痕处和蒂部向内明显凹陷，瓜梗扭曲老化，基部的茸毛脱净；以手托瓜，拍打发出较浑浊声音。

**2. 采收要点**　就地供应时，一般采收九成熟瓜。外销或贮藏时，一般采收八成熟瓜。

采收时间以上午或傍晚为宜。采收时用剪刀剪断瓜柄，并保留一段瓜柄，准备贮藏的西瓜，采收时保留坐瓜前后各一节枝蔓。

## （六）采后处理

**1. 整理**　剔除畸形果、杂果和有虫痕、病斑和机械伤痕的果实。

**2. 分级**　目前,国内除了无籽西瓜外(GB/T 27659—2011 无籽西瓜分等分级,表 50),尚没有统一的普通西瓜分级标准,只有少量针对特定品种的分级标准。具体分级可参考已有标准进行。

### 表 50　无籽西瓜分级标准

1. 感官标准

| 项目 | 等级 | | |
|---|---|---|---|
| | 特等 | 一等 | 二等 |
| 基本要求 | 果实端正良好、发育正常,果面洁净、新鲜、无异味、为非正常外部潮湿,具有耐贮或市场要求的成熟度 | 果实端正良好、发育正常,新鲜清洁、无异味、为非正常外部潮湿,具有耐贮或市场要求的成熟度 | 果实端正良好、发育正常,新鲜清洁、无异味、为非正常外部潮湿,具有耐贮或市场要求的成熟度 |
| 果形 | 端正,具有本品种典型特征 | 端正,具有本品种基本特征 | 具有本品种的基本特征,允许有轻微偏缺,不得有畸形 |
| 果肉底色和条纹 | 具有本品种应有的底色和条纹,且底色均匀一致,条纹清晰 | 具有本品种应有的底色和条纹,且底色比较均匀一致,条纹比较清晰 | 具有本品种应有的底色和条纹,允许底色有轻微差别,底色和条纹的色泽稍差 |
| 剖面 | 具有本品种适度成熟时固有色泽,质地均匀一致,无硬块、无空心、无白筋,秕子少而白嫩,无着色秕子 | 具有本品种适度成熟时固有色泽,质地基本均匀一致,无硬块、无白筋,单果着色秕子数少于 5 个 | 具有本品种适度成熟时固有色泽,质地均匀性稍差,允许有少量硬块、无明显白筋,允许轻度空心,单果着色秕子数少于 10 个 |
| 正常种子 | 无 | 无 | 1～2 粒 |
| 着色秕子 | 纵剖面不超过 1 个 | 纵剖面不超过 2 个 | 纵剖面不超过 3 个 |

（续）

| 项目 | | 等级 | | |
|---|---|---|---|---|
| | | 特等 | 一等 | 二等 |
| 白色秕子 | | 个体小，数量少，籽软 | 个体中等，数量少，或数量中等，个体小 | 个体和数量均为中等，或个体较大但数量少，或个体小但数量较多 |
| 口感 | | 汁多、质脆、爽口、纤维较少、风味好 | 汁多、质脆、爽口、纤维较少、风味好 | 汁多、果实肉质较脆、果肉纤维较多，无异味 |
| 单果重量 | | 具有本品种单果重量，大小均匀一致，差异<10% | 具有本品种单果重量，大小较均匀一致，差异<20% | 具有本品种单果重量，大小差异<30% |
| 果面缺陷 | 硬压伤 | 无 | 允许总数5%的果有轻微碰压伤，且单果损伤总面积不超过5厘米² | 允许总数10%的果有轻微碰压伤，且单果损伤总面积不超过8厘米²，外表皮有轻微变色，但不伤及果肉 |
| | 刺磨划伤 | 无 | 允许总数5%的果有轻微损伤，且单果损伤总面积不超过3厘米² | 允许总数10%的果有轻微伤，且单果损伤总面积不超过5厘米²，果皮无损伤流汁现象 |
| | 雹伤 | 无 | 无 | 允许有轻微雹伤，单果损伤总面积不超过3厘米²，且伤口已愈合良好 |
| | 日灼 | 无 | 允许5%的果实有轻微日灼，且单果损伤总面积不超过5厘米² | 允许10%的果实有轻微日灼，且单果损伤总面积不超过10厘米² |
| | 病虫斑 | | | 允许愈合良好的病、虫斑，总面积不超过5厘米²，不得有正感染的病斑 |

（续）

2. 理化指标

| 项目 | 分类 | 等级 | | |
|---|---|---|---|---|
| | | 特等 | 一等 | 二等 |
| 近皮部可溶性固形物含量（%） | 大果型 | ≥8.0 | ≥7.5 | ≥7.0 |
| | 中果型 | ≥8.5 | ≥8.0 | ≥7.5 |
| | 小果型 | ≥9.0 | ≥8.5 | ≥8.0 |
| 中心可溶性固形物含量（%） | 大果型 | ≥10.5 | ≥10 | ≥9.5 |
| | 中果型 | ≥11 | ≥10.5 | ≥10 |
| | 小果型 | ≥12 | ≥11.5 | ≥11 |
| 果皮厚度/厘米 | 大果型 | ≤1.3 | ≤1.4 | ≤1.5 |
| | 中果型 | ≤1.1 | ≤1.2 | ≤1.3 |
| | 小果型 | ≤0.6 | ≤0.7 | ≤0.8 |
| 同品种同批次单果重量之间允许差值/% | 大果型 | ≤10 | ≤20 | ≤30 |
| | 中果型 | | | |
| | 小果型 | | | |

**3. 预冷与消毒**　用于贮藏或长途运输的西瓜，采收后预冷，放在阴凉通风处，自然散热。贮藏前对西瓜表面做消毒处理。

**4. 包装**　小型西瓜大多皮薄怕压，不耐运输，最好外套泡沫网袋后装箱销售。

# 三、西葫芦生产技术

西葫芦也叫荚瓜、白瓜、美洲南瓜，原产北美洲南部。西葫芦含有较多维生素 C、葡萄糖等营养物质，尤其是钙的含量极高。西葫芦具有清热利尿、除烦止渴、润肺止咳、消肿散结的功能。另外，西葫芦还含有一种干扰素的诱生剂，能提高人体免疫力，发挥抗病毒和肿瘤的作用。西葫芦适应能力强，栽培广泛，我国各地均有栽培，是重要的蔬菜之一。除了冬季严寒的北方外，其

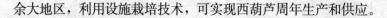

余大地区，利用设施栽培技术，可实现西葫芦周年生产和供应。

## （一）建立生产基地

1. 选择无污染和生态条件良好的地域建立生产基地。生产基地应远离工矿区和公路、铁路干线，避开工业和城市污染的影响。

2. 产地空气环境质量、农田灌溉水质质量以及土壤环境质量均应符合 NY/T391—2000 标准要求。

3. 土壤肥力应达到 NY/T391—2000 规定的二级以上标准。

4. 种植地块的适宜土壤 pH 值 5.5～6.8。

5. 忌与同科作物连作。

## （二）温室西葫芦生产技术

**1. 温室西葫芦茬口安排**　西葫芦以设施栽培为主，日光温室主要栽培茬口如表 51 所示。

表 51　我国北方地区日光温室西葫芦生产茬口安排

| 茬　次 | 播种期（月/旬） | 定植期（月/旬） | 收获期（月/旬） | 备　注 |
|---|---|---|---|---|
| 秋冬茬 | 8/下 | 9/下 | 11～1/上、中 | 不嫁接 |
| 冬春茬 | 9/下～10/上 | 10/下～11/上 | 1/上～4/下 | 嫁接 |
| 春　茬 | 12/上、中 | 1/中、下 | 3/上～5/中、下 | 嫁接或不嫁接 |

**2. 选择品种和种子**

（1）品种选择　选择早熟、矮生、雌花节位低、耐寒、抗病的品种。如早青、冬玉、寒玉、京葫 1 号、中葫 1 号、黑美丽、嫩玉、法国 68 等。

近年来，表皮金黄色的黄皮西葫芦栽培发展较快，该类品种果实长棒形，实心皮色金黄、鲜艳、美观，极具欣赏性。

（2）种子质量要求　选择 2 年内的种子。种子品种纯度不低于 90%，品种净度不低于 97%，种子发芽率不低于 80%，种子含水量不高 9%。

**3. 育苗**　在日光温室内育苗。冬春育苗要增温保温，采用反光幕或补光设施等增加光照；夏秋育苗要适当遮光。

播种前进行温汤浸种，常温下浸泡 8 小时，催芽温度为30℃，半数以上种子发芽后播种。

用营养钵育苗，每钵播 1 粒发芽种子，种芽朝下，种子平放。覆土 2 厘米。苗期应注意通风，增加光照，适当控水，以防幼苗徒长和病毒病的发生。

种子拱土时撒一层过筛床土加快种壳脱落。出苗后至第 2 片真叶展开时，白天温度 23～25℃，夜间 8～12℃；当第 3 片真叶出现至第 4 片真叶展开时，白天温度 18～20℃，夜间 6～8℃。

播种和分苗时水要浇足，以后视育苗季节和墒情适当浇水。苗期以控水控肥为主，在秧苗 2～3 叶时，可结合苗情追 0.3%尿素。

苗龄不宜过长，以日历苗龄 30 天、具有 3～4 片真叶、株高10～12 厘米、茎粗 0.5～0.6 厘米时定植为宜。

为提高抗病性和抗寒性，可采取嫁接育苗。砧木选用黑籽南瓜，靠接法嫁接，具体可参加黄瓜靠接育苗技术。

**4. 定植**

（1）整地施肥　施足底肥。每亩施用充分腐熟的纯鸡粪 4～5 米³或纯猪粪 7～8 米³，优质复合肥 100 千克，磷肥 100 千克，适量硫酸亚铁、硼酸等。肥料的 2/3 普施，1/3 集中施入定植沟内。深翻土地 40 厘米，耙碎搂平做畦。

采用小高垄单行定植，大小行栽培，大行距 80 厘米，小行距 60 厘米，垄高 15 厘米。

（2）定植　定植前 10～15 天扣棚。采用坐水栽苗法，定植深度要均匀一致，以埋没根系为宜，株距 50 厘米，每亩栽苗1800 株左右。

定植后将垄面垄沟重新修整，做到南北沟底（暗沟）水平或

略微北高南低，随后进行隔（大）沟盖（小）沟式覆膜。

**5. 田间管理**

（1）温度管理　定植后一周内温度保持在 25～30℃，超过 32℃时放风。缓苗后白天 25℃左右，夜间 15℃左右。结瓜期白天 28～30℃，夜间 15℃以上。冬季温度偏低时，白天不超过 32℃不放风，夜间不低于 8℃。翌年春季要防高温，白天温度保持在 28℃左右，夜间 15～20℃。

（2）植株调整　植株伸蔓后开始吊绳引蔓，之后定期将蔓缠到吊绳上。西葫芦以主蔓结瓜为主，发生的侧枝应及时抹掉。生长后期，主蔓老化或生长不良时，可选留 1～2 个侧蔓，待其出现雌花时，将主蔓打顶，以保证侧蔓结瓜。及时去除老叶、病叶等。

（3）肥水管理　坐瓜前一般不浇水。定植水不足地面偏干时，可在瓜苗开始明显生长后适量浇水，但应避免浇水过多，引起旺长。田间大部分植株坐瓜后开始浇水，冬季一般 15 天左右在膜下沟浇 1 次；春季每 7～10 天浇 1 次，后期大、小垄沟同时浇水。

结瓜前一般不追肥。进入结瓜期后，冬季每 15 天左右追 1 次肥，春季每 10 天左右追 1 次肥，拉秧前 30 天不追肥或少量追肥。化肥溶解后随水冲施，一般每次每亩追施三元复合肥 15～20 千克，或硝酸钾 20 千克。有机肥主要用饼肥、鸡粪的沤制液。进入结瓜盛期，地面追肥的同时结合叶面喷肥，可交替喷施丰产素、0.1%磷酸二氢钾、1%红糖等。

（4）光照管理　西葫芦喜光，应加强光照管理，保持温室内有充足的光照。

（5）人工辅助授粉和激素处理　授粉在每天上午 7：00～10：00 时进行，取刚开放的雄花，去掉花冠，把雄蕊的花粉轻轻均匀涂抹在雌蕊柱头上。在雄花不足时可用 30～40 毫克/升的防落素涂抹雌花柱头，代替授粉，提高坐瓜率。

**6. 采收**

（1）采收标准　西葫芦以嫩果为食，应根据市场需求及品种特性及时分批采收。一般谢花后 12～15 天采收嫩瓜。根瓜要早采，一般长至 250～300 克时采收；腰瓜长到 400～500 克时采收，要勤采，一般留 2～3 个瓜同时生长为宜；顶瓜可适当晚收。

（2）技术要点　采收宜在早上进行，用利刀或剪刀将果实剪下，要避免相互感染病害。采收时要轻拿轻放，严禁碰伤。

**7. 采后处理**

（1）整理　选择果实端正、色泽鲜艳、无腐烂、无损伤的果实，剔除畸形果、病果等。

（2）分级　根据农业部颁布的 NY/T 1837—2010 标准规定，按大小、重量、颜色等进行分级。

（3）预冷　用于贮藏或长途运输的西葫芦，采收后预冷，放在阴凉通风处，自然散热。

（4）包装　将分级预冷后的果实按级别用软纸逐个进行包装，放在包装箱或竹筐内，临时贮存时要尽量放在阴凉通风处，有条件的可贮存在冷库内。

# 四、甜瓜生产技术

甜瓜又名香瓜，主要起源于我国西南部和中亚地区，属葫芦科一年生蔓性植物。甜瓜含有苹果酸、葡萄糖、氨基酸、维生素C 等，对感染性高烧、口渴等，都具有很好的疗效。我国各地普遍栽培甜瓜，甜瓜品种类型也多种多样，有薄皮甜瓜，还有厚皮甜瓜，能够满足人们的多种需求，除食用外，也具有较强的观赏性。

## （一）建立生产基地

1. 选择无污染和生态条件良好的地域建立生产基地。生产基地应远离工矿区和公路、铁路干线，避开工业和城市污染的影响。

2. 产地空气环境质量、农田灌溉水质质量以及土壤环境质量均应符合 NY/T391—2000 标准要求。

3. 土壤肥力应达到 NY/T391—2000 规定的二级以上标准。

4. 要选择土层深厚、排水良好、肥沃疏松的沙壤土或壤土。

5. 种植地块的适宜土壤 pH 值 7～7.5。

6. 要求种植地块的土壤含盐量在 0.74% 以下。

7. 忌与同科作物连作。

## （二）薄皮甜瓜生产技术

薄皮甜瓜又称中国甜瓜、东方甜瓜、普通甜瓜、香瓜。生长势较弱，植株较小，叶面有皱。果实圆筒、倒卵或椭圆形，果面光滑，皮薄，平均厚度 0.5 厘米以内，果肉厚 2 厘米以内，皮瓤均可食用。单果重 0.5 千克以下，不耐贮运。种子较小，适应性强，各地栽培普遍，以露地栽培为主。

**1. 茬口安排** 薄皮甜瓜以露地栽培为主，栽培季节主要为春夏季，一般露地断霜后播种或定植，夏季收获。

**2. 选择品种和种子质量要求**

（1）品种选择 选择品质好、抗逆性强、高产、早熟（早熟栽培），适销对路的优良品种，如青州银瓜、美浓、红城 10 号、齐甜 1 号、龙甜 1 号、甜宝、白沙蜜等。

（2）种子质量要求种子质量应达到 GB8079 中二级以上要求。

**3. 育苗** 多利用小拱棚育苗。

（1）营养土配制 取 5 份田土、5 份有机肥，或 6 份土、4 份有机肥，再加入适量的辅料，以及杀菌、杀虫剂，充分混合均匀。

将营养土装入营养钵、纸袋或塑料筒中。

（2）播种 选择晴天上午播种，采用湿播法，每钵播 1 粒发芽种子，播后覆土 1.0～1.5 厘米，盖上地膜，扣盖小拱棚。

（3）苗床管理　瓜苗出土前白天温度 25～30℃，夜间不低于 20℃。出苗后及时揭去地膜，降温至白天 20～25℃，夜间 15℃。真叶长出后，白天 25～28℃，夜间 15～20℃，尽量延长见光时间。定植前 1 周左右开始逐渐降温炼苗，直至接近外界温度。

### 4. 定植

（1）定植期确定　露地定植时间必须在当地终霜期以后，当气温稳定在 18℃，10 厘米地温稳定在 12℃ 以上时定植为宜。

（2）整地施肥　选择疏松肥沃、耕层深厚、水分充足的地块种植。前茬收获后立即进行翻耕，深度要达到 25～30 厘米。每亩施用优质厩肥 3000～4000 千克，饼肥 150 千克，过磷酸钙 100 千克，氮磷钾三元复合肥 15～20 千克。将 2/3 基肥结合翻耕撒施，余下的 1/3 撒于定植行上，撒幅 0.4 米，肥料与土要混合均匀。

（3）定植　采用暗水定植法，种植密度因品种、整枝方式、土壤肥力等而不同。一般小果形品种、采取双蔓整枝，每亩定植 2500～3000 株中果形品种、采取 3 蔓或 4 蔓整枝，每亩定植 1700～2500 株。

### 5. 田间管理

（1）肥水管理　定植缓苗后可适当灌水，之后控制肥水，加强中耕。结瓜后追施膨瓜肥，每亩施入氮磷钾三元复合肥 20 千克，整个果实膨大期可浇水追肥 2～3 次，采收前 7～10 天停止浇水追肥。

（2）植株调整　瓜蔓伸长后，应及早引蔓、压蔓，使瓜蔓按要求的方向伸长。整枝方式各地差别较大，主要有单蔓整枝、双蔓整枝及多蔓整枝等（见图 75）。以主蔓或子蔓结瓜为主的小果型品种密集早熟栽培多采取单蔓整枝；以孙蔓结瓜为主的中、小型品种密集早熟栽培多采取双蔓整枝；中、晚熟品种高产栽培宜采取多蔓整枝。

小果型品种密集栽培每株留瓜 2～4 个，稀植时留瓜 5 个以上；大果型品种每株留瓜 4～6 个。

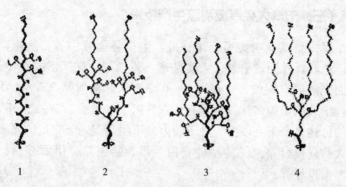

1　　　　　2　　　　　3　　　　　4

图 75　甜瓜整枝方式

1. 单蔓整枝（子蔓坐瓜）　2. 子蔓双蔓整枝（孙蔓坐瓜）
3. 子蔓四蔓整枝（孙蔓坐瓜）　4. 孙蔓四蔓整枝（孙蔓坐瓜）

**6. 采收**　薄皮甜瓜对品质的要求严格，只有成熟度最适中时，含糖量最高，香味最浓；未充分成熟，或稍过熟时品质都差，甚至不堪食用。

早熟品种在雌花开放后 20～25 天成熟，中熟品种 25～30 天成熟。当果实表面呈现出本品种固有的颜色，瓜顶部发黄，香味较浓，瓜皮有光泽，手摸有滑腻感，用手指弹发出浊音，摘下后，果柄断处有深黄色汁液，表现成熟。

宜在傍晚或上午果面无露水时采收，用剪刀剪切，留下果柄及其两侧 5 厘米左右的子蔓，成"T"字形。

**7. 采后处理**

（1）整理　剔除畸形果、裂果及病果等。

（2）分级　按大小、重量、颜色、新鲜程度等分级。

（3）预冷与消毒　用于贮藏或长途运输的甜瓜，采收后预冷，放在阴凉通风处，自然散热。贮藏前对甜瓜表面做消毒处理。

（4）包装　远距离运输时，对果实处理后套上泡沫网袋，装箱。纸箱要开上通气孔，内放干燥剂。

## （三）塑料大棚厚皮甜瓜生产技术

厚皮甜瓜也叫蜜瓜、洋香瓜，生长势强或中等，茎粗，叶大，色浅，叶面较平展。果实圆形、长圆形、椭圆形或纺锤形，果面光滑或有网纹，皮厚 0.3～0.5 厘米，果肉厚 2.5～4.0 厘米，细软或松脆多汁，多具有芳香气味。单果重 1.5～2.0 千克，大的可达 2.5 千克以上。种子较大。不耐高湿，需充足的光照和较大的昼夜温差。优良品种有白兰瓜、哈密瓜、伊丽莎白、状元、蜜世界等。

**1. 茬口安排**　厚皮甜瓜以设施栽培为主，主要栽培茬口有大棚春茬和秋茬以及温室秋冬茬。

大棚春茬一般于定植前 30～40 天育苗，大棚内 10 厘米地温稳定在 12℃以上，最低气温稳定在 5℃以上时定植；秋茬一般于发生冻害前 90～100 天棚内直播或育苗移栽，主要供应期为晚秋和初冬。温室秋冬茬甜瓜一般于 8～9 月直播或育苗，元旦前开始上市，春节后拔秧换茬。

甜瓜忌连作，应与非瓜类蔬菜实行 3～5 年的轮作，连作时应采取嫁接栽培。

**2. 选择品种和种子质量要求**

（1）品种选择　选用耐低温、品质佳、抗病早熟的优良品种，如状元、伊丽莎白、蜜世界、西薄洛托、天蜜等。

（2）种子质量要求　种子质量应达到 GB8079 中二级以上要求。

**3. 嫁接育苗**　在日光温室或大棚内建造苗床，宜用电热温床育苗。

（1）种子处理　播前进行温汤浸种，浸种时间为 4～6 小时，

放于 28～30℃ 条件下催芽。

（2）嫁接　砧木品种选用与甜瓜亲合性强的抗病白籽南瓜和甜瓜本砧，目前比较常用的是新土佐和甜瓜本砧。

砧木采用穴盘播种，每孔播 1 粒，将砧木种子平放，芽尖朝下，播种后覆盖消毒基质，盖塑料膜保温。出苗前将白天温度控制在 28～30℃，夜间控制在 20～22℃，出苗后将白天温度控制在 25～28℃，夜间 18～20℃，加强通风透光，以防下胚轴徒长，及时脱帽，当砧木长到 1 叶 1 心时准备嫁接。

当砧木吐心时开始播种甜瓜，每孔播种 5～8 粒，播种后盖塑料膜保温。白天温度控制在 28～30℃，夜间 22～25℃，出苗后白天控制在 25～28℃，夜间 18～20℃，及时脱帽，接穗子叶展开时准备嫁接。

一般采用插接法嫁接，嫁接时去掉砧木生长点，用竹签紧贴子叶叶柄中脉基部向另一子叶柄基部成 45°左右斜插，竹签稍穿透砧木表皮，露出竹签尖；在甜瓜苗子叶基部 0.5 厘米处平行于子叶斜削一刀，再垂直于子叶将胚轴切成楔形，切面长约 0.5～0.8 厘米；拔出竹签，将切好的接穗迅速准确地斜插入砧木切口内，尖端稍穿透砧木表皮，使接穗与砧木吻合，子叶交叉成"十"字型。

嫁接后 1～3 天将白天温度控制在 28～30℃，夜间温度控制在 23～25℃；4～6 天白天温度控制在 26～28℃，夜间 23～25℃，在保持接穗不萎蔫的情况下，尽量见光；7～10 天温度可进一步降低，白天温度保持在 22～25℃，夜间 18～20℃；11 天后白天温度保持在 20～25℃，晚上 15～16℃。嫁接后如遇寒潮或低温连阴雨天气，可进行人工加温，但温度可稍低，并注意晚上温度一定要低于白天温度。

嫁接后 1～3 天，以保湿为主，以接穗生长点不积水为宜。嫁接后 3～4 天，应通风透光，通风时间以接穗不萎蔫为宜。当接穗开始萎蔫时，要保湿遮阴，待其恢复后再通风见光，通过这样反复炼苗，1 周后就可进入正常的苗床管理。

嫁接后只要棚内温度不超过 35℃，接穗不萎蔫，就应该尽量增加光照，逐渐增加每天的光照时间，一般 1 周后就不再需要遮阴。

嫁接苗在生长过程中砧木子叶节上仍会发生不定芽，要及时摘除。

### 4. 定植

（1）定植期确定　一般在 3 月上中旬，当棚内 10 厘米地温稳定在 15℃ 以上时定植。

（2）整地施肥　施足底肥，每亩施优质有机肥 3～5 米$^3$，复合肥 50 千克，钙镁磷肥 50 千克，硫酸钾 20 千克（甜瓜施肥忌用氯化钾），硼肥 1 千克。土地深翻耙细整平后作畦。

采用高畦，南北延长，畦面宽 1.0～1.2 米，高 15～20 厘米，沟宽 40～50 厘米，畦面上覆盖地膜。

（3）定植　用暗水定植法。

栽培密度根据不同品种、不同整枝方式而定。大棚厚皮甜瓜多采用立架式单蔓整枝，每亩定植 2400 株左右。大小行栽植，小行 70 厘米，大行 90 厘米，或小行 60 厘米，大行 100 厘米，株距 40 厘米左右。

### 5. 田间管理

（1）温度管理　定植初期白天棚内气温 28～33℃，夜间 20℃；缓苗后，白天棚温 22～32℃，夜间 15～20℃；开花期白天温度 25～30℃，夜间 15～18℃；坐瓜期白天温度 28～35℃，夜间 16～20℃；成熟期白天温度 28～32℃，夜间 15～18℃。

（2）整枝　大棚栽培多采取单蔓整枝，部分采用双蔓整枝。

单蔓整枝时，选留瓜节前后的 2～3 个基部有雌花的健壮子蔓作为预备结果枝，其余摘除，坐瓜后瓜前留 2 片叶摘心，主蔓 25～30 片真叶时摘心。对于以孙蔓结瓜为主的品种，也可于主蔓 4～5 片真叶时摘心，选留 1 条健壮子蔓，其余的全部去除，

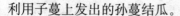

利用子蔓上发出的孙蔓结瓜。

双蔓整枝在幼苗长至4～5片真叶时摘心，选留2条健壮子蔓，利用孙蔓结瓜，每子蔓的留果、打杈、摘心等方法与单蔓整枝相同。

（3）吊蔓　当蔓长达30～40厘米时吊绳引蔓。

（4）人工授粉与选留瓜　在预留节位的雌花开放时，于上午8：00～10：00时进行人工授粉，选择当天新开放的雄花，去掉花冠，露出雄蕊，将花药对准柱头轻轻均匀涂抹。当幼瓜长至鸡蛋大时开始选留瓜。早熟小果型品种一般在15～16节留瓜，每株可留2个，中熟大果型品种一般在16～17节留瓜，每株留1个。

当幼瓜长到250克左右时，及时吊瓜。小果型瓜可用网兜将瓜托住，也可用绳或粗布条系住果柄，将瓜吊起；大果型瓜需用草圈绑上吊绳从下部托起。当瓜定个后，定期转瓜2～3次，使瓜均匀见光着色。

（5）肥水管理　浇足定植水，伸蔓期每亩追施氮磷钾三元复合肥10～15千克，或有机肥1000～1500千克，宜开沟施肥，施后立即浇水。果实膨大初期浇膨瓜水并冲施膨瓜肥，每亩冲施尿素5～10千克、硫酸钾8～10千克。果实膨大盛期叶面喷肥2～3次。

**6. 采收**

（1）采收标准　根据雌花开放后的天数判断成熟度，厚皮甜瓜不同品种从开花到果实成熟所需要的天数差异较大，但同一品种基本固定，可参考品种说明。

根据甜瓜的形态特征判断成熟度　果实成熟时，大多数品种坐瓜节位的卷须干枯，叶片叶肉部分失绿斑驳，瓜柄发黄或自行脱落。果皮呈现出本品种固有的特征特性，无网纹品种果实表面光滑发亮，茸毛消退，网纹品种果面上网纹清晰、干燥、色深，果皮坚硬，散发出本品种特有的芳香气味。

（2）采收要领　宜在傍晚或上午果面无露水时采收，用剪刀剪切，留下果柄及其两侧 5 厘米左右的子蔓，成"T"字形。

### 7. 采后处理

（1）整理　剔除畸形果、裂果及病果等。

（2）分级　按大小、重量、颜色、新鲜程度等分级。

（3）预冷与消毒　用于贮藏或长途运输的甜瓜，采收后预冷，放在阴凉通风处，自然散热。贮藏前对甜瓜表面做消毒处理。

（4）包装　远距离运输时，对果实处理后套上泡沫网袋，装箱。纸箱要开上通气孔，内放干燥剂。

## 五、瓜类蔬菜主要病虫害识别与防治

### （一）主要病害识别与防治

#### 1. 霜霉病识别与防治

（1）识别　初期叶片上出现水浸状黄色小斑点，高温、高湿条件下病斑迅速扩展，受叶脉限制呈多角形，淡褐色至深褐色。潮湿时病斑背面长出灰黑色霉层，病情由植株下部逐渐向上蔓延，茎、卷须、花梗等均能发病。严重时，病斑连成片，全叶黄褐色干枯卷缩，直至死亡。

（2）防治措施　选用抗病品种；培育健壮植株，采用地膜覆盖，合理浇水，加强放风管理，控制田间温、湿度，特别要防止叶片结露或产生水滴；设施栽培可采用高温闷棚法控制发病；发病初期交替用瑞毒霉、乙磷铝、百菌清、瑞毒霉锰锌、克露、杀毒矾等叶面喷洒，设施内可用百菌清粉尘剂喷粉或烟雾剂熏治。

#### 2. 细菌性角斑病识别与防治

（1）识别　初为水渍状浅绿色斑点，渐变淡褐色，背面因受叶脉限制呈多角形，后期病斑中部干枯脆裂，形成穿孔。潮湿时病斑上溢出白色或乳白色菌脓，不同于霜霉病。果实和茎上染

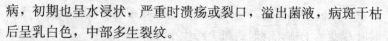

病，初期也呈水浸状，严重时溃疡或裂口，溢出菌液，病斑干枯后呈乳白色，中部多生裂纹。

（2）防治措施　选用抗病品种；播种前种子用 100 万单位农用链霉素 500 倍液浸种 2 小时；及时清除田间病残体；设施栽培时采取地膜覆盖、膜下浇水、小水勤浇等灌溉措施，并进行合理放风，降低棚内湿度；发病初期交替喷施农用链霉素、新植霉素、DT 杀菌剂、DTM 等。

**3. 枯萎病识别与防治**

（1）识别　植株开花结果后陆续发病，病初被害株仅部分叶片中午萎蔫，但早晚恢复正常，逐渐遍及全株，最后枯死。病株主蔓基部软化缢缩，先呈水浸状，后逐渐干枯，基部常纵裂，纵切病茎，维管束部分变褐。潮湿时，病部表面常有白色或粉红色的霉状物。苗期受害，子叶萎蔫或全株枯萎，茎部常变褐缢缩，且多呈猝倒状。

（2）防治　选用抗病品种；采用嫁接育苗技术，护根育苗；轮作倒茬，改良土壤，施用腐熟的有机肥；发病初期及时灌根，可选用多菌灵、甲基托布津、双效灵、抗霉菌素等灌根。

**4. 炭疽病识别与防治**

（1）识别　叶柄或蔓染病，初为水浸状淡黄色圆形斑点，稍凹陷，后变为黑色，病斑环绕茎蔓一周后全株枯死。叶片染病，初为圆形至纺锤形或不规则形水浸状斑点，有时现出轮纹，干燥时病斑易破碎穿孔，潮湿时叶面长出粉红色黏稠物。果实染病初期呈水浸状凹陷褐色病斑，凹陷处常龟裂，湿度大时病斑中部产生粉红色粘稠物，严重时病斑连片腐烂。

（2）防治措施　选用抗病品种；播前温汤浸种消毒；进行苗床消毒，培育无病壮苗；加强通风排湿，降低设施内湿度；发病初期交替喷洒甲基托布津、炭疽福美、抗霉菌素、武夷菌素等。

**5. 白粉病识别与防治**

（1）识别　发病初期叶面产生圆形白粉斑，后逐渐扩大到叶片正、背面和茎蔓上，病斑连成片，整叶布满白色粉状物，严重时叶片变黄干枯，有时病斑上产生小黑点。

（2）防治措施　选用抗病品种；培育壮苗，增强植株抗病力；设施内加强通风透光、降低湿度；发病初期交替喷洒抗霉菌素、三唑酮、百菌清、甲基托布津等。

**6. 灰霉病识别与防治**

（1）识别　病菌多从开败的花侵入使花腐烂，并长出淡灰褐色的霉层，进而向瓜条侵入。花和幼瓜的蒂部初为水浸状，逐渐软化，表面密生灰绿色霉，致果实萎缩、腐烂，有时长出黑色菌核。叶片被害一般由落在叶面的病花引起，并形成大型的枯斑，近圆形至不整齐形，表面着生少量灰霉。烂瓜和烂花附着在茎上时，能引起茎部腐烂。

（2）防治措施　加强通风散湿；清除病株残体，及时摘除病果、病叶及病花；发病初期交替喷洒速克灵、扑海因、多菌灵、甲基托布津等。

**7. 疫病识别与防治**

（1）识别　幼苗发病多从嫩尖开始，初呈暗绿色水浸状，软腐后枯死呈干尖状。叶片发病初期呈暗绿色水渍状圆形病斑，后逐渐扩大，潮湿时软腐，干燥时呈青白色，易破裂。茎节部发病，初呈水渍状暗绿色，病部缢缩，维管束不变色，患部以上叶片萎蔫。瓜条上病斑凹陷，初为水渍状暗绿色，逐渐缢缩，潮湿时表面密生白色菌丝，迅速腐烂，发出腥臭味。

（2）防治　选择抗病品种；种子消毒；采用嫁接栽培；选择地势高燥、排水良好的地块，增施腐熟有机肥，忌大水漫灌，防止湿度过大；发现病株立即拔除深埋；发病初期交替喷洒杀毒矾、甲霜灵、甲霜灵锰锌、普力克等。

**8. 病毒病识别与防治**

（1）识别　幼苗和成株均会发病，叶片上初现黄绿色斑点，后整个叶片变成花叶或疱斑，植株矮化，结瓜少或不结瓜，瓜面布满大小瘤或密集隆起皱褶，果实畸形。

（2）防治　选用抗病品种并进行种子消毒，可用10％磷酸三钠溶液浸种20分钟；及时浇水追肥，防止植株早衰；整枝打权时，先健康植株后病株，接触过病株的手和工具要用肥皂水洗净；清除田间杂草，消灭毒源，切断传播途径；及时防治蚜虫；发病初期交替喷洒植病灵、病毒A等。

**9. 根结线虫病识别与防治**

（1）识别　主要发生在根部，侧根、须根较易受害。发病后侧根或须根上产生瘤状根结，大小不等。解剖根结，病部组织有很小的乳白色线虫埋于其内。一般在根结之上可生出细弱新根，再度染病，则形成根结状肿瘤。地上部分生长受阻，生长迟缓、衰弱，植株矮小，叶色较淡，结实不良，呈缺水、缺肥、小老苗状，遇有干旱条件中午萎蔫。

（2）防治措施　选用抗病和耐病品种；采用无病营养土，培育无病壮苗；深翻晒田，清除病残体；盛夏高温季节，深耕翻土，深度25厘米以上，在地面覆盖地膜，压实压严，使5厘米地温达50℃以上，熏蒸15～20天，利用高温可杀死大部分线虫；播种或定植前选用益舒宝、阿维菌素等对定植沟进行土壤处理；成株期发病，可选阿维菌素、辛硫磷等灌根。

## （二）主要虫害识别与防治

**1. 瓜蚜识别与防治**

（1）识别　成虫或幼虫群集在叶背面和嫩茎上吸取汁液，造成叶片向背面卷曲，严重时植株生长发育停滞，并能传播各种病毒病。

（2）防治　消灭虫源；在设施内挂银灰色薄膜或采用银灰色地膜覆盖，可起到避蚜作用；有翅蚜对黄色有趋性，在瓜蚜迁飞时可用黄板诱蚜；发生初期及时用抗蚜威、菊马、溴氰菊酯等交替喷洒，设施内可用杀瓜蚜烟雾剂或敌敌畏烟雾剂熏杀。

**2. 温室白粉虱识别与防治**

（1）识别　成虫或幼虫吸食叶的汁液，使叶片褪绿变黄、萎蔫，甚至枯死，分泌的蜜露常引起煤污病，并可传播病毒病。

（2）防治　消灭虫源；设施通风口增设防虫网或尼龙纱等，控制外来虫源；人工繁殖释放丽蚜小蜂（按每株 15 头的量释放丽蚜小蜂成蜂），进行天敌防治；温室内设置黄板诱杀；虫害发生初期选用扑虱灵、溴氰菊酯、功夫等交替喷洒，设施内也可选用溴氰菊酯烟剂或杀灭菊酯烟剂进行熏烟防治。

**3. 黄守瓜识别与防治**

（1）识别　幼虫在土中为害细根，大龄幼虫可蛀入根的木质部和韧皮部之间危害，使整株枯死，也能啃食近地面的瓜肉，引起腐烂。成虫咬食叶片成环形或半环形缺刻，咬食嫩茎造成死苗，还危害花和幼果。

（2）防治措施　消灭越冬寄主上的成虫；在瓜苗四周铺地膜或覆草木灰、麦秸、锯末等，以阻止成虫在瓜苗根部产卵；瓜苗移栽后及时喷药预防，可选用速灭杀丁、溴氰菊酯等交替喷洒，幼虫危害严重时，可用辛硫磷灌根。

# 第二节　茄果菜生产技术

茄果类蔬菜是指茄科植物中以浆果作为食用器官的蔬菜作物，包括番茄、茄子和辣椒等。茄果类蔬菜是我国重要的栽培蔬菜之一，其种植规模仅次于瓜类蔬菜。据中国农业统计资料统计，近年来，我国番茄种植面积基本稳定在 1200 万公顷左右，种植面积和加工出口量位居世界第三位；茄子种植面积 71 万公顷左右，总产量 2300 万吨左右，茄子种植面积最大的 6 个省依次是山东、河南、河北、四川、湖北、江苏；辣椒播种面积 140 万公顷左右，产量 2800 万吨左右。

在种植方式上，目前茄果类蔬菜仍以露地栽培为主，效益较好的日光温室栽培和塑料大棚栽培规模近年来扩大较快，特别是山东、河北、河南等省的设施栽培发展较快。

茄果类蔬菜果实不耐贮藏，加上茄果类蔬菜的种植期长，供应时间也长，特别是南方地区一年四季基本上均有鲜菜供应，因此，南方地区的茄果类蔬菜较少贮藏。东北、新疆等冬季严寒地区，深秋后，露地茄果类蔬菜生产基本停止，产品供应主要依靠南菜北运，部分来自当地的设施栽培，产品供不应求，也较少贮藏。

茄果类蔬菜营养丰富，适合进行加工出口增值。加工出口品种目前主要有番茄汁、番茄酱、辣椒酱、辣椒粉、腌制辣椒等，其中以番茄酱的加工出口量最大，近几年我国番茄酱出口量 63 万吨左右，出口量约占世界番茄酱贸易量的 30%。近年来，番茄红素、辣椒红色素的出口量也逐年增多，国际市场供不应求，加工出口前景广阔。

目前，茄果类蔬菜生产中存在的主要问题是品种单一，良种供应主要依靠国外进口；设施栽培面积不足；生产条件差，管理粗放，单位面积产量偏低。

我国茄果类蔬菜生产的发展趋势概括如下：将形成以农业合作社或生产基地为基本单位的专业生产区；以日光温室、塑料大棚为主体的设施茄果类蔬菜生产将成为专业化生产的重要形式；生产过程均执行规范的生产标准；以观赏为目的的观赏品种栽培、以生食为目的的水果蔬菜栽培、以加工为目的的加工菜栽培等将在一定范围内不断扩大种植规模。

# 一、番茄生产技术

番茄别名西红柿、番柿、洋柿子，原产于南美洲，17 世纪引入中国，在我国栽培食用近百年历史。栽培适应性广，产量高，营养丰富，已成为生产上主要栽培蔬菜之一，深受广大消费者喜爱。目前，不仅露地广泛栽培，保护地栽培也得到了迅速发展，成为保护地栽培的重要蔬菜。

## （一）建立生产基地

1. 选择无污染和生态条件良好的地域建立生产基地。生产基地应远离工矿区和公路、铁路干线，避开工业和城市污染的影响。

2. 产地空气环境质量、农田灌溉水质质量以及土壤环境质量均应符合 NY/T391—2000 标准要求。

3. 土壤肥力应达到 NY/T391—2000 规定的二级以上标准。

4. 要选择土层深厚、排灌方便、肥沃疏松的沙壤土或壤土。

5. 种植地块的适宜土壤 pH 值 5.5～6.5。

6. 忌与同科作物连作。

## （二）露地番茄生产技术

**1. 茬口安排**　番茄露地栽培只能安排在无霜期内。我国部分城市的番茄露地栽培季节见表 52。

表 52　我国部分城市的番茄露地栽培季节

| 城市名称 | 栽培季节 | 播种期（月/旬） | 定植期（月/旬） | 收获期（月/旬） |
|---|---|---|---|---|
| 北京 | 春番茄<br>秋番茄 | 1/下～2/下<br>6/中～7/上 | 4/中、下<br>7/下 | 6/中～7/下<br>9/上～10/上 |
| 济南 | 春番茄<br>秋番茄 | 1/中～1/下<br>6/下 | 4/中、下<br>7/中 | 6/上～7/下<br>9/中～10/中 |
| 西安 | 春番茄<br>秋番茄 | 1/上<br>7/下 | 4/上<br>8/下 | 6/上～7/中<br>10/上～11/上 |
| 兰州 | 春番茄 | 2/下 | 4/下～5/上 | 6/下～8/上 |
| 太原 | 春番茄 | 2/上 | 4/下～5/上 | 6/下～9/下 |
| 沈阳 | 夏番茄 | 2/下 | 5/中 | 6/下～7/下 |
| 哈尔滨 | 夏番茄 | 3/中 | 5/中、下 | 7/中～8/下 |

（续）

| 城市名称 | 栽培季节 | 播种期（月/旬） | 定植期（月/旬） | 收获期（月/旬） |
|---|---|---|---|---|
| 上海 | 春番茄 | 12/上、中 | 3/下～4/上 | 5/下～7/下 |
| 武汉 | 春番茄 | 12/下～1/上 | 4/上 | 6/上～7/下 |
| 成都 | 春番茄 | 12/上～1/上 | 3/下－4/上 | 6/上～8/上 |
| 广州 | 春番茄<br>夏番茄 | 12～翌年1<br>2～3 | 2<br>3～4 | 3～5<br>5～6 |

**2. 品种选择与种子质量要求**

（1）品种选择　宜选用早、中熟，耐寒、抗病、结果集中而丰产潜力大的品种。果实用于就近供应时，可根据市场的需求情况进行选择，果实用于长途运输供应时，应选择厚皮番茄品种，如 FA－189、莱福60等。

（2）种子质量要求　选择2年内的种子。种子品种纯度不低于95%，品种净度不低于98%，种子发芽率不低于85%，种子含水量不高7%。

**3. 育苗**　适宜苗龄60～70天，株高25厘米左右，具有7～8片真叶，第一花序显现大蕾，茎粗0.7～0.8厘米。

（1）种子处理　晒种1～2天，再用热水（55～60℃）浸泡10～15分钟，之后用清水浸泡4～5小时。再用10%磷酸三钠浸种30分钟。捞出种子淘洗干净，沥干水分，用干净湿纱布包好种子，置于25～28℃下催芽。每天用清水淘洗种子1～2次，萌芽后播种。

（2）播种　苗床浇水，水量要足。待水下渗后，均匀撒播，播后覆盖过筛细潮土约0.5厘米。栽培亩番茄用种约30克。

（3）播后管理　播后在畦外设置小拱棚架，覆盖一层遮阳网（或防虫网），雨天在遮阳网上盖一层防雨膜。出苗后，及时揭去床面覆盖物。1～2叶时进行疏苗，疏除病苗和弱苗。2～3叶期分苗，苗距7～8厘米见方或分苗于育苗钵内。

苗期注意补水，并喷 0.2% 的硫酸锌和 0.2% 的磷酸二氢钾 2 次。此外，为防止幼苗徒长，在 2 叶时可喷洒 1 次矮壮素 500～1000 倍液。苗龄 30～40 天，6～8 叶时定植。

用营养钵育苗，育苗钵规格以 10 厘米×10 厘米或 8 厘米× 10 厘米为宜，装土量以距钵口 1 厘米为佳，播种后施药土覆盖。

**4. 定植**

(1) 整地做畦　每亩施充分腐熟的优质粪肥 5000～7500 千克，其中一半铺施后深翻，余下的一半掺入 50 千克过磷酸钙或 25 千克复合肥集中施。做成宽垄，垄宽 70 厘米，沟宽 30～50 厘米，垄高 10～12 厘米，起垄后覆盖地膜。西北、华北春季比较干旱的地区或高度密植的早熟栽培以平畦为宜，畦一般宽 1.0～1.2 米。

(2) 定植技术　当地晚霜过后，日平均气温达 15℃ 以上，10 厘米地温稳定在 10℃ 以上时定植。在宽垄的两个肩部破膜、交错开穴，穴深 10～13 厘米。穴内灌足清水，待水渗下后，将带土坨幼苗轻放于沟内，覆土封穴。早熟品种株距 25～30 厘米，中晚熟品种株距 30～33 厘米。

**5. 田间管理**

(1) 肥水管理　定植后将垄沟放满水，缓苗后浇缓苗水，之后到坐果前控水蹲苗。若蹲苗期间遇到天气干旱或水未浇透时，可在第一花序开放前再浇一次催花水，水后继续蹲苗。当有 60% 以上植株第一穗果长有核桃大小时结束蹲苗，浇水并追攻秧攻果肥，每亩施入 1 000 千克粪稀或复合肥 15 千克并尿素 10～15 千克。进入结果盛期后，要经常保持地表见湿见干。攻秧攻果肥追后，每隔 10～15 天亩追施一次复合肥 15～20 千克并尿素 10～15 千克，并用 0.2% 磷酸二氢钾叶面喷施 2～3 次。

(2) 整枝打架　浇过缓苗水后，当植株高 25～30 厘米时需及时搭架绑蔓，常用人字架和三角锥形架或四角锥形架，见图 76。插架后随即绑蔓。

图76　番茄圆锥架

番茄的整枝方式有多种，各有特点。露地栽培常用的整枝方式为单干整枝。对无限生长型品种，留3～5穗果摘心，摘心时应于顶部果穗上留2片叶，有利于果实生长，并有遮荫防止果实日灼的作用。

（3）保花保果　春季温度偏低时，可用30～50毫克/千克的番茄灵（PCPA）喷花。

（4）疏花疏果　一般大果型品种每穗花序留3～4个，小果型品种（不包含樱桃番茄品种）留4～5个，其余花或果可全部去掉。

（5）摘叶　选用中晚熟品种高产栽培时，应在果实采收后，及早打掉植株下部的老叶、黄叶，保持田间良好的透风透光性。

## （三）温室番茄生产技术

**1. 茬口安排**　日光温室番茄生产分为秋冬茬、冬春茬、早春茬三个茬口，秋冬茬播种期7/下～8/中，定植期9/中，收获期11/上～1月。冬春茬播种期9/上～10/上，定植期11/上～

12 上，收获期 1/上～6 月。早春茬播种期 12 上，定植期 2/上～3 上，收获期 4/中～7 月上。以秋冬茬栽培规模最大。

**2. 品种选择和种子质量要求**

（1）品种选择　宜选用中早熟、耐弱光、耐寒、抗病、结果集中而丰产潜力大的品种。目前应用较多的有卡依罗、金鹏 1 号、百灵、百利、格雷、佳粉系列等，樱桃番茄可选择圣女、龙女、千禧、绝色绯娜及美味樱桃等品种。

（2）种子质量要求　选择 2 年内的种子。种子品种纯度不低于 95％，品种净度不低于 98％，种子发芽率不低于 85％，种子含水量不高 7％。

**3. 嫁接育苗**　用育苗钵或育苗穴盘无土育苗（72 孔穴盘）。

（1）壮苗标准　秧苗健壮，株顶平而不突出，高度 15～20 厘米；育苗钵育苗有 6～8 片叶（穴盘集约育苗 4 叶一心），叶片舒展，叶色深绿，表面茸毛多；嫁接苗嫁接接口处愈合良好，嫁接口高度 8～10 厘米；第一花序不现或少量现而未开放；根系发达，侧根数量多，保护完整；无病虫害。

（2）育苗土或育苗基质配制

育苗土配制：田土 40％左右，腐熟秸秆或碎草的用量为 30％左右，鸡粪、猪粪的用量 30％左右。每立方米土内混入磷酸二铵、硫酸钾各 0.5～1 千克为宜，或混入氮磷钾复合肥（15∶15∶15）2 千克左右。为预防苗期病虫害，配制育苗土时，每立方米土中还应混入 50％多菌灵可湿性粉剂 100～150 克和 50％辛硫磷乳油 100～150 毫升。

育苗基质配方：草炭∶蛭石＝2∶1 或草炭∶蛭石∶废菇料＝1∶1∶1，覆盖料一律用蛭石。冬春季配制基质，每立方米加入 1∶1∶1 氮、磷、钾三元复合肥 2.5 千克，夏秋季配制基质加入 2.0 千克，肥料与基质混拌均匀后备用。

（3）种子处理　番茄嫁接育苗用砧木主要有耐病新交 1 号、托巴姆、阿拉姆特、农优野茄、果砧 1 号等。砧木多属于野生番茄，种子发芽率低，发芽时间也比较长，播种前应作促进种子发芽处理。一般用 5～10PPM 赤霉素液浸种 8～10 小时，捞出种子后再进行催芽。

（4）播种育苗床管理 采用劈接法。砧木较番茄提早 5～7 天播种。番茄和砧木均进行密集播种，种子间距保持 2～3 厘米。播种后，将畦面均匀覆盖一层厚约 1 厘米的育苗土，最后用地膜将畦面盖严实，保湿防落干。出苗期适宜温度 25～30℃，出苗后揭掉地膜，加强苗床的通风，降低温度，白天温度 22～30℃，夜间温度 12～18℃，防止幼苗徒长。大部分种子出苗后喷一水，沉落浮土，防止露根，之后根据墒情适量喷水。

出苗后要及时将幼苗密集处的苗疏掉一部分，使幼苗间保持 2 厘米以上的间距。砧木苗 2～3 叶期进行分苗，把苗移栽到育苗钵内育苗穴盘中进行培养。

（5）嫁接 当番茄苗茎高 12 厘米左右，有叶 2～3 片，砧木苗茎高 12～15 厘米；有叶 4～5 片时进行嫁接。用刀片将砧木苗茎从第 3～4 片叶之间横切断，然后在苗茎断面的中央，纵向向下劈切一长 1.5 厘米的接口。番茄苗用刀片在苗茎的第 2～3 片叶之间，紧靠第 2 片叶把苗茎横切断，除掉剩余叶片，然后用刀片将苗茎的下部削成双斜面形，斜面长 1.5 厘米左右。

把削好的番茄接穗对准砧木插孔的形成层插入，要插到砧木苗茎的切口底部，尽量不留空隙。插接好番茄苗穗后，随即用嫁接夹夹住嫁接部位。

番茄劈接法嫁接育苗过程见图 77。

（6）嫁接苗管理 嫁接苗随嫁接随放于苗床中排摆好，并浇透水。苗床用小拱棚扣盖严实，白天用遮阳网遮阴。头 3 天保持温度为 25～30℃，空气湿度 90％以上。第三天开始通风，降低空气湿度行，并逐渐缩短白天苗床的遮光时间，增加苗床内的光照，适宜的光照时间为遮光前和除掉遮荫物后，嫁接苗不发生萎焉。一周后，嫁接苗转入正常的管理。对砧木苗茎上长出的侧枝

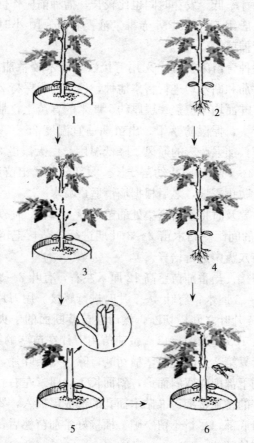

图 77　番茄劈接过程示意图

1. 适合嫁接的砧木苗　2. 适合嫁接的番茄苗　3. 砧木苗去顶、去芽
4. 番茄苗茎削切　5. 砧木苗茎劈接口　6. 接穗插入、固定接口

以及番茄苗茎上长出的不定根，要随发现随抹掉。

**4. 定植**

（1）整地作畦　每亩施充分腐熟鸡粪 5～6 米³、复合肥 100～150 千克、硫酸锌和硼砂各 0.5 千克。基肥的 2/3 撒施于地面作底肥，结合土壤深翻，使粪与土掺和均匀；其余的 1/3

整地时集中条施。整平地面,做成南北向平畦,畦宽 1.2～1.4 米,畦内开挖 2 行定植沟,沟距 40～50 厘米,沟深 15 厘米左右。

(2)定植　按株行距将苗轻放于沟内,交错摆苗,覆土封沟。普通番茄株距 30～33 厘米,畦内行距 50～60 厘米,畦间行距 70～80 厘米。每亩栽 3000～4000 株。樱桃番茄畦内行距 60 厘米,畦间行距 80 厘米,株距 40～45 厘米,每亩定植 2000～2600 株。

嫁接苗宜浅栽,不宜深栽。整棚栽完后浇足定植水。

**5. 田间管理**

(1)培垄与覆盖地膜　缓苗后地皮不黏时,开始中耕并培成单行小垄,垄高 10～15 厘米。两小垄盖一幅 100 厘米宽地膜,中间为一浅沟以便膜下灌溉。

(2)温度和光照管理　缓苗期间白天温度 25～30℃,夜间 15～20℃。缓苗后白天 20～28℃,夜间 10～15℃。结果后,上午 25～28℃,下午 25～20℃;前半夜 18～15℃,后半夜 15～10℃。地温不低于 15℃,以 20～22℃为宜。

通过张挂反光幕、擦拭薄膜、延长见光时间等措施保持充足的光照。

(3)肥水管理　缓苗后及时浇一次缓苗水,之后到第一层果坐住以前,控水蹲苗。当第一层果有核桃大小或鸡蛋大小时,及时浇水。结果期冬季 15～20 天浇一次,春季 10～15 天浇一次,高温季节 5～7 天浇一次。冬季宜在晴天上午浇水,并采用膜下暗浇。

当第一层果坐住时,进行第一次追肥。首次收获后,进行第二次追肥,以后每次收获后进行追肥,每次每亩追施尿素 15 千克、磷酸二氢钾 3～5 千克。生长后期,每 5～7 天叶面喷施 0.1%磷酸二氢钾和 0.1%尿素混合液。

(4)整枝　温室番茄栽培主要选用单干整枝法。每株番茄只保留主干结果，其他侧枝及早疏除。早熟栽培一般留 3～4 穗果，在最后一个花序前留 2 片叶摘心。高产栽培一般通过采取落蔓措施，保持主干连续结果，直到拉秧。

（5）吊蔓和落蔓　在植株上方距畦面 2.0～2.5 米处沿畦方向按行分别拉 2 道 10 号铁丝，每个植株用吊绳捆缚并将植株吊起。吊绳上端用活动挂钩挂在铁丝上，挂钩可在铁丝上移动。随着植株生长，不断引蔓、绕蔓于吊绳上。当植株顶部长至上方铁丝时，及时落蔓，每次落蔓 50 厘米左右。

（6）抹杈、摘叶　选晴天上午进行，一般当侧枝长到 10 厘米左右长时，从基部 1 厘米左右摘除。下部的老叶、病叶也要从基部 1 厘米左右摘除。

（7）保花保果　冬春茬番茄花期经常遇低温、弱光、雨雪天气，授粉受精不良，导致落花落果，目前多采用浓度为 25～50 毫克/升的番茄灵在花穗半开时喷花，进行保花保果。

（8）疏花疏果　大果型品种每穗留果 3～4 个，中型留 4～5 个，樱桃番茄通常不疏果，只是除掉发病与腐烂的果实即可。疏花疏果分两次进行，每一穗花大部分开放时，疏掉畸形花和开放较晚的小花；果实坐住后，再把发育不整齐、形状不标准的果疏掉。

**6. 再生栽培**　秋冬茬高产栽培时，可在夏季高温来临时，选阴天或者下午气温较低时，在距地面 10～15 厘米处，平口剪去番茄老株。剪枝后及时浇水，水不要漫过剪口。一周后老株上长出 3～5 个侧枝。选留紧靠下部、长势健壮的一个侧枝作为结果枝继续开花结果。

## （四）采收

番茄是以成熟果实为产品的蔬菜，果实成熟分为绿熟期、转色期、成熟期和完熟期四个时期，采收后需长途运输 1～2 天的，可在转色期采收，此期果实大部分呈白绿色，顶部变红，果实坚硬，耐运输，品质较好。采收后就近销售的，可在成熟期采收，此期果实 1/3 变红，果实未软化，营养价值较高，生食最佳，但不耐贮运。

樱桃番茄由于植株上的不同果穗乃至同一果穗上的不同果实均是陆续生长，陆续成熟，陆续采收，因此一般进行单果采收，个别品种适合进行单果穗采收。单果采收时，应从果柄的离层处摘下，要注意保留其完整的萼片。对于黄果品种，由于其果实成熟后很快衰老劣变，故可在果实八成熟时采收。

## （五）采后处理

### 1. 分级

（1）大番茄分级　一般在进行商品包装前进行，将果形圆整、果色好、无疤痕、无虫眼、无损伤、光滑均匀美观的果实分出来，再根据单果重量包装。

（2）小番茄分级　按果的品质分为优质、一级、二级 3 个等级。

优质：同一品种，果形、色泽良好，萼片青绿，无水伤，无软化，无裂痕、无病虫害、药害及其他伤害。

一级：同一品种，果形正常、色泽良好，无水伤，无软化，无裂痕，无病虫害、药害及其他伤害。

二级：品质要求仅次于一级，且仍保持本品种果实的基本特征。

### 2. 包装　
用于产品包装的容器如塑料箱、纸箱等应按产品的大小规格设计，同一规格应大小一致、整洁、干燥、牢固、透气、美观，内壁无尖突物并无污染、虫蛀、腐烂、霉变等，纸箱无受潮、离层现象，塑料箱还应符合 GB/T8868 的要求。樱桃番茄为突出美观，一般进行整穗或半穗采收，分级包装。

### 3. 储藏　
有冷库储藏和冬季利用通风库或窖储藏以及夏季利用人防工事或山洞储藏等，储藏温度应控制在 11～13℃。

# 二、茄子生产技术

茄子古称落苏。起源于亚洲东南部热带地区。茄子营养丰富，经常食用茄子，有降低胆固醇、防止动脉硬化和心血管疾病的作用，还能增强肝功能，预防肝脏多种疾病。茄子具有产量高、适应性强、供应期长的特点，是夏秋季的主要蔬菜，尤其在解决秋淡季蔬菜供应中具有重要作用。

## （一）建立生产基地

1. 选择无污染和生态条件良好的地域建立生产基地。生产基地应远离工矿区和公路、铁路干线，避开工业和城市污染的影响。

2. 产地空气环境质量、农田灌溉水质质量以及土壤环境质量均应符合 NY/T391—2000 标准要求。

3. 土壤肥力应达到 NY/T391—2000 规定的二级以上标准。

4. 要选择土层深厚、排灌方便、肥沃疏松的沙壤土或壤土。

5. 种植地块的适宜土壤 pH 值 5.5～6.5。

6. 忌与同科作物连作。

## （二）露地茄子生产技术

**1. 茬口安排**　三北高寒地区为一年一茬制，终霜后定植，降早霜时拉秧。华北地区多作露地春早熟栽培，露地夏茄子多在麦收后定植，早霜来临时拉秧。长江流域多在清明后定植，前茬为春播速生性小菜，后茬为秋冬蔬菜。华南无霜地区，一年四季均可露地栽培，冬季于 8 月上旬播种育苗，10～12 月采收。

**2. 品种选择与种子质量要求**

（1）品种选择　宜选择耐热、抗病的中早熟品种，如茄杂 6 号、北京六叶茄、北京九叶茄、快星 1 号、墨星 1 号、紫月、黑茄王、紫光圆茄等。

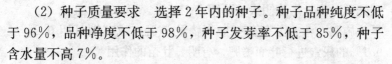

（2）种子质量要求　选择 2 年内的种子。种子品种纯度不低于 96％，品种净度不低于 98％，种子发芽率不低于 85％，种子含水量不高 7％。

**3. 育苗**

（1）壮苗标准　茎粗壮，植株高度 20 厘米左右，叶厚色深，早熟品种 6～7 片叶，中晚熟品种 8～9 片叶，门茄现蕾，根系发达，无病虫害。

（2）种子处理　未包衣的种子播种前首先用 1％的高锰酸钾溶液浸种 30 分钟，捞出洗净，并温汤浸种，后放在 28～30℃恒温箱中催芽。待 3～5 天出芽后播种。

（3）苗床准备　按田土 40％左右，腐熟秸秆或碎草的用量为 30％左右，鸡粪、猪粪的用量 30％左右配制育苗土，每立方米土内混入磷酸二铵、硫酸钾各 0.5～1 千克，或混入氮磷钾复合肥（15∶15∶15）2 千克左右。为预防苗期病虫害，配制育苗土时，每立方米土中还应混入 50％多菌灵可湿性粉剂 100～150克和 50％辛硫磷乳油 100～150 毫升。

把营养土装入 10 厘米×10 厘米或 8 厘米×10 厘米的营养钵中，然后播种。

（4）播种　播前用清水将基质或营养钵喷透，待水渗后播种，每钵一粒带芽的种子，播深 1 厘米，或先播种到普通育苗床土里，出苗后 2 叶 1 心前后再分苗到育苗钵里。

（5）苗期管理

温度管理：播种后的出苗阶段和分苗后的缓苗阶段，适当提高管理温度，以白天 28～30℃、夜间 20～25℃、地温 19～25℃为宜。齐苗后和缓苗后，白天上午 25～28℃，不超过 30℃；下午 20～25℃，前半夜 18～20℃，后半夜 15～17℃。定植前 7～10 天进行低温锻炼。整个苗期地温掌握在 18～22℃，不低于 16℃。

光照管理：为改善床面光照状况，应尽量早揭晚盖草苫，增加光照时间。遇连阴天，可用人工补光。

施肥：营养土育苗一般不需要施肥。成苗期可用 0.2%～0.4%的尿素进行叶面喷肥，有明显壮苗的作用

**4. 定植** 当地终霜过后，10 厘米地温稳定在 15℃以上时定植。

（1）整地做畦 选非重茬的地块，每亩施充分腐熟的优质粪肥 5000～6000 千克，磷肥 40～50 千克，钾肥 10 千克。做成宽垄，垄宽 70 厘米，沟宽 30～50 厘米，垄高 10～12 厘米，起垄后覆盖地膜。或进行平畦栽培。

（2）定植 在宽垄的两个肩部破膜、交错开穴，穴深 10～13 厘米。穴内灌足水，水渗下后，将带土坨幼苗轻放于沟内，覆土封穴。

（3）定植密度 圆茄类品种：早熟品种每亩栽苗 3000～3500 株，中晚熟品种 2500～3000 株。长茄类品种：早熟品种每亩栽 2000～2500 株，中熟种 2000 株，晚熟种 1500 株。

**5. 田间管理**

（1）肥水管理 茄子定植后应及时中耕一次，提高地温，促进发根缓苗。缓苗后浇缓苗水，并随水追 500 千克粪稀提苗，水后及时中耕 2～3 次进行蹲苗。门茄瞪眼时浇水，并追肥催果膨大，每亩追粪稀 750～1000 千克或磷酸二铵 15 千克。以后勤浇水，经常保持地面湿润。对茄和四门斗茄坐果后，每亩分别随水冲施尿素 10～15 千克。雨季注意排涝。

（2）整枝摘叶 为减少养分消耗，改善植株通风条件，应将门茄以下各叶腋的潜伏芽及时去掉。结果枝可保留 3～4 个。植株生长过旺时，应勤摘心。

植株封垄后，将下部老叶及病叶摘除。

露地栽培的茄子一般都不摘顶，任其生长，但在高密度或生长期较短的条件下，适时摘顶有利于早熟及丰产。

（3）防止落花 开花结果初期可用 50 毫克/升的番茄

灵喷花。

## （三）温室茄子生产技术

**1. 茬口安排**　温室茄子茬口安排见表53。

表53　温室茄子栽培茬口

| 季节茬口 | 播种期（月） | 定植期（月） | 主要供应期（月） | 说　明 |
|---|---|---|---|---|
| 冬春茬 | 8 | 9 | 11月至翌年4月 | 可延后栽培 |
| 春茬 | 12月至翌年1月 | 2～3 | 4～6 | 保护地育苗 |
| 夏秋茬 | 4～5 | 直播 | 8～10 | |
| 秋冬茬 | 6～7 | 8～9 | 10月至翌年2月 | |

**2. 品种选择和种子质量要求**

（1）品种选择　宜选用耐寒、耐弱光、生长势强、坐果能力强、抗病、丰产、果色亮丽、果形匀称的中晚熟品种，如茄杂12、布利塔、尼罗、济丰长茄1号、济杂长茄7号等。

（2）种子质量要求　选择2年内的种子。种子品种纯度不低于96%，品种净度不低于98%，种子发芽率不低于85%，种子含水量不高7%。

**3. 嫁接育苗**

（1）砧木选择　茄子嫁接时适宜的砧木主要有托鲁巴姆、CRP、赤茄、刚果茄、湘茄砧1号等。

（2）嫁接　茄子嫁接生产中常用劈接法和贴接法。

劈接法：当砧木长到5～6片真叶时进行嫁接。将砧木苗茎离地面10～12厘米高处切除上部，并把苗茎中间劈开，向下切深1.0～1.5厘米的切口。然后将接穗保留2～3片真叶，用刀片去掉下端，并削成楔形。将接穗插入砧木的切口中，对齐后用夹子固定（见图78）。

贴接法：当砧木长到5～6片真叶时进行嫁接，嫁接位置同劈接法。嫁接时用刀片在砧木苗茎离地面10～12厘米高处斜削，

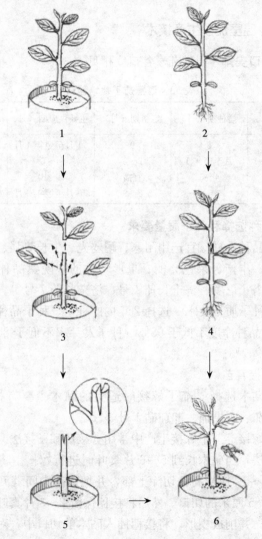

图 78　茄子劈接过程示意图

1. 适合嫁接的砧木苗　2. 适合嫁接的番茄苗　3. 砧木苗去顶、去芽
4. 番茄苗茎削切　5. 砧木苗茎劈接口　6. 接穗插入、固定接口

去掉顶端，形成 30°左右的斜面，斜面长 1.0～1.5 厘米。接穗保留 2～3 片真叶，用刀片削成与砧木相反的斜面（去掉下端），斜面大小与砧木的斜面一致。然后将砧木的斜面与接穗的斜面贴合在一起，用夹子固定。

（3）嫁接苗的管理　嫁接苗随嫁接随放于苗床中排摆好，并浇透水。苗床用小拱棚扣盖严实，白天用遮阳网遮阴。头 3 天白天温度 25～30℃，夜间温度不低于 20℃，苗床的空气湿度保持在 85％～95％。三天后开始对苗床进行适量的通风，使苗床内白天的空气湿度保持在 80％左右，同时逐天增加苗床内的光照时间。一周后，当嫁接苗开始明显生长后，白天温度保持 25～30℃，夜间温度控制在 12～15℃，对嫁接苗进行大温差管理，培育壮苗。对砧木苗茎上长出的侧枝以及茄子苗茎上长出的不定根，要随发现随抹掉。

**4. 定植**

（1）整地做畦　每亩施腐熟鸡粪 5～6 米$^3$、复合肥 100～150 千克、硫酸锌和硼砂各 0.5 千克。基肥的 2/3 撒施于地面作底肥，结合土壤深翻使粪与土掺和均匀；其余的 1/3 整地时集中条施。整平地面，做成南北向低畦，畦宽 1.2 米，畦内开挖 2 行定植沟，沟距 40～50 厘米，沟深 15 厘米左右。

（2）定植　按株距 35～40 厘米定植，每亩栽 2500～3000 株。

**5. 田间管理**

（1）培垄与覆盖地膜　缓苗后地皮不黏时，开始中耕并培成单行小垄，垄高 10～15 厘米。两小垄盖一幅 100 厘米宽地膜，中间为一浅沟以便膜下灌溉。

（2）温度和光照管理　一天当中，要有较长时间维持在 28～32℃的范围内，夜间要加强保温，维持后半夜温度 15℃以上。

茄子较喜光，可通过张挂反光幕、擦拭薄膜、延长见光时间等措施改善光照条件。结果期勤整枝、打杈，保持田间良好的透光性。

(3) 肥水管理　定植缓苗后，及时浇缓苗水。门茄开花前适当控水蹲苗。当全田半数以上植株的门茄"瞪眼"以后，及时浇水追肥。进入结果期后，要加强浇水、追肥。低温期一般每15天左右、高温期每10天左右追一次肥，结合浇水追肥，化肥与有机肥交替施肥，每亩每次施硝酸钾20千克，或磷酸二铵20千克，或腐熟人粪尿2000千克。

(4) 整枝打叶　第一次分杈下的侧枝应及早抹掉，留两条一级侧枝结果，以后长出的各级侧枝，选留2～3条健壮的结果，进行双干或三干整枝，图79。

生长后期将老叶、黄叶、病叶及时摘除。

嫁接茄子植株比较高大，应采用吊绳牵引，或支架支撑，防止倒折。

(5) 保花保果　开花期用防落素40～50毫克/升喷花，能有效地防止落花。

图79　茄子三干整枝

**6. 再生栽培**　设施茄子进入高温季节，病虫危害严重，果实商品性差，产量下降。利用茄子的潜伏芽越夏，进行割茬再生栽培，供应秋冬市场。一次育苗，二茬生产，节省了育苗和嫁接所耗的大量人工和费用，通过加强管理，可有效地改善植株的生育状况和果实的商品性，获得较好的经济效益。

(1) 剪枝再生　7月中下旬选择温室、大棚内未明显衰败的茄子植株，将茄子主干保留10厘米左右剪掉，上部枝叶全部除

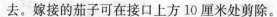

去。嫁接的茄子可在接口上方10厘米处剪除。

（2）涂药防病　剪除主干后，立即用50％多菌灵可湿性粉剂100克，农用链霉素100克，疫霜灵100克，加0.1％高锰酸钾溶液调成糊状，涂抹于伤口处防止病菌侵入。同时，清理田园，喷药防病虫。

（3）重施肥水　剪枝后及时中耕松土，每亩施充分腐熟的农家肥3000千克，尿素20千克，过磷酸钙30千克。在栽培行间挖沟深施，并经常浇水促使新叶萌发。

（4）田间管理　剪枝10天后即可发出新枝，每株留1～2枝，每枝留1～2果即可。新枝大约在12～15厘米长时现花蕾，再过15～20天即可采收。

嫁接的茄子生长势更强，适当稀植后，可进行多年生栽培，即一年剪枝2次，连续栽培2～3年。

## （四）采收

**1. 采收标准**　商品茄子以采收嫩果上市，茄子达到商品成熟度的标准是"茄眼睛"（果实萼片下面锯齿形浅色条带）消失，说明果实生长减慢，可以采收。采收过早，果实未充分发育，产量低；采收过晚，种皮坚硬，果皮老化，影响销售，降低食用价值。

**2. 采收技术**　门茄宜稍提前采收，既可早上市，又可防止与上部果实争夺养分。雨季应及时采收，以减少病烂果。

茄子采收应选择在早晨或傍晚。采收的方法是用剪刀剪下果实，防止撕裂枝条；不带果柄，以免装运过程中互相刺伤果皮。

## （五）采收后处理

**1. 分级**　按照农业部颁发标准《茄子等级规格标准》（NYT 1894—2010）对不类型的茄子分别进行分类。

**2. 贮存**　为了延长秋茄子的供应期，达到堵缺增效之目的，在晚秋后，采用一些贮藏技术，对茄子果实可起到一定的保鲜作用。茄子的贮藏方式有气调贮藏、冷藏、通风贮藏、埋藏和贮藏室贮藏等。采收的茄子宜尽快放入预冷库，将茄子预冷到 9～12 ℃后再进行贮存，贮温保持 10～14 ℃，空气相对湿度 90 ％～95 ％。

## 三、辣椒生产技术

辣椒属茄科辣椒属植物，别名番椒、海椒、秦椒、辣茄。原产于南美洲的热带草原，明朝末年传入我国，至今已有 300 余年的栽培历史。辣椒在我国南北普遍栽培，南方以辣椒为主，北方以甜椒为主。辣椒果实中含有丰富的蛋白质、糖、有机酸、维生素及钙、磷、铁等矿物质，其中维生素 C 含量极高，胡萝卜素含量也较高，还含有辣椒素，能增进食欲、帮助消化。辣椒的嫩果和老果均可食用，且食法多样，除鲜食外，还可加工成干椒、辣酱、辣椒油和辣椒粉等产品。

### (一) 建立生产基地

1. 选择无污染和生态条件良好的地域建立生产基地。生产基地应远离工矿区和公路、铁路干线，避开工业和城市污染的影响。

2. 产地空气环境质量、农田灌溉水质质量以及土壤环境质量均应符合 NY/T391—2000 标准要求。

3. 土壤肥力应达到 NY/T391—2000 规定的二级以上标准。

4. 要选择土层深厚、排灌方便、肥沃疏松的沙壤土或壤土。

5. 种植地块的适宜土壤 pH 值 5.5～6.5。

6. 忌与同科作物连作。

### (二) 露地辣椒生产技术

**1. 茬口安排** 露地辣椒多于冬春季育苗，终霜后定植，晚夏拉秧后种植秋菜；也可行恋秋栽培至霜降拉秧。长江中下游地区多于 11～12 月利用温床育苗，3～4 月定植。北方地区则多于春季在保护地内育苗，4～5 月间定植。

辣椒的前茬可以是各种绿叶菜类，后茬可以种植各种秋菜或休闲。

**2. 品种选择与种子质量要求**

（1）品种选择 露地栽培宜采用耐热、抗病、生育期长的的中晚熟品种。甜椒品种有冀研 12、冀研 13、中椒 7 号等；辣椒品种有冀研 7、冀研 19 等。

（2）种子质量要求 选择 2 年内的种子。种子品种纯度不低于 95％，品种净度不低于 98％，种子发芽率不低于 80％，种子含水量不高 7％。

**3. 育苗**

（1）壮苗标准 秧苗茎高 18～20 厘米，有完好子叶和真叶 9～11 片，茎粗壮，现花蕾，根系发达，无病虫危害的幼苗。

（2）育苗土配制 育苗土的肥、土用量比例为 5∶5，每立方米土内再混入氮磷钾复合肥 1 千克左右，另加入多菌灵 100～200 克、辛硫磷 100～200 克。把肥、土和农药充分混拌均匀，并过筛。把营养土装入 10 厘米×10 厘米或 8 厘米×10 厘米的营养钵中，待育苗。

（3）种子处理 晒种 1～2 天。用 55～60℃热水浸种 15 分钟后，再用清水浸泡 12 小时。用 10％磷酸三钠浸种 30 分钟，捞出种子控干水分后在 25～30℃条件下催芽，或以每天 8 小时 20℃和 16 小时 30℃的变温催芽。

（4）播种与管理 底水浇过以后，每育苗钵中央点播 1～2 粒带芽的种子，播后覆过筛细潮土厚约 0.5 厘米。出苗后及时揭去床面覆盖物。1～2 叶时疏苗，疏除病、弱苗，每容器内留一壮苗。

（5）苗期管理 播种后覆土 0.5～1.0 厘米。出苗期间土温不应低于 17～18℃，以 24～25℃ 为适，出苗后适当降低温度，真叶展开后，提高温度，白天 22～26℃，夜间 15～20℃。保持苗床充足的光照。双粒播种的根据需要保留双苗，或在真叶展开后间去一苗。

定植前 10 天左右逐渐锻炼幼苗。锻炼应以降温为主，适当控制水分。

### 4. 定植

（1）整地做畦　选择肥沃且排灌良好的壤土或沙壤土。定植前施入充分腐熟的优质厩肥，每亩 5000～7500 千克，将 2/3 均匀撒施，1/3 沟施。基肥中每亩施用过磷酸钙 15～20 千克，促进根系发育及开花结果。采取垄作，垄高 15 厘米左右，垄距 50～60 厘米。做垄后应立即铺地膜。

（2）定植　当地终霜过后，10 厘米地温稳定在 12℃ 以上时定植。

定植密度应视品种、土壤肥力和施肥水平而定。单行栽植一般密度为每亩 3000～4000 穴（单株或双株），行距 50～60 厘米，株距 25～33 厘米。双行密植栽培每亩 5000～6000 穴，每穴双株或三株，错穴栽苗。

双行密植植株提早封垄，保湿防晒，能减轻日灼和病毒病危害，中后期植株生长过旺时，可在收 3 层果后，隔行剪枝，再抽生新枝后"两层楼"结椒，可大幅提高产量。

### 5. 田间管理　
定植后至采收前主要抓好促根、促秧。前期地温低，根系弱，应大促小控，即轻浇水，早追肥，勤中耕，小蹲苗。缓苗水轻浇，浇水后及时中耕，增温保墒，促进发根，中耕 1～2 次后，视土壤墒情可适当浇两遍水，并结合轻追肥，再中耕，开始蹲苗。蹲苗程度视气候条件及土质情况而定，不宜过长，约 10 天。追肥以氮肥为主，配合磷、钾肥。第一花下方主茎上的侧芽应及时摘除。

开始采收至盛果期主要抓好促秧、攻功果。应及时采收门椒，及时浇水，经常保持土壤湿润，争取在高温季节前封垄，进入盛果期。封垄前应培土保根，培土高度为 12～13 厘米。肥料可用腐熟人粪尿或磷酸二铵或氮磷钾复合肥，结合培土时施入。另外，还要注意防治病虫害。

进入高温季节应着重保根、保秧，防止败秧与死秧。浇水应早、晚灌溉，避免灌后遇雨，造成落叶。采用萘乙酸 50 毫克/升浓度溶液喷花，可有效防治辣椒落花，显著提高产量。

整个生长期可叶面喷施尿素 0.3％，磷酸二氢钾 0.3％。

## （三）塑料大棚辣椒生产技术

**1. 茬口安排**　塑料大棚辣椒主要进行春茬、秋茬和全年茬栽培，春茬和全年茬的适宜定植期为当地断霜前 30～50 天，秋茬应在大棚内温度低于 0℃前 120 天以上时间播种。

**2. 品种选择和种子质量要求**

（1）品种选择　主要根据市场需要选择品种。大果型品种可选用辽椒 4 号、农乐、中椒 2 号、牟椒 1 号、海花 3 号、甜杂 2 号、茄门等。尖椒品种可选择湘研 1 号、湘研 3 号、保加利亚尖椒、沈椒 3 号等。

彩色甜椒比较适合塑料大棚栽培。彩色甜椒果实个头大，色泽艳丽，有红色、黄色、橙色、紫色、浅紫色、乳白色、绿色、咖啡色等多种颜色。口感甜脆，营养价值高，适合生食。彩色甜椒生育周期长，耐低温弱光，适合在设施内栽培。可作为饭店、宾馆的高档配菜和节日礼品菜供应市场，也可作为农业园区的观赏品种，具有较高的经济效益。目前国内栽培较优良的黄色品种有黄欧宝、橘西亚、考曼奇；红色品种有麦卡比、红英达、新蒙德、方舟；紫色品种有紫贵人；白色品种有白公主。

（2）种子质量要求　选择 2 年内的种子。种子品种纯度不低于 95％，品种净度不低于 98％，种子发芽率不低于 80％，种子含水量不高 7％。

**3. 育苗** 育苗钵育苗或穴盘无土育苗。

选择 72 孔或 105 孔的穴盘。选用优质的草炭、珍珠岩和蛭石，按 6∶3∶1 的比例混合，每立方米基质再加入氮磷钾复合肥（15∶15∶15）1～2 千克，同时每立方米基质再加入 60% 多·福（苗菌敌）可湿性粉剂 100 克进行消毒。搅拌时加入适量水，使基质含水量保持 50%～60%，以手握成团、落地即散为宜。将配好的基质用薄膜密封，48 小时后即可使用。

种子浸种、消毒、催芽露白后开始播种。每穴播 1 粒种子，平放在穴孔中间，播完后覆盖一层均匀、已消毒的蛭石。将播好的育苗盘平放在苗床上，喷匀、喷透水，喷至每穴滴水为宜。冬季时，育苗盘上要覆盖一层薄膜，保温保湿；夏季光照强的情况下，使用遮阳网适当遮阴。在种子没有出苗前要适当补水，使育苗盘保持一定的持水量，便于出苗。

苗期温度白天 25～30℃，夜间 18～22℃，基质温度保持在 20～25℃，空气湿度以 70%～80% 为宜。待苗出齐后，在天气好的情况下可以喷透水，保证幼苗的正常生长。结合喷水每 5～7 天浇 1 次肥水，可选用磷酸二氢钾，浓度以 0.1%～0.125% 为宜。结合肥水，可加入甲壳素等植物诱导剂，增强幼苗抗逆性。2 片真叶后开始适当控制水分，防止幼苗徒长，培育壮苗。穴盘苗如果出现徒长，植株细弱，可用多效唑进行处理，浓度以 25克/千克为宜。

当幼苗株高 16～18 厘米，具有 6～7 片真叶并现小花蕾时开始定植。

**4. 定植**

（1）整地做畦 定植前 10～15 天扣棚升温。土壤化透后每亩撒施优质农家肥 5000 千克，饼肥 100～200 千克、硫酸钾 20千克，硫酸铜 3 千克，硫酸锌 1 千克，持效硼肥 1 千克。深翻使肥料与土充分混匀。按大行距 60 厘米，小行距 40 厘米起垄，小行上扣地膜暖地。

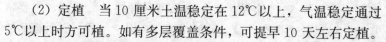

（2）定植 当10厘米土温稳定在12℃以上，气温稳定通过5℃以上时方可植。如有多层覆盖条件，可提早10天左右定植。

采用单株定植。定植时在垄上按株距30～35厘米开穴，逐穴浇定植水，水渗下后摆苗，每穴一株。深度以土坨表面与垄面相平为宜。摆苗时注意使子叶方向（即两排侧根方向）与垄向垂直，这样对根系发育有利。辣椒一般为每亩2700株左右。生长势较弱的早熟品种每亩3000株左右。深度以苗坨与畦面相平为宜，栽后封严定植穴，并覆盖地膜。甜椒定植密度应比辣椒稀些。

**5. 田间管理**

（1）温光调节 定植后一般闷棚5～7天，棚内温度不超过35℃不放风，以提高棚内温度，促进缓苗。缓苗后日温保持在25～30℃，高于30℃时打开风口通风，低于25℃闭风。夜温18～20℃，最低不能低于15℃。如遇寒流，应及时加盖二层幕、小拱棚或采取临时加温措施，防止低温冷害。以后随着外界气温的升高，应注意适当延长通风时间，加大通风量，把温度控制在适温范围内。当外界最低温度稳定在15℃以上时，可昼夜通风。进入7月份以后，把四周棚膜全部揭开，保留棚顶薄膜，并在棚顶内部挂遮阳网起到遮阴、降温、防雨的作用。8月下旬以后，撤掉遮阳网并清洗棚膜，并随着外温的下降逐渐减少通风量。9月中旬以后，夜间注意保温，白天加强通风。早霜来临期要加强防寒保温，尽量使采收期向后延迟。

（2）肥水管理 缓苗后可浇一次缓苗水，以后中耕蹲苗。门椒采收后，应经常浇水保持土壤湿润。

追肥应以少量多次为原则。一般基肥比较充足的情况下，当门椒长到3厘米长时，可结合浇水进行第1次追肥，每亩随水冲施尿素12.5千克，硫酸钾10千克。此后进入盛果期，根据植株长势和结果情况，进行追肥。化肥和腐熟有机肥交替施肥。

（3）整枝 大果型品种结果数量少，对果实的品质要求较高，一般保留 3～4 个结果枝；小果型品种结果数量多，主要依靠增加结果数来提高产量，一般保留 4 个以上结果枝。辣椒整枝不宜过早，一般当侧枝长到 15 厘米左右长时抹掉，保留 1～2 片叶摘心即可。

（4）绑蔓　在每行辣椒上方南北向各拉一道 10 号或 12 号铁丝。将绳的一端系到辣椒栽培行上方的粗铁丝上，下端用宽松活口系到侧枝的基部，每根侧枝一根绳。用绳将侧枝轻轻缠绕住，使侧枝按要求的方向生长。见图 80。

（5）剪枝再生　进入 8 月以后，结果部位上升，生长处于缓慢状态，出现歇伏现象，可在四母斗结果部位下端缩剪侧枝，追肥浇水，

图 80　辣椒整枝与吊蔓

促进新枝发生，形成第二个产量高峰。新形成的枝条结果率高，果实大，品质好，采收期延长。

## （四）采收

**1. 采收标准**　一般在开花授粉后 25～30 天，椒果膨大速度变慢，果皮浓绿而富光泽时，即可采收青熟果。门椒、对椒及长势弱的植株上的果实适当早收，其他各层在果实充分膨大、果肉变硬、色变深且保持绿色未转红时采收最为适期。秋冬季节当外界最低气温在 5℃以前，要将全部果实及时采收，以免受冻。

彩色甜椒上市对果实质量要求较为严格，最佳采摘时间是：黄、红、橙色的品种在果实完全转色时采收；白色、紫色的品种

在果实停止膨大，充分变厚时采收。

**2. 采收技术**　选择晴天早晨或傍晚采收，采摘要小心，最好戴上手套，去掉手饰物品，紧紧抓住果实，左右摇动后轻轻向上拉收。或用无锈的剪刀从果柄处剪收，不要伤及果实，轻拿轻放，避免机械损伤。田间使用的容器应洁净，内表平滑。辣椒枝条较脆，采摘时应注意，以免折断枝条，影响产量。

### （五）采后处理

**1. 分级**　辣椒商品性状基本要求：新鲜；果面清洁，无杂质；无虫及病虫造成的损伤；无异味。

一等规格：外观一致，果梗、萼片和果实呈该品种固有的颜色，色泽一致；质地脆嫩；果柄切口水平、整齐（仅适用于灯笼形）；无冷害、冻害、灼伤及机械损伤，无腐烂。

分级：羊角形、牛角形、圆锥形品种果实长度，大：＞15厘米；中：10～15厘米；小：＜10厘米。

灯笼形品种果实横径，大：＞7厘米；中：5～7厘米；小：＜5厘米。

二等规格：外观基本一致，果梗、萼片和果实呈该品种固有的颜色，色泽基本一致；基本无绵软感谢；果柄切口水平、整齐（仅适用于灯笼形）；无明显的冷害、冻害、灼伤及机械损伤。

分级：羊角形、牛角形、圆锥形品种果实长度，大：＞15厘米；中：10～15厘米；小：＜10厘米。

灯笼形品种果实横径，大：＞7厘米；中：5～7厘米；小：＜5厘米。

三等规格：外观基本一致，果梗、萼片和果实呈该品种固有的颜色，允许稍有异色；果柄劈裂的果实数不应超过2%；果实表面允许有轻微的干裂缝及稍有冷害、冻害、灼伤及机械损伤。

分级：羊角形、牛角形、圆锥形品种果实长度，大：＞15

厘米；中：10～15 厘米；小：＜10 厘米。

灯笼形品种果实横径，大：＞7 厘米；中：5～7 厘米；小：＜5 厘米。

**2. 包装** 果实经过预处理后，按大小分类包装上市。为防止彩色甜椒果实采后失水而出现果皮褶皱现象，应采取薄膜托盘密封包装，方可在低于室温条件下或超市冷柜中进行较长时间的保鲜。每个托盘可装 2～3 种颜色果实，便于食用时搭配，见图 81。

图 81  小包装彩色甜椒

**3. 贮运** 贮运时做到轻装轻卸。最好用冷藏车进行运输，冷藏温度控制在 7～9℃，空气相对湿度保持在 90%～95%。

# 四、茄果类蔬菜病虫害识别与防治

## （一）主要病害识别与防治

### 1. 番茄早疫病识别与防治

（1）识别  叶片发病初呈针尖大的小黑点，后发展为不断扩展的轮纹斑，边缘多具浅绿色或黄色晕环，中部现同心轮纹。茎部染病，多在分枝处产生褐色不规则圆形或椭圆轮纹斑，深褐色或黑色。青果染病，始于花萼附近，初为椭圆形或不定形褐色或黑色斑，凹陷，直径 10～20 毫米，后期果实开裂，病部较硬，密生黑色霉层。

（2）防治措施　种植耐病品种，实行轮作，合理密植；保护地番茄防止棚内湿度过大、温度过高；保护地内喷洒百菌清粉尘剂或用百菌清烟剂或速克灵烟剂防治；发病初期可交替喷洒扑海因、百菌清、甲霜灵·锰锌、杀毒矾、乙·扑等。

**2. 番茄晚疫病识别与防治**

（1）识别　叶片染病，多从植株下部叶尖或叶缘开始发病，初为暗绿色水浸状不规则病斑，扩大后转为褐色，高湿时，叶背病健部交界处长白霉。茎上病斑呈现黑褐色腐败状，引致植株萎蔫。果实染病主要发生在青果上，病斑初呈现油浸状暗绿色，后变成暗褐色至棕褐色，稍凹陷，边缘明显，云纹不规划，果实一般不变软，湿度大时其上长少量白霉，迅速腐烂。

（2）防治措施　种植抗病品种，与非茄科作物实行3年以上轮作，合理密植；保护地番茄从苗期开始，防止棚室高湿；保护地内施用百菌清烟剂或喷撒百菌清粉尘剂防病；发病初期交替喷洒普力克、甲霜铜、杀毒矾、乙膦·锰锌等。

**3. 病毒病识别与防治**

（1）识别　主要有花叶型（叶片上出现黄绿相间，或深浅相间斑驳，叶脉透明，叶略有皱缩的不正常现象，病株较健株略矮）、蕨叶型（上部叶片变成线状，中、下部叶片向上微卷）、条斑型（在叶片上为茶褐色的斑点或云纹，在茎蔓上为黑褐色斑块，变色部分仅处在表层组织，不深入茎、果内部）、巨芽型（顶部及叶腋长出的芽大量分枝或叶片呈现线状、色淡，致芽变大且畸形）、卷叶型（叶脉间黄化，叶片边缘向上方弯卷，小叶呈球形，扭曲成螺旋状畸形）和黄顶型（病株顶叶色褪绿或黄化，叶片变小，叶面皱缩，病株矮化，不定枝丛生）6种症状。

（2）防治措施　选用抗病品种；种子消毒处理；定植后，早中耕锄草，及时培土，促进发根，晚打杈，早采收；及时防治蚜虫；发病初期交替喷洒植病灵、病毒A等。

### 4. 番茄灰霉病识别与防治

（1）识别　青果受害重，残留的柱头或花瓣多先被侵染，后向果面或果柄扩展，致果皮呈灰白色，软腐，病部长出大量灰绿色霉层，果实失水后僵化；叶片染病多始自叶尖，病斑呈"V"字形向内扩展，初水浸状、浅褐色、边缘不规则、具深浅相间轮纹，后干枯表面生有灰霉致叶片枯死；茎染病，开始亦呈水浸状小点，后扩展为长椭圆形或长条形斑，湿度大时病斑上长出灰褐色霉层。严重时引起病部以上枯死。

（2）防治措施　保护地加强通风和浇水管理，降低空气湿度；发病后及时摘除病果、病叶和侧枝；用无病苗定植；2,4-D或防落素中加入 0.1% 的 50% 速克灵或 50% 扑海因，使花器着药；保护地内施用特克多烟剂或速克灵烟剂、百菌清烟剂防治；发病初期交替喷洒速克灵、特克多、混杀硫、武夷菌素（Bo-10）等。

### 5. 番茄青枯病识别与防治

（1）识别　株高 30 厘米左右时病株开始显症，先是顶端叶片萎蔫下垂，后下部叶片凋萎，中部叶片最后凋萎。病株白天萎蔫，傍晚复原，病叶变浅绿。病茎表皮粗糙，茎中下部增生不定根或不定芽，湿度大时，病茎上可见初为水浸状后变褐色的 1～2 厘米斑块，病茎维管束变为褐色，横切病茎，用手挤压或经保湿，切面上维管束溢出的白色菌液，病程进展迅速，严重的经 7～8 天即死亡。

（2）防治措施　进行 4 年以上轮作；选用抗病品种；嫁接育苗；及时清除病株，病株处撒生石灰消毒；土壤偏酸的地块，每亩施石灰 100～150 千克，调节土壤 pH 值；用青枯病拮抗菌 MA-7、NOG-104，于定植时大苗浸根；发病初期用硫酸链霉素或农抗"401"、络氨铜、可杀得等灌根。

### 6. 番茄根结线虫病识别与防治

（1）识别　病部产生肥肿畸形瘤状结。解剖根结有很小的乳

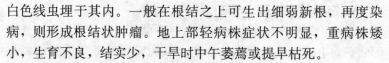

白色线虫埋于其内。一般在根结之上可生出细弱新根，再度染病，则形成根结状肿瘤。地上部轻病株症状不明显，重病株矮小，生育不良，结实少，干旱时中午萎蔫或提早枯死。

（2）防治措施　选用抗病和耐病品种；采用无病营养土，培育无病壮苗；深翻晒田，清除病残体；盛夏高温季节，深耕翻土，深度 25 厘米以上，在地面覆盖地膜，压实压严，使 5 厘米地温达 50℃以上，熏蒸 15～20 天，利用高温可杀死大部分线虫；选用抗病砧木进行嫁接栽培；播种或定植前选用益舒宝、阿维菌素等对定植沟进行土壤处理；成株期发病，可选用阿维菌素、辛硫磷等灌根。

**7. 番茄脐腐病识别与防治**

（1）识别　番茄脐腐病又称蒂腐病，属生理病害。初在幼果脐部出现水浸状斑，后逐渐扩大，至果实顶部凹陷，变褐，通常直径 1～2 厘米，严重时扩展到小半个果实；后期遇湿度大腐生霉菌寄生其上现黑色霉状物。病果提早变红且多发生在一、二穗果上，同一花序上果实几乎同时发病。

（2）防治措施　地膜覆盖栽培；结果期均衡供应水分，灌水应在 9：00～12：00 时进行；选用抗病品种；从初花期开始，隔15 天一次，喷洒 1％的过磷酸钙，或 0.5％氯化钙加 5 毫克/千克萘乙酸，连喷 2 次。

**8. 茄子黄萎病识别与防治**

（1）识别　叶片初在叶缘及叶脉间变黄，后发展至半边叶片或整片叶变黄。早期病叶晴天高温时呈现萎蔫状，早晚尚可恢复，后期病叶由黄变褐，终致萎蔫下垂以至脱落，严重时全株叶片变褐萎垂以至脱光仅剩茎杆。

（2）防治措施　选用抗病品种，实行轮作；嫁接栽培；播种前种子消毒处理；苗期或定植前期喷多菌灵；定植田每亩用50％多菌灵 2 千克进行土壤消毒；发病初期浇灌混杀硫、多菌灵、苯菌灵、琥胶肥酸铜（DT）等。

**9. 茄子褐纹病识别与防治**

（1）识别　先从下部叶片开始，叶面上出现近圆形或不规则形病斑，上生轮纹状排列的小黑点，病斑容易破裂或脱落成孔洞。茎部发病以基部比较普遍，开始出现水浸状梭形病斑，扩展后边缘暗褐色，中央凹陷成灰白色，形成一个干腐状的溃疡斑，其上长有许多隆起的小黑点，后期病部常发生纵裂，并因皮层脱落而使木质部裸露。当病斑绕茎一周后病株枯死。果实发病，初生黄褐色或浅褐色病斑，病斑圆形或椭圆形，稍凹陷，病斑在扩展过程中留下明显的同心轮纹，后期在轮纹上产生黑色的小点。

（2）防治措施　选用抗病品种；种子消毒处理；适当稀植，实施地膜覆盖措施，加强通风排湿；发病前用百菌清、代森锰锌等烟剂防病，发病初期交替用百菌清、杀毒矾、代森锰锌、甲霜灵锰锌、乙磷铝锰锌等杀菌剂喷洒防治。

**10. 茄子绵疫病识别与防治**

（1）识别　主要危害果实。发病先从下部果实开始，果面上产生水浸状圆形病斑，病部稍凹陷，黄褐色或暗褐色，条件适宜时，很快蔓及全果，引起果实变黑腐烂，病果上密生白色絮状菌丝。病果易脱落。

（2）防治措施　用高垄并覆盖无滴地膜栽培；适当稀植，加强通风管理；定植前先将茄苗均匀喷药保护，定植时用甲霜灵、克抗灵、杀毒矾等药剂浇灌或配成药土撒入定植穴内；发病初期交替用霜特净、乙磷铝、普力克、杀毒矾等喷洒防治。

**11. 辣椒疫病识别与防治**

（1）识别　主要发生在结果期，危害辣椒的茎基部，引起茎基部枯死，进而引起整株枯死。晴天白天，植株的叶片出现萎焉，早晚恢复正常，几天后不再恢复而枯死。拔出病株，可见到茎基部变褐色，并缢缩、干枯，湿度大时，病部上长有白色霉层。

（2）防治措施　种子消毒；起垄栽培，覆盖地膜栽培，不大水淹没茎基部；不偏施氮肥；定植前，用甲霜灵 120 倍液浇灌定植沟；发病前，每 7～10 天用百菌清烟雾剂防病一次，或每周一次用甲霜灵锰锌、瑞毒铜等喷洒植株的茎基部；发病初期，用 250 倍的瑞毒铜或 300～400 倍的硫酸铜灌病株的茎基部。

**12. 辣椒炭疽病识别与防治**

（1）识别　果实发病初期，果面上出现水浸状黄褐色小斑点，进而扩展成近圆形或不规则形病斑，病斑中心部灰褐色，边缘黑褐色，整个病斑凹陷，表皮不破裂，上有隆起的轮纹。轮纹上密生小黑点，潮湿时，病斑表面溢出淡红色的胶状物。空气干燥时，病部干缩成羊皮纸状，易破碎。病果比正常果易红熟，病果内部多组织腐烂，最后干缩于植株上。叶片受害时，初出现褪绿斑点，后发展成中央灰色或白色、边缘深褐色或铁锈色的近圆形或不规则形病斑，病斑上轮生小黑点，病叶容易干缩脱落。

（2）防治措施　种子消毒；合理密植，保持田间良好的通风条件；发病前每 7～10 天用百菌清烟雾剂防病一次。发病初期，用甲基托布津、百菌清、福美双、代森锰锌、炭疽福美等交替喷洒叶面和果面。

**13. 辣椒疮痂病识别与防治**

（1）识别　也叫辣椒细菌性斑点病，主要引起落叶。叶片发病，初出现水浸状黄绿色小斑点，病斑扩大后呈不规则形，边缘暗绿色稍隆起，中部色浅，稍凹陷。病斑表面粗糙，呈疮痂状。后期病斑连片，引起叶片脱落。茎和叶柄发病，一般产生不规则形的褐色条斑，后病斑木栓化，并隆起、纵裂，呈溃疡状。果实发病，初出现暗褐色隆起小点，后扩大为近圆形的黑色疮痂状病斑，潮湿时病斑上有菌脓溢出。

（2）防治措施　播种前用 1000 倍的硫酸铜浸种 5 分钟进行消毒处理；加强通风管理，降低温室内的空气湿度，不偏施氮肥；发病初期，交替用乙磷铝、新植霉素、农用链霉素等叶面喷洒。

## （二）主要虫害识别与防治

### 1. 棉铃虫识别与防治

（1）识别　以幼虫蛀食植株的蕾、花、果，偶也蛀茎。蕾受害后，苞叶张开，变成黄绿色，2～3天后脱落。幼果常被吃空或引起腐烂而脱落，成果虽然只被蛀食部分果肉，但因蛀孔在蒂部，雨水、病菌易侵入引起腐烂、脱落，造成严重减产。

（2）防治措施　及时打顶、打杈和摘叶，减少产卵量；及时摘除虫果，压低虫口；在二代棉铃虫卵高峰后3～4天及6～8天，连续两次交替喷洒BT. t. 乳剂、苏芸金杆菌HD-1、棉铃虫核型多角体病毒等；幼虫蛀入果内前，交替喷洒灭杀毙、功夫、天王星等。

### 2. 烟青虫识别与防治

（1）识别　主要为害青椒，以幼虫蛀食蕾、花、果，也食害嫩茎、叶和芽。果实被蛀引起腐烂而大量落果是造成减产的主要原因。

（2）防治措施　参见棉铃虫。

### 3. 蚜虫识别与防治

（1）识别成虫或幼虫群集在叶背面和嫩茎上吸取汁液，造成叶片向背面卷曲，严重时植株生长发育停滞，并能传播各种病毒病。

（2）防治措施　消灭虫源；在设施内挂银灰色薄膜或采用银灰色地膜覆盖，可起到避蚜作用；有翅蚜对黄色有趋性，在瓜蚜迁飞时可用黄板诱蚜；发生初期及时用抗蚜威、菊马、溴氰菊酯等交替喷洒，设施内可用杀瓜蚜烟雾剂或敌敌畏烟雾剂熏杀。

### 4. 温室白粉虱识别与防治

（1）识别　成虫或幼虫吸食叶的汁液，使叶片褪绿变黄、萎蔫，甚至枯死，分泌的蜜露常引起煤污病，并可传播病毒病。

（2）防治措施　消灭虫源；设施通风口增设防虫网或尼龙纱等，控制外来虫源；人工繁殖释放丽蚜小峰（按每株 15 头的量释放丽蚜小蜂成蜂），进行天敌防治；温室内设置黄板诱杀；虫害发生初期选用扑虱灵、溴氰菊酯、功夫等交替喷洒，设施内也可选用溴氰菊酯烟剂或杀灭菊酯烟剂进行熏烟防治。

**5. 红蜘蛛识别与防治**

（1）识别　红蜘蛛以成虫和若虫群集于叶背吸食汁液，被害叶面出现黄白色斑点，严重时变黄枯焦，以致脱落。一般植株的下部叶片先受害，自下而上发生危害。

（2）防治措施　生产结束后，及时清除残株败叶，消灭虫源；加强田间管理，促进植株生长，增强抗性。虫害发生初期，及时用哒螨灵、灭扫利、尼索朗、卡死克、托尔克、克螨特等交替喷洒。保护地栽培可用敌敌畏烟剂熏杀防治。

# 第三节　豆类蔬菜生产技术

豆类蔬菜在中国栽培历史久，种类多，分布广。北方普遍栽培菜豆和豇豆，其次为豌豆、毛豆、扁豆和蚕豆等。豆类蔬菜营养价值高，产品富含蛋白质、脂肪、糖、维生素和矿物质。豆类蔬菜的适应性比较广，一年内露地和保护地可多次栽培，供应期长。产品除鲜食外，也是干制、淹渍、制罐和速冻冷藏的重要原料。

## 一、菜豆生产技术

菜豆又名四季豆、芸豆等。原产于中南美洲，17 世纪从欧洲传入我国。在我国华北、东北、西北栽培较多，除露地生产外，尚有多种形式的保护地栽培，供应期长。产品鲜食为主，并适于脱水、制罐和速冻冷藏。籽粒入药，有滋补、解毒、利尿和消肿等作用。

## （一）建立生产基地

1. 选择无污染和生态条件良好的地域建立生产基地。生产基地应远离工矿区和公路、铁路干线，避开工业和城市污染的影响。

2. 产地空气环境质量、农田灌溉水质质量以及土壤环境质量均应符合 NY/T391—2000 标准要求。

3. 土壤肥力应达到 NY/T391—2000 规定的二级以上标准。

4. 要选择土层深厚、排灌方便、肥沃疏松的沙壤土或壤土。

5. 种植地块的适宜土壤 pH 值 5.5～6.5。

6. 忌与同科作物连作。

## （二）露地菜豆生产技术

**1. 茬口安排**　我国除无霜期很短的高寒地区为夏播秋收外，其余南北各地均春、秋两季播种，并以春播为主。春季露地播种，应在当地断霜前 7～10 天，10 厘米地温稳定在 10℃ 以上时进行。采用沟播或穴播。秋菜豆宜在当地霜前 90～100 天播种，北方大多数地区从 6 月下旬到 7 月中旬播种，保证霜前有一定的生长期形成产量；同一地区矮生菜豆可晚播 12～15 天。

**2. 品种选择和种子质量要求**

（1）品种选择　春季蔓生菜豆宜选用生长势强，丰产优质的中、晚熟品种；秋菜豆应选用耐热、抗病、适应性强，对日照反应不敏感或短日型的中、早熟丰产品种。

（2）种子质量要求　应选用 2 年内的种子，种子品种纯度不低于 90％，品种净度不低于 99％，种子发芽率不低于 85％，种子含水量不高 8％。

**3. 整地做畦**　春菜豆前茬为冬闲地或越冬绿叶菜；秋菜豆前茬为小麦、大蒜、春甘蓝、春黄瓜和西葫芦等，后茬为冬闲地或越冬菠菜。前茬拉秧后要及早清理田园，翻地晒土数日，以改

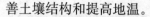

善土壤结构和提高地温。

每亩施腐熟农家肥 3000～5000 千克，过磷酸钙 15～20 千克，草木灰 100 千克或硫酸钾 15～20 千克作基肥。

北方以平畦为主，畦宽一般 1.2～1.4 米。早熟栽培或低洼盐碱地可用高垄，东北以垄作为主。

**4. 播种和育苗**

（1）播种前种子处理　精选种子，晒种 1～2 天，并用种子重量 0.3％的 1％福尔马林液浸种 20 分钟，防炭疽病，然后用清水清洗后播种。

（2）直播　春季栽培蔓生菜豆行穴距 60～70 厘米×20～25 厘米，每穴播籽 3～4 粒；用种量一般为每亩 3～4 千克。矮生菜豆可比蔓生菜豆早播 3～5 天，行穴距为 33～45 厘米×18～25 厘米，每穴播籽 4～6 粒。秋菜豆生长后期，温度渐低，侧枝发育差，应适当密植，穴距可缩到 20 厘米，每穴播 4～6 粒。

（3）育苗与定植　春季提前育苗，露地栽植者，可于 3 月底至 4 月初在各种拱棚中，用 8 厘米×8 厘米或 10 厘米×10 厘米的营养钵播种育苗，每穴播 3～4 粒，覆土 2 厘米。

播种后白天温度 25℃ 左右，夜间温度 20℃ 左右。当有 70％～80％出苗时，降低温度，白天 20～25℃，夜间 10～15℃。定植前 7～10 天开始逐渐降温炼苗，以适应露地的环境。终霜后，10 厘米土温达 10℃时定植。选择晴天上午进行。移栽适宜苗龄为播后 20～25 天，长有一对基生叶和展开一片复叶。

带土定植，座水稳苗。蔓生菜豆每畦 2 行，行距 50～60 厘米，穴距 20～30 厘米，每穴 2～3 株；矮生菜豆行距 20～30 厘米，穴距 15～23 厘米，每穴 2～3 株。

**5. 田间管理**

（1）查苗补苗　春季露地直播菜豆，在适宜的土壤条件下 8～10 天出苗。出现基生叶时查苗补苗，保证苗齐苗壮。出苗后间苗 1～2 次，一片复叶出现后定苗，蔓生菜豆每穴留 2 株，矮生菜豆留 2～3 株。

（2）中耕、浇水施肥　春菜豆直播菜豆齐苗后或定植缓苗后浇一水，开始中耕，10 天左右中耕 1 次，共 2～3 次。基部花序坐荚后，首批嫩荚 3～4 厘米长，植株已进入旺盛生长期，浇水追肥，促豆荚迅速伸长和肥大，保品质鲜嫩。结荚期间 1 周左右浇 1 水，矮生菜豆追肥 1～2 次，蔓生菜豆的采收期长，追肥 2～3 次，化肥和粪肥交替施用。

秋菜豆出苗后及时中耕、除草，遇高温干旱天气，应增加灌水次数，防高温危害，雨后及时排水。开花初期控制灌水，结荚后视天气和土壤墒情灌水，保持土壤湿润。

（3）插架、整枝　结合最后一次中耕进行培土，并插架。生长中后期摘心，减少无效分蘖。

## （三）温室、大棚菜豆生产技术

**1. 茬口安排**　塑料大棚以春茬栽培为主，一般棚内最低温度稳定在 0℃以上后直播或育小苗移栽，栽培比较简单。温室菜豆栽培主要分为秋冬茬和冬春茬两大茬口，冬春菜豆 1 月中下旬至 2 月上中旬播种，或 1 月中旬育苗，2 月上旬定植，4 月中旬前后开始收获；温室秋冬茬 8 月中旬前后播种，或 8 月上中旬育苗，9 月中旬左右定植；专供春节需用的冬茬菜豆 11 月上中旬播，矮生种 11 月底播种。

**2. 品种选择和种子质量要求**

（1）品种选择　温室菜豆以蔓生品种为主，可选丰收一号、哈菜豆一号、芸丰、碧丰等。矮生品种多在温室前沿低矮处种植。

（2）种子质量要求　应选用 2 年内的种子，种子品种纯度不低于 90%，品种净度不低于 99%，种子发芽率不低于 85%，种子含水量不高 8%。

**3. 播种与育苗**

（1）直播　每垄种植 1 行，每穴 3～4 粒，穴距 25～30 厘米。育苗时，于营养钵中播种，可用 8 厘米×8 厘米或 10 厘米×10 厘米的营养钵播种育苗，每穴播 3～4 粒，覆土 2 厘米。

（2）育苗　冬春季育苗，播种后出苗前温度控制在 28～30℃；出苗后，日温降至 15～20℃，夜温降至 10～15℃；第 1 片真叶展开后日温 20～25℃，夜温 15～18℃；定植前 1 周开始逐渐降温炼苗，日温 15～20℃，夜温 10℃。苗龄不宜过长，一般 20～25 天为宜。

夏秋季育苗，营养钵应集中摆放于事先搭设的阴棚当中，以使晴天降温、雨天防淋，防止幼苗过分徒长，苗龄 20～25 天，3 片真叶时进行定植为宜。直播较早的，生长前期可多通风，子叶展开前室温白天保持 20～25℃，夜间 15℃以上，子叶展开后到第一片真叶出现前适当降温，防幼苗徒长。

**4. 整地定植**　重施基肥，每亩施充分腐熟的有机肥 3000～4000 千克，过磷酸钙 60 千克，草木灰 100 千克，2/3 撒施，1/3 集中施入垄下。冬春茬撒施后深翻 30 厘米，耕细耙平，而后做高垄。大行距 60～70 厘米，小行距 50～60 厘米，垄高 10～15 厘米。

秋冬茬可做成宽 1～1.2 米的平畦。定植前 2～3 天，锻炼幼苗，带坨定植。

**5. 田间管理**

（1）温度管理　春茬菜豆定植后 3～5 天内密闭棚室，使白天温度维持在 25～28℃，夜间 15～20℃。缓苗后适当降低棚温蹲苗，抽蔓期昼温 20～25℃，夜温 12～15℃。开花结实期昼温保持 20～25℃，不超过 30℃，夜间 15～20℃。

秋冬茬菜豆定植初期，白天保持 20～25℃，尽可能使棚温不超过 30℃，夜间 12～15℃，菜豆坐荚以后可逐渐提高棚温，白天 20～25℃、夜间 15～20℃。外界温度低于 15℃时，应注意扣严薄膜保温。

（2）肥水管理　定植时一次浇足底水，定植后一般不再浇水。开花前要控制浇水，促进根系生长，防止秧苗徒长。当幼荚长4～5厘米时，要加强肥水管理，一般7～10天浇水一次，每隔一水追肥一次。每亩每次追施复合肥15～20千克。浇水时，选晴天上午顺膜下沟暗浇，浇后通风排湿。秋冬茬进入12月下旬以后，随气温的进一步降低，日照强度的减弱，植株的生长发育速度开始放慢，开花结荚数开始减少，此时应少浇水并停止追肥，加强御寒保温工作。

（3）植株调整　齐苗后，每穴选留2～3株健壮的苗，其余苗去掉。幼苗抽蔓后，用吊绳吊架。生长后期，要及时摘除病叶、老叶和黄叶，蔓爬至薄膜处时要摘心。结荚后期，植株开始衰老，应进行剪蔓，以改善通风透光环境，促进侧枝再生和潜伏芽的开花结荚，延长采收期。

（4）保花保果　花期使用浓度为5～25毫克/千克的α-萘乙酸喷花，15天喷一次，连喷3～4次，均有防止落花落荚的效果。

## （四）采收

（1）采收标准　一般在开花后10～15天，当豆荚饱满，色呈淡绿，种子未显现，荚壁没有硬化时及时采收。采收过迟，纤维增加，荚壁逐渐粗硬，品质差，且不利于植株生长和结荚，造成落花落荚。

（2）采收方法　菜豆因开花坐荚期长，应分多次采收，一般每隔3天或4天采收1次，蔓生种可连续采收嫩荚30～45天或更长，矮生种可连续采收25～30天。

## （五）采后处理

菜豆采收后一般进行预冷、挑选分级、包装等商品化处理，然后进入销售或贮藏环节。

**1. 预冷**　采收后的菜豆要及时预冷。产地销售一般采用自然通风预冷即可；需长途运输也可强制通风预冷或冰水快速浸泡预冷；作贮藏用的菜豆，应选择肉厚、纤维少、种子小、锈斑轻、适合秋茬栽培的食荚菜豆品种，强制通风预冷、差压预冷或冷库预冷。无论哪种预冷方法，菜豆经预冷后应迅速将温度降至8～10℃，还可选用杀菌效果好的防腐保鲜剂如仲丁胺对产品进行 24 小时密闭熏蒸，以利储运。

**2. 分级**　安排国家农业部颁布的《菜豆等级规格》（NY/T 1062—2006），采用人工挑选整理或机械挑选整理，剔除小荚、老荚、有病虫害及机械损伤的豆荚，按一定的品质标准和大小规格，将产品分成若干等级。

**3. 包装**　包装和分级一般同时进行。包装容器应保持清洁、干燥、无污染并有一定的透水性和透气性。可选用塑料编织袋、瓦楞纸箱、竹筐、塑料箱、泡沫箱等。

## 二、豇豆生产技术

豇豆为豆科一年生草本植物，在中国栽培历史悠久，南北各地都有生产。比较耐热，生长期和供应期较长。北方栽培秋季收获的豇豆较多，是调剂八九月淡季的重要蔬菜。豇豆食用嫩荚和种子，产品富含蛋白质、胡萝卜素和多种维生素，营养价值高。

### （一）建立生产基地

1. 选择无污染和生态条件良好的地域建立生产基地。生产基地应远离工矿区和公路、铁路干线，避开工业和城市污染的影响，

2. 产地空气环境质量、农田灌溉水质质量以及土壤环境质量均应符合 NY/T391—2000 标准要求。

3. 土壤肥力应达到 NY/T391—2000 规定的二级以上标准。

4. 种植地块的适宜土壤 pH 值 5.5～6.5。

5. 忌与同科作物连作。

## （二）露地豇豆生产技术

**1. 茬口安排**　豇豆主要作露地栽培，设施栽培极少。华北和东北多数地区一年栽培一茬，4 月中、下旬至 6 月中下旬播种，7～10 月采收。华南地区常在生长期内分期播种，以延长供应期，如广州等地从 2～8 月均可播种，5～11 月陆续采收，供应期长达半年以上。

豇豆忌连作，应实行 2 年以上轮作。

**2. 品种选择与种子质量要求**

（1）品种选择　豇豆露地栽培一般选用蔓生种，生产期长，陆续开花结荚，嫩荚肉肥厚，多脆嫩，品质优。

（2）种子质量要求　应选用 2 年内的种子，品种纯度不低于 96.0%，净度不低于 98.0%，发芽率不低 80%，种子含水量不高 12%。

**3. 整地做畦**　每亩施有机肥 3000～4000 千克，氯化钾 20 千克，过磷酸钙 25 千克作基肥，整地后做成 1.3～1.5 米宽平畦或上宽 70 厘米的地膜垄。

**4. 播种**　春夏豇豆以直播为主。于 4 月中下旬至 5 月上旬，当地终霜前 7 天左右，10 厘米地温稳定在 10～12℃时播种。夏秋豇豆 5 月中旬前后至 6 月中旬播种，7 月中旬至 8 月上旬始收，直收到霜前。矮生豇豆 7 月下旬左右播种。

豇豆生长势强，种植不宜过密，蔓生种行穴距 60～70 厘米×20～25 厘米，矮生种 40～50 厘米×20～25 厘米。每穴 3～4 粒，播种深度约 3 厘米。每亩用种 3～4 千克。

**5. 田间管理**

（1）查苗补苗定苗　齐苗后查苗补苗，间苗 1～2 次，每穴留 2～3 株或 6～7 厘米留 1 株。

（2）中耕、浇水施肥　齐苗或缓苗后开始中耕，促进根系生长。开花结荚前，控制肥水，防徒长。当第一花序开花坐果，其后几节花序显现时，浇足头水。中下部豆荚伸长，中上部花序出现后，浇二水。以后保持地面湿润。

追肥结合浇水进行，隔一水一肥。每次亩施尿素 20～30 千克或复合肥 20 千克，促茎蔓健壮生长和陆续开花结荚。7 月中下旬出现"伏歇"现象时适当增加肥水，中耕除草，防病虫和去基叶，改善环境条件，促侧枝萌发，形成侧花芽，并使原花序上的副花芽开花结荚，形成秋后的第二次产量。

矮生豇豆结荚期短，不易徒长。干旱时开花前浇水追肥，促花蕾增多而发育良好。结荚后每周浇 1 水，隔水追肥，或每次浇水带稀肥，促抽生侧枝结荚。

（3）支架、整枝　蔓生豇豆植株生长有 5～6 片叶抽蔓后支牢固的人字形架。豇豆茎蔓的攀绕性差，初期应人工引蔓上架，绑蔓 1 次。以后随时引蔓上架，使茎叶分布均匀，防互相缠绕或重叠，影响光照。

蔓生豇豆要及时抹掉第一花序以下各节的侧芽，促主蔓早开花。主蔓第一花序以上的侧枝，可留 1～2 节摘心。主蔓长有 20～25 片叶，蔓爬到架顶时摘心，以使结荚集中，促进下部侧花芽形成。生长盛期，枝叶繁茂时可分次剪除基部老叶。

矮生豇豆株高 45～50 厘米时摘心，促生侧枝，提早开花结荚，侧枝留 2～3 叶摘心。

摘心、引蔓宜在晴天中午或下午进行，便于伤口愈合和避免折断。

## （三）采收

**1. 采收标准**　一般在开花后 10～15 天，嫩荚发育充分饱满，荚肉充实、脆嫩，荚条粗细均匀，种子刚显露而微鼓，荚果表皮由深绿变为淡绿并略有光泽时为采收适期。

**2. 采收方法**　采收时不要损伤其他花芽和小豆荚，更不能连花序一齐摘掉，应细致剪收或按住豆荚基部，轻轻向左右转动，然后摘下。采收嫩荚一般在下午或傍晚进行，采收期要严格执行农药安全间隔期。在豇豆的采收期一般 2～3 天采收 1 次，盛荚期可每天采收 1 次。第一个荚果宜早采。留种时待种荚老熟后分批收获。

采收时切勿损伤花序上的其它花芽，以利陆续结荚。

### （四）采收后处理

**1. 分级、包装**　豇豆以色正条匀、肉厚籽小、色不黄、无虫咬为佳品。要求新鲜洁净，充分发育，具有适于市场或贮存要求的成熟度。按一定的品质标准和大小规格，将产品分成若干等级。

包装箱应牢固、清洁、干燥、无污染并有一定的透水性和透气性。可选用瓦楞纸箱、塑料箱、泡沫箱等。小包装应卫生无毒，有利于豆荚保鲜，一般采用无毒塑料制成。

**2. 贮运**　豇豆收获后应尽快整修，及时包装、运输。运输时要轻装轻卸，严防机械损伤，要防日晒雨淋、防冻害和高温霉变。短期贮藏应有阴凉通风的条件，保证足够的散热间距。贮藏适宜温度为 5～7℃，空气相对湿度为 85%～90%。在自然条件下豇豆只能贮存一周，在适宜的温湿条件下可贮存 2～3 周。

## 三、豆类蔬菜主要病虫害识别与防治

### （一）主要病害识别与防治

#### 1. 豆类锈病识别与防治

（1）识别　初期多在叶背产生黄白色微隆起的小斑点，扩大后成红褐色疱斑，即夏孢子堆，破裂后散出大量红褐色粉末状的夏孢子。后期产生黑褐色疱斑，为冬孢子堆，破裂散出黑褐色粉末状冬孢子。发病严重时，叶片上病斑密集，多达上千个。叶

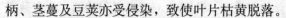

柄、茎蔓及豆荚亦受侵染，致使叶片枯黄脱落。

（2）防治措施　选用抗病品种；实行轮作，调整播期避开发病盛期；合理密植，排水降湿；收获后清除残枝败叶集中烧毁；发病初期及时摘除中心病叶，防止病菌扩散蔓延；发病初期，用粉锈宁、烯唑醇、丰收醇、萎锈灵、敌力脱等交替喷洒。

**2. 豆类炭疽病识别与防治**

（1）识别　叶片发病，多在叶背沿叶脉发展成三角形或多角形黑褐色小条斑。叶柄和茎蔓上病斑形状与幼茎症状相似。豆荚发病，由褐色小点扩大为圆或椭圆形病斑，直径多在 3.5～4.5 毫米之间，也有相互合并成大斑的，后期中部凹陷变为黑色，边缘有红褐色隆起。

（2）防治措施　选用无病种子；种子消毒处理；重病田实行 2～3 年轮作；发病初期用甲基托布津、百菌清、福美双、代森锰锌、炭疽福美等交替喷洒。

**3. 菜豆叶烧病识别与防治**

（1）识别　叶片从叶尖或叶缘开始发病，形成暗绿色油渍状小斑点，扩大后渐成深褐色不规则大斑，周围有黄色晕圈，后期病斑干枯变薄，质脆易破，远看状如火烧。茎蔓病斑长条形，红褐色，稍凹陷，常环绕茎部，引起以上茎叶萎蔫枯死。荚上病斑浅褐色云纹形，中央下陷。重病豆荚的种皮皱缩，产生黄色或暗褐色凹陷斑。潮湿条件下，叶、茎、荚部病斑上及病粒种脐部可溢出浅黄色菌脓。

（2）防治措施　选用抗病品种；种子消毒；重病田与非豆科作物轮作 2～3 年；及时摘除下部病叶；发病初期选用可杀得、农用链霉素、加瑞农、绿乳铜等交替喷洒。

## （二）主要虫害识别与防治

**1. 豆野螟识别与防治**

（1）识别　以幼虫蛀食花蕾和豆荚，并能吐丝卷叶，在卷叶内取食叶肉。蛀食花蕾嫩茎，造成花、荚脱落和枯梢，蛀食后期豆荚产生蛀孔，堆积粪便，引起腐烂。

（2）防治措施 随时注意清除田间落花、落荚，摘除被害卷叶和豆荚集中处理；在大面积种植豇豆、菜豆的地方，于5～10月份设置黑光灯诱杀成虫；始花期和盛花期于上午9：00时豆花开放时，选用功夫、溴氰菊酯、敌敌畏、杀螟松等交替喷洒。

**2. 豆荚螟识别与防治**

（1）识别 以幼虫钻蛀豆荚，食害豆粒，造成瘪荚、空荚，严重影响产量和质量。

（2）防治措施 消灭越冬虫源；在成虫发生盛期和卵孵化盛期前选用功夫、溴氰菊酯、杀灭菊酯、敌敌畏、杀螟松等交替喷洒；老熟幼虫入土前，用白僵菌粉（干菌粉7.5千克/公顷加细土75千克）进行生物灭杀；在成虫产卵始盛期释放卵寄生蜂进行天敌防治。

**3. 美洲斑潜蝇识别与防治**

（1）识别 雌成虫刺伤叶片进行取食和产卵，幼虫潜入叶片内取食，造成不规则弯曲虫道，受害重的叶片脱落。卵和幼虫可随果、菜及植株的运输远距离传播。

（2）防治措施 加强检疫；培育无虫苗；深翻使土壤表层的蛹不能羽化；用黄板或诱蝇纸诱杀成虫；设施内叶片受害率达5％，幼虫2龄前（虫道很短时）选用巴丹原粉、爱福丁、乐斯本、杀虫双等交替喷洒。

# 第四节 白菜类蔬菜生产技术

白菜类蔬菜主要包括大白菜、结球甘蓝和花椰菜，属于十字花科芸薹属二年生草本植物。白菜类蔬菜是我国重要的栽培蔬菜之一，全国各地均有栽培。据统计，全国大白菜播种面积为263万公顷，占蔬菜总播种面积的14.4％，栽培面积和产量居各种蔬菜作物之首。甘蓝也是我国的主要蔬菜品种之一，其播种面积和产量在所有蔬菜中位居第三，是近年来栽培面积发展最快的长途运销蔬菜，在春、夏、秋、冬四季周年供应中占有重要地位。白菜类蔬菜不仅是我国重要的露地栽培蔬菜，也是重要的设施栽培蔬菜。因此，白菜类蔬菜在我国蔬菜生产和供应中，有着举足轻重的作用。

白菜类蔬菜种类繁多，风味各异，适合进行加工增值。加工方法比较多，常见的主要有泡菜、酸菜、甜甘蓝、辣甘蓝等腌制品；脱水甘蓝；速冻花椰菜等。

白菜类蔬菜除满足国内市场需求外，出口的蔬菜也占有一定的比例，出口产品有速冻蔬菜、保鲜蔬菜以及盐渍菜等，涉及的品种类型主要有大白菜、小白菜、娃娃菜、甘蓝、花椰菜等。

# 一、大白菜生产技术

大白菜别名结球白菜、黄芽菜，原产我国。大白菜营养丰富，叶球品质柔嫩，易栽培、产量高，耐贮运，各地栽培普遍。

## （一）建立生产基地

1. 选择无污染和生态条件良好的地域建立生产基地。生产基地应远离工矿区和公路、铁路干线，避开工业和城市污染的影响，

2. 产地空气环境质量、农田灌溉水质质量以及土壤环境质量均应符合 NY/T391—2000 标准要求。

3. 土壤肥力应达到 NY/T391—2000 规定的二级以上标准。

4. 要选择无软腐病和霜霉病等病菌的土壤。不能选择种植过十字花科蔬菜的地块，更不宜与大白菜连作。

5. 种植地块的适宜土壤 pH 值 6.5～7.0，但华北栽培大白菜地区的土壤反应多呈微碱性 pH 值 7.5～8.0，生长情况也表现良好，这是因为经多年栽培，白菜已经适应了当地的条件。

## （二）秋季大白菜生产技术

### 1. 品种选择和种子质量要求

（1）品种选择　以早熟提早上市为栽培目的时，选择早熟品种；以冬贮菜为栽培目的时，选择较耐贮藏的中晚熟品种。所选品种的叶球形状和颜色要符合当地消的费习惯。

（2）种子质量要求　应选用2年内的种子，品种纯度不低于96.0％，净度不低于98.0％，发芽率不低85％，种子含水量不高7％。

### 2. 施肥做畦

播前结合整地，每亩施入充分腐熟、细碎、优质粪肥5米³。其中2/3铺施后翻入土中，余下的1/3粪肥掺入30千克过磷酸钙和20千克硫酸钾施入沟中与土掺匀，深翻后耙平，做畦或垄。

栽培畦有高畦、垄畦和低畦等几种形式。低畦畦宽1.2～1.5米，种植1～3行；垄畦垄高15～20厘米，垄距50～60厘米，每垄种植一行；高畦高度10～20厘米，畦面宽50～60厘米，种植两行。华北多采用垄畦或低畦，南方多用高畦（见图82）。

### 3. 播种或育苗移植

（1）播种期　华北地区秋白菜一般以立秋前后播种最为适

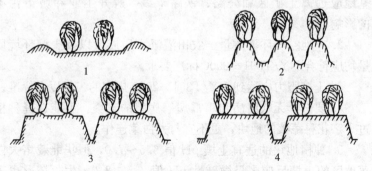

图82　大白菜栽培畦形式
1. 低畦　2. 垄畦　3. 改良小高畦　4. 高畦

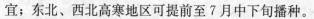

宜；东北、西北高寒地区可提前至 7 月中下旬播种。

（2）直播　前作物及时腾地时宜直播，直播白菜长势健壮，产量高，发病也较轻。直播宜采用条播或穴播，条播时在垄中央或低畦中按预定的行距开约 2 厘米深的浅沟，将种子均匀地捻入沟中，边覆土边镇压。穴播时在垄中央按株距或低畦中按行株距，各做一条长约 10～15 厘米、深 2 厘米的浅沟，捻种子入沟后覆土镇压。

（3）育苗移植　在前作物未能及时腾地时，则采用育苗移栽方式。苗床应设在利于排灌的地块，定植亩需育苗床 30～35 米², 将苗床作成 1～1.5 米宽的低畦，施入 250 千克充分腐熟的厩肥、1.5 千克过磷酸钙、5 千克草木灰，翻地 15 厘米深，使粪土混匀。耙平畦面，浇透底水，水渗后将种子与 5～6 倍细沙混匀后撒种，再用过筛细土覆盖 1 厘米厚。用种量 100～125 克。由于育苗移栽需要一定的缓苗期，育苗时应比直播白菜提早 3～5 天播种。

#### 4. 田间管理

（1）苗期管理

①浇水　播种后若墒情好，在发芽期间可不浇水，若底墒不足或遇高温干旱年份，宜采取"三水齐苗，五水定棵"的浇水方法，即：播种后浇一水，幼苗开始拱土时浇第二水，子叶展开后浇第三水，间苗、定苗后各再浇一水。

②查苗补苗　齐苗后及时检查苗情，若有漏播或缺苗，应立即从苗密处挖取小苗补栽，不宜补种，以免苗间长势差异过大。

③间苗、追肥　播种后 7～8 天，幼苗拉十字时进行第一次间苗，苗距 7～8 厘米，间苗后结合浇水追施少量氮肥提苗。直播地块当幼苗长有 4 片真叶拉大十字时进行第二次间苗，苗距15 厘米，间苗后结合浇水对长势较弱的幼苗偏施氮肥提苗；5～6 叶时进行第三次间苗。间苗时要选留壮苗、大苗，淘汰弱小苗、病苗和杂苗；团棵时定苗，株距依品种而定：大型品种50～

53 厘米，小型品种 46～50 厘米。

④中耕除草　要浅锄垄背，深锄垄沟，并将少量松土培到幼苗根部，防止根系被水冲刷外露。干旱年份要使表土细碎，雨涝年份中耕可适当粗放，中耕撒墒。

（2）定植　育苗床当幼苗长有 5～6 片真叶时移栽。以阴天或晴天 16：00 后定植为宜。起苗前应先浇水洇地，切坨时尽量多带宿土，定植深度以土坨与垄面相平为宜，定植后浇透水，勿淹没菜心。

（3）莲座期管理

①追肥　定苗后追肥。每亩施入充分腐熟的粪肥 2 米$^3$、氮磷钾复合肥（15：15：15）20 千克，在小高垄的一侧开沟，施入肥料后覆土封沟。

②浇水　追肥后浇透水，过 3～4 天后再浇一次大水，加速肥料分解，之后勤浇水，保持地面半干半湿至湿润。结球前 10 天左右，控水蹲苗，促叶球生长。当叶片呈暗绿色，厚而发皱，中午轻度萎蔫，中心的幼叶由黄绿转为绿色时结束蹲苗。适当的蹲苗可使植株积累养分，既能促进叶球按时成熟，又能促进结球期根系迅速扩展而增进"翻根"现象。蹲苗期长短要依天气状况、土质、菜苗生长情况灵活掌握。若土质偏沙，保水肥能力差，可适当缩短蹲苗期或不蹲苗；天气干旱，气温偏高，昼夜温差小或因播种晚，秧苗偏小时也应适当缩短蹲苗期。

（4）结球期管理

①浇水　当莲座叶封垄、心叶开始抱合时结束蹲苗，开始浇水。蹲苗结束时浇第一水，此次浇水量不宜过多，防止叶柄开裂及伤根，2～3 天后再浅浇一水。封垄后每 5～6 天浇一水，保持地面湿润，收获前一周停水，以利于贮藏。

②追肥　蹲苗结束时结合浇水重点追肥一次，每亩施入氮磷钾复合肥（15：15：15）25～30 千克，与充分腐熟的厩肥 1～1.5 米$^3$ 混匀，在行间开 8～10 厘米的浅沟，将肥料沟施后覆土，

引导根系全面发展，遍布全田。间隔 10 天追第二次肥，追施粪稀 2000 千克或尿素 15～20 千克。第三次追肥宜用粪稀勿再施用化肥，以减少大白菜体内硝酸盐的含量。

③束叶　收获前 10～15 天用草绳或塑料绳将外叶合拢捆在一起。束叶能够防止或减轻后期的冻害，促进外叶养分向球叶中运送，同时也便于收获和贮存。

## （三）春季大白菜生产技术

北方春季大白菜属于反季节生产，市场需求量大，价格高，生产效益好，近年来发展比较快，从长江流域到北方的春季保护地及高寒地的反季节栽培，都形成大面积的规模化生产。但春季大白菜栽培技术要求比较高，措施不当很容易发生末熟抽薹现象，不能形成正常产品。

**1. 品种选择与种子质量要求**

（1）品种选择　应选择早熟、不易抽薹和耐热抗病品种，如潍白 6 号、北京小杂 55、北京小杂 56、春大将、阳春、亚蔬 1 号、鲁春白 4 号等。

（2）种子质量要求　应选用 2 年内的种子，品种纯度不低于 96.0%，净度不低于 98.0%，发芽率不低 85%，种子含水量不高 7%。

**2. 育苗**　北方一般在温室或温床、阳畦内育苗，南方地区多进行直播。用育苗钵育苗，育苗期间苗床最低温度保持 10℃以上，温度偏低容易诱发白菜提早抽薹。一般苗龄 30～35 天，各地可根据当地的定植时间确定播种期。

**3. 定植**　一般适宜苗龄为 30～35 天，待天气转暖，夜间温度不低于 8～10℃时定植。

菜地耕翻晒垡，早春再施足速效性基肥和种肥耕平细耙。低畦或起垄栽培。栽植密度一般为行距 35～45 厘米，株距 33～40 厘米，穴栽。起垄栽培定植后覆盖地膜。

### 4. 田间管理

（1）温度管理　设施大白菜定植后气温比较低，这时应保温和提高温度，促进大白菜快速缓苗，进入四月，棚内白天温度控制在 25～28℃，如棚内温度过高，可以放风降温，放风口应逐渐由小到大，夜间应保温，最低温度要控制在 12℃以上，最好能控制在 15～18℃。

（2）肥水管理　苗期应少浇水，以免降低地温影响发根。定植后 2～3 天浇缓苗水，并中耕保墒，缓苗后浇水追肥。一般苗期看苗追肥，以速效清淡为主，南方地区可每亩施稀释人粪尿1000 千克，添加 0.2％尿素和 0.5％过磷酸钙，北方地区可每亩施尿素 8～10 千克。莲座期不蹲苗，生长期间 5～7 天浇 1 水，结球后浇水不宜过多，保持地面见干见湿，结球初期重施 1 肥，每亩冲施水溶性复合肥 10～15 千克，之后到收获前不再施肥。

## （四）采收

**1. 采收期确定**　北方大部分地区秋播大白菜收获多在 10 月下旬至 11 月上中旬，严寒地区还需提前。应在低于 −2℃以下寒流来临之前抢收完毕。作为贮藏供冬春食用的中熟、晚熟品种，应尽可能延迟收获。

春季大白菜当大白菜定植后 50 天左右，包心紧实，可以采收。要求在气温 25℃，最迟气温达 25℃以后 5 天内收获，一般 5 月下旬至 6 月初收获。

**2. 采收方法**　收菜有"砍菜"和"拔菜"两种方法。砍菜是用刀或铲在根和茎相接处砍断；拔菜是连同主根拔起或用锄连根掘起。

## （五）采后处理

**1. 秋季贮藏大白菜**　收货后，晴天将白菜整齐地排列在田间，使叶球向北，根部向南先晒 2～3 天，再翻过来晒 2～3 天。

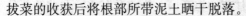

拔菜的收获后将根部所带泥土晒干脱落。

晒后将白菜码放成两排，根部向内，叶球向外，两排间留7~10厘米的空隙流通空气，继续排除水分和降低温度，直至外叶萎蔫，根部伤口愈合，天气寒冷稳定。

贮存时应按品种、规格分别贮存。贮存在 0~1℃、空气相对湿度 90%~95%、通风的环境中。

**2. 春季大白菜** 收获后，去掉多余的外叶、病叶和多余的根部，直接上市或进行保鲜包装后上市。

**3. 分级与包装** 按照大白菜等级规格（NY/T 943—2006）对大白菜进行分级、包装。

## 二、结球甘蓝生产技术

结球甘蓝简称甘蓝，别名有洋白菜、圆白菜、卷心菜、包心菜等。起源于地中海至北海沿岸。结球甘蓝适应性强，产量高，易栽培，耐贮运。

### （一）建立生产基地

1. 选择无污染和生态条件良好的地域建立生产基地。生产基地应远离工矿区和公路、铁路干线，避开工业和城市污染的影响。

2. 产地空气环境质量、农田灌溉水质质量以及土壤环境质量均应符合 NY/T391—2000 标准要求。

3. 土壤肥力应达到 NY/T391—2000 规定的二级以上标准。

4. 要选择无软腐病和霜霉病等病菌的土壤。不能选择种植过十字花科蔬菜的地块，更不宜与大白菜连作。

### （二）露地甘蓝生产技术

**1. 茬口安排** 我国北方春、夏、秋均可露地栽培。东北、西北和华北的高寒地区，多于春、夏育苗，夏栽秋收，生长期长，叶球个大，是我国甘蓝的主产区。华北及东北、西北的部分地区，以春、秋两茬栽培为主，亦可进行多茬栽培。

**2. 品种选择和种子质量要求**

（1）品种选择　可根据市场需要，采用早、中、晚熟品种搭配，分期播种，分批上市。

（2）种子质量要求　应选用 2 年内的种子，品种纯度不低于 96.0%，净度不低于 99.0%，发芽率不低 85%，种子含水量不高 7%。

**3. 育苗**

（1）育苗期确定　华北大部分地区春甘蓝在 1 月底至 2 月初阳畦播种，或 2 月中上旬温室播种；夏甘蓝由 3 月到 5 月可排开播种；秋甘蓝于 6～7 月播种。东北地区春甘蓝在 2 月中下旬温室播种；夏甘蓝由 3 月到 4 月可排开播种，于温室或温床中育苗；秋甘蓝于 5 月中下旬播于露地。

（2）育苗床制作　一般苗床宽 1.0～1.5 米，长 8～10 米，营养土配制一般由田土、马粪、草炭及速效肥料配制而成，以沙壤土为好。配制比例：田土 60%～75%，马粪、草炭土 15%～25%，每方营养土加入复合肥 1～1.5 千克充分拌匀待用。

（3）播种　将育苗床整平，浇透底水，待水渗下后撒一薄层过筛土，将种子均匀撒播于床面，覆土 0.6～0.8 厘米。春季育苗播后覆膜。露地夏秋育苗，用小拱棚或平棚育苗，覆盖遮阳网或旧薄膜，遮阳防雨。

一般每平方米苗床播 5～8 克。

（4）苗期管理

①壮苗标准　6～8 片真叶，下胚轴高度不超过 3 厘米，节间短，叶丛紧凑，叶片厚，色泽深，茎粗壮，根系发达。

②播种至齐苗，白天温度 20～25℃，夜间温度 16～15℃。齐苗至分苗阶段，白天温度 18～23℃，夜间温度 15～13℃。分苗至缓苗阶段，白天温度 20～25℃，夜间温度 16～14℃。缓苗

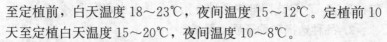

至定植前，白天温度 18～23℃，夜间温度 15～12℃。定植前 10 天至定植白天温度 15～20℃，夜间温度 10～8℃。

③间苗与分苗 间苗苗距 2～3 厘米。3 叶期进行分苗。露地夏秋育苗，当幼苗 1～2 片真叶时，分苗。

夏秋季节育苗，要搭荫棚，降低光照强度，避免阳光直射，降低温度，并可防止暴雨冲击。

**4. 定植**

（1）整地做畦 地块应秋翻，春甘蓝于土壤解冻后，夏秋甘蓝于定植前每亩施腐熟有机肥 5000 千克，再浅耕一遍，肥土混匀整平耙细。

做成宽 50～60 厘米的垄或 1.5～2 米的畦。垄、畦不宜过长，一般以 8～10 米为宜。

（2）定植 按行距开沟，沟深 10～12 厘米，每亩沟施尿素 30 千克、磷酸二氢钾 20 千克，与畦土混匀。开穴，春甘蓝穴浇定植水，水渗后摆苗，覆土。夏秋甘蓝可先栽苗，后浇水。

（3）春甘蓝定植后用地膜覆盖。

**5. 田间管理**

（1）查苗、补苗 齐苗后及时检查苗情，发现缺株要及时取多余的苗补栽。结球甘蓝一般不补播，因补播延迟了幼苗生长期。

（2）浇水、追肥 定植后 5～7 天浇缓苗水。结合浇水，及时追施提苗肥，每亩追施尿素或硫酸铵 10 千克，不覆盖地膜者，卷心前 10～15 天中耕蹲苗，蹲苗 7 天后浇粪稀水，而后继续蹲苗。心叶开始向里翻卷，小叶球拳头大时结束蹲苗，结合浇水追肥，每亩施尿素或硫酸铵 20 千克左右。以后每隔 4～5 天浇一次水，连浇 3～4 次水，收获前一周停止浇水。覆盖地膜的田块要随水施肥，一般比不覆盖地膜者少浇水 2～3 次。

## （三）塑料大棚结球甘蓝生产技术

**1. 茬口安排** 北方春茬甘蓝一般于 12 月中下旬至 1 月上中

旬在温室、改良式阳畦内播种育苗，3 月上中旬定植。

**2. 品种选择和种子质量要求**

（1）品种选择　选用耐低温弱光和冬性较强的早中熟品种，如金早生、中甘 11、京甘 1 号、迎春、报春、早红（紫甘蓝）、鲁甘蓝 2 号、津甘 4 号等。

（2）种子质量符合 GB 8079—87 中的二级以上要求。

**3. 育苗**

（1）育苗床制作　在温室内选择保温条件好，光照充足的温室中间地带，做长 6 米，宽 1.2～1.5 米的育苗床。取大田土 50%、腐熟猪粪或厩粪 40%、草木灰 10% 拌匀，过筛后铺成 10 厘米厚苗床，搂平后，踩实耙平。

（2）播种　刮平苗床，浇透底水，待水渗下后撒一薄层过筛土，将刚出芽的种子均匀撒播在苗床上，然后覆盖 1 厘米厚的营养土，播种后覆膜。定植苗需育苗床 8～10 米$^2$，需种子 50 克。

（3）苗期管理　出苗期间保持白天 20～25℃，夜间 15℃。苗出齐后立即放风降温，白天 18～23℃，夜间床温不低于 10℃。分苗缓苗后立即放风降温。定植前 5～7 天适当降温进行秧苗锻炼。

在两片真叶期分苗一次。分苗床面积 35～45 米$^2$。采用暗水稳苗，苗距 7～8 厘米见方。分苗后扣小棚保温。床土不旱不浇水，浇水宜浇小水或喷水，在秧苗迅速生长期不应缺水，定植前 7 天浇透水。

**4. 定植**

（1）整地做畦　先将地整平，每亩撒施优质有机基肥 2～3 米$^3$，随后进行深翻 30～40 厘米，与土充分搅拌均匀，将地面搂平，做成 1.6 米左右宽平畦或底宽 80 厘米，上宽 60 厘米的高畦。

（2）定植　高畦在两个肩部开沟（深 8～10 厘米）定植，株距 25 厘米。定植后覆盖地膜。平畦栽培每畦栽 4 行，行距 40 厘

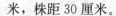

米，株距 30 厘米。

**5. 田间管理**

（1）浇水、施肥　缓苗后浇水，随水轻施追肥。水后平畦栽培中耕 1～2 次，莲座中期浇透水，再中耕。结球初期浇水追肥，每亩施尿素 10～20 千克，结球中后期叶面追施 0.3％磷酸二氢钾 2 次，结球期内半月左右浇 1 水。

（2）温度管理　缓苗期棚温，白天保持 20～25℃，夜温 15℃左右，促进缓苗。以后白天 16～20℃，夜间 12℃左右。要经常保持棚膜光洁。前期温度低时，大棚四周围草帘。

## （四）采收和采后处理

**1. 采收**　春甘蓝应早收，在叶球大小定型，叶球基本包实，外层球叶发亮时采收，分 2～4 次收完。塑料大棚甘蓝叶球基本包紧后分次收获，收时保留适量外叶，以免叶球损伤或污染。

采收时避开大部分外叶，将菜刀插入结球的根部，并把带有 2～3 片外叶的叶球朝反方向压实后，割下。以免叶球损伤或污染。

**2. 采收后处理**　甘蓝采收后去其黄叶或有病虫斑的叶片，然后按结球甘蓝等级规格（NYT1586—2008），对甘蓝进行分级、包装。

# 三、花椰菜生产技术

花椰菜又名花菜、菜花，是甘蓝种中以花球为产品的一个变种。原产地中海沿岸，其产品器官是着生在短缩茎顶端的白色、紫色、黄色花球（普通花椰菜）或着生于短缩茎顶端的肥嫩的绿色花球（青花菜、西兰花）。

## （一）建立生产基地

1. 选择无污染和生态条件良好的地域建立生产基地。生产

基地应远离工矿区和公路、铁路干线，避开工业和城市污染的影响，

2. 产地空气环境质量、农田灌溉水质质量以及土壤环境质量均应符合 NY/T391—2000 标准要求。

3. 土壤肥力应达到 NY/T391—2000 规定的二级以上标准。

4. 要选择无软腐病和霜霉病等病菌的土壤。不能选择种植过十字花科蔬菜的地块，更不宜与花椰菜连作。

## （二）秋花椰菜生产技术

**1. 茬口安排**　花椰菜喜冷凉气候，适合在春秋两季栽培，而以秋季栽培效果最好。华南地区，一般于 7～11 月排开播种；长江流域地区，则在 6～12 月排开播种；华北地区 6 月下旬至 7 月上中旬播种，东北地区 5 月下旬至 6 月上中旬播种。

**2. 品种选择和种子质量要求**

（1）品种选择　选用抗逆性强、适应性广、商品性好的品种。秋花椰菜栽培，白色品种宜选用雪山、白峰、荷兰雪球等早中熟品种；绿菜花可选择里绿、玉冠、早生绿、哈依姿、绿族、宝石、阿波罗、峰绿、矾绿等品种；紫菜花可选择圣紫紫菜花、紫玉 909、紫晶一号等品种；黄色菜花可选择神良金色花菜。

（2）种子质量要求　应选用 2 年内的种子，品种纯度不低于 96.0%，净度不低于 99.0%，发芽率不低 85%，种子含水量不高 7%。

**3. 育苗**

（1）育苗床制作　一般苗床宽 1.0～1.5 米，长 8～10 米，营养土配制一般由田土、马粪、草炭及速效肥料配制而成，配制比例：田土 60%～75%，马粪、草炭土 15%～25%，每方土加入复合肥 1～1.5 千克充分拌匀待用。

（2）播种　将育苗床整平，浇透底水，待水渗下后撒一薄层过筛土，将种子均匀撒播于床面。播种后均匀覆土 6～8 毫米，

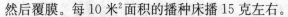

然后覆膜。每 10 米²面积的播种床播 15 克左右。

（3）苗期管理　播种后如土壤底水足，出苗前可不再浇水。出苗后视土壤墒情浇水，温度高时宜在早晨和傍晚进行，浇水要足。齐苗后间苗 1～2 次，苗距 2～3 厘米，去掉病苗、弱苗及杂苗，正常苗移栽到缺苗处，或另建苗床移栽。间苗后覆土 1 次。

幼苗 3 叶 1 心时分苗，按 10 厘米行株距在分苗床上开沟，座水栽苗。夏秋育苗，分苗后要用遮阳网遮阴、防暴雨，有条件的还要扣 22 目防虫网防虫。勤浇水，防止床土过干，同时防暴雨冲刷苗床，及时排出苗床积水。

早熟品种达 5～6 片真叶时即可定植，中、晚熟品种一般于 7～8 片真叶时定植。

**4．定植**

（1）整地做畦　选择疏松肥沃、保肥、保水强的土壤种植并施足基肥。每亩施腐熟有机肥 5000 千克、过磷酸钙 30～40 千克、草木灰 50 千克。铺施基肥后深耕细耙，做成 1.2～1.5 米宽的平畦。花椰菜对硼、钼肥敏感，定植前可每亩施硼砂 15～30 克，钼酸铵 15 克，用水溶解后拌入其它基肥中施用。

（2）定植　定植前在苗畦上划土块取苗，尽量带土坨，少伤根，普通花椰菜株行距 40 厘米×50～60 厘米。青花菜的叶丛较花椰菜开展，株行距宜稍大些，一般早熟品种为 40 厘米×50 厘米，中熟品种为 40 厘米×60 厘米，大型晚熟品种 50 厘米×70 厘米。

栽苗时定植穴内可施适量基肥，以防早期缺肥。若温度过高，最好在傍晚定植，浇足定植水，减少蒸腾量，保证幼苗成活。

**5．田间管理**

（1）肥水管理　一般定植缓苗后，进行第一次追肥，每亩施硫酸铵 15～20 千克，并浇水。第一次追肥后 15～20 天，植株进入莲座期，进行第二次追肥，每亩施腐熟的粪干或鸡粪 400～

500千克，浇水1～2次。对现花蕾较晚的荷兰雪球等，叶丛封垄前，结合中耕适当蹲苗。在花球直径达2～3厘米时，结束蹲苗，并进行第三次追肥，每亩施氮、磷、钾复合肥20～25千克，并浇水。此后要保持地面湿润，不能缺水。雨季抓好排涝。对外叶少、现花球早的品种如白峰等，缓苗后不蹲苗，直至现蕾前不能缺水，小水勤浇，保持土壤湿润。花球膨大期4～5天浇水1次。

花球膨大初期和中期各追肥1次，如发现缺硼或缺钼症状，应及时进行根外追肥。叶面喷施0.2%硼酸溶液、0.01%～0.07%的钼酸钠或钼酸铵溶液。每3～4天喷一次，连续三次。

（2）中耕、除草、束叶　一般在生长期中耕3～4次，结合中耕清除田间杂草。后期中耕可适当进行培土，以防止植株后期倒伏。

普通花椰菜一般于花球形成初期，将植株中心的几片叶子上端束扎起来，或把中部1～2片叶折裂覆盖于花球上。将老叶内折，盖住花球，但不要将叶片折断，可避免阳光直射，防止花球颜色变黄、浅绿或发紫，保持花球洁白，使花球品质柔嫩。在有霜冻的地区，将内层叶上端束扎起来，可防止霜冻。

（3）花椰菜花球异常现象与防治

①早花　是指花椰菜植株尚未充分长大而较早地开始花芽分化、形成小花球的现象。

原因：植株过早地通过春化、进行花芽分化和发育。

影响因素：早春选用了冬性较弱的早熟、极早熟品种；育苗时遭遇低温；大苗在定植后遭遇到较低的温度环境，

防止措施：选用冬性强的品种、重视育苗期温度管理、培育适龄壮苗和定植后环境调节。

②青花　指花球表面出现绿色苞片或萼片突出生长的现象。

原因：花芽分化开始后遇到高温，抑制了花芽分化，促使位

于花轴各分枝基部的小叶（苞片）发达长大。这种现象在早熟品种的春夏栽培中容易出现，

防止措施：在育苗或在小拱棚栽培中应避免温度过高。

③毛花　指花球的表面着生羽毛状极细小苞叶的现象。

原因：在花球发育的后期遭遇到高温。

防止措施：在育苗或在小拱棚栽培中应避免温度过高。

④散花或紫花　在花球膨大发育中，各小花球发达，伸出花球表面，使之松散不紧实，或者花球变为紫色。

原因：散花是花椰菜栽培过程中，遇到了过高或过低温度，使花球不能正常形成。紫花与遗传因素有关，如花椰菜幼苗茎部呈微紫色的品种，易形成紫花球；或因过低温度使醣苷转化为花青素。

防止措施：选用适宜品种，在育苗或在小拱棚栽培过程中注意避免温度过高或过低。

## （三）采收

**1. 普通花椰菜采收**　当花球充分长大、洁白鲜嫩、球面圆整、边缘尚未散开时分期采收。收获过早影响产量；过晚，花球松散，品质降低。

采收时，每个花球外面留3～5片小叶，以保护花球，避免在包装运销过程中受到损伤或污染。用小刀斜切花球基部带嫩花茎7厘米。

**2. 青花菜采收**　花球充分长大，整个花蕾保持紧实完好，花球坚实，鲜绿色，球面稍凹，边缘花蕾略有松动时采收。收侧花球的品种，留上部2～4个侧枝长花球，待小花球横径达3～5厘米时收获。

采收时，每个花球外面留3～5片小叶，以保护花球，避免在包装运销过程中受到损伤或污染。用小刀斜切花球基部带嫩花茎7厘米，侧花球带嫩花茎7～10厘米。

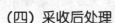

### （四）采收后处理

**1. 普通花椰菜采后处理**　花椰菜不耐贮藏，在常温下呼吸旺盛，失水多，为保持花球鲜嫩品质，收获后的花球应装入塑料袋中在低温贮藏，在 0～1℃下可贮藏 1 个月多。

运输过程中注意防冻、防雨淋、防晒、通风散热。

**2. 青花菜采后处理**　青花菜萼片的叶绿素容易分解，花蕾在 1～3 天内就可黄衰，逐渐丧失商品价值。为保持花球鲜嫩品质，收获后的花球应装入塑料袋中在低温贮藏，在 0～1℃下可贮藏 1 个月多。

运输过程中注意防冻、防雨淋、防晒、通风散热。青花菜不耐贮运，采收后及时包装后销售，如需运输在运输过程中要防震防压。

**3. 分级与包装**　安装农业部颁布标准《青花菜等级规格》（NY/T 941—2006）对青花菜进行分级和包装。出口青花菜应按出口标准进行分级处理等。

## 四、白菜类蔬菜病虫害识别与防治

### （一）主要病害识别与防治

**1. 病毒病识别与防治**

（1）识别　幼苗发病，心叶沿叶脉褪绿。随之叶片花叶皱缩心叶扭曲，生长停滞，重时死苗。成株发病，叶片皱缩、花叶。重病株生长迟缓，矮化，叶片扭曲皱缩成团。高温、干旱易发病。6 叶前为感病盛期。

（2）防治措施　选用抗病品种，适时晚播；施足底肥，增施磷钾肥；早间苗、定苗，拔除病弱苗；苗期加强防治蚜虫；使用磷酸三钠（$Na_3PO_4$）浸种。发病初期，交替喷洒植病灵、菌毒清、病毒 A、高锰酸钾等进行防治，每 7～10 天 1 次。

### 2. 霜霉病识别与防治

（1）识别　幼苗受害，开始时叶背面出现白色霜状霉层，严重时苗叶及嫩茎变黄枯死。成株受害，叶下面现淡绿色病斑，逐渐扩大为黄褐色多角形或不规则形病斑，背面密生白色霜霉，病斑连成片后，叶片局部或整个枯死。从外叶向内叶发展，层层干枯。在平均气温16℃左右、高湿时发病重。

（2）防治措施　选用抗病品种；采用高畦或垄畦栽培，合理密植；小水勤浇，及时清除植株下部老叶、病叶；加强营养管理，增施磷钾肥，增强植株抗病性。发病初期，交替用杀毒矾、乙磷铝、甲霜灵、灭菌丹等进行防治。每5～7天1次。

### 3. 黑斑病识别与防治

（1）识别　叶片发病，初期出现近圆形褪绿斑，逐渐扩大，病斑边缘淡绿色，中间暗褐色，有明显同心轮纹，上生黑色霉状物。病斑多时连成片，引起整叶枯死。由外向内发展，层层干枯。叶柄发病，病斑椭圆形至长圆形，暗褐色，稍凹陷，严重时外叶脱落。13～15℃、空气相对湿度在80％以上时易发病。

（2）防治措施　选用抗病品种；用无菌种子播种或进行种子消毒处理；采用高畦或垄畦栽培，合理密植；及时清除下部老叶、病叶；增施磷钾肥，增强植株抗性。发病初期，交替使用百菌清、杀毒矾、扑海因、灭菌丹、甲霜灵等进行防治，5～7天1次。

### 4. 软腐病识别与防治

（1）识别　结球期开始发病。发病初期，外叶基部或短缩茎上发生水渍状软腐，外叶萎蔫，叶球暴露，出现黏滑状腐烂，有恶臭味，失水后干缩。低温、多雨、伤口多时发病重。

（2）防治措施　选用抗病品种；采用高畦或垄畦栽培，合理密植；均匀浇水，防止地面忽干忽湿，引起植株裂口；发病地块分段浇水；及时拔除病株；彻底防治地蛆、跳甲等。发病初期，交替使用菜丰宁 B1、敌克松、农用链霉素、新植霉素、氯霉素等灌根或喷洒根部、叶柄基部和地面。

## （二）主要虫害识别与防治

### 1. 菜青虫识别与防治

（1）识别　初孵幼虫在叶背面取食，只留下表皮；稍大幼虫将叶片吃成网状或缺刻，严重时仅留叶脉。虫粪落在叶面、菜心内，常出现腐烂。造成的伤口常导致软腐病发生。菜青虫活动最适温度为 20～25℃，空气相对湿度 75％左右。5 月中旬～6 月和 9～10 月是盛发期。

（2）防治措施　及时清除田间残枝落叶，深翻地；用黑光灯诱杀成虫；用 1％～3％的石灰水或 1％～3％的过磷酸钙喷雾，有明显的忌避菜粉蝶产卵作用。菜青虫发生时释放凤蝶金小蜂、护广赤眼蜂、微红绒茧蜂等天敌。发生初期，交替使用苏云金杆菌（Bt）、杀螟杆菌或青虫菌粉喷雾；或用功夫、灭幼脲等喷洒，每 5～7 天 1 次。

### 2. 小菜蛾识别与防治

（1）识别　幼虫多在心叶取食，并吐丝结网，心叶被害后硬化，影响全株生长。幼虫有时也取食叶背叶肉，仅留表皮，形成透明小斑点，或将叶片吃成穿孔，严重时仅留叶脉。幼虫还啃食留种株的嫩茎，并钻食幼茎，甚至吃空种子。

（2）防治措施　同菜青虫。

### 3. 蚜虫识别与防治

（1）识别　一般在叶背为害，常成堆密集在幼嫩叶片上吸食叶汁，使叶片皱缩褪色变黄，植株矮小，生长停滞，此外蚜虫也是传播病毒病的媒介。

（2）防治措施　清除枯枝落叶；用黄板诱杀或在田间张挂银灰膜驱蚜；蚜虫发生时释放瓢虫、食蚜蝇等蚜虫天敌；播种时穴施灭蚜松颗粒剂；发生初期交替使用吡虫啉、苦参碱水剂、蚜虱灭乳油等。

# 第五节　其它蔬菜生产技术

## 一、菠菜生产技术

菠菜属一年生或二年生草本植物，以叶片及嫩茎供食用。菠菜茎叶柔软滑嫩、味美色鲜，含有丰富维生素 C、胡萝卜素、蛋白质以及铁、钙、磷等矿物质，除以鲜菜食用外，还可脱水制干和速冻。菠菜在我国栽培普遍，是我国重要的出口蔬菜之一，主要销往日本和欧洲，部分销往我国港、澳地区以及美国、欧盟等地区。

### （一）建立生产基地

1. 选择无污染和生态条件良好的地域建立生产基地。生产基地应远离工矿区和公路、铁路干线，避开工业和城市污染的影响。

2. 产地空气环境质量、农田灌溉水质质量以及土壤环境质量均应符合 NY/T391—2000 标准要求。

3. 土壤肥力应达到 NY/T391—2000 规定的二级以上标准。

### （二）茬口安排

越冬茬菠菜，华北、西北平原一般在 9 月中、下旬播种，东北地区可提前到 9 月初。保证菠菜在越冬前有 40～60 天生长期，以菠菜在冰冻来临前长出 4～6 片真叶为宜。

夏秋茬菠菜，一般于 5～9 月期间播种，采用遮阳措施保护栽培。

### （三）品种选择和种子质量求

**1. 品种选择**　越冬菠菜宜选抗寒力强，冬性强、抽薹迟的尖叶品种，如北京尖叶菠菜、双城尖叶、菠杂 10 等。最好选用是秋播采种（也就是成株采种）的种子。越夏菠菜应选择抗旱、耐热性强、生长迅速的圆叶品种，如荷兰必久公司生产的 K4、K5、K6、K7 以及华菠 1 号、广东圆叶、春秋大圆叶等。

**2. 种子质量要求** 应选 2 年内的种子，种子纯度不低于 95%，种子净度不低于 97%，种子发芽率不低于 70%，种子含水量不高于 10%。

### （四）整地作畦

选地势平坦、排水方便的地块，在 8 月下旬前茬收获后及时倒茬深翻，细致整地，一般每亩施腐熟有机肥 4000 千克，三元复合肥（15：15：15）25 千克。整地时可做成 1.2～1.5 米宽的平畦，耧平畦面，以备播种。播前如土壤干旱，应先造足底墒。

### （五）播种

**1. 越冬菠菜** 多采用干籽直播，若播晚了，可浸种催芽，以赶上正常播期。播前或浸种前先搓破种子，使种皮变薄，以利于吸水。一般采用撒播或条播，条播按 10～15 厘米行距开深3～4 厘米的沟，播种后覆土，再轻踩镇压。每亩用种量为 4～6 千克，严寒地区应适当增加播种量。

**2. 夏秋播菠菜** 因夏季温度高，种子发芽率低，必须进行浸种催芽，即将种子在冷水中浸泡 12～24 小时，捞出后放在 15～20℃下催芽，3～4 天后待种子胚根露出再播种。另外，由于大叶菠菜种子昂贵，加上单株体型大，多采取点播，一般行距 20～30 厘米，穴距 5 厘米，每穴点 2～3 粒种子，亩用种 1～2 千克。

### （六）田间管理

**1. 越冬菠菜管理** 播种后幼苗出土期应保持地面湿润，若土壤干旱可浇一次小水，并及时松土，以保证出苗。幼苗长至 2～3 片叶时及时间苗，苗距 5 厘米左右，然后浇水、中耕、促根下扎，若苗小叶黄可追施一次提苗肥，每亩追施尿素 10 千克或直接浇稀粪水。幼苗 4～5 叶时，浅锄一次，适当控制水分，促根发育，以利越冬，并及时防治蚜虫。土壤封冻前浇透封冻水，施肥不足时，可结合浇水冲施稀粪水，必要时可设置风障，保护幼苗安全越冬。

翌春土壤解冻后，菠菜开始返青生长时，选择晴天及时浇返青水，返青水宜小不宜大，可结合浇水追施氮肥一次，植株旺盛生长期，要保持土壤湿润，促进营养生长，延迟抽苔。越冬后植株恢复生长至开始采收，需 30～40 天。

**2. 夏秋菠菜管理**　播种后，覆盖遮阳率 60％～70％的遮阳网，如果利用空闲塑料大棚、日光温室栽培，应保留塑料棚膜，用于雨季防雨。

出苗后检查有无缺苗断垄，一经发现及时补播，确保全苗、齐苗。最好采用喷灌，以降低地温和气温，以后应适时浇水，浇后划锄，遇雨排水降渍，防止渍害。5～6 叶期，结合浇水每亩施尿素 10 千克～15 千克，提苗促壮。

## （七）采收

一般当苗高 10 厘米以上即可开始间拔采收，若苗不密，当株高 20 厘米时开始采收。根据生长情况和市场需求可分批分次采收，也可一次性采收。采收宜在晴天进行，采用刀割或连根拔出。

## （八）采后处理

菠菜采收后，摘去黄枯烂叶，留部分短根，在清水池中轻轻淋洗，去掉污泥，然后整理干净，扎成 0.5～1 千克的小捆，而后整齐地装入菜筐，运至销售点，保持鲜嫩销售。

## （九）出口菠菜收购标准

组织柔嫩，叶片圆大肥厚，大叶长达 25 厘米以上，株形完整，叶色鲜绿，整株无枯黄老叶，无沙土及异物附着，无病虫害和机械损伤，根部切除适当，无拔节抽薹，无烂坏，无污染。

## （十）主要病害识别与防治

### 1. 菠菜霜霉病识别与防治

（1）识别　主要危害叶片。病斑初呈淡绿色小点，边缘不明显，扩大后呈现不规则形，大小不一，直径 3～17 毫米，叶背病斑上产生灰白色霉层，后变灰紫色。病斑从植株下部向上扩展，干旱时病叶枯黄，湿度大时多腐烂，严重的整株叶片变黄枯死，有的菜株呈现萎缩状，多为冬前系统侵染所致。

（2）防治措施　田内发现系统侵染的萎缩株后，要及时拔除；合理密植；发病初期交替喷洒甲霜灵·锰锌、杀毒矾、普力克等。

### 2. 蚜虫识别与防治

（1）识别　危害叶片，潜伏在幼嫩心叶或叶片背面吸取汁液，轻者形成褪色斑点，叶片发黄；重者叶片卷曲，皱缩变形，植株矮小，枯萎死亡。

（2）防治措施　参照瓜类蔬菜部分。

# 二、芹菜生产技术

我国芹菜栽培始于汉代，至今已有 2000 多年的历史。芹菜在我国各地广泛栽培，而河北遵化和玉田县、山东潍县和桓台、河南商丘、内蒙古集宁等地都是芹菜的著名产地。

## （一）建立生产基地

1. 选择无污染和生态条件良好的地域建立生产基地。生产基地应远离工矿区和公路、铁路干线，避开工业和城市污染的影响。

2. 产地空气环境质量、农田灌溉水质质量以及土壤环境质

量均应符合 NY/T391—2000 标准要求。

3. 土壤肥力应达到 NY/T391—2000 规定的二级以上标准。

### （二）茬口安排

芹菜在我国南北地区，都可以周年生产，周年供应。根据栽培季节的不同，露地栽培可分为春芹菜、夏芹菜和秋芹菜 3 个茬口。露地春芹菜一般利用温室或大棚在 1 月下旬至 3 月初播种育苗，秋芹菜一般在 6 月上中旬采用露地搭遮荫棚育苗。

设施栽培可利用小拱棚、塑料大棚和日光温室，进行春提早、秋延后和越冬茬栽培。尤其是大棚、日光温室秋冬茬芹菜，可供应元旦、春节市场，经济效益最佳。

芹菜应实行 2～3 年的轮作倒茬。

### （三）品种选择和种子质量要求

**1. 品种选择**　露地春季栽培应选用抗寒、抗病、生长势旺、不易抽薹或抽薹晚的优良实心品种，如天津黄苗芹菜、白庙芹菜、玻璃脆芹菜、津南实芹、意大利西芹、美国西芹等。夏秋季栽培适宜品种类型较多，除实心品种外，空心品种可选择福山芹菜、小花叶和早青芹等。

塑料大棚栽培芹菜应选择叶柄长、实心、纤维少、丰产、抗逆性好、抗病虫害能力强的品种，如开封玻璃脆、铁杆芹菜、荷兰西芹、美国白芹等品种。

**2. 种子质量要求**　选用第二年的种子，种子纯度不低于93%，种子净度不低于 95%，种子发芽率不低于 70%，种子含水量不高于 8%。

### （四）育苗

**1. 苗床制作**　苗床宜做成 1.0～1.5 米宽的平畦，要求土壤细碎平整，施入充分腐熟的有机肥，按 10 米$^2$ 苗床施有机肥 50

千克，硫酸铵 0.5 千克，过磷酸钙 2.5 千克，将土与肥混合均匀，耙平后压实，灌足底水，待水分下渗后即可播种。

**2. 种子处理**　播种前需进行浸种催芽。将种子放入 20～25℃清水中浸泡 10 小时，然后搓洗 2～3 次，捞出用湿布包好，放在 15～22℃下催芽，每天用清水冲洗 1 次，经过 7～10 天，有 70％种子发芽就可播种。

**3. 播种**　苗床可条播也可撒播，播前先浇足底水，水渗下后播种，播种后覆盖细土 0.3～0.5 厘米，然后盖薄膜或碎草保湿，出苗后及时揭去。

**4. 苗床管理**　播种后出苗前要保持苗床湿润，当幼芽顶土时，轻浇一次水，齐苗后每隔 2～3 天浇一小水，小苗 1～2 叶时撒一次细土，有遮荫物的逐渐上卷，锻炼小苗。幼苗 2～3 叶时间苗，苗距 2 厘米见方，然后浇一水。3～4 叶时可结合浇水施一次尿素作提苗肥。苗期要及时除草，当幼苗 4～5 叶，苗高 12～15 厘米时即可定植。

## （五）定植

**1. 整地做畦**　定植前应先整平畦面，施足底肥，一般每亩施腐熟优质农家肥 4000～5000 千克，氮磷钾复合肥 20～25 千克。然后深翻、耙平畦面，做成宽 1.2～1.5 米，长 15～20 米的平畦。

**2. 起苗**　定植前 2～3 天苗床浇水以利起苗，挖苗时尽可能不伤幼苗的叶和根，带土起苗，要随起苗，随定植。

**3. 定植**　宜在下午 3：00～4：00 点或阴天时进行，采用开沟移栽法。本芹的定植株行距为 12 厘米×15 厘米，每穴 2 株（每株要间隔一定距离）；西芹的定植行距为 20～25 厘米，株距可针对单株重的不同要求，在 13～20 厘米范围内确定，单株栽植。

栽苗的深度以埋住短缩茎，露出菜心为宜。

### （六）田间管理

**1. 中耕除草**　芹菜生育期长，前期生长缓慢，很易滋生杂草，所以必须及时中耕除草，中耕不宜太深，一般中耕 2～3 次，结合中耕可向根部培土，以利植株正常生长，植株封行后可随时拔出大草不再中耕。

**2. 肥水管理**　芹菜需肥量大，一般可追肥 3～4 次，第一次追肥在缓苗后，第二次追肥在缓苗后 20 天，第三次追肥在定植后 60 天，心叶直立期，每亩追施尿素 10 千克、复合肥 15 千克。

芹菜需水量也多，每次追肥后都要灌水，保持土壤湿润。特别在心叶开始伸出时，必须大量灌水，才能提高产量和品质，收获前 5～7 天停止浇水。

**3. 除蘖及软化**　西芹有些品种常发生较多的侧芽（分蘖苗），消耗大量营养，影响植株生长和降低品质，应及时摘除侧芽。如果软化栽培，还要采取遮光措施，如培土支凉棚或用报纸包扎植株。

### （七）采收

**1. 采收标准**　芹菜的茎叶均可食用，从小苗到大苗都能采收上市，可根据市场需求随时收获。但最适采收期为定植后80～100 天，株高 60 厘米左右，具有 10～12 片肥厚叶片，外部叶柄叶片不变黄，叶柄白嫩，纤维少时为佳。

**2. 采收技术**　芹菜采收时可连根拔起，也可掰劈收叶柄。掰劈收时注意防止伤害植株，一般可掰劈 3～4 次，每次间隔 30 天左右，一次掰劈收 2～3 个大叶。

### （八）采后处理

**1. 整理**　芹菜拔收时及时抖去根部泥土，去掉外部少量老黄叶，捆扎出售；掰劈收的根据叶柄的长度分级绑成小把出售。

**2. 分级** 整理后的芹菜，按照农业部办不标准《芹菜等级规格》（NY/T 1729—2009）进行分级。

**3. 包装** 将符合等级规格的芹菜，用专用包装箱或盒进行包装。

## （九）主要病虫害防治

### 1. 芹菜叶斑病识别与防治

（1）识别 主要危害叶片。叶上初呈黄绿色水渍状斑，后发展为圆形或不规划形，大小 4～10 毫米，病斑灰褐色，边缘色稍深不明晰，严重时病斑扩大汇合成斑块，终致叶片枯死。茎或叶柄上病斑椭圆形，3～7 毫米，灰褐色，稍凹陷。发病严重的全株倒伏。高湿时，上述各病部均长出灰白色霉层，即病菌分生孢子梗和分生孢子。

（2）防治措施 选用耐病品种；种子消毒；合理密植；发病初期交替喷洒多菌灵、甲基托布津、可杀得等，保护地内可选用 5%百菌清粉尘剂或百菌清烟剂进行防治。

### 2. 芹菜软腐病识别与防治

（1）识别 主要发生于叶柄基部或茎上。先出现水浸状，淡褐色纺锤形或不规则形凹陷斑，后呈湿腐状，变黑发臭，仅残留表皮。

（2）防治措施 避免伤根，培土不宜过高，以免把叶柄埋入土中，雨后及时排水；发现病株及时挖除并撒入生石灰消毒；发病初期交替喷洒农用硫酸链霉素、新植霉素、络氨铜水剂、琥胶肥酸铜等。

# 三、萝卜生产技术

萝卜也叫莱菔、芦菔、芦菔等。我国萝卜栽培广泛，品种多样，是重要的秋冬蔬菜。萝卜除供应国内市场外，在国外市场也享有一定信誉。萝卜又因耐贮、耐长途运输，所以一直是出口鲜菜类商品中的佼佼者。目前主要销往我国港、澳及东南亚地区，近几年对日本、韩国也有出口。

## （一）建立生产基地

1. 选择无污染和生态条件良好的地域建立生产基地。生产基地应远离工矿区和公路、铁路干线，避开工业和城市污染的影响。

2. 产地空气环境质量、农田灌溉水质质量以及土壤环境质量均应符合 NY/T391—2000 标准要求。

3. 土壤肥力应达到 NY/T391—2000 规定的二级以上标准。

## （二）栽培茬口

长江流域以南地区，除最热季节外，都可以栽培；北方地区主要在夏秋季节栽培，春季主要选用一些体型较小的萝卜品种进行栽培。萝卜前茬最好选施肥多而消耗较少的非十字花科蔬菜，如瓜类、豆类等。

我国北方各地秋萝卜的播种收获期参考见表 55。

**表 55　我国北方各地秋萝卜的播种收获期**

| 地　区 | 播种期（月/旬） | 收获供应期（月/旬） |
|---|---|---|
| 东北 | 7/中、下 | 10/中、下 |
| 西北 | 7/下～8/上 | 10/中～11/上 |
| 山东 | 8/上、中 | 10/下～11/上 |
| 河南 | 8/上 | 10/中～11/中 |
| 北京 | 7/下～8/上 | 10/下 |

## （三）品种选择和种子质量要求

**1. 品种选择**　根据消费习惯、产品用途、气候条件选用秋萝卜品种，还要兼顾其丰产性、抗病性和耐贮性。夏秋栽培地区，提早上市可选用美浓早生等耐热品种；冬春生食宜选用卫青、潍县萝卜等水果型品种；冬春熟食宜选用大红袍、红丰 1 号、红丰 2 号等。

**2. 种子质量要求** 选用 2 年内的种子，种子纯度不低于 96%，种子净度不低于 98%，种子发芽率不低于 90%，种子含水量不高于 7.5%。

### (四) 整地做畦

前作物收获后净园。翻耕前每亩铺施充分腐熟的厩肥 3～5 米³，深翻 30 厘米左右。整平地面后，每亩按行距开沟施入饼肥 50 千克、尿素 15 千克，过磷酸钙 25 千克，混匀后回土起高垄。垄高 20～25 厘米，垄背宽 20 厘米左右，垄距因品种而定，一般 50～60 厘米。

起垄后要平整垄面、拍实垄体，防塌陷。垄沟底要平坦。小型萝卜以及根系入土较浅的品种宜采用平畦撒播，畦宽 1.6 米。

### (五) 播种

秋萝卜多采用点播或条播法。条播即在垄背中央开深约 3 厘米的浅沟，将种子均匀地捻入沟中，随即覆土镇压。点播是按株距开穴点播，穴深 3 厘米，每穴播 3～4 粒，播后覆土 2 厘米厚并稍镇压。

小型萝卜按行距开 3 厘米深的沟，干籽撒播后耙平畦面，使种子落入沟中，用脚密踩一遍，使种子与土壤紧密结合，以利出苗。

### (六) 田间管理

**1. 间苗和定苗** 萝卜出苗后要及时间苗，防止互相拥挤。间苗分 3 次进行，在第一片真叶展开时进行第一次间苗，苗距 3～4 厘米，拔除受病虫损害及细弱的幼苗、病苗、畸形苗及不具有原品种特征的苗；在第 2～3 片真叶时进行第二次间苗，苗距 10～12 厘米，每穴可留苗 2～3 株；第三次在 4～5 片真叶期定苗，选具有原品种特征的健壮苗每穴留 1 株，一般大型萝卜株行距 25～33 厘米×50～55 厘米，中型萝卜品种株行距 20～25 厘米×40～50 厘米。

**2. 合理浇水**　播种后立即浇水，幼苗大部分出土时，再浇 1 次小水，保持土面湿润，保证全苗。幼苗期要掌握"小水勤浇"的原则，以保证幼苗出土后的生长。"破肚"前适当蹲苗，以促根系深扎。叶生长盛期适量浇水，后期要适当控水，避免徒长。肉质根生长盛期需均匀供水，防止裂根。收获前 5～7 天停止浇水，以提高肉质根的品质和耐贮藏性能。

**3. 追肥**　在施足基肥的基础上，全生长期追肥 2～3 次。第一次在蹲苗结束后，结合浇水每亩施尿素 10～20 千克。肉质根生长盛期，每亩施尿素 15～20 千克、硫酸钾 15 千克。生长期长的大型萝卜可增加 1 次施肥。追肥需结合浇水冲施，不能浓度过大及离根部过近，以免烧根。

**4. 中耕除草与培土**　大、中型萝卜于幼苗期到封垄前中耕 2～3 次，使土壤保持疏松状态。中耕结合除草，后期应结合根际培土。小型萝卜着重于清除田间杂草。

## （七）采收

一般采收的标准是肉质根已充分膨大、基部变圆、叶色变黄。水果萝卜可根据市场需要适时分批收获，贮藏用萝卜应稍迟收获，但须防糠心、受冻，要在霜冻前收完。

采收时注意保持肉质根的完整，并尽量减少表皮的损伤。

## （八）采后处理

**1. 整理**　掘起肉质根后，若作水果萝卜供应，则摘除老叶，只留 7～8 片嫩叶；若作鲜菜用，可将根与叶分开处理。

**2. 贮存**　冬贮萝卜应切去根头，以免在贮藏过程中发芽，降低品质。萝卜适于气密性包装贮藏，可用聚乙烯薄膜袋（长约1米、宽0.5米）作内包装，每袋20千克左右，折口或松口扎袋，再置于竹筐、木筐或塑料筐中；也可先装筐堆码，再用塑料薄膜帐罩上，垛底不铺薄膜，处于半封闭状态。萝卜贮藏方法很多，有沟藏、窖藏、通风库贮藏、塑料袋贮藏和薄膜帐贮藏等，不论哪种贮藏方法，都要求能保持低温高湿环境。贮藏温度宜在0～5℃，相对湿度为95％左右。

## （九）主要病害识别与防治

### 1. 病毒病识别与防治

（1）识别　各生长期均有发生，发病初期，心叶叶脉色淡并呈半透明状的明脉状，随即沿叶脉褪绿，成为淡绿与浓绿相间的花叶。叶片皱缩不平，有时叶脉上产生褐色的斑点或条纹斑，后期叶片变硬而脆，渐变黄。严重时，根系生长受挫，病株矮化，停止生长。

（2）防治措施　参考白菜类病毒病。

### 2. 霜霉病识别与防治

（1）识别　主要危害叶片，也危害茎、花梗、种荚。发病先从外叶开始，叶面出现淡绿色至淡黄色的小斑点，扩大后呈黄褐色，由于受叶脉限制而成多角形斑。潮湿时，病斑背面产生白霉。严重时，外叶大量枯死。

（2）主要防治措施　参考白菜类霜霉病。

### 3. 黑斑病识别与防治

（1）识别　幼苗和成株均可发病。发病子叶可产生近圆形褪绿斑，扩大后稍凹陷，潮湿时表面长有黑霉。成株从外叶开始发病，病斑近圆形，直径2～6毫米，初呈近圆形褪绿斑，扩大后呈灰白色至灰褐色，病叶上有明显的轮纹，周围有黄色晕圈，湿度大时，病斑上有黑色霉状物。叶柄上病斑梭形，暗褐色，稍凹陷。

（2）防治措施　播种前进行种子消毒；利用高垄、高畦栽培，施足有机肥，及时排水防涝；发病初期交替喷洒百菌清、扑海因、速可灵、甲霜灵锰锌、杀毒矾等。

## 四、马铃薯生产技术

马铃薯，又名地蛋、山药蛋、洋山芋、馍馍蛋、薯仔等，是茄科茄属一年生草本。其块茎可供食用，是重要的粮食、蔬菜兼用作物。我国是世界马铃薯生产第一大国，种植面积和产量分别占世界的近四分之一，目前我国马铃薯种植正呈现出向优势产区集中的发展格局，内蒙古、甘肃、云南和贵州等四个省区马铃薯产量占全国总产量的 45％。

### （一）建立生产基地

1. 选择无污染和生态条件良好的地域建立生产基地。生产基地应远离工矿区和公路、铁路干线，避开工业和城市污染的影响。

2. 产地空气环境质量、农田灌溉水质质量以及土壤环境质量均应符合 NY/T391—2000 标准要求。

3. 土壤肥力应达到 NY/T391—2000 规定的二级以上标准。

### （二）茬口安排

马铃薯栽培遍及全国，因各地的自然条件不同，而构成了不同的栽培区。

**1. 北方一作区**　主要包括克山、沈阳、呼和浩特、兰州、西宁、乌鲁木齐等马铃薯产区。气候凉爽，日照充足，昼夜温差大，适于马铃薯的生育，但因无霜期短，仅 110～170 天，只能进行一熟栽培。一般 4 月下旬至 5 月上旬播种，9 月份收获。适于选用休眠期长、耐贮性强的中、晚熟品种。本区为纯作。

**2. 中原二作区** 主要包括北京、西安、徐州、上海、南昌等马铃薯产区。无霜期较长，为 180～300 天，但因夏季长、温度高，不利于马铃薯生长，故进行春、秋两季栽培。春季 2 月下旬到 3 月上旬播种，5 月下旬至 6 月中旬收获，以生产商品薯为主；秋季 8 月份播种，11 月份收获，以生产翌年春季的种薯为主。宜选用早熟、抗病、休眠期短的优良品种。

**3. 南方冬作区** 主要包括云南、贵州、四川等马铃薯产区。冬季月平均气温为 14～19℃，利用水稻田的冬闲期种植马铃薯非常适宜。分为秋冬作和冬春作两季。秋播所产的块茎供应市场；冬播所产的块茎，一部分用作当年秋播用种（10 月），另一部分留作下一年冬播用种（1 月份）。

**4. 西南单、双季混作区** 主要包括福建、广东、广西等马铃薯产区。在气温低、无霜期短、夏季凉爽的高寒山区，多为春种秋收一年一作；在气温高、无霜期长的低山河谷或盆地适于春、秋两季栽培。

马铃薯忌连作，也不能与同科的茄果类蔬菜及烟草连作，应进行 3～4 年轮作。

### （三）品种选择和种子质量要求

**1. 品种选择** 在北方一作区，用于鲜食应选中早熟丰产良种，如克新系列、高原系列、东农 303 等；用于加工淀粉的，要选白皮白肉，淀粉含量高的中晚熟丰产品种。在中原二作区，需要选择对日照长短要求不严的早熟高产品种，而且要求块茎休眠期短或易于解除休眠，对病毒性退化和细菌性病害也要有较强的抗性，如东农 303 和克新 4 号等。

建议采用相应品种的脱毒种薯进行生产，脱毒马铃薯产量高，比未经脱毒种薯增产 30％～50％；商品性好，大、中薯率高。脱毒马铃薯种薯质量应符合国家颁布标准《马铃薯脱毒种薯国家标准》（GB18133—2000）。

**2. 种子质量要求**　种子纯度不低于 96%，薯块整齐度不低于 80%，不完整薯块率少于 5%。

### （四）整地做畦

**1. 施肥整地**　马铃薯栽培宜选择地势高燥、土层深厚、微酸性的沙壤土。前茬作物收获后及时犁耕灭茬，翻土晒垡，结合整地每亩施腐熟有机肥 5000 千克左右，拌合过磷酸钙 25 千克，草木灰 200～250 千克（或硫酸钾 15 千克）。

**2. 做畦**　马铃薯是中耕作物，块茎是在地下膨大形成，所以适于垄作栽培。对干旱沙土地区，为春季保墒，可采用平播方式。

马铃薯垄畦制作主要有播种时直接起垄法和先平地播种后培垄法两种。

直接起垄法主要用于地膜覆盖栽培和设施栽培中，按起垄方法不同又分为起垄后直接在垄上播种和先在垄沟内播种，播种后将垄背土培到播种沟成垄法两种方式。

平播起垄法又分为随播随起垄和出苗起垄两种方式。随播随起垄的播种沟可浅些，起垄覆土不要厚。出苗后起垄方式主要用于低温期播种栽培，先平地开沟浅播种，以利于地温回升，播种沟一般深 5～10 厘米，出苗后结合第一次中耕起垄。

### （五）播种

**1. 播种期**　一般在晚霜前 20～25 天，气温稳定在 5～7℃，10 厘米土层温度达到 7～8℃时，为播种适期。

**2. 种薯处理**　播种前 15～20 天，把种薯置于温度 15～18℃，空气相对湿度 60%～70% 的暗室中催芽，7～10 天即可萌芽。芽萌发后，维持 12～15℃温度和 70%～80% 的空气相对湿度，同时给予充足光照，经 15～20 天，形成 0.5～1.5 厘米的绿色粗壮的芽。在播种前 1～2 天进行切块，把种薯沿顶向下纵切成数块，并带有 1～2 个芽眼，薯块一般在 20～25 克左右（如图 83）。

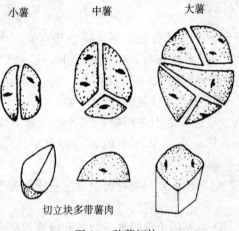

图 83　种薯切块

**3. 播种方法与密度**　北方多采用垄作，沟深 10～12 厘米，把种薯等距摆在沟内，将粪肥均匀施入沟中并盖在薯块上，待出苗后再培土起垄。地膜覆盖栽培的通常先起垄，播种后覆盖地膜。

## （六）田间管理

**1. 肥水管理**　马铃薯播种后 25～30 天出苗，出苗后结合浇水施提苗肥，每亩施尿素 15～20 千克，浇水后及时中耕，中耕结合培土，可防止"露头青"，提高薯块质量。发棵期控制浇水，土壤不旱不浇，只进行中耕保墒。结薯期土壤应保持湿润，尤其是开花前后，防止土壤干旱。追肥要看苗进行，结薯前期每亩追施复合肥 15～20 千克，同时辅以根外追肥。收前 5～7 天停止浇水，促薯皮老化，以利贮藏。

**2. 培土**　平地播种的地块在植株开始封垄时进行大培土，

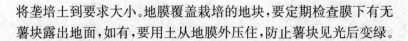

将垄培土到要求大小。地膜覆盖栽培的地块,要定期检查膜下有无薯块露出地面,如有,要用土从地膜外压住,防止薯块见光后变绿。

## (七) 采收

马铃薯的生长期越长,产量越高,北方一季作区可延迟到茎叶枯黄时收获。为提早供应市场,也可在规定的收获期以前半个月陆续收获。种用薯也要提前收获,以免后期的高温和蚜虫带来病害和降低种性。

收获马铃薯要避免淋雨日晒,应在雨季前收获完毕。大面积收获应提前 1～2 天先割去地上部茎叶,然后用犁冲垄,将块茎翻出地面,人工采拾。面积小的可以人工刨收。

## (八) 采后处理

**1. 整理**　收获后在阴凉处堆晾 6～7 天,剔除病薯、烂薯、破伤薯和冻薯。

**2. 分级**　将整理好的马铃薯,按照农业部颁布标准《马铃薯等级规格》(NYT 1066—2006) 对马铃薯进行分级。

**3. 贮藏**　保鲜薯一般要求贮藏在冷凉、避光、高湿度的条件下,有条件的宜进行高湿度气调贮藏。鲜食马铃薯的适宜贮藏温度 3～5℃,但用作煎薯片或油炸薯条的马铃薯,应贮藏于 10～13℃。贮藏的适宜相对湿度为 85%～90%。

## (九) 出口马铃薯收购标准

**1. 出口鲜薯**　要求薯形椭圆,表皮光滑,黄皮黄肉,芽眼浅,薯块整齐,干净,单重在 50 克以上,无霉烂、无损伤等。

**2. 出口用作淀粉加工的马铃薯**　要求淀粉含量必须在 15%以上,芽眼浅,以便于加工时清洗。

**3. 出口用作油炸食品加工型马铃薯**　要求芽眼浅,容易去皮,干物质含量在 19.6%以上,还原糖含量在 0.3%以下,耐贮藏。用作油炸薯条的，要求薯形必须是长形或长椭圆形，长度在6厘米以上，宽不小于3厘米，重量为120克以上；白皮或褐皮白肉，无空心，无青头；用作油炸薯片的，要求薯形接近圆形，个头不要太大，重量为50～150克，超过150克的薯块的比例最好少一些。

### （十）主要病虫害防治

#### 1. 马铃薯环腐病识别与防治

（1）识别　地上部茎叶萎蔫，地下块茎沿维管束环发生环状腐烂，用手指挤压，薯肉与皮层分离。分萎蔫型（萎蔫由顶部向下发展）和枯斑型（症状由下向上蔓延）。

（2）防治措施　整薯播种；选用抗病品种；选用无病种薯；严禁病区调种。

#### 2. 马铃薯晚疫病识别与防治

（1）识别　叶片的顶端发生"V"字型淡褐色病斑，病斑外围黄绿色水浸状，湿度大时病斑扩大，并现白霉，薯块表皮出现褐色斑点，内部薯肉呈锈褐色。

（2）防治措施　选用抗病品种；淘汰带病种薯；厚培土；割秧防病；药剂防治同番茄晚疫病。

## 五、生姜生产技术

生姜又称姜、黄姜，为姜科姜属能形成地下肉质茎的栽培种。生姜在我国广泛种植，其中山东、河北等省是我国生姜的主要产地。生姜也是我国大宗出口商品，尤以肉质细嫩、辛辣味浓、含硫量低的大姜品种在海外深受欢迎，主要出口日本、韩国、美国及巴西等国家。

### （一）建立生产基地

1. 选择无污染和生态条件良好的地域建立生产基地。生产

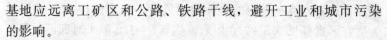

基地应远离工矿区和公路、铁路干线，避开工业和城市污染的影响。

2. 产地空气环境质量、农田灌溉水质质量以及土壤环境质量均应符合 NY/T391—2000 标准要求。

3. 土壤肥力应达到 NY/T391—2000 规定的二级以上标准。

## （二）品种选择和种子质量要求

**1. 品种选择**　根据栽培目的和市场需求，选择优质、丰产、抗逆性强、耐储运、商品性好的品种。

**2. 种子质量要求**　种用生姜应在头年从生长健壮、无病，具有本品种特征的高产地块选留。无病虫害、色泽鲜亮、姜块质量在 100～150 克、粗细均匀、不干缩、不腐烂、不受冻、质地硬、抗逆性强、适应性强、商品性好、高产耐贮的健康姜块。

## （三）整地做畦

应选含有机质较多，灌溉排水两便的沙壤土、壤土或粘壤土田块栽培，其中以沙壤土最好。要求土壤微酸到中性。

土壤深耕 20～30 厘米，并反复耕耖，充分晒垡，然后耙细作畦。作畦形式因地区而异。华北地区夏季少雨，一般采用平畦种植。开春后亩施腐熟有机肥 5000 千克，同时翻耕耙平。于播种前半月按行距 50 厘米开垄沟，沟深 15 厘米，宽 15 厘米，亩沟施优质腐熟圈肥 1000 千克，三元复合肥 50 千克、锌肥 3 千克、硼砂 2 千克。将肥与土混合均匀耙平，备用。

## （四）种姜处理

播种前 1 个月左右，取出姜种，用清水洗净泥土，将姜种平铺在室外地上晾晒 1～2 天，夜晚收进室内防霜冻。晒种 1～2 天后，再把姜块置于室内堆放 2～3 天，姜堆盖上草帘，进行困姜，促进种姜内养分分解。经过 2～3 次反复晒姜困姜后便可催芽。

催芽可在室内或室外筑的催芽池内进行，温度保持 22～25℃较为适宜，当芽长 0.5～2.0 厘米，粗 0.5～1.0 厘米时即可播种。

### （五）播种

**1. 播种时期** 生姜为喜温暖、不耐霜的作物，要将整个生长期安排在温暖无霜的季节。一般在断霜后，地温稳定在 15℃以上时播种，初霜到来前收获。

用大拱棚加地膜覆盖，可提前播种 20～30 天，延迟采收 15～20 天，产量可提高 50％以上。

**2. 播种** 种姜下地前掰成 50～75 克大小的姜块，每块种姜上只保留一个壮芽。生姜播种时，先浇透底水，水渗下后，把选好的种姜按 20～22 厘米株距水平放在沟内，使幼芽方向保持一致。若东西向沟，芽向南或东南；南北向沟，则使芽朝西。平播法的种姜与姜母垂直相连，便于扒老姜。种姜播下后立即覆土，以防烈日晒伤幼芽，覆土厚度以 4～5 厘米为宜。

地膜覆盖栽培，一般沟距 50 厘米、沟深 25 厘米，浇底水后按 20 厘米左右的株距播种。用 120 厘米宽的地膜绷紧盖于沟两侧的垄上，膜下留有 15 厘米的空间，一幅地膜可盖 2 行。种姜出苗后，待幼苗在膜下长至 1～2 厘米时，及时在其上方划一小口放苗出膜，并随即用细土将苗孔封严，以利保墒保温。

**3. 种植密度** 一般土质疏松、土壤肥沃、水肥供应良好的高肥力姜田，每亩适宜栽植 6500～7000 株，行距 50 厘米，株距 20 厘米左右；中等肥力姜田，栽植密度应在 8000 株左右，行距 50 厘米，株距 16～17 厘米；低肥力姜田，栽植密度为 9000 株左右，行距 48～50 厘米，株距 15 厘米左右。

### （六）田间管理

**1. 追肥** 姜极耐肥，除施足基肥外，应多次追肥，一般应前轻后重。

第 1 次幼苗出齐，苗高 30 厘米左右时追壮苗肥，每亩用腐熟的粪肥 500 千克，加水 5～6 倍浇施，或用尿素 10 千克配成 0.5%～1%稀肥液浇施。

第 2 次追肥在收取种姜后进行，称为催子肥，施肥量比第 1 次增加 30%～50%，仍以氮肥为主，亩施豆饼 100～150 千克或腐熟厩肥 1000 千克，施时雨水已较多，可在距植株 10～12 厘米处开穴，将肥料点施盖土。如姜田基肥充足，植株生长旺盛，这次追肥可以不施或少施，以免引起植株徒长。

第 3 次追肥在初秋天气转凉，拆去姜田的荫棚或遮荫物后立即进行，促进生姜分枝和膨大，可结合拔除姜草进行适当重施，称转折肥。要求氮、磷、钾配合施肥，一般亩施复合肥 30 千克，均匀撒施种植行上，施肥后撒行间垄土，对植株进行培土。

9 月上中旬根茎旺盛生长期，为促进姜块迅速膨大，防止早衰，应追 1 次补充肥，以速效化肥为主，亩施复合肥 20 千克。

**2. 中耕培土与除草**　生姜生长期间要多次中耕除草和培土。前期每隔 10～15 天进行 1 次浅锄，多在雨后进行，保持土壤墒情，防止板结。株高 40～50 厘米时，开始培土，将行间的土培向种植沟。待初秋天气转凉，拆去荫棚或遮荫物时，结合追肥，再进行一次培土，使原来的种植沟培成垄，垄高 10～12 厘米，宽 20 厘米左右，培土可防止新形成的姜块外露，促进块大、皮薄、肉嫩。

**3. 灌溉排水**　种植后保持土壤适度干燥，以利土温的回升。但如久旱不雨，影响出苗，也要适量浇水。出苗以后，保持畦面半干半湿，不宜多浇。雨季来临，要及时清沟排水，降低地下水位，使根不受涝而免遭腐烂。拆去荫棚或遮荫物以后，正是姜株分枝和姜块膨大时期，要勤浇水，促进分枝和膨大。采收前一个月左右应根据天气情况减少浇水，促使姜块老熟。收获前 3～4 天浇最后 1 次水，以便收获时姜块上可带潮湿泥土，有利

于贮藏。

**4. 遮荫**　入夏以后，在生姜田畦面上用细竹或树枝、芦竹等搭 1～1.5 米高平棚，架顶上夹放秸秆等，稀疏排放，约遮去一半阳光，也可用灰色遮阳网代替秸秆覆盖；或在生姜行的南侧（东西行）或西侧（南北行），距植株 12～15 厘米处开小沟，插入玉米秸秆、谷草或短芦苇、树枝等，交互编成花篱状，直立或稍向北倾斜。

入秋以后，气温转凉，气温降到 25℃ 以下，及时拆除遮荫物，以增强光合作用和同化养分的积累。

## (七) 采收

**1. 采收时期**　生姜的收获分收种姜、收嫩姜、收鲜姜三种。种姜可与鲜姜一并在生长结束时收获，也可以提前于幼苗后期收获，但应注意不能损伤幼苗。收嫩姜是在根茎旺盛生长期，趁姜块鲜嫩时提早收获，适于加工成多种食品。收鲜姜一般待初霜到来之前，生姜停止生长后进行。

**2. 采收技术**　在收获前 3～4 天浇 1 次水，趁土壤湿润时收获。收获时可用手将生姜整株拔出，或用镢整株刨出，轻轻抖落根茎上的泥土，然后自地上茎基部将茎杆削去，保留 2 厘米左右的地上残茎，摘去根，随即趁湿入窖，勿需晾晒。

## (八) 采后处理

**1. 整理**　采收后剔除病、虫、伤姜，清水洗净泥沙，达到感观洁净，根据大小、形状、色泽进行分级包装贮藏。

**2. 贮藏**　贮藏时贮藏窖底部和四周用木板搭好，铺上干净湿河沙，将姜根茎倒置在里面，隔 4～6 层撒一层干净湿河沙，姜块带泥多，就少撒湿沙，反之多撒。姜囤封顶后，覆盖 15～20 厘米的沙子，上面用木板或保湿板盖好，沙子湿度以手感湿润，不挂水为宜。窖内温度保持在 5～10℃，贮藏时间可达 1 年

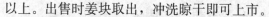

以上。出售时姜块取出，冲洗晾干即可上市。

**3. 分级**　按照农业部颁布标准《农产品等级规格 姜》（NY/T 2376—2013）对生姜进行分级。

### （九）生姜出口收购标准

生姜出口一般分为新姜和老姜两种。

**1. 新姜**　要求生姜外观新鲜，饱满，具有正常的淡金黄色；形体完整，连体姜块分开后单支姜块重量不低于 10 克；无病虫机械损伤，无冻害，无水渍，无烂坏，基本无泥沙（表面允许沾泥沙 0.5%～1%）。

**2. 老姜**　成熟后采收的新姜，经过入窖贮藏一段时间，姜块各枝顶部已完全愈合的老姜。收购标准基本同上，但要求姜块较大，连枝单块重达 250 克以上。

### （十）主要病害识别与防治

**1. 姜瘟病识别与防治**

（1）识别　植株近地面处先发病。发病初，叶片卷缩，下垂而无光泽，而后叶片由下至上变枯黄色，病株基部初呈暗紫色，后变水浸状褐色，继而根茎变软腐烂，有白色发臭粘液，最后地上部凋萎枯死。

（2）防治措施　轮作换茬；选用无病姜种；施净肥、浇净水；拔除病株，挖去带菌土壤，并在穴内施石灰；发病初期交替用抗菌剂"401"、代森铵、农用链霉素等喷洒。

**2. 姜螟识别与防治**

（1）识别　初孵幼虫群聚取食心叶、嫩叶，稍大即蛀茎，对生姜造成严重伤害，导致减产。

（2）防治措施　大力推广应用防虫网或塑料遮阳网，可减轻受害；在产卵始至盛期，人工放赤眼蜂；于幼虫初孵盛期幼虫蛀入茎内以前喷洒辛硫磷。

# 六、大葱生产技术

## （一）建立生产基地

1. 选择无污染和生态条件良好的地域建立生产基地。生产基地应远离工矿区和公路、铁路干线，避开工业和城市污染的影响。

2. 产地空气环境质量、农田灌溉水质质量以及土壤环境质量均应符合 NY/T391—2000 标准要求。

3. 土壤肥力应达到 NY/T391—2000 规定的二级以上标准。

## （二）品种选择与种子质量要求

**1. 品种选择**  应根据栽培目的选择大葱品种。种植反季节上市的大葱，应选择抗寒、抗抽薹、抗热、抗病且品质优良的大葱品种。如章丘长白条大葱、中华巨葱优系等品种。种植出口大葱应选择符合出口要求的品种，如出口日本大葱应选择植株完整、紧凑、无病虫害，叶肥厚、叶色深绿、蜡粉层厚，成品叶身和假茎长度比约为 1.2～1.5：1，假茎长 40 厘米，直径 2 厘米左右，洁白、致密的品种，可选择吉原一本太、春胜、元藏等。

**2. 种子质量要求**  选择当年产的新种子。种子质量应符合以下标准：种子纯度≥96％，净度≥95％，发芽率≥75％，水分≤9.5％。（种子质量标准引自 DB12－345－2007 大葱种子质量标准）。

## （三）育苗技术

**1. 播种期确定**  北方大葱可秋播，也可春播。春播多在春分至清明之间，苗期生长时间短，产量较低。秋播对播期要求严格，播种过早，幼苗过大，容易冬前通过春化，翌年春天先期抽台，影响产量和质量；播种过晚，幼苗过小，不利于安全越冬。

适宜的秋播时间为越冬前有 2～3 片真叶，株高 10 厘米左右，茎粗 0.4 厘米以下。

**2. 做育苗畦**　选择有机质丰富、排灌方便的沙壤土作育苗田。每亩施入优质腐熟农家肥 3～5 米³、复合肥 30～40 千克，浅耕、耙平后作畦，畦长 8～10 米，宽 1.2～1.5 米。

**3. 播种**　将苗床浇足底水，水渗下后均匀撒播种子，播后覆细土 1 厘米左右。每亩播种量为 2～4 千克，可供 0.3～0.6 公顷大田栽植。

**4. 苗期管理**　冬前浇水 1～2 次，中耕除草。土壤结冻前，结合追粪稀，灌足冻水。春季浇返青水同时追肥，数日后再浇水，后中耕、间苗、除草；蹲苗后应顺水追肥，幼苗高 50 厘米，有 8～9 片叶时，炼苗。

## (四) 定植

结合整地每亩施入腐熟圈肥 5～10 米³，深翻耙平。按 80 厘米左右行距南北向开沟，沟深、宽均为 20～30 厘米。沟内再集中施入饼肥 150～200 千克、过磷酸钙 30 千克，刨松沟底，以备定植。

北方一般从芒种（6 月上旬）到小暑（7 月上旬）期间定植。

定植苗以株高 40～50 厘米，具有 6～8 片真叶，茎粗 1 厘米以上为宜。定植前选苗分级，淘汰病、弱苗，按大小苗分别栽植，大葱定植方法分湿栽法和干栽法。湿栽法是先在栽植沟内灌水，然后用食指或葱杈按株距 5 厘米将葱秧根插入泥土内。干栽法是先将秧苗靠在沟壁一侧，按要求株距摆好，然后覆土盖根，踩实，灌水。

栽植深度以心叶处高出沟面 7 厘米左右为宜。每亩定植 1.8 万～2 万株。

## (五) 田间管理技术

**1. 浇水追肥**　高温期定植后连浇 2～3 次水，保持地面湿润，促缓苗。缓苗后结合浇水每亩追粪稀 1000 千克，以后进行中耕培土、适当蹲苗 15 天左右促根发育。

进入炎夏后植株处于半休眠状态，应控水控肥，天不过旱不浇水，以中耕锄草保墒为主，促进根系发育。可在定植沟内铺厚约 5 厘米半腐熟的麦糠，有降温、吸湿、保墒和防病之效。雨后及时排除田间积水，以免引起烂根、黄叶和死苗。

立秋以后，气温逐渐降低，大葱开始进入发叶盛期，应及时浇水追肥。处暑前后开沟施肥，每亩施入充分腐熟的饼肥 250～300 千克、尿素 15 千克，将肥撒到沟两边的土上，与上层土一起培入沟内，然后浇水。白露和秋分时结合浇水再各追一次肥，宜用氮磷钾复合肥。白露前后，叶面喷施 0.2% 磷酸二氢钾和 0.1% 硫酸亚铁，7 天一次，连喷 2～3 次。浇水宜掌握勤浇、重浇，经常保持土壤湿润。

霜降后（非高寒地区）气温下降明显，应减少浇水量和次数，收获前 7～10 天停水，提高耐贮性。

**2. 培土软化**  培土是软化叶鞘、增加葱白长度的有效措施。培土应在葱白形成期进行，高温高湿季节不易培土，否则易引起假茎和根茎腐烂。

结合追肥，分别在立秋、处暑、白露、秋分时进行培土。培土应在露水干后、土壤凉爽时进行。每次培土以不埋没叶身与叶鞘的交界处为度。培土后拍实，防止浇水后塌陷。大葱培土过程见图 84。

## （六）采收技术

**1. 采收标准**

鲜葱：可以根据市场需要，随时收获上市。

冬贮大葱：当气温降至 8～12℃，外叶基本停止生长，叶色变黄绿，产量已达峰值时及时收获。

**2. 技术要点**  大葱收获时应避开早晨霜冻。收获大葱时可

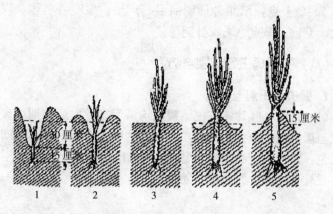

15厘米

0厘米
5厘米

1　　2　　3　　4　　5

图84　大葱培土过程

1. 培土前情况　2. 第一次培土　3. 第二次培土　4. 第三次培土　5. 第四次培土

用长条镐，在大葱的一侧深刨至须根处，把土劈向外侧，露出大葱基部，然后取出大葱，使产品不受损伤，并平摊在地面上。收获时，切忌猛拉猛拔，损伤假茎，拉断茎盘或断根会降低商品葱的质量和耐贮藏性。收获后的大葱应抖净泥土，摊放在地里，每2沟葱并成1排，在地里晾晒2～3天。

## （七）采收后处理技术

**1. 去叶**　将大葱外层的干叶、老叶、病叶、残叶扒去。

**2. 分检**　剔除受病虫危害、有机械损伤等明显不合格的大葱。

**3. 切根**　用刀将根须切掉，装箱的还要将上部多余葱叶切掉，切口要平整。

**4. 分级**　按单株重或葱茎粗度进行分级，分为大、中、小三种规格。

**5. 扎束**　成捆销售的用稻草或塑料编织带捆成5～10千克重的捆销售；装箱的要用皮筋扎成小把，每把2～3棵葱。

**6. 装箱**　把大葱放入符合要求规格的纸箱中，每箱葱净含量为 3～5 千克，纸箱外标明品名、产地、生产者名称、规格、株数、毛重、净重、采收日期等。

## （八）主要病虫害识别与防治

### 1. 紫斑病识别与防治

（1）识别　叶片、花梗、鳞茎均可受害。发病初期病斑小，灰色至淡褐色，中央微紫色，后扩大为椭圆形或纺锤形，凹陷，暗紫色，常形成同心轮纹，湿度大时长出黑霉。叶片或花茎可在病斑处软化折倒。此病主要危害大葱和洋葱，也可侵染大蒜和韭菜等。

（2）防治措施　及时清除田间病残体；选用抗病品种和无病种子；实行轮作；加强田间管理，增强植株的抗病性；发病初期交替喷洒百菌清、代森锰锌、扑海因等。

### 2. 锈病识别与防治

（1）识别　主要危害叶片、叶鞘和花茎，初期出现椭圆形褪绿斑点，很快由病斑中部表皮下生出圆形稍隆起的黄褐色或红褐色疱斑，疱斑破裂后散出橙黄色粉末。植株生长后期，病叶上形成长椭圆形稍隆起的黑褐色疱斑，严重时病叶黄枯而死。

（2）防治措施　选用抗病品种；加强肥水管理，增强植株抗性；雨后及时排水，降低田间湿度；发病初期交替喷洒三唑酮、萎锈灵、代森锰锌等。

### 3. 葱蝇为害识别与防治

（1）识别　葱蝇以蛆形幼虫蛀食植株地下部分，包括根部、根状茎和鳞茎等，常使须根脱落成秃根，鳞茎被取食后呈凸凹不平状，严重时腐烂发臭，地上部叶片枯黄，植株生长停滞甚至死亡。

（2）防治措施　用糖醋液诱捕成虫；成虫发生期交替喷洒敌百虫、灭杀毙等，幼虫发生时交替喷洒乐斯本、辛硫磷等。

### 4. 葱蓟马为害识别与防治

（1）识别　多危害叶片、叶鞘和嫩芽。成、若虫均以锉吸式口器先锉破寄主表皮，再用喙吸收植物汁液，被害处形成黄白色斑点，严重时叶片生长扭曲，甚至枯萎死亡。

（2）防治措施　虫害发生时交替喷洒灭杀毙、杀灭菊酯、溴氰菊酯等。

### （九）出口大葱收购标准

出口大葱要求直径 1.8～2.5 厘米，葱白长 30～45 厘米，叶长 15～25 厘米，无病虫害，无机械损伤、无病变、无霉烂、无分蘖、不弯曲的大葱。

## 七、大蒜生产技术

### （一）建立生产基地

1. 选择无污染和生态条件良好的地域建立生产基地。生产基地应远离工矿区和公路、铁路干线，避开工业和城市污染的影响。

2. 产地空气环境质量、农田灌溉水质质量以及土壤环境质量均应符合 NY/T391—2000 标准要求。

3. 土壤肥力应达到 NY/T391—2000 规定的二级以上标准。

### （二）品种选择和种子质量要求

**1. 品种选择**　生产蒜头和蒜薹兼用或以蒜头为主应当选择大瓣种品种，生产青蒜苗适合选择小瓣种。出口栽培应当选择符合进口国要求的大蒜品种。

**2. 种子质量要求**　选择当年产的新种子。大蒜种子质量要求：纯度＞94％，健瓣率＞90％，整齐度＞92％，完整度＞93％，含水量＞50％。

### （三）整地做畦

前茬作物采收后，应抢墒耕翻，耕深约 20 厘米，耕后纵横耙细、耙平，做到地平土细，土松下实，无明暗坷垃。施足底肥，每亩施优质土杂肥 5000 千克，饼肥 100 千克，磷、钾肥各 50 千克，磷酸二铵 15 千克。有机肥要完全腐熟，以防引发蒜蛆发生。土杂肥、氮肥、磷钾肥、微肥等撒施后耕翻入土层内，饼肥、二铵做种肥。

整平地面后做畦。一般做平畦栽培。根据浇水条件，宽 1.5～2 米，畦长以能均匀灌水为度。地膜覆盖栽培多采用小高畦，一般畦高 10～15 厘米，宽 70 厘米，沟宽 20 厘米。

### (四) 播种

**1. 播种期**  秋播生长期长，蒜头和蒜苔产量均高，播期以越冬前幼苗长出 4～5 片真叶为宜，播种过晚，会减弱植株越冬能力，降低蒜头和蒜苔产量。春播大蒜生长发育期较短，应尽量早播，只要土壤表层解冻、日均温达 3～7℃时即可播种。

**2. 精选种子**  根据品种特征特性，选头大、瓣大、瓣齐的蒜头作种。播种前掰瓣分级并剔除霉烂、虫蛀、破碎的蒜瓣，一般按大、中、小分为 3 级。播种时先播 1 级种子（百瓣重 500 克左右），再播 2 级种子（百瓣重 400 克左右），要分别栽种，不要混栽。3 级种子不能用于播种。

**3. 播种方法**  大蒜播种方法有两种：一种是插种，即将种瓣插入土中，播后覆土，踏实；二是开沟播种，即用锄头开一浅沟，将种瓣点播土中。开好一条沟后，同时开出的土覆在前一行种瓣上。播后覆土厚度 2 厘米左右，用脚轻度踏实，浇透水。

排种时应使种瓣的背腹连线与沟向平行，以便蒜苗展开的叶片与行向垂直。

为防止干旱，播种后覆盖地膜。

**4. 播种深度**  大蒜适宜播深为 3～4 厘米。栽种不宜过深，过深则出苗迟，生长过旺，蒜头形成受到土壤挤压难于膨大；但栽植也不宜过浅，否则出苗时易"跳瓣"，幼苗期根际容易缺水，

根系发育差，越冬时易受冻死亡。

**5. 合理密植**　早熟品种亩栽 5 万株左右，行距 14～17 厘米，株距为 7～8 厘米，亩用种 150～200 千克。中晚熟品种亩栽 4 万株左右，行距 16～18 厘米，株距 10 厘米左右，亩用种 150 千克左右。

### （五）田间管理

**1. 地膜管理**　覆盖地膜的地块，多数大蒜芽鞘可以顶破地膜露出膜面，少数蒜苗需人工辅助打孔放苗。应每天检查 1 遍，发现未露出膜面的蒜苗，用扫帚轻轻拍打，促蒜苗出膜。

**2. 追肥**　大蒜属耐肥作物，在施足底肥的基础上，一般进行 4 次追肥，分别为：

催苗肥：一般于出苗后 15 天左右进行，每亩可以施高氮复合肥 5～8 千克，开沟撒施，施后覆土。肥力较高、底肥较足的田块，可以不施催苗肥。

返青肥：一般在春季气温回升，大蒜的心叶和根系开始生长时施用，即在春分左右施用，亩用量以高氮复合肥 8～10 千克为宜。

抽薹肥：一般在蒜薹露缨时进行。此时进入生长旺盛期，是一次关键性的追肥，每 667 米$^2$ 重施复合肥 25～30 千克。

催头肥：一般于抽薹肥施后 25～30 天进行，以氮肥为主、配合施磷钾肥，每亩施用高氮复合肥 15～20 千克。

**3. 浇水**　追施齐苗肥后，若田土较干，可灌水 1 次，促苗生长。

越冬前浇一次越冬水。北方地区浇越冬水数天后在畦面覆盖草或玉米秸秆，防寒防旱，保证蒜苗安全越冬。越冬后气温渐渐回升，幼苗又开始进入旺盛生长，应及时除去保温覆盖物，并及时灌水。抽薹期应及时浇灌抽薹水。"现尾"后要连续浇水，以水促苗，收薹前 2～3 天停止浇灌水，以利蒜薹贮运。

蒜薹采收后立即浇水以促进蒜头迅速膨大和增重。采收蒜头前5天停止浇水，控制长势，促进叶部的同化物质加速向蒜头转运。

**4. 中耕除草** 当杂草刚萌生时即进行中耕杂草，对株间难以中耕的杂草也要及早拔除，以免与蒜苗争肥。

## （六）采收

**1. 采收标准**

（1）蒜薹采收标准 一般从总苞顶端露出顶生叶的出叶口到采收约需20天。从蒜薹开始打钩到总苞色泽变淡发白时为采收适期。早收降低产量，晚收质地粗硬。采薹宜在晴天中午进行。抽薹时勿用力过猛，以免损伤蒜头和根系，影响蒜薹质量。

（2）蒜头采收标准 采薹后20～30天，当大蒜基部的叶片大多枯黄、上部的叶片退色，由叶尖向叶耳逐渐呈现干枯，且假茎松软时，为蒜头的采收适期。收获过早，叶中的养分尚未充分转移到鳞茎，产量低，不耐贮藏；采收过晚，叶鞘干枯不易编辫，遇雨蒜皮发黑，蒜头易开裂散瓣。

**2. 采收技术**

（1）收蒜薹 采薹宜在晴天中午进行。抽薹时勿用力过猛，以免损伤蒜头和根系，影响蒜薹质量。

（2）收蒜头 用蒜叉挖松蒜头周围的土壤，将蒜头提起抖净泥土后就地晾晒，用后一排的蒜叶遮住前一排的蒜头，忌阳光直射蒜头。当假茎变软后编成蒜辫在通风、避雨的凉棚中挂藏。

## （七）采后处理技术

**1. 晾晒** 大蒜收获后，排放在干燥的地面上，在阳光下晾晒2～4天，使叶鞘、鳞片、鳞茎充分干燥脱水，大约达到7成干，假茎变软即可编辫，也可削去根须和假茎散头包装。

**2. 贮藏** 主要有挂藏、架藏、凉棚藏、窖藏等。

**3. 包装**　将大蒜按要求编织成串或装箱或用专用网袋包装。包装箱中散放大蒜，要适当切除根茎。成串大蒜每串大蒜数量要一致，根茎须平整切除。成捆的干或半干大蒜，每捆大蒜数量不低于 6 头，根茎必须干净的切除。

## （八）出口大蒜收购标准

**1. 蒜薹**　蒜薹多为保鲜和速冻出口，要求组织鲜嫩，粗细均匀，品质良好，无粗纤维感，无白斑，无划破及其他机械损伤；长 40 厘米以上，横径大于 6 毫米，基部白色部分长度小于 10 厘米。

**2. 蒜头**　蒜头多为保鲜出口，要求大，横径大于 5.5 厘米、分瓣数少，外形圆整，皮色洁白，干燥。留桩（干花茎基部）高不超过 1 厘米。无根须，不干瘪，无发芽，无霉变、虫蛀及机械伤。

**3. 蒜米**　蒜米多为保鲜和腌制出口，要求蒜瓣大，较整齐，洁白光亮，无腐烂，无霉变、虫蛀芽，无机械损伤。

## （九）主要病虫害识别与防治

参照大葱部分。

# 八、芦笋生产技术

芦笋，学名石刁柏，别名龙须菜、露笋。芦笋不仅具有一定的抗癌功能，而且含有丰富的氨基酸、蛋白质、叶酸、核酸及多种维生素，成为当今世界上风靡一时的名贵蔬菜，被列为世界十大名菜之一，国际声誉日高，供不应求。我国 20 世纪初开始栽培芦笋，进入 80 年代后，随着国际对芦笋需求量的不断增大，我国出口芦笋的生产规模也有了较快的发展，成为我国出口创汇的主要蔬菜产品之一。国内山东、江苏、山西、河南和福建等省都有大面积的芦笋种植。

## （一）建立生产基地

1. 选择无污染和生态条件良好的地域建立生产基地。生产基地应远离工矿区和公路、铁路干线，避开工业和城市污染的影响。

2. 产地空气环境质量、农田灌溉水质质量以及土壤环境质量均应符合 NY/T391—2000 标准要求。

3. 土壤肥力应达到 NY/T391—2000 规定的二级以上标准。

4. 要选择无立枯病和紫纹羽病等病菌的土壤。通常种植容易感染这两种病作物的地块，如果园、桑园、胡萝卜、棉花、苎麻等地均不宜选用，更不宜与芦笋连作。

5. 要选择土层深厚、有机质含量高、质地松软的腐殖壤土及沙质壤土。

6. 种植地块的土壤含盐量不超过 0.2%。

## （二）品种选择和种子质量要求

**1. 品种选择**　以生产白芦笋为主要目的时，应当选择白芦笋品种（如，玛丽·华盛顿 500W、荷兰 1 号、日本王子、安德丽亚、芦笋王子 F1 等），或绿白兼用品种（如，加州 800、阿特拉斯、泽西奈特、极雄皇冠等），生产绿（紫）芦笋时则应选择绿芦笋品种（如，UC309、格兰蒂、阿波罗、京绿芦 1 号、杰立姆等，紫色品种选择潍紫 P-7、紫色激情、太平洋紫芦笋等），或绿白兼用品种；无霜期短的地区应选择早熟品种，无霜期长的地区适宜选择晚熟品种，以提高产量。

**2. 种子质量要求**　杂交一代种子质量一般应符合纯度 98% 以上，净度 98% 以上，发芽率 85% 以上，含水量 8% 以下的要求。

## （三）育苗

**1. 育苗期确定**　华北地区一般谷雨至立夏播种，阳畦育苗则提前到 2 月中下旬播种，夏季作物收获前后移栽比较适宜。东北较寒冷地方，通常将播种期安排在上一年的夏季，7 月下旬播种，11 月下旬定植。

**2. 育苗方式确定** 按育苗场所和方法分为露地直播育苗、保护地播种育苗、保护地营养钵育苗等，以保护地营养钵育苗效果最好。

**3. 育苗床制作** 露地直播育苗应选土质疏松，富含有机质，地下水位低，排水好，保水力较强，微酸性土壤。每亩施腐熟厩肥 2000 千克，翻耕入土。浅耕地，以免根系入土太深，不利于起苗。为防止地下害虫，整地时每亩撒辛硫磷 1 千克，混在土中，然后筑成 1.5 米宽的高畦，并挖好排水沟。一般苗圃与大田比值为 1：10。

如果用营养钵育小苗，应制备营养土。一般用洁净园土 5 份、腐熟堆厩肥 4 份、草木灰 1 份、过磷酸钙 2％～3％，充分混合均匀，用 40％甲醛 100 倍液喷洒，然后堆积成堆，用塑料薄膜密封。堆制应在夏季进行，翌年播种前将培养土盛于直径 6～8 厘米的营养钵中。营养钵可用薄膜或纸袋制作，直径 8～9 厘米，高度 8～10 厘米。

**4. 种子处理** 选用 1 年内的新籽播种。由于芦笋种子种皮革质化，透水性较差，吸水慢，种子休眠的深浅不一，低温下发芽慢，出苗期长，为加速其发芽、出苗，可采用下列方法：

低温处理：将新种子浸湿后，置于 0～5℃ 低温下处理 60 天，或将种子与湿润黄沙层积于露地过冬，以利于完成休眠期。

浸种催芽：用多菌灵 50 克对水 12.5 千克浸种 5 千克，24 小时后捞起，冲洗干净，再用清水或 25～30℃ 温水浸种两天，每天换水 1～2 次，待种子吸足水分后沥干晾干，在尚未破壳出芽之时播下。

**5. 播种** 露地播种需在地温 10℃ 以上开始。一般北方生长季短，只行春播；保护地育苗一般应在终霜前或安全定植期前

60～80 天播种育苗。

（1）露地直播育苗　每亩苗床的播种量为 3750 克左右，可移栽本田 7～10 公顷。播种时，按行距挖 3 厘米深的播种沟，然后按株距播上种子，覆土 1～3 厘米，稍稍镇压。

（2）保护地育苗　播种前先将畦面灌足底水，按株行距各 10 厘米划线，将催芽的种子单粒点播在方格的中央，然后每亩撒施辛硫磷颗粒 4～5 千克，再用细筛将土均匀地筛在畦面上，覆土厚 2 厘米即可。种植白芦笋每亩用种量为 60 克，育苗地面积 20～30 米$^2$，绿芦笋每亩用种量为 75 克，育苗地面积为 30～40 米$^2$。

（3）营养钵育苗　营养钵的口径为 6 厘米，每钵播种 2 粒，粒距 3 厘米，覆土 1～2 厘米厚。出苗后每钵只留 1 株苗。

以上各方式播种以后均应覆盖地膜保墒，也可采用盖草保湿。

**6. 苗床管理**

（1）温度管理　保护地育苗播后温度保持在 20℃以上。出苗后揭去地膜并进行通风换气，降低床温，一般白天床温保持在 25℃左右，最高温不得超过 30℃，夜间最低温在 12～13℃。

（2）间苗补苗　齐苗展叶 1 周左右，每穴保留 1 株苗。缺株穴应以间拔下的苗补植，或以预先准备的小苗补植。间苗应撬松培养土，连根拔除，否则残留的根株仍会抽生茎叶。

（3）肥水管理　在间苗后，浇 1 次稀薄的人粪尿液肥，每亩 700～1000 千克。约 20 天后再追稀薄人粪尿液肥一次。此后到 7～8 月追施秋肥，每亩施复合肥 20 千克左右。若此时苗株生长旺盛，可少施或不施。

在生育期间遇干旱天气时，应经常浇水，以免受旱害，促进苗株生育。一般 5～7 天一水，保持土壤见干见湿。霜前 1 个月控制水分，以抑制地上部分生长，把营养转入地下根茎贮藏。在多雨季节，应注意开沟排水，勿使田间积水，否则不仅不利于根

系发育，还易诱发病害。

营养钵苗易失水，应经常浇水，一般 3～5 天一水。苗期追肥只需 2 次，第一次于第一支幼茎展叶后，结合浇水亩施尿素 7～10 千克，20 天左右后再施一次，量同第一次。

（4）中耕除草　芦笋幼苗生长缓慢，而行距大，易滋生杂草，需经常中耕除草，或喷洒除草剂予以防治。

当苗高 25 厘米以上，茎数 3～5 支时，应进行揭膜锻炼，使秧苗处在露天条件下，适应大田环境。

## （四）定植

**1. 定植期确定**　春季定植应在春季根株休眠期刚结束，鳞芽开始活动，但尚未萌芽时进行。秋季定植应在晚秋茎叶刚枯黄，根株开始休眠时进行。生长期间定植在茎叶生长发育期间进行。

**2. 整地施肥**　一般旱地要深翻 30 厘米，水田需更深一些，要打破犁底层，以利于雨水渗滤，避免田间积水。结合深翻，每亩撒施腐熟堆肥 5000 千克左右。另外，每亩需施过磷酸钙 80 千克，与堆厩肥混和后施入土中。

**3. 定植**　白笋按行距 1.8 米、株距 0.25～0.3 米定植，每亩定植 1300～1500 株；绿笋按行距 1.3～1.4 米、株距 0.25～0.3 米定植，每亩定植 1600～2000 株。

根据地形，以南北行向或东西行向划好直线，然后沿直线挖宽 0.45 米，深 0.4～0.5 米的定植沟。挖沟时要将 25 厘米以上的熟土和 25 厘米以下的生土分开放。回填时先放熟土在底部，以利于芦笋根系的发育。每亩按 3000～5000 千克土杂肥和氮、磷、钾复合肥 50 千克与土混均匀施入定植沟内。定植沟不要填平，可低于原地面 5～7 厘米，待定植后再将沟逐渐填平。将定植沟灌水沉实，避免定植后因浇水或降雨导致土壤下沉，使幼苗倒伏。两沟间的垄面要做成中间高、两边低的小拱形，以后随着幼苗的不断生长，再将垄面土逐渐回填于定植沟内，形成高出原地平 10 厘米左右的土垄。

起苗时按 10 厘米见方切成土块，带土移栽。

要对幼苗进行分级定植。一年生的大苗，凡根株重 40 克以上，根数 20 条以上的为一级苗；根株重 20～40 克，根 10～20 条者为二级苗；根株重 20 克以下，少于 10 条者为劣质苗。生长季短的小苗，要求苗高 0.3 米左右，有 3 根以上茎及 7 条以上地下根。不合格者不能定植。

在整好的定植沟中间，画一条直线，然后将带土块的幼苗，按芦笋幼苗地上茎萌生的生长发展方向进行定向定植。栽时把地下茎放在沟中心，舒展其根系，按鳞芽发展趋向，顺沟朝同一方向栽成直线，然后埋土 5～8 厘米稍镇压，成活后结合追肥中耕，再覆土 1～2 次，使地下茎埋在土下 13～18 厘米处。

## （五）田间管理

### 1. 定植当年管理

（1）查苗补苗　定植后 1 个月内要进行查苗补苗。补苗时要浇足底水，确保成活，补栽的幼苗仍然要注意定向栽植。

（2）浇水和培土　定植后要及时浇水缓苗，待水渗下后再进行覆土。覆土时要打碎土坷垃，防止压倒幼苗，因这时笋株很小，必须精细管理。秋季是芦笋秋茎旺发期，遇秋旱要适时浇水。立冬前后普浇一次越冬水，以利芦笋安全越冬，并培土 15 厘米以减少来年空心笋的数量。

（3）追肥　幼苗定植 20 天以后进入正常生长期，每亩追施尿素 30 千克或碳酸氢铵 50 千克。施肥时距芦笋 20～25 厘米顺垄开沟，沟深以 10 厘米为宜，将肥施入沟内及时覆土耙平，施肥后及时浇水。定植 40～50 天时应追施第二次秋发肥，每亩可追氮、磷、钾复合肥 40 千克，尿素 10 千克，追肥后及时浇水。

（4）中耕除草　及时清除田间杂草，雨后及时松土。

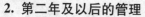

**2. 第二年及以后的管理**

（1）采笋前管理

①清园　清园一般在早春解冻后进行，清园时，对芦笋地上的茎逐根拔除，不能用刀割，以避免笋莛感染病害。将拔除的茎秆集中在一起烧掉。

②松土与消毒　清园后要及时划锄松土，然后耙平地面准备培垄。如果上年芦笋病害严重，要进行土壤消毒，方法是：对整个芦笋地面喷洒 50％多菌灵可湿性粉剂 300 倍液。

③施肥与培垄　采收白芦笋，一般在开始采收前 10～15 天，距地面 10 厘米处土温达 10℃以上时进行培土。选择晴天土壤干湿适宜时进行，要求土粒细碎。培成的土垄宽度要大，一般成龄笋，生长好的地块，垄宽可大一点，幼龄笋和生长差的笋垄宽可以小一些。厚度以使地下茎在土下 25～30 厘米为准。

采收绿芦笋为使嫩茎粗壮，生产上也应适当培土，使地下茎上面保持 18 厘米的土层。

培垄分一次或多次。分次培垄，每次培土 10 厘米左右，土温提高后再培一次，最后培成标准的土垄。

结合培垄施肥。以腐熟的农家肥为主，适当混施少量复合肥，一般每亩施有机肥 5000 千克左右。在距植株 20 厘米处开沟 10 厘米深施入，然后培垄。

（2）采笋期间管理

①浇水　采笋期间，土壤含水量保持在 16％左右有利于提高嫩茎的产量和质量，以后随着气温升高，土壤水分蒸发量增大，可适当增加土壤湿度，一般隔 10～15 天左右浇 1 次水（隔行轮浇，浇小水）。尤其是高产品种更应及时浇水，否则容易散头。浇水量要均匀，忽干忽湿会造成炸笋。

②施肥　初采笋田应在行间亩追 10～15 千克复合肥，成龄笋田一般 2～3 次，亩追复合肥 30 千克、腐熟饼肥 50 千克，以

利多产优质笋。

(3) 采笋后管理

①施肥与撤垄 采笋结束后要及早撤垄。结合撤垄施复壮肥,将土杂肥撒入芦笋沟内,将肥埋入土中。每亩施土杂肥4000~5000千克,同时施入氮、磷、钾复合肥60千克,尿素20千克,氯化钾10千克。

在采笋即将结束之前,成龄笋在8月中旬时应再追一次秋发肥,每亩追施氮、磷、钾复合肥50千克、尿素20千克、硼肥1.5~2.0千克。重施钾肥、硼肥可增加芦笋的营养品质和增强抗茎枯病的能力。冬季结合浇封冻水,亩施腐熟土杂肥4000千克,开沟施入植株两旁。

②浇水 根据芦笋生长的需要,在土壤含水量低于16%时,一般要浇3次关键水。

浇放垄水:放垄前首先施足底肥,待芦笋嫩茎抽出地面之后再行浇水。

浇秋发水:8月初追施秋发肥后及时浇水。

浇冻前水:立冬前后,在土壤未冻结前浇一水,防止冬旱,保护笋芽安全越冬,也有利于第二年春季幼芽萌发与生长,减少芦笋的空心。

(4) 摘花、摘果和清园 应尽早摘花、摘果,减少养分消耗,提高产量,并防止雌株遇风倒伏。在采收年份,于采后割除老茎,集中烧毁。冬季当地上部分枯死时,要割去残茎,集中烧毁,减少病虫基数。

## (六) 采收

**1. 白芦笋采收** 每天黎明时,沿土垄面仔细观察,在有裂纹或土堆隆起的垄面一侧用手扒开土层,扒土时要防止碰伤笋尖和其他笋芽,扒面不要过宽,扒至笋尖露出5~7厘米时,左手捏住嫩茎上端,右手持采笋铲刀,根据所采嫩茎长度要求,插入土中迅速将嫩茎切断采出，放入盛笋容器内。采收的白芦笋不能见光，要用黑色湿布遮盖。采割笋茎留茬要合适，以 2～3 厘米为宜。

笋采出后要及时回填土穴并培实，与原土垄一致，填土过松或过紧易造成垄中嫩茎弯曲变形。出笋盛期宜每天早、晚各采收一次。

**2. 绿芦笋采收**　于每天早上将高达 24 厘米以上的嫩茎齐土面割下。温度高时，每天应收割 2 次，以免笋头松散和组织老化。

**3. 采收要求**

①每次采收时，不论嫩茎好坏要全部割取。否则遗留的嫩茎继续生长，会消耗养分，以致减产。

②收嫩茎要适量，当嫩茎越收越细、肉质发硬时应停止采笋。一般 2 年生的植株，采收期为 2～3 周；3 年生以上植株为 8～11 周。

## （七）采后处理

**1. 分级**　根农业部颁布标准《无公害食品芦笋感官分级标准》（NY/T 760—2004），将芦笋分为优级品、一级品和二级品三个等次，具体见表 55。

表 55　芦笋分级标准

| 项目 | 等　级 | | |
| --- | --- | --- | --- |
| | 优级品 | 一级品 | 二级品 |
| 颜色特征 | 具有同一类品种的特征，笋茎非本色部分不超过总长度的 10%；笋茎本色部分不得有杂色，不得有异类品种 | 基本具有同一类品种的特征，笋茎非本色部分不超过总长度的 20%。异类品种和有杂色的根数不得超过 2% | 基本具有同一类品种的特征，笋茎非本色部分不超过总长度的 40%。异类品种和有杂色的根数不得超过 2% |

（续）

| 项目 | 等级 | | |
|------|------|------|------|
| | 优级品 | 一级品 | 二级品 |
| 外观 | 长短、茎粗类型一致，无特细笋和巨型笋；笋长度17～27厘米，同包装笋长度相差小于1厘米；无畸形笋、锈斑、裂口和损伤 | 长短、茎粗类型基本一致，无特细笋；笋长度10～30厘米，同包装笋长度相差小于5厘米；无畸形笋、锈斑、裂口和损伤 | 允许存在两个相邻的茎粗类型；允许有少量锈斑、裂口、损伤或畸形笋存在 |
| 组织形态 | 笋头鳞片特紧密、无空心笋；笋条新鲜、脆嫩、挺直，无萎蔫现象 | 笋头鳞片紧密、无空心笋；笋条新鲜、脆嫩、允许有轻度弯曲，无萎蔫现象 | 笋头鳞片较紧密，允许有少量散头；笋条新鲜，无萎蔫现象 |
| 可食部 | 可食部不低于95% | 可食部不低于95% | 可食部不低于90% |
| 允许误差 | 允许5%的一级品芦笋混入 | 允许10%的相邻等级芦笋混入 | 有缺陷笋不超过10% |

**2. 包装** 绿芦笋分级后，立即在清水中洗净泥土，但笋尖不能浸水，以免腐烂；再转入2～3℃冷水中降温，笋尖仍不能入水，沥于水后扎成束，装入塑料箱或纸箱中。包装芦笋的塑料袋应用无毒保鲜塑料袋，塑料箱包装按GB8868的规定执行，每件包装质量不得超过20千克。

每件包装上标签应标明产品名称、产品的执行标准、等级、商标、生产单位、产地、净含量、采收日期和贮存方法。标签要求字迹清晰、完整、准确。

**3. 保鲜** 装箱后的芦笋应马上入冷库预冷储存。冷藏库温度不能低于0℃，一般以0～2℃为宜。为了保持湿度，库内应经常撒些水。

## （八）出口芦笋收购标准

**1. 绿芦笋收购标准** 组织鲜嫩，色泽鲜绿；切口平，条形直，笋尖完好，无开花散头；无病虫害，无弯曲、畸形，无机械损伤，无浸水烂头，无紫根，无白根，无空心；长度24～26厘米，直径10～20毫米。

**2. 白芦笋收购标准**　条形直，色泽白色，基部变色部分≤4厘米；笋尖完好，无开花散头，切口平；无病虫害，无弯曲、畸形，无机械损伤，无浸水烂头，无空心；长度18～20厘米，茎粗≥10毫米。

## 九、观赏蔬菜生产技术

### （一）观赏南瓜栽培技术

观赏南瓜，瓜色鲜艳，果型趣巧、形状奇特，可观性强，既能在露地、温室种植，又可用花盆栽培，多个不同形状颜色的成熟果实搭配作为装饰品或礼品，高雅怡人，观赏价值高。近几年来已经成为现代农业示范园中吸引游客的亮点之一。

**1. 品种类型与选择**　观赏南瓜种类比较多，小型观赏南瓜可选择金童、玉女、鸳鸯、龙凤、瓜皮、佛手、南美系列观赏南瓜等；中型观赏南瓜可选择福瓜、东升、元阳、砍瓜、欧洲系列观赏南瓜等；大型观赏南瓜可选择美国超级大南瓜、加拿大巨人南瓜等。

**2. 育苗**

（1）播种时期　露地种植一般春季在1～2月播种，秋季在7～8月播种。温室周年可播种育苗。由于是以旅游观光为主，所以播植期重点考虑"五一"、"十一"、"春节"这3个节日，分别是12月中下旬、7月上中旬、9月上旬至10月中旬。

（2）浸种催芽　播种前2～3天对种子进行处理。一般采用50～55℃的热水烫种10分钟，然后将种子放入30℃的温水中浸种3～4小时，再放到28～30℃的环境条件下催芽。当种子露白时即可播种。

（3）**播种** 观赏南瓜种子较贵，宜采取营养钵育苗。营养土配制方法是：5 份无病肥泥、2 份腐熟畜禽粪、3 份煤灰。另每方营养土加 2 千克三元复合肥，经混合、过筛，消毒后即可用来育苗。

育苗时每钵播种发芽的种子 1~2 粒（留 1 苗）。直播时，按照行株距要求进行穴播，每穴播种 2~3 粒，覆土厚 2 厘米。在育苗过程中，注意保持适宜的温度和土壤湿度。

（4）**苗期管理** 气温宜保持在 15~35℃。一般早春棚内温度以 25℃ 左右为宜，营养钵中的育苗土不能过湿或过干，还要用敌可松 500 倍液或多菌灵 800 倍液喷雾消毒，防止猝倒病。苗期幼苗长势弱或叶色变黄，可淋 1‰ 复合肥溶液 1~2 次，当苗有 4~5 片真叶时定植。

**3. 定植**

（1）**整地施肥** 地面栽培的，定植前对土壤进行深耕细耙，并一次性施足基肥，一般每亩施用优质有机肥 4200 千克、三元复合肥 50 千克、钙镁磷肥 40 千克，将肥、土混匀，然后做畦。

盆栽的小型观赏南瓜可选用直径 30~40 厘米的花盆，填充配制好的基质或营养土。

（2）**定植** 当苗长至 2~4 片真叶时移栽。种植巨型观赏南瓜按 25~30 米$^2$ 的土地面积种植 1 株。中、小型观赏南瓜采用棚架立体栽培，按 1.2~1.5 米$^2$ 面积种植 1 株。

**4. 田间管理**

（1）**水肥管理** 观赏南瓜生长迅速，特别在夏季高温期，蒸腾作用强，水分消耗大，应保证水分供给，一般 2~3 天浇一次透水。从雌花现蕾到第一瓜坐稳期间，土壤湿度过大或追肥过多易引起茎叶徒长影响坐果，应注意蹲苗，适当控水控肥。

地面栽培的植株成活后施 1 次速效性肥；第二次追肥在瓜蔓长 30 厘米左右时，看瓜苗长势，如瓜蔓嫩尖向上，叶色翠绿叶片肥大则表示生长旺盛，可暂不追肥。大部分果坐稳后重施 1 次

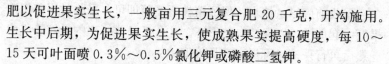

肥以促进果实生长，一般亩用三元复合肥 20 千克，开沟施用。生长中后期，为促进果实生长，使成熟果实提高硬度，每 10～15 天可叶面喷 0.3％～0.5％氯化钾或磷酸二氢钾。

盆栽南瓜，花盆的蓄水能力差，每天应浇水 2～3 次。在间苗定植后 7 天起，每周可追施 1 次 0.3％～0.5％复合肥水溶液 1 次。进入开花结果期，需养分量增大，结合松土，每盆追施复合肥 10 克＋尿素 5 克，并补充营养土至满盆，促进根系发育。此后根据植株长势、叶色、结果等具体情况，每 10 天左右追 0.3％～0.5％复合肥水溶液一次。

（2）整蔓 地面栽培当植株长度达 25～35 厘米时，就要搭竹篱或吊绳引其向上生长。南瓜生长过程中侧蔓较多，但观赏南瓜以主蔓结瓜为主，所以在棚架下的侧蔓要全部摘除，以免消耗营养，影响开花结果，在主蔓爬到架顶后视空间大小可适当留 2～5 条侧蔓增加结果。

盆栽南瓜，苗高 25～30 厘米时搭架引蔓，架材可用竹竿或根据花盆的大小用铁丝烧制，架高 1.5～1.8 米。在阳台栽培可吊绳或利用防盗网，引蔓围绕架子、防盗网攀爬。

巨型南瓜主蔓长 5～6 米，瓜坐稳后要及时打顶，每条主蔓保留 6～8 条侧蔓，每株保留功能叶 200 片左右，并及时除去坐瓜部位附近的不定根，为瓜的生长膨大提供一定的空间。

（3）人工授粉 为促使微型观赏南瓜多坐果、结好果，应进行人工辅助授粉。方法是：植株开始开花后，在每天早上 6：00～10：00 时，选择当天开的雄花，摘去花冠，将雄蕊的花粉涂到雌花柱头上。同株授粉与异株授粉均可。

（4）温度管理 设施栽培要加强温度管理，生长温度范围在 15～35℃之间，最适温度为 25～28℃。早春低温应做防寒措施，避免冻害，夏秋高温季节应进行遮阳栽培。

**5. 采收** 观赏南瓜开花后 35～40 天进入果实成熟期。为延长果实储藏期，可适当延迟采摘时间，等果实老熟后再行采收。

采收前应尽量控水，保证植株不萎蔫即可。采收时用剪刀连果柄一起剪下，以保持自然形态。几个瓜长成一串的最好等成串老熟后再行采摘，可提高产品价值。

**6. 采后处理**　果实采收后可用干净布擦干果蒂处的渗出液和果实上的细毛，置于通风良好处晾 3～4 天，注意不要碰擦果蒂，影响果实美观。如在果实表面喷涂植物保护剂，可延长保存期。观赏南瓜本身因色彩丰富，形状奇特，具有观赏价值，还可在南瓜表面刻写诗词、画图，作为艺术品收藏。

## (二) 观赏葫芦生产技术

观赏葫芦属葫芦科瓠瓜属，原产热带，只作观赏，不能食用，果实为葫芦形或上部有一细长的长柄，下部似一个圆球体，皮色以青绿为主，间有白色斑，老熟果外皮坚硬，非常可爱，具有较高的观赏和艺术价值，惹人喜爱，果实老熟后，坚硬的果壳可以用来制作容器和工艺品，是发展观光旅游农业的主栽品种之一。

**1. 品种选择**　观赏葫芦品种种类比较多，主要分为小葫芦类（大兵丹、干成兵丹、小兵丹等）、长柄葫芦类、鹤首葫芦类、天鹅类、特长葫芦类、梨形葫芦等，可根据需要进行选择。

**2. 育苗**　观赏葫芦种子较贵，宜采取营养钵育苗。营养土配制方法是：5 份无病肥泥、2 份腐熟畜禽粪、3 份煤灰。另每方营养土加 2 千克三元复合肥，经混合、过筛，消毒后即可用来育苗。

观赏葫芦适应性很强，对土壤、气温要求不高，适宜生长的温度为 20～25℃，为了延长观赏期，一般采用保护地栽培。种植时根据观赏时期需要与当地的气候条件掌握好播种时间，北方地区采用保护地栽培，1 月底至 8 月均可播种，但以春、秋两季栽培为主。

选择籽粒饱满的种子播种。由于观赏葫芦种子的种皮较厚，吸水性差，播种前应先用 30℃ 温水浸泡，小葫芦种子浸泡 3～4 小时，长柄葫芦、鹤首葫芦和天鹅葫芦的种子浸泡 7～8 小时，使种子充分吸水。然后催芽。

播种可采用条播或点播。将种子平放播种盘中，播完后覆土 1～1.5 厘米。种子发芽适温为 30～35℃，覆盖塑料薄膜保温、保湿，有利于种子的萌发。7、8 月播种，这时气温较高，需盖遮阳网，降温育苗。一般播种 3～4 天后，种子开始发芽出土，及时揭去塑料薄膜。育苗过程尽量控制浇水，防止小苗徒长。

子叶完全张开，即可移植到营养钵中。营养钵的培养土要求无病菌、疏松肥沃，装入直径 12 厘米的营养钵中，摆放整齐，浇透水。将小苗轻轻从播种盘中取出，移栽到营养钵中，栽植不宜过深，以免影响根系的生长，栽后浇透水。

**3. 整地做畦** 选择土层深厚、土壤肥沃、排水良好的壤土。栽植前深翻 30 厘米，翻耕碎土，耙平地面。观赏葫芦生长期长，耐肥力强，因此要一次性施足基肥，一般每亩施腐熟厩肥 2000 千克，过磷酸钙 50 千克，草木灰 150 千克作底肥。

做高畦，畦宽 1.5～2 米，高 0.3 米，畦沟宽 0.4～0.5 米。

**4. 定植** 当营养钵中的幼苗生长到 4～6 片真叶时就可定植，定植选在晴天上午 8 点至下午 3 点进行。

将幼苗从营养钵中带土取出，避免伤及根部。在畦面挖穴，每穴种 1 株，株距 0.5～1.5 米。栽完后浇定根水。

**5. 田间管理**

(1) 温度管理 缓苗阶段不通风，春季栽培，要搭小拱棚以提高温度，使幼苗早生根，早缓苗。白天棚温应保持 25～30℃，夜间 18～20℃，晴天中午当棚温超过 30℃ 时，打开大棚两边的裙膜进行通风。3 天后这时已缓苗，可以去除小拱棚。白天大棚温度控制在 20～25℃，夜间 12～15℃，促进植株根系发育。

(2) 水肥管理 观赏葫芦结果多，需肥量较大，前期主要施氮肥，开花结果期则多施磷、钾肥。定植后要及时施一些肥料，以腐熟的饼肥或三元复合肥为主。在抽蔓上架前，进行一次追肥，追肥最好在植株根部周围，挖穴施入或直接撒施在表土上，每亩施肥量 20 千克，为结瓜打下营养基础。当瓜长到直径 3～4 厘米时，每亩施 30 千克，促进瓜果的膨大。每次追肥后应中耕松土，保持土壤疏松，有利于根系生长。同时结合叶面喷施，用 0.4%～0.5% 的磷酸二氢钾，每 15 天一次。小葫芦要薄肥勤施，长柄葫芦和鹤首葫芦生长旺盛，前期要严格控制营养生长，防止徒长，影响坐果率。

观赏葫芦各生长阶段对水分需要量不同，定植后浇一次缓苗水，促进缓苗。缓苗后到坐瓜前要控制浇水。

开花期一般不浇水，促使顺利坐果，坐果后，在结瓜盛期要浇足水，以保证果实充分生长发育。

（3）搭架　在现代农业观光园区，以观赏为目的，种植时要留有足够的空间，供植株生长和游人行走。植株抽蔓前应及时搭架，可用毛竹搭成平棚架，也可根据周围环境需要，搭成各种新颖别致的棚架，棚高多为 2～2.5 米。一般每株小葫芦需棚架面积约 1 米$^2$，长柄葫芦、鹤首葫芦、大鹅葫芦每株约需棚架面积 3 米$^2$。架的顶部用铁丝固定好，防止落架。

（4）植株调整　当主蔓长至 30～40 厘米时，要及时吊蔓、绑蔓。同时要随时摘除主蔓上形成的侧芽。

葫芦以子蔓和孙蔓结果为主，当主蔓长到 1.5～1.8 米时，进行第一次摘心，促使子蔓生长、结瓜。一般每株留 2 条子蔓，子蔓结果后，再进行摘心，留 2～3 条孙蔓，孙蔓则任其生长，同时进行引蔓、绑蔓，使其能均匀地分布在棚架上。

在大棚温室里，昆虫活动较少，为了提高坐果率，在花期可采用人工辅助授粉。方法是：在晴天上午 8 点以前，摘取当天开放的雄花，剥去花瓣，将花粉轻轻涂在雌花的柱头上。

（5）果实管理　坐果后进行疏果，一般每个孙蔓留 1 个果实，保证果实的营养需要。

要防止果实搁放在铁丝上或被藤缠住，并将果实顺于架内，防止强光照射，也利于果实的正常生长发育。在葫芦生长中后期，大果型葫芦应用网袋或托盘托住果实，防止果实坠断果柄落地。

经常清理场地，摘去植株上的老叶、枯叶和细弱的侧蔓，以改善植株内部通风透光条件。

**6. 采收**　葫芦长成近似白色、变硬，表皮上无毛，木质化后采收。可以用指甲轻轻掐一下果皮，如果果皮较硬，掐不动则表示已经成熟。如果藤蔓枯黄的话，葫芦就有可能掉下来砸坏。

**7. 采后处理**

（1）晾干　干透了的葫芦用力摇晃，能听到葫芦里的种子沙沙响声，干透了的葫芦不会腐烂。

（2）加工　将葫芦用水浸泡 30 分钟，再用刀子括掉表皮。用细沙纸打磨葫芦表面，将表面磨光滑，然后用铅笔在葫芦上按构思图案打草稿、烙画。

# 十、山野菜生产技术

## （一）苣荬菜生产技术

苣荬菜俗名苣苣菜、取麻菜、苦荬菜等，菊科苦苣菜属多年生草本植物，以嫩茎叶供食用。广泛分布于我国北方地区，呈野生状态，适应性强，可在田边地头、盐碱地等其他蔬菜不能生长的地方旺盛生长。近年来，由于苣荬菜的保健功能日益受到人们的重视，在各地已开始进行人工种植，其越冬栽培可于春节及早春蔬菜淡季上市，商品价值较高。

**1. 品种类型和选择**　苣荬菜目前多为野生种。按外部形态的差异有大叶红芽、大绿芽、成齿、深齿大叶、小叶型等 6～8 个类型。其中大叶红芽、大绿芽、成齿大叶等类型的叶质较厚，萌芽性强，产量高，品质好。

选择适合当地的苣荬菜类型。可选叶质较厚，萌芽性强，产量高，品质好的大叶红芽、大绿芽、成齿大叶等。也可到野外挖野生苣荬菜的根茎。

**2. 整地做畦**　选地势高燥，阳光充足的地块，每亩施腐熟有机肥 2000 千克，深翻耙平，做成 1.2～1.5 米宽的平畦。

**3. 播种或埋根**　苣荬菜种植方法有播种繁殖和埋根繁殖两种。

（1）种子直播　在头年的 8 月下旬至 9 月上旬适时采集成熟种子，晾干，揉搓，除净杂质，装入布袋置阴凉干燥处，于翌年春播。

华北地区于春季土壤解冻后立即播种，一般在 3 月上旬进行。播前畦内浇水，水渗下后撒种，也可按 8～10 厘米行距、开 2 厘米深沟条播，因种子细小，播种时将种子拌 3 倍细砂或草木灰，均匀撒入沟内。播后覆土厚 0.5 厘米。每亩用种 0.3～0.4 千克。

（2）埋根栽培　于 3 月至 4 月初到野外挖野生苣荬菜的根茎。挖出的母根摘掉老叶，主根留 5～8 厘米，保留顶芽，立即在畦内定植或在阴凉处暂时保存。按行距 15 厘米，株距 12 厘米，开沟深 6～8 厘米栽根。栽后立即浇水，水渗下后覆土，以不露母根为度。

**4. 田间管理**

（1）间苗　种子出苗，长出第一片真叶，2～3 片真叶时间苗食用，保持株距 3～5 厘米。

（2）中耕除草　幼苗期杂草较多，及时中耕除草，一般中耕 3～4 次。第一次中耕宜深，以后渐浅，以免伤根。雨后及时中耕防板结。

（3）肥水管理　播种或移母株栽植后，应及时浇水，保持畦面湿润。有条件时，畦面可覆盖地膜保湿增温，出苗后及时揭去。春季露地栽培天气较干旱，要经常浇水保持土壤湿润，一般

5～6 天一水，防干旱品种变劣。幼苗 2～3 片真叶可追施少量氮肥，每亩追尿素 15～20 千克。入夏如有大雨，要及时排除积水，防止烂根。

采收后一周内不宜浇水，以防烂根染病。每茬采收后可结合浇水追复合肥或尿素，每亩追 15～20 千克。

**5. 采收**　当苗高 8～10 厘米，8～9 片叶时开始采收。方法是用小刀沿地表 1 厘米下刀，保留母株，割取嫩茎叶。还可掰叶采收。先采大株，留中、小株继续生长。正常管理下，母株可连续发生茎叶，20～30 天一次，割收 5～6 茬。

苴荬菜萌芽力极强，连续采收，既可采收嫩苗，又可采摘嫩梢。其中以第 2、3 茬产量较高，约占总产量的 70%～80%，每亩产量可达 2500～3000 千克。

## （二）蕨菜生产技术

蕨菜别名龙头菜、鹿蕨菜、拳头菜、蕨儿菜，以叶芽生产出的羽状叶和幼嫩叶柄供食用。蕨菜在我国分布很广，由于它早春萌发早，风味品质独特、营养价值高而深受人们喜爱。过去蕨菜一直作野生蔬菜采食，随着市场需要量的增加，近年来人工栽培不断发展。除国内食用外，将其嫩茎采摘腌渍后，还可出口，在国际市场上有较强的竞争力。

**1. 品种类型和选择**　引用各品种类型的基本原则是由近及远，尽可能引相似生态环境下的品种。

我国蕨菜主要品种类型见表 56。

表 56　蕨菜主要品种类型

| 品种类型 | 品种分布及特性 |
| --- | --- |
| 河北承德蕨菜 | 是河北省著名的野生蔬菜，承德地区分布面积最广，约有 3.5 万公顷，分布于围场、隆化、丰宁、兴隆、宽城、平泉、滦平及承德等县，其中围场县就有 2 万公顷。 |

（续）

| 品种类型 | 品种分布及特性 |
|---|---|
| 辽宁蕨菜 | 辽宁省山区都有分布，以东部山区分布广，数量多。辽宁蕨菜出口日本及其他国家，目前国内市场也日渐畅销。出口是以腌渍蕨菜为主。腌渍蕨菜除可作咸菜使用外，还可以用清水浸泡，除去咸味后食用，无异于新鲜蕨菜。 |
| 内蒙蕨菜 | 内蒙古全区均有分布，主要产区为赤峰市、锡林郭勒盟、兴安盟、呼伦贝尔盟。当地采集期一般在芒种到夏至。 |
| 黑龙江蕨菜 | 在黑龙江省海拔 200～800 米的高山地带都有分布，多与豆科杂草混生。一般在 5 月中旬出土，6 月上旬即可采收。 |
| 贵州蕨菜 | 在贵州分布广，种类多，食用蕨类植物有种左右。其中蕨菜在当地的采摘期为 3 月中旬至 8 月。 |

**2. 育苗** 蕨菜人工栽培多采用无性繁殖方法。在冬前蕨菜地上部分开始枯干时，即 9 月下旬就应将其根挖出。在采挖根时应注意不要伤芽，尽量挖深一些，以保证移栽成活率高。根状茎的长度应带有两个以上的芽簇，粗度以 0.7～1 厘米为宜，一颗直立芽应具有 1 厘米以上的根。直立芽一定要保护好，这是引种栽培成功与否的关键。在野外挖蕨菜根茎后装入二层袋内，以防根茎和须根干燥。

将蕨菜根移栽到旱田边角或较暖和的地方假植，行距为60～80 厘米，株距可适当小些，一般为 15 厘米左右。要加强防寒，避免冻伤根系和芽子，待第二年地化透后开沟栽到地里。

**3. 定植** 秋季进行深耕，春季结合整地，每 666.7 米² 施腐熟有机肥 5000 千克。如果配施些多元复合肥，效果会更好些，每 666.7 米² 可施入 5 千克左右。肥料应提前 10 天施入，不要在临近移栽前几天施肥，以免发生烧芽现象。可做成宽 1～2 米，长 15～20 米的平畦或起 120 厘米的大垄。

春季地化透后，按 25 厘米行距开 10 厘米宽、15 厘米深的定植沟，并按 5 厘米芽距摆放假植根段，然后覆土 10 厘米，浇

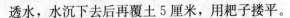

透水，水沉下去后再覆土 5 厘米，用耙子搂平。

**4. 田间管理**

（1）栽后第一年的管理　栽植后第一年田间管理的任务是抓苗，做到苗齐、苗壮。土壤湿度必须保证在 50%～60%，浇完水后可覆盖树叶或稻草，干草起避光和保湿作用。生长发育期多中耕锄草，可少留一些长势较好的草为蕨菜遮阴，入冬上冻时浇 1 次透水，即灌冬水。

（2）栽后第二年的管理　第二年的管理任务是培育根系，使根系粗壮形成多芽。

初春最重要的管理是修剪，务必在嫩叶长出前剪去衰老枯死的叶片。当土层融化 6 厘米时，在行距中间开沟，深 8～10 厘米，每 666.7 米$^2$ 施鸡粪 2000 千克或掺入草木灰 1000 千克，结合覆土，浇 1 次透水。

进入夏季后，需提供充足的肥料，一般 20 天追一次肥，每 666.7 米$^2$ 施尿素 10 千克。当气温急剧升高时，一般 3～5 天浇一水以降低地温，保持土壤湿润。雨后要及时排水，避免湿度过大引起死株。

秋季浇水施肥应减少或停止，一般只要土壤湿润就不必浇水。不要过多地修剪老叶片，使老叶覆盖在植株周围，起保温作用。其他管理同第一年。

（3）栽后第三年及以后各年的管理　第三年在大地解冻后，用耙子将地表土松动，不可太深，一般为 3 厘米左右，每 666.7 米$^2$ 施鸡粪 2000 千克于地表，浇 1 次透水即可，其他管理同上一年；第四年以后的管理同第三年。

**5. 采收**　一般蕨菜嫩薹高 20～25 厘米，羽状小叶苞尚未展开，即"抱拳"时，采收为宜。

采收时，从新鲜部分以下适当的部位，用手一根根地折下。然后，将折下的蕨菜基部在地上轻轻擦磨，使基部沾有泥土，轻轻地放在底部垫有青草的筐内，以防失水老化。并在筐的最上面覆盖一层青草，以防日晒。

蕨菜种植一次可采收 15～20 年，采收时间一般以 4～6 月采收为宜，还应根据各地气候特点和蕨菜生长情况，确定最佳采收时间。过早，植株幼小，影响产量；过晚，植株老化，不能食用。阳坡、向阳处的采收时间较短，质量较差，阴坡、背阴处的采收时间较长，质量较好。

**6. 采收后处理**

（1）整理、包装  采收后应及时运往加工地点。将幼嫩、粗壮、色泽新鲜的蕨菜，按不同长度、色泽、质量分类捆把，每把直径 5～6 厘米，重量 500 克左右。捆扎部位在基部 2 厘米处。

（2）加工  主要有腌渍和干制。

腌制主要工艺如下：选取春季采掘的粗壮、无虫蛀，长度在 20 厘米以上的新鲜蕨菜，把蕨菜切去老根，然后按出口标准（长 20 厘米以上，每把直径 5～6 厘米，重量 250～260 克）扎把，入缸盐渍。先在缸底撒一层厚约 2 厘米的盐，然后一层蕨菜一层盐整齐排列放好。缸满后，上面再覆 3 厘米的盐层，达到盐量为蕨菜重量的 30%，最上面放一块干净无味的木板，上压重石，经过 7～10 天盐渍后，即可倒缸，进行第二次盐渍。把蕨菜倒在另一容器中，上面的翻到下面，按盐渍菜重量 15% 加盐。一层蕨菜一层盐，最上面再撒 2 厘米厚的盐层，并注入 22% 浓度的过滤盐水，盖上木盖，上压重石，10～15 天即可包装。装桶前，将盐渍菜用 22% 的盐水冲洗一遍，去掉杂质，把水控净，放进衬有两层无毒塑料袋的桶中，上添一层卫生盐，灌满 22% 过滤的盐水，将两层塑料袋扎紧，排出空气，盖紧桶盖，放阴凉处保存或上市。

干制主要工艺如下：选出鲜嫩粗壮，没有病虫害的蕨菜，去掉杂物，用开水浸煮 10 分钟，捞出晾晒。当外皮见干时，用手揉搓，反复搓晒 10 余次，经 2～3 天即可晒干。

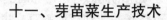

# 十一、芽苗菜生产技术

## （一）豌豆苗菜生产技术

豌豆苗又称"龙须菜"，采用塑料苗盘生产豌豆苗，操作简单，管理也特别省事，生产周期仅需 5～8 天，其品质柔嫩、脆香、鲜亮碧绿、营养丰富，热炒、做汤、涮锅等都不失为上乘苗菜，倍受消费者青睐。

**1. 生产准备**　可以利用闲置的空房、封闭的阳台、冬暖式大棚。温度能正常维持在 18～23℃，湿度在 80% 左右，有弱光照即可。

一般多选用黑色塑料育苗盘，其规格为外径下底长与宽分别为 60 厘米、25 厘米，上口长宽分别是 61 厘米、26 厘米，高度要求为 5 厘米；塑料苗盘有七十六个小型方格，其中需分布细小的透气漏水孔，苗盘重量不超过 0.5 千克。

**2. 选种**　生产豌豆苗的豌豆不能选用黄皮或绿皮的大粒豌豆，因为这类豌豆在生产过程中容易发生烂种烂苗。而应当选用种皮厚、籽粒饱满、籽粒小、纯净度高、发芽率在 98% 以上的青豌豆或麻豌豆，用这类豌豆所生产的豌豆芽苗茎叶粗大、生长迅速、抗病能力强。

**3. 浸种**　将选好的豌豆先用 20～30℃ 的温水淘洗 2～3 遍，剔除杂质和破碎豆粒，再用 55℃ 的温水将淘洗干净的豌豆浸烫 5 分钟，并且边浸烫边搅拌，然后用 2～3 倍于种子重量的 25～28℃ 的清水进行浸泡，浸泡时间一般在夏秋生产季节为 16～18 小时，在冬春两季为 22～24 小时，观察到种子充分膨大、皱纹消失、芽根在浸泡后透明的种皮内能清晰地看到时为最佳。

**4. 播种**　浸泡后，用双手搓去种皮上的黏液，并沥干净多余的水分，然后将豌豆均匀地铺在事先消毒灭菌、并铺好卫生纸的塑料盘内，每 6 盘为 1 摞，每天喷水两次，要求以喷湿后苗盘内不积水为佳，并在喷水的同时，将苗盘的上下前后左右位置进行轮换，以调整出苗整齐并使幼苗能够直立生长。经过两天后，豌豆芽苗即可长高到 2～3 厘米，此时可将育苗盘一个挨一个排放在地面上，或移到栽培架上进行生产管理。

**5. 生产管理** 在豌豆芽苗生长期间，每天视天气情况喷水 2～3 次，在阴雨雾天气或室内温度较低时少喷，晴天或室内温度较高时多喷，维持生产场所湿度在 80% 左右，温度在 18～23℃，合理遮荫，给予适当的弱光促使豌豆苗长粗长壮，尽量避免强光直射，以免纤维素过早形成而影响其品质，并根据生产实际情况进行必要的通风换气，以免烂苗。

**6. 采收** 一般情况下，经过 5～8 天，豌豆芽苗可长高到 12～15 厘米的标准，待芽苗浅黄绿色，生长一致，顶端复叶刚刚展开，柔嫩鲜亮时即可外运或就地销售，也可根据长短分级绑成 0.25 千克的小把上市。

## （二）芽香椿生产技术

芽香椿是利用香椿种籽自身的营养成分，培育而成的嫩芽，其风味堪与天然的树芽香椿相媲美，颜色鲜绿、清香四溢，可常年生产，常年供应于市场，产品无污染，质高价昂，被誉为"黄金蔬菜"。籽芽香椿属于籽芽菜，子叶出土型芽菜。

**1. 生产准备** 为提高生产效率，有效地利用有限的生产空间，可准备立体栽培架。栽培架高度 160～240 厘米，每架可设置 4～6 层，第一层距离地面 10 厘米，每层间隔距离 40～50 厘米（以操作方便和芽菜能全部接受光照为宜）。每架长度 150 厘米、宽度 60 厘米。每层可放置 6 个育苗盘，每架共放置 36 个左右育苗盘。

塑料育苗盘的规格为 60×24×5（长×宽×高 单位：厘米），要坚固耐用、周正平稳、易刷洗消毒，盘底平整并留有沥水小孔。

**2. 选种**　选择没有经过夏天的新种籽或低温（4～5℃）干燥条件下贮藏的上年种籽，发芽率必须在90％以上。常用的香椿种籽有安徽太和的红香椿种籽、河南焦作的红香椿种籽、山东的绿香椿种籽和红香椿种籽。尽量不要用南方的种籽，南方气温高，如种籽保管不当，更容易降低发芽率，甚至根本就不发芽。

**3. 浸种催芽**　将香椿种籽揉搓掉翅翼（不马上生产使用，不可搓掉，以免无法保存），筛除果柄和果壳、清除杂质，然后进行漂洗。漂洗时要多用手搓洗，搓洗到种籽没有黏滑感觉、水中没有白色泡沫为止。漂洗时还要用笊篱将秕籽和杂质撇捞干净。

漂洗干净后，将水分控干净，然后倒入55℃的温水中烫种，要不停地搅拌，一直到水温自然降温到30℃左右，继续浸泡12小时左右（在此期间，要每隔四五个小时用27℃左右的温水淘洗一次，清除黏液和杂质），泡到种籽充分吸水膨胀，用手一捻，种皮就破，露出两片白色种瓣即可。

将浸泡好并拌种消过毒的种籽，放入可漏净水的容器中（如瓷缸、瓦罐、木桶、塑料桶等），在容器内种籽放置的厚度10～12厘米。种籽上面覆盖一层浸湿的麻袋片或者白棉布，环境温度控制在20～30℃之间，进行催芽。每隔8小时用23℃左右的温水将种籽淘洗一次。催芽过程中，如果发现霉烂或成为水泡的不发芽的种籽，要及时挑拣出来，以免在以后的培育过程中腐烂发霉，感染其它好芽和出现异味。

**4. 播种**　将育苗盘内铺上一层吸水和持水性较强、生产后残留物容易处理的卫生纸、包装纸或者洁净无毒的报纸，然后平铺上一层厚度约25毫米的浸湿的珍珠岩（珍珠岩与水的体积比例为2∶1）；或者铺上一层拌湿的肥沃的菜园土（菜园土与水的体积比例为2∶1，拌和均匀），然后把已经催出芽的香椿种籽，均匀地撒播于珍珠岩或者菜园土上，撒播后用木刮子刮平刮匀，再轻轻地用大木泥抹按平整。每盘播种量为干种籽30～50克，种籽上再覆盖一层厚度约 15 毫米的珍珠岩或者菜园土。然后喷水，喷水量为覆盖层体积的二分之一。

**5. 生产管理**　播种喷淋后一般不需要大量的喷淋补充水分，只是在发现覆盖层太硬或者结皮时，喷点水将它软化，以帮助嫩芽顺利出土即可。约经过 4～5 天，香椿种芽就可拱出基质层。

此阶段的环境温度保持在香椿种芽适宜生长的 20～23℃ 之间，湿度保持在 80% 左右。一般每隔 6 小时喷淋一次，喷水温度 20～25℃，喷淋要均匀、要缓慢、各地方都要喷到，还要喷透，但不能盘底积水。

棚室内如果温度过低（15℃以下）可适当增温，以达到20～23℃，还要注意加强通风。为提高芽苗的抗病性，弥补营养的不足，可喷施 0.2% 的磷酸二氢钾或者同等浓度的尿素，在芽长 4 厘米左右时，喷施两次就行了。

此阶段的光照强度可控制在 5 千勒克斯左右，以增加叶绿素，提高芽苗品质，使其色泽鲜绿。

为提高香椿芽苗的整齐程度，育苗盘要放平，不能歪斜；经常倒换育苗盘的上下、前后、左右位置，使芽苗的温、湿度和光照接受的基本一样；必要时可在长的低矮处，进行遮光、保湿、增温促长。

**6. 采收**　香椿芽约经过 8～15 天的生长，即可达到采收标准。采收标准：芽苗高 15～18 厘米，其中主根长约 1～2 厘米，胚轴长约 13～16 厘米，粗度约 1.5～2.5 毫米；长短高矮整齐一致；未木质化；子叶完全展开，心叶未出；无烂籽、无烂芽；香味浓郁，无异味。

采收时，可连根拔起，洗净装入硬质透明塑料盒中，也可捆把。

## （三）萝卜苗生产技术

萝卜苗又称娃娃缨萝卜，俗称萝卜芽。是由萝卜种子直接生长而成。萝卜苗风味独特、营养丰富，除含蛋白质、糖分以外；维生素 A 的含量也极高，是白菜的 10 倍左右，比菠菜维生素 A 含量高近 60%。萝卜苗还含有铁、钙、磷、钾等矿物质以及淀粉分解酶和纤维素类。因此，食用萝卜苗能起到爽口、顺气、助消化的作用。萝卜苗生食、熟食均可，凉拌、涮、炒皆宜，是美味的保健食品。

**1. 生产准备**　北方地区一般用温室栽培（日光温室也可），冬季要有加温设备，夏季需用遮阳网降温。立体栽培萝卜苗需架设铁制苗盘架，铁架规格一般长 150 厘米，宽 60 厘米，高 200 厘米，上下分 4～5 层，层距 20～40 厘米。无论立体还是平地栽培都需用育苗盘，苗盘长 60 厘米，宽 24 厘米，高 4～5 厘米，为平底有孔塑料盘。

**2. 品种选择**　各种品种的萝卜都可用来生产芽苗菜，其中以大红袍萝卜籽和浙大长白萝卜籽较好。选用种皮新鲜、富有光泽、籽粒大并带有萝卜清香味的一年生新种子。

**3. 浸种**　将种子水选去瘪去杂，用 25～30℃的温水浸种 3～4 小时，种子充分吸水膨胀后捞出稍晾一会儿，待种子能散开时即可装盘。

**4. 播种**　在消毒洗净的育苗盘内铺一层已灭菌的白纸，目的是防止根扎入盘子的孔中，难以清洗。用温水将纸喷湿，在报纸上撒播一层处理过的萝卜籽，每盘播种量为 50～75 克。每 10 盘叠成一摞，最上面盖一层湿麻袋片，进行遮光保湿催芽，温度保持在 22℃左右，每隔 6～8 小时倒一次盘，同时喷淋清水，喷水要仔细、周全，不可冲动种子。一般一天后露白，2～3 天后幼芽长至 4 厘米。

**5. 生产管理**　环境温度保持 15～20℃，最多不能超出 5～25℃的范围。冬季通过加温保暖设备提高温度，夏季通过通风、遮光降低温度。

萝卜苗在湿度大的情况下易霉烂，因此，生长环境的湿度需控制在 70% 以下。主要是通过加强通风来降低湿度。播后每天浇两遍水，遇阴雨天可酌情浇一遍水。子叶刚展开，立即揭去覆盖在上层的报纸。株高 3 厘米后开始浇营养液。营养液的简易配方是：一桶水（15 升）加 5 克尿素和 7 克磷酸二氢钾。

当盘内萝卜芽将要高出育苗盘时，即及时摆盘上架，在遮光条件下保温保湿培养 5～6 天，当芽长 10 厘米以上，子叶展平，真叶出现时放入光照处培养，第一天可见散射光，第二天可见直射自然光。为使芽体粗细均匀，快速生长，每次喷淋须用温度与室温相同的水，但喷水不可太多，以防烂芽。

**6. 采收** 子叶充分展开，刚出真叶时及时采收，过期容易霉烂。一般情况下，萝卜苗整盘出售，吃时将根剪去。

# 主 要 参 考 文 献

韩世栋，周桂芳．2000．温室大棚蔬菜新法栽培技术指南［M］．北京：中国农业出版社．

黄伟，任华中，陈洪峰．2000．葱蒜类蔬菜高产优质栽培技术［M］．北京：中国林业出版社．

韩世栋．2014．设施蔬菜园艺工［M］．北京：中国农业大学出版社．

韩世栋．2001．蔬菜栽培［M］．北京：中国农业出版社．

马双武．2008．西甜瓜生产关键技术百问百答［M］．北京：中国农业出版社．

韩世栋，王广印，周桂芳，等．2009．蔬菜嫁接百问百答［M］．北京：中国农业出版社．

陶正平，张浩．2005．绿色食品蔬菜产业化生产技术［M］．北京：中国农业出版社．

韩世栋．2009．51种优势蔬菜生产技术指南［M］．北京：中国农业出版社．

王久兴．2003．瓜类蔬菜病虫害诊断与防治［M］．北京：金盾出版社．

王兴汉，张爱民．2005．葱蒜类蔬菜生产关键技术百问百答［M］．北京：中国农业出版社．

韩世栋，周桂芳．2014．绿色蔬菜产销百问百答［M］．北京：中国农业大学出版社．

赵冰，郭仰东．2008．黄瓜生产百问百答［M］．北京：中国农业出版社．

韩世栋，王广印，周桂芳，等．2009．出口蔬菜生产与营销技术［M］．北京：中国农业出版社．

中国农产品市场协会组．2008．农产品质量安全检测［M］．北京：中国农业出版社．

中国农学会．2008．有机农业110［M］．北京：中国农业出版社．

韩世栋，鞠剑锋．2010．蔬菜生产技术（北方本）［M］．北京：中国农业出版社．

周克强．2007．蔬菜栽培［M］．北京：中国农业大学出版社．

**图书在版编目（CIP）数据**

新区蔬菜生产指南/韩世栋，周桂芳，黄成彬主编
.—北京：中国农业出版社，2015.2
（种菜新亮点丛书）
ISBN 978-7-109-20096-8

Ⅰ.①新…　Ⅱ.①韩…②周…③黄…　Ⅲ.①蔬菜园
艺—指南　Ⅳ.①S63-62

中国版本图书馆 CIP 数据核字（2015）第 011390 号

中国农业出版社出版
（北京市朝阳区麦子店街 18 号楼）
（邮政编码 100125）
责任编辑　徐建华

北京中新伟业印刷有限公司印刷　新华书店北京发行所发行
2015 年 5 月第 1 版　2015 年 5 月北京第 1 次印刷

开本：850mm×1168mm 1/32　印张：15
字数：378 千字
定价：30.00 元
（凡本版图书出现印刷、装订错误，请向出版社发行部调换）